家電製品協会 認定資格シリーズ

家電製品 **アドバイザー** 資格

AV情報家電
商品知識と取扱い
2023
年版

一般財団法人 **家電製品協会** 編

NHK出版

ADVISER

まえがき

　ほどなく 4 年目に突入するコロナ禍は、ようやく沈静化の兆しを見せながらも、変異するウイルスと人類との根比べはさらなる長期戦の様相を呈しています。この未曽有の災禍が社会に与えた影響は計り知れず、テレワークやオンラインをはじめとする働き方から、子育てや教育、休日の過ごし方に至るまで、私たちの日常を一変させました。またその一方では、地球温暖化が自然災害の多発・大規模化を招き、そしてそれらに待ったをかけるべくカーボンニュートラルや SDGs が世界中で叫ばれています。

　このような変化の時代を背景に、我が国では、IoT・AI、ロボット、ビッグデータ、5G などの革新的な技術が日進月歩の進化を遂げ、社会全体における DX（Digital Transformation）化を加速させています。そしてこれらの技術はいち早く家電製品にも搭載され、現在では多くの製品が、IoT が意味する「つながる」ことにより新たな価値を生み出し、さらには AI やビッグデータ、5G などの活用で、より人に優しく、利便性の高いサービスを提供する製品へと変貌を遂げています。また環境面では、省エネ法が定めるトップランナー基準により、市場に投入される新製品のエネルギー消費効率の向上を製造事業者に促すとともに、その達成度合いは統一省エネラベル等に表示され、消費者が製品を選ぶ際の省エネ性能の比較にも役立てられています。私たちは家電関連ビジネス業界に携わる一員として、このような変化に対応していく知見を深め、そしてそれを消費者に分かりやすく伝え、先導していくことが使命であり、これを繰り返し実践していくことで将来的なビジネスの発展につなげていけるのではないでしょうか。

　「家電製品アドバイザー」は、知識面で『今、知っておくべきこと』を追求する資格です。その知識は、「①原理・基本構造などの普遍的な基礎知識」、「②普遍化しつつある新知識」、「③注目すべき新知識」という 3 層構造として捉えています。本書は家電製品の販売や設置、あるいは顧客からの相談業務等に従事される方々などの実践力向上を目指し、より効率的・効果的に学習していただけるように、AV 情報家電に関する普遍的な知識はもちろん、新 4K8K 衛星放送と再放送サービス、4K 動画配信サービスの具体的な視聴方法、テレビの技術トレンド（量子ドット）、5G（第 5 世代移動通信システム）やローカル 5G について、また最新の通信規格（6GHz 帯無線 LAN）、ハイレゾオーディオや 3 次元オーディオなどに至るまで、体系的かつ簡潔に編集しています。ぜひご精読いただき、資格取得の一助にされるとともに、現場での実践にお役立ていただければ幸いです。

　なお、本書の発行時期（2022 年 12 月）においての、最新の技術・製品情報、あるいは法規の情報を盛り込むように努めましたが、ご承知のとおり、変化のスピードはすさまじいものがあります。日頃よりメーカー、関連省庁、あるいは弊会から発信いたしますさらなる情報などを自ら収集され、学習、実践されますようお願いします。

2022 年 12 月

一般財団法人　家電製品協会

家電製品アドバイザー資格

AV情報家電　商品知識と取扱い　2023年版

編集委員・執筆委員・監修

【編集委員】
シャープ株式会社　　　　　　　　　　　　　　　　　　風間美佐子
ソニーカスタマーサービス株式会社　　　　　　　　　　後藤　　健
パナソニック株式会社　　　　　　　　　　　　　　　　荻野　晃弘
三菱電機株式会社　　　　　　　　　　　　　　　　　　奥村　友秀
三菱電機株式会社　　　　　　　　　　　　　　　　　　山崎　研多

【執筆委員】
一般財団法人　家電製品協会　　　　　　　　　　　　　沖本　満男

【監修】
一般財団法人　家電製品協会　　　　　　　　　　　　　西崎　義信

[目次]

1章 デジタル技術の基礎

1.1 信号のデジタル化

1. アナログ信号とデジタル信号

　アナログ信号とは、スピーカーから出力される音声など、音や光の量を電圧などの連続的な変化で伝送する信号である。このアナログ信号は、ラジオやテレビ、レコードなどの情報伝送の手段として、昔から長期間にわたって使用されてきた信号方式である。一方、デジタル信号は、これらのアナログ信号を数値の列に変換したものである。放送での伝送や録音や録画を行っても、信号の劣化がないように工夫されている。デジタル信号を用いたメディアとしては音楽用 CD が最初のもので、CD はレコードから急速に乗り換えが行われた。その後 MD（Mini Disc）、IC レコーダーの商品化や BS デジタル放送、地上デジタル放送など、現在はこのデジタル方式が主流となっている。

2. 2進数による表現

　デジタル機器で取り扱うデジタル信号は、一般的に 1 と 0 の数字を使用する 2 進数を用いている。電気回路上では、1 と 0 を例えば電圧の「高い」、「低い」を表すことなどに使用され、この方式によりノイズに対して強い信号形式になる。普段使っている 10 進数では、数字の 1 桁は 0 から 9 までの 10 種類の値で表す。10 進数でも、デジタル信号に用いられる 2 進数でも、大きい数を表すには桁の数を増やしていくことに変わりはない（**図 1-1** 参照）。2 進数の表示は 0 と 1 しか用いず、この 0 か 1 で表す 1 桁の最小単位をビット（bit）と呼んでいる。例えば、音楽用 CD では、16 ビットの 2 進数を用いて、瞬間、瞬間の音声信号の電圧を 65536 段階で記録している（**図 1-2** 参照）。

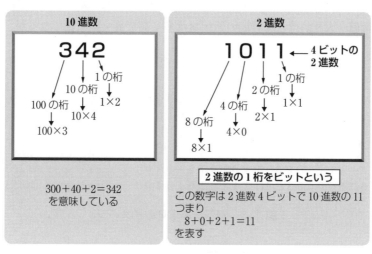

図 1-1　数の表現法

2進数が4ビット（桁）あれば0から15まで
16の数を表現できる

2進数	10進数	2進数	10進数
0000	0	1000	8
0001	1	1001	9
0010	2	1010	10
0011	3	1011	11
0100	4	1100	12
0101	5	1101	13
0110	6	1110	14
0111	7	1111	15

ビット数に対して表現できる数の例	
4ビット	16
8ビット	256
16ビット	65536

図1-2　2進数の桁数と表現できる数

3. 信号のデジタル化

　高い精度でアナログ信号をデジタル信号に変換するには、できるだけ速い周期でデジタル化し、さらにデジタル化するときのビット数を8ビットより10ビット、さらに16ビットと多くし、電圧の変化をできるだけ細かく表現できるようにすればよい。このアナログ信号をデジタル化する周期のことを標本化周波数（サンプリング周波数）といい、瞬間、瞬間にデジタル化するときのビット数を量子化ビット数という。例えば、標準テレビ信号[1]の場合、標本化周波数は毎秒10MHz（毎秒1000万回）以上、量子化ビット数は、8ビットまたは10ビット以上が使われている。地上デジタル放送の音声のデジタル化においては、可聴周波数20kHzまでの周波数帯域の音声を伝送させ音質を確保するために、一般的に標本化周波数が48kHz、量子化ビット数は16ビット以上が使われている。また、音楽用CDでは、可聴周波数20kHzまでの周波数帯域を記録・再生できるように、標本化周波数は44.1kHz、量子化ビット数は16ビットが使われている。

4. ビットレートとは

　ビットレートとは、音声や映像のデジタルデータを伝送する際の1秒間あたりのビット数（情報量）のことをいう。図1-3に、デジタル信号のイメージを示す。音声データの場合は、通常kbps（キロビーピーエス）という単位で表される。映像データの場合は、さらに大きな情報量の単位が必要で、1000kbpsを1Mbps（メガビーピーエス）という単位で表す。いずれの場合も、数値が大きいほど1秒間の情報量は多く高音質・高画質になるが、逆にデータ量は大きくなる。

```
0 1 1 1 0 0 1 0 1 0 1 0 0 0 0 1 0 1 1 1 1 1 0 0 0 1 0 1 0 1
1 1 1 0 1 0 1 0 0 0 1 0 1 0 1 0 1 0 1 0 1 0 1 0 1 0 1 0 1 0
        │ 1000個の2進数（0, 1）の数字 │
                                    ：
                                    ：
                                    ：
1 0 1 0 1 0 1 1 1 1 1 1 0 0 0 1 0 1 0 1 0 1 0 1 0 1 0 1 0 1
1 1 1 1 0 1 0 0 1 0 0 0 0 1 0 1 1 1 1 1 0 1 0 1 0 1 0 1
```

1000ビットのデジタルデータは、1000個の2進数（0, 1）の数字となる

1秒間で1000ビットのデジタルデータを伝送する速さを1kbps（キロビーピーエス）という

図1-3　デジタル信号のイメージ

※1：標準テレビ信号は横縦の画素数が720×480で、フレーム数が30枚/秒のテレビ信号。

5. 情報の圧縮

　表1-1に示すようにハイビジョンのテレビ信号をそのままデジタル化すると、約1500Mbpsのビットレートが必要である。しかし、地上デジタル放送に使用するUHFのテレビ電波の1チャンネル分で送れるビットレートは約18Mbpsである。テレビ放送の映像・音声信号を、そのままデジタル化したのでは情報量が多すぎて伝送ができない（図1-4参照）。

表1-1　テレビのデジタル化に要する情報量

信号の種類	圧縮する前の情報量
標準テレビ信号	約120Mbps
ハイビジョン信号	約1500Mbps
ステレオ音声信号	約1.5Mbps

※地上デジタル放送1チャンネルあたり伝送できる情報量は約18Mbps

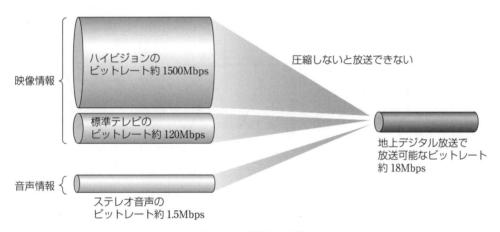

図1-4　情報の圧縮

　そこで、情報の欠落を少なく、かつビットレートを効率よく低くすることが必要になってくる。このための信号処理を情報の圧縮と呼んでいる。映像・音声信号の中には、人間の視覚や聴覚にとって必要な信号と、消去しても信号の劣化を感じさせない必要性の低い信号成分がある。圧縮により、この必要性の低い信号成分をうまく減らすことができる。圧縮技術によって、従来のアナログテレビ電波の帯域幅で、デジタル放送が伝送できるようになっただけでなく、BD/HDDレコーダーの長時間録画やインターネットによる映像コンテンツの配信などが可能になった。

6. 可逆圧縮と非可逆圧縮

　可逆圧縮は、ロスレス圧縮とも呼ばれるものである。データの欠落が起こらず、この方法で圧縮されたデータを復号すると圧縮前のデータに復元できる。非可逆圧縮は、不可逆圧縮とも呼ばれる。目的や制約に応じて、意図的にデータを欠落させたり改変させたりするため、圧縮されたデータを復号しても、圧縮前のデータに復元できない。ただし、非可逆圧縮は圧縮率が可逆圧縮に比べて高いので、データの容量を小さくできる利点がある。

7. デジタル化のメリット

　デジタル化の主なメリットは、以下のとおりである。
①大幅に情報量を圧縮することが可能である。例えば、従来のアナログテレビ電波の帯域幅で、

複数の番組やハイビジョン番組が放送でき、BD/HDD レコーダーでの長時間の録画も可能である。

②妨害による信号の欠落の補完や信号の誤りを訂正でき、劣化は実質上無視できる。放送局から遠くても、ゴースト（二重映り）やノイズのない映像や音声が得られる。

③映像、音声、データ、制御信号などの信号を「0」と「1」のみで表現するため、放送時や記録時に信号の種類によらず同じように扱うことが可能である。また、各種の機器の小型・軽量化が可能となり、メモリーカードなどにも映像や音声を記録できる。

④音声のデジタル信号は「0」と「1」だけで表すために、信号劣化が少なく、ノイズに強く原音に近い信号が得られる。また、デジタル回路に使用する IC が量産しやすく、デジタル器機を使用して高画質の映像や高音質の音声などを手軽に楽しめる。

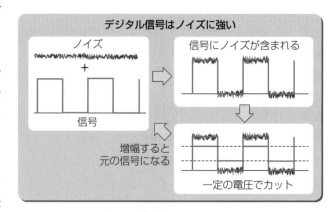

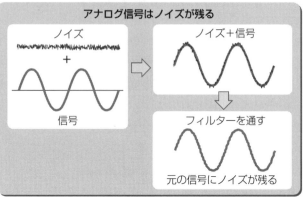

図 1-5　ノイズに強いデジタル信号

8.　ビット（bit）とバイト（Byte）

　デジタル信号やデジタルデータは 2 進数の 0 または 1 を用いて表されており、この 0 か 1 で表す 1 桁の最小単位をビット（bit）と呼んでいる。ただし、1 ビットでは 0 か 1 のどちらかしか表現できないため、通常は複数のビットをまとめてある程度の数値まで表現できるように、集合化したものを実質の最小単位として利用している。このようなビットを集合化したものの単位として、一般的に使われるのがバイト（Byte）で、1 バイトはビットを 8 個使用した 8 桁の 2 進数である。1 バイトが 8 ビットとなった理由は、デジタルデータを扱うコンピューターが英語圏のアメリカで開発された時代に、半角英数文字（アルファベットと数字）を表現することのできる最低限のビット数が 8 ビットだったためであるといわれている。また、ビットやバイトの使われ方として、伝送速度のビットレートを表す場合には bps（bit per second）や kbps（キロ bps）などが用いられ、メモリーカードなどの記録容量などを表す場合には MB（メガバイト）、GB（ギガバイト）や TB（テラバイト）などの表現が用いられる。

1.2　音声の符号化

　ここでは、ハイビジョン放送で利用されている MPEG[※2] と呼ばれる圧縮方式の音声符号化方式を中心に説明する。デジタル化された音声信号の圧縮方法には、さまざまな方式がある。音声信号は、人の聴覚の特性により、聞こえない音声信号成分を除去しても音質はあまり損なわれず、圧縮率を高く設定できる。この方式は非可逆圧縮（あるいは不可逆圧縮）といわれるもので、大きく2つの技術が組み合わされている。1つは人間の聞こえ方の性質を利用する方法である。もう1つは、いろいろな信号が出現する確率を利用する方法である。音声信号の圧縮では、前者の聞こえ方を利用する方法のほうが効果は大きく、ビットレートは 1/10 程度に圧縮できる。一方、伝送や記録のために圧縮したいが、1ビットも欠けることなく復元したいときに利用する可逆圧縮（あるいはロスレス圧縮）といわれる方式もあるが、この方式の場合には圧縮率が 1/2 程度となる。

1.　音声のデジタル化

　ハイビジョン放送で用いられる非可逆圧縮の MPEG2 AAC（Advanced Audio Coding）の音声符号化方式は、高圧縮かつ高音質を実現しており、2チャンネルステレオに加えて 5.1ch サラウンドのマルチチャンネル音声にも対応している。通常は AAC と呼ばれており、この AAC は地上デジタル放送の音声のほか、BS デジタル放送、110 度 CS デジタル放送の音声符号化方式に採用されるなど、日本のハイビジョン放送に共通の音声符号化方式となっている。高圧縮（高能率）な符号化方式では、符号化に使用するビットレートにより音質が大きく左右されるため、ビットレートの選定が重要である。そこで、「聴感上は、原音との区別がつかない高音質」という基準を用いて放送用音声の情報量が決定され、2チャンネルステレオで 144kbps が採用されている。

2.　聴覚の特性を利用した音声符号化方式

　MPEG2 AAC の符号化方式では圧縮のために、人間の聴覚能力を超える信号成分を取り除く。人に聞こえない成分を取り除くので、そのことによる聴感上の音質の劣化はないとされる。ここで利用している性質は、次に説明する聴覚のマスキングといわれる現象である。聴覚のマスキングとは、駅のプラットホームで普通に話しているときに、電車が入ってくると大きな音のために話し声が聞こえなくなる現象である（図 1-6 参照）。

　基本的には、大きな音によって小さな音がかき消される現象であるが、音声の周波数成分ごとに細かい計算を行い、不要成分を抽出する。音声符号化方式は聞こえる成分のみデジタル化し、聞こえない成分を除去することによって、聴感上の音質の劣化を抑えつつ情報量の圧縮が行える。インターネットを利用して音楽ソフトを配信するサービスでは、ハイビジョン放送と同じ AAC や非可逆圧縮の MP3 などの音声符号化方式が用いられている。これらの方式も、同様に聴覚のマスキング現象を利用した音声圧縮方式である。

[※2]：MPEG は、Moving Picture Experts Group の略語で、国際標準化機構（ISO）に 1988 年に設立された動画や音声の圧縮などに関する規格を策定する作業部会名である。現在では、規格そのものを表す場合に使われることが多い。

聴覚のマスキング現象で音が聞こえない

図 1-6　聴覚のマスキング

3.　ハイビジョン放送の音声モード

ハイビジョン放送の音声で使用される標本化周波数は、**表 1-2** に示すように 48kHz を基本として 32kHz も使用されている。携帯受信用の「ワンセグ」においては、ハーフレートと呼ばれる 24kHz も使用されている。

表 1-2　ハイビジョン放送音声モード

標本化周波数	音声モード	使用されるビットレート
48kHz	標準ステレオ 高音質ステレオ マルチチャンネル	96kbps〜256kbps 192kbps〜256kbps 288kbps〜384kbps
32kHz	モノラル ステレオ	24kbps〜 32kbps〜
24kHz （ハーフレート）	モノラル ステレオ	24kbps〜 32kbps〜96kbps

音声モードとしては、モノラル、ステレオ、最大 5.1 チャンネルまでのマルチチャンネル音声、2 カ国語放送用に 2 つのモノラル、2 つのステレオなどが放送可能になっている（**図 1-7** 参照）。音声のビットレートは、表 1-2 の値を目安に運用される。ビットレートの数値が大きいほど音質が良く、放送局が番組内容によって選択できるようになっている。

日本語
モノラル

日本語
ステレオ

5.1ch サラウンド→ステレオ

FL＋RL＋C　　　　FR＋RR＋C

英語
モノラル

英語
ステレオ

FL：左フロント
FR：右フロント
RL：左リア
RR：右リア
C ：センター

図 1-7　ハイビジョン放送に用いられる音声モード

4.　5.1ch サラウンド

　ハイビジョン放送では、臨場感にあふれる 5.1ch サラウンドのマルチチャンネル音声の番組も放送している。**図 1-8** のようなサラウンドシステムにより、包み込まれるようなサラウンド音声を楽しむこともできる。

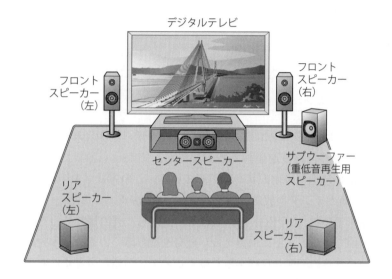

図 1-8　5.1ch サラウンドのスピーカー配置

5.　4K 放送と 8K 放送の音声符号化方式

　2018 年 12 月に開始された新 4K8K 衛星放送などでは、ハイビジョン放送に比べて高音質で臨場感を表現できる音声符号化方式が採用されている。基本の音声符号化方式として、標本化周波数 48kHz、量子化ビット数 16bit 以上の MPEG4 AAC が用いられている。この MPEG4 AAC は、2 チャンネルステレオに加え 5.1ch、7.1ch や 22.2ch などのマルチチャンネル音声にも対応している。また、さらに高音質の音声符号化方式として、標本化周波数 48kHz、量子化ビット数 16bit 以上の MPEG4 ALS（Audio Lossless Coding）も用いられている。この MPEG4 ALS は可逆圧縮のため、理論上、音声のデータを復号すると圧縮前の音声データに復元できる。

1.3　映像の符号化

1.　デジタル放送の符号化

　ノートの片隅に、1 枚ごとに少しずつ異なる絵を描いておいて、ぱらぱらとめくると絵が連続して動いて見える。テレビは、この「ぱらぱら漫画」の原理を用い少しずつ異なる静止画（フレーム）を次々に送ることで動きのある映像を表現している。したがって、

図 1-9　静止画のデジタル化のイメージ

テレビ映像をデジタル化するには、まず1枚ずつの静止画をデジタル化する（**図1-9**参照）。

　フルハイビジョン映像の場合は、水平1920個、垂直1080個と細かく分割されるため高品質の映像表現が可能となっている。テレビ放送では、標準映像もハイビジョン映像も1秒間に30枚の映像（フレーム）を連続再生することで、動画を表現している（**表1-3**参照）。

表1-3　テレビ放送の映像モード

名称	画素の数 水平×垂直	画面の横縦比	フレーム枚数
標準映像	720×480	16：9	30枚/秒
フルハイビジョン映像	1920×1080	16：9	30枚/秒

　ハイビジョン放送では、限られた周波数帯域幅で映像データの伝送を可能にするため、データ量を減らす必要があり、非可逆圧縮であるMPEG2 Video（通常はMPEG2と記述）と呼ばれる国際標準規格の映像符号化方式を採用している。この方式はBSデジタル放送、110度CSデジタル放送、地上デジタル放送のハイビジョン放送のほか、ブルーレイディスクへの録画などにも使用されている。MPEG2は、映像データから人間の視覚能力を超える信号成分を取り除く方法を用いている。人間には見えない成分を取り除くので、基本的に画像品質の劣化はほとんどない。これらの不要な情報を取り除くことで、情報が少なくなるように工夫されている。MPEG2では、具体的には以下のような映像信号の性質や視覚の性質を利用することで、映像の劣化を感じさせない工夫をして情報を圧縮している。

（1）一定の時間内で同じような画像が続くことを利用（フレーム間の動き予測）

　通常の画像では、次々と送られる前後の静止画像が類似している。したがって、動画像の圧縮は、前後の静止画像の変化を表す差分成分のみを送ることで、伝送するビットレートを減らしている。画像の動きが少ないときは差分成分が小さくなり、必要な伝送量は少なくなる（**図1-10**参照）。

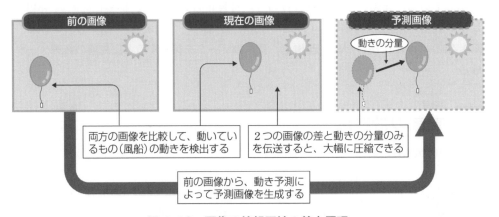

図1-10　画像の情報圧縮の基本原理

（2）細部の映像に対して視覚の感度が低いことを利用（フレーム画像の周波数成分の分析）

　テレビ画像には、高い解像度を必要としない部分があることや、人間の目は細部の映像に対して感度が低いことを利用して、情報量を削減することができる。

（3）いろいろな信号ごとの出現する確率に偏りがあることを利用（可変長符号化）

　一般的に信号をデジタル化すると、同じような値が偏って出現する傾向がある。そこで発生確率の高い信号には短い信号を、低い信号には長い信号を割り当て直すと、全体としては短い信号を割り当てることになり、ビットレートを小さくできる。これを可変長符号化と呼んでいる。

2.　ワンセグ放送の符号化

　ワンセグ放送の映像伝送には、MPEG4 AVC/H.264 と呼ばれる国際標準規格の映像符号化方式が採用されている。MPEG4 AVC/H.264 は、MPEG2 に比べて約 2 倍の圧縮率で符号化が可能である。ワンセグ放送は、画素数は 320×240 画素（4：3）または 320×180 画素（16：9）、フレーム枚数は 15 枚／秒で放送されている。ハイビジョン放送の 30 枚／秒の半分しかないため、動きの速い動画では動きがスムーズではなく、やや不自然な動きに見えることがある。

3.　MPEG-H HEVC/H.265（High Efficiency Video Coding）

　地上デジタル放送に採用されている映像符号化方式の MPEG2 や、ワンセグ放送などに採用されている MPEG4 AVC/H.264 の後継となる映像符号化方式として MPEG-H HEVC/H.265（High Efficiency Video Coding、以下 HEVC）が、ITU（国際電気通信連合）により国際的な標準規格として 2013 年に承認された。HEVC は MPEG2 の約 4 倍、MPEG4 AVC/H.264 の約 2 倍の圧縮率があり、高効率の映像符号化方式である。2018 年 12 月から開始された新 4K8K 衛星放送の映像符号化方式に HEVC が使用されている。また、ケーブルテレビの 4K 放送や IPTV（Internet Protocol TV）の 4K 放送、4K 映像コンテンツが再生できる Ultra HD Blu-ray などにも HEVC が使用されている。

4.　AV1（AOMedia Video 1）

　AV1 は、非営利団体の Alliance for Open Media（AOM）を中心に開発された新しい映像符号化方式である。AV1 の仕様は、2018 年 3 月に AOMedia Video Codec 1.0 が公開され、ロイヤリティーフリーで使用可能である。AV1 の特徴は、MPEG-H HEVC/H.265（HEVC）に比べて圧縮率が 20％程度高く、伝送時のビットレートを低くできることである。そのため、スマートフォンなどに搭載される OS の Android でも AV1 が採用され、Android 10 から AV1 のエンコーダーが搭載されている。また動画配信サービスの Netflix では、2020 年から一部のコンテンツで映像符号化方式として AV1 を採用し、Netflix の Android 向けのアプリにも採用した。これにより、Android 10 以降の OS を搭載するスマートフォンなどでは、AV1 を使用した Netflix の映像コンテンツを視聴できるようになった。今後の動向として、AV1 はロイヤリティーフリーのため、標準的な映像符号化方式として多くの動画配信サービスやさまざまな機器に採用される可能性がある。

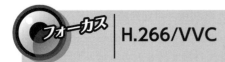

H.266/VVC

　H.266/VVC（Versatile Video Coding）は、2020年7月に映像符号化方式の国際標準として発表された新規格である。名称は通称として H.266/VVC となっているが、ITU-E の VCEG（Video Coding Experts Group）では H.266 を使用、また ISO/IEC JTC1 の MPEG ワーキンググループでは MPEG-I Part3 VVC が正式名称である。

　H.266/VVC は、名称の Versatile（多様な）が示すとおり、HDR（High Dynamic Range）の 4K や 8K 映像、立体映像、マルチビュー映像、VR（Virtual Reality）や AR（Augmented Reality）映像など、さまざまな映像に利用されることを意図した映像符号化方式である。また、映像の高画質化によるデータ量が増加しても限りある伝送速度の環境で利用できるように圧縮率を高めており、MPEG-H HEVC/H.265（HEVC）に比べて約2倍の圧縮率となる非常に高効率の映像符号化方式である。現在（2022年9月時点）、H.266/VVC を利用した放送や動画配信サービスはまだ提供されていないが、エンコーダーやデコーダーの開発とともに利用が進むと考えられる。

5.　MPEG-DASH

　近年、インターネットを利用した動画配信サービスが一般的になってきた。MPEG-DASH は、これらの動画配信サービスで使用される映像コンテンツのストリーミング配信の国際標準規格である。MPEG-DASH の DASH は、Dynamic Adaptive Streaming over HTTP（Hyper Text Transfer Protocol）の略で、規格名称からも分かるとおり、インターネットの Web ページに使用される HTTP を使用した Adaptive Streaming（アダプティブストリーミング）の規格である。アダプティブストリーミングは、視聴機器とインターネットを接続する回線の伝送速度に応じて最適な伝送速度で、さらに映像コンテンツをシームレスに途切れなく伝送する方式である。この MPEG-DASH をストリーミング配信に利用すると、**図1-11** のように、視聴者は回線速度が高速の場合には高画質の映像を視聴でき、また回線速度が混雑などで低速となった場合には低画質となるものの映像の途切れなくシームレスに映像コンテンツを視聴できる。現在では、Netflix、Amazon Prime Video や YouTube など多くの動画配信サービスで MPEG-DASH を利用した映像コンテンツのストリーミング配信が行われている。

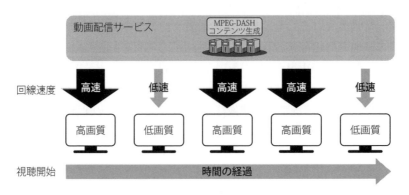

図1-11　MPEG-DASH による映像コンテンツ視聴のイメージ

この章でのポイント!!

アナログ信号をデジタル信号に変換する仕組みについて説明しています。次章から解説する各種 AV 商品の機能や動作を理解するための基礎知識です。よく理解しておきましょう。

キーポイントは

- 信号のデジタル化の仕組み
- 音声の符号化（音声信号のデジタル化）
- 映像の符号化（映像信号のデジタル化）

キーワードは

- ビットレート、ビット（bit）とバイト（Byte）、可逆圧縮、非可逆圧縮
- MPEG2 AAC（AAC）、MPEG4 AAC、MPEG4 ALS
- MPEG2 VIDEO (MPEG2)、MPEG4 AVC/H.264、MPEG-H HEVC/H.265 (HEVC)、AV1、H.266/VVC、MPEG-DASH

2章 テレビ放送

テレビ放送の歴史を振り返ると、1953年の白黒放送の開始に始まり、カラー放送、BS放送、ハイビジョン放送、4K放送、8K放送へと時代とともに変革を遂げてきた。それに加えて、テレビ放送は、映像、音声を伝達する方法として利用されてきたアナログ放送から、電波の有効利用と双方向のコミュニケーションなどが可能なデジタル放送へと変化してきた。テレビのデジタル放送は、1996年から124/128度CSデジタル放送が、また2000年からBSデジタル放送が開始された。その後、2003年から順次地上デジタル放送が開始され、現在はすべてのテレビ放送がデジタル放送となっている。また、高解像度のテレビ放送である4K放送と8K放送については、2015年3月から124/128度CSデジタル放送で4K放送が開始され、2018年12月から「新4K8K衛星放送」としてBSデジタル放送で4K放送と8K放送、110度CSデジタル放送で4K放送が開始された。

2.1 デジタル放送

デジタル放送は、映像や音声の信号を圧縮して一度に多くの情報を送ることができるというデジタル技術の特徴を生かして、高画質で高音質な放送に加え、データ放送、外出先でもいつでもテレビが見られるワンセグ放送、双方向機能、電子番組表（EPG）など、暮らしに役立つさまざまなサービスが行われている。

1. デジタル放送の特徴と便利な機能

デジタル技術を利用することにより、デジタル放送には次のような特徴や便利な機能がある。

（1）高品質化

デジタル放送は、デジタル信号が妨害波の影響を受けてもデータの補正ができるため、**図2-1**のようにアナログ放送で見られたようなゴースト（二重映り）の発生がない（**図2-2**参照）。また誤り訂正符号の採用により、一定以上の受信レベルと電波の質が確保できれば高品質な画像を受信できる。逆に信号レベルや電波の質が低い場合には、アナログ放送のようなゴーストやスノーノイズではなく、ブロックノイズや画面に映像が出ないなどの状態になる。

図2-1　ゴーストのある映像

図2-2　ゴーストのない映像

（2）多チャンネル化

デジタル信号圧縮技術により、1つの放送チャンネルで複数の番組を送ることができる。地上デジタル放送などでは、1つの放送チャンネル分の周波数帯域幅でハイビジョン放送を1番組、あるいは標準の画質放送を最大3番組まで同時に送ることが可能である。このように1つのチャンネル分の周波数帯域幅で複数の番組を同時に送ることを「マルチ編成」と呼び、図2-3のように1つのチャンネルのなかで一定時間帯だけを「マルチ編成」にして放送を行うことができる。例えば、スポーツ中継が放送時間内に終了しなかったとき、図2-4のように臨時で「マルチ編成」に変更することで、メインチャンネルで予定されていたニュース番組を時刻どおりに開始し、サブチャンネルでスポーツ中継を継続して放送することが可能である。

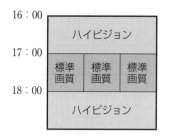

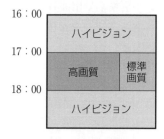

図2-3　マルチ編成の例

図2-4　臨時マルチ編成の例

（3）データ放送

デジタル放送では、天気予報、株価情報、地域の情報、文字・静止画などの情報を見たいときに、いつでもテレビ画面で見ることができるデータ放送が行われている。

図2-5　データ放送の例

（4）双方向機能

　双方向機能とは、テレビに接続されたインターネット回線などを通じて、視聴者が画面に表示される操作ガイドによってクイズ番組の解答者として参加することや、アンケートに答えたりすることなどができる機能である。

（5）電子番組表（EPG：Electronic Program Guide）

　電子番組表の機能により、テレビなどの受信機を操作して画面上に番組表を表示させて、番組表から番組を選ぶことや番組の詳細情報を表示することができる。受信機によっては、ジャンル別検索や出演者などのキーワードによる検索や、視聴予約・録画予約が簡単にできるものもある。デジタル放送では複数の EPG システムが使われているが、その代表的なものを以下に示す。

図 2-6　電子番組表の例

1）各局 EPG

　地上デジタル放送では、各放送局が自局の EPG を当日も含め 8 日分、常時送出している。これを「各局 EPG」と呼ぶ。地上デジタル放送ではチャンネルごとの EPG しか送ることができないため、受信機側でそれぞれのチャンネルを視聴することで EPG 情報を取得する。ただし多くの受信機は、スタンバイ状態中にサーチを行いすべての局の EPG 情報を取り込むことのできる機能を備えている。

2）全局 EPG

　BS デジタル放送（4K/8K 放送を除く）では、すべての局ですべてのチャンネルの EPG を当日も含め 8 日分、常時送出している。これを「全局 EPG」と呼ぶ。したがって、受信機は任意のチャンネルを受信すれば、すべてのチャンネルの EPG 表示が可能となる。さらに自局のより詳細な番組情報を各局 EPG として送出することも可能である。110 度 CS デジタル放送では、これに準じた運用が行われている。

3）G ガイド

　ジェムスター TV ガイド・インターナショナルの規格により、インタラクティブ・プログラム・ガイド（略称 IPG）社が TBS 系の放送局から 1 日数回定時送出している。画面の一部に静止画の広告が入る。地上デジタル放送、BS・110 度 CS デジタル放送をカバーし、キーワード検索、向こう 30 日間のお薦め番組などが表示可能な機種もある。

（6）Hybridcast（ハイブリッドキャスト）

　Hybridcast とは、2013 年から開始した放送波と通信（インターネット）を融合させた放送サービスである。Hybridcast では、放送中の番組に関連する情報をインターネットを通じて提供し、放送と同時に表示することで、視聴者それぞれのニーズに合った視聴ができる。関連情報はインターネットで配信されるため、スマートフォンやタブレットと組み合わせた各種サービスの利用が可能である。ただし、スマートフォンやタブレットに Hybridcast Connect などの専用アプリをインストールする必要がある。インターネットで使用されている HTML5 を使用することから、高画質画像などの大量の情報をテレビ放送と同じ品質で表示することが可能である。一例としては、放送番組を見ながら関連する商品やその特徴をスマートフォンなどで確認し、ネットショッピングができるなどの使い方がある。また、時間をさかのぼって、例えば、視聴している番組を 20 分前から視聴するなどのことも可能である。この場合、20 分前から視聴する放送はインターネットを通じてテレビに伝送される。一方、機能的に類似しているデータ放送では、放送波の空きスペースに情報を載せている。したがって容量に限りがあり、文字など少量の情報しか表示できない。

2. ハイビジョンとフルハイビジョン

（1）ハイビジョン、フルハイビジョンテレビの画素数

　4K テレビや 8K テレビ以外のテレビに搭載されるディスプレイの画素数は、ハイビジョンとフルハイビジョンの 2 種類に区分される。ハイビジョンテレビの画素数は水平 1366×垂直 768 で、画面全体の総画素数は約 105 万画素である。また、フルハイビジョンテレビの画素数は水平 1920×垂直 1080 で、画面全体の総画素数は約 207 万画素である（図 2-7 参照）。32V 型以下の小型のディスプレイを搭載しているテレビは、一般的にハイビジョンテレビが多い。

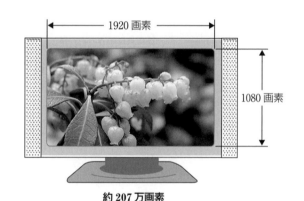

図 2-7　フルハイビジョンテレビの画素数

（2）フルハイビジョン映像

　放送局から送信される画素数が水平 1920×垂直 1080 の映像をそのまま変換することなく、ディスプレイに表示する映像を「フルハイビジョン映像」と一般的に表現している。フルハイビジョン映像をそのまま表示するには、テレビのディスプレイの画素数も水平 1920×垂直 1080 の画素のフルハイビジョンに対応したものでなければならない。

　一方、ハイビジョン放送では画素数が水平 1920×垂直 1080 や水平 1440×垂直 1080 などの映像を送信しているが、放送局から送られてきた画素数が水平 1920×垂直 1080 に満たない水平 1440×垂直 1080 のハイビジョン放送の場合は、フルハイビジョンテレビではテレビ側の回路で画素補間が行われ、水平 1920×垂直 1080 の映像に変換し、ディスプレイに表示している。

2.2　地上デジタル放送

　現在、ハイビジョン放送を行っている地上デジタル放送では、UHF の 470MHz ～ 710MHz の周波数帯を使用して放送が行われている。また、地上デジタル放送（ワンセグ放送を除く）の映像符号化方式には MPEG2 Video、音声符号化方式は MPEG2 AAC（Advanced Audio Coding）が採用されている。ここでは、地上デジタル放送を受信して視聴する各種の方法について説明する。

1.　UHF アンテナでの受信

　地上デジタル放送は、UHF の電波により放送が実施されているため、受信には UHF のアンテナが必要になる。UHF アンテナの受信帯域には、13 ～ 52 チャンネルがある。家庭用として、UHF アンテナは、**図 2-8** のように UHF 全帯域（13 ～ 52 チャンネル）をカバーするタイプと、L 帯域用（13 ～ 34 チャンネル）、H 帯域用（35 ～ 52 チャンネル）がある。**図 2-9** に、アンテナの形状例を示す。

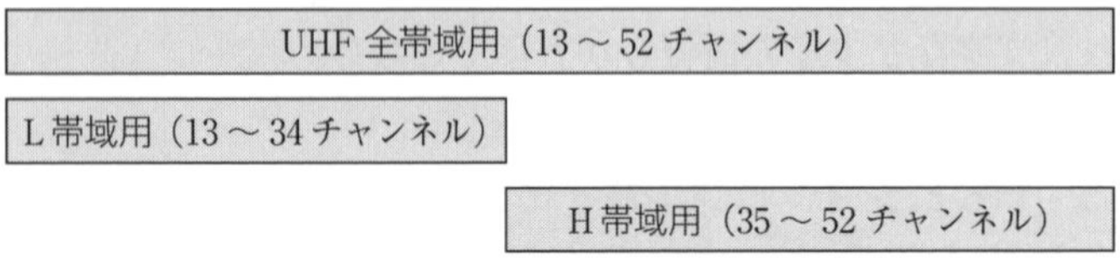

UHF 全帯域用（13 ～ 52 チャンネル）

L 帯域用（13 ～ 34 チャンネル）

H 帯域用（35 ～ 52 チャンネル）

図 2-8　UHF 帯域別アンテナの種類

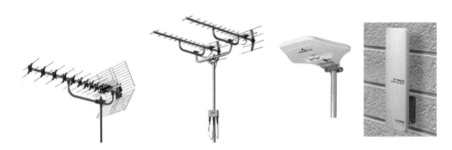

図 2-9　UHF アンテナの例

2.　ケーブルテレビでの受信

　地上デジタル放送は、ケーブルテレビでも受信できる。ケーブルテレビにおける地上デジタル放送の伝送には、パススルー方式、トランスモジュレーション方式の 2 方式がある（**図 2-10 参照**）。さらに、パススルー方式には「同一周波数パススルー方式」と「周波数変換パススルー方式」がある。ケーブルテレビ局ごとに、それぞれ伝送方式が決められているため、視聴に必要な機器を確認する必要がある。

（1）パススルー方式

　パススルー方式はケーブルテレビ局で受信したあと、変調方式を変えずに伝送する方式である。パススルー方式には、次の 2 種類がある。

1）同一周波数パススルー方式

　地上デジタル放送で使用している UHF 帯の放送の周波数を変えずに、そのまま再送信する方式である。変調方式と周波数が地上デジタル放送と同一のため、一般に市販されている地上デジタル放送を受信できるテレビなどで視聴することができる。

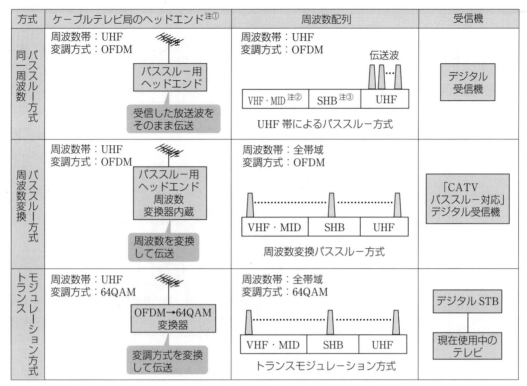

注①：受信機で受信したさまざまな信号をまとめて送り出す機器
注②：ミッドバンド
注③：スーパーハイバンド

図 2-10　ケーブルテレビの地上デジタル放送の伝送方式

2）周波数変換パススルー方式

　地上デジタル放送での放送周波数とは異なる周波数に変換して再送信する方式である。変換後の放送の周波数が UHF 帯以外の帯域に拡大されている場合には、拡大された周波数まで受信が可能な全帯域に対応する CATV パススルー対応テレビなどが必要である。なお、現在販売されているテレビなどの受信機器は、ほとんどが UHF 帯以外にも拡大された全体域に対応した CATV パススルー対応の機器である。

（2）トランスモジュレーション方式

　ケーブルテレビ局で受信したあと、変調方式を変換して伝送する方式である。視聴するには、専用のセットトップボックス（STB）が必要である。

（3）ケーブルテレビの配線接続

　ケーブルテレビを戸建て住宅で利用する場合、一般的に**図 2-11** のように同軸ケーブルを住宅に引き込み各機器と接続する方法、**図 2-12** のように光ファイバーを引き込み各機器と配線接続する 2 種類の方法がある。それぞれの方法により、配線接続に利用する機器は異なっている。

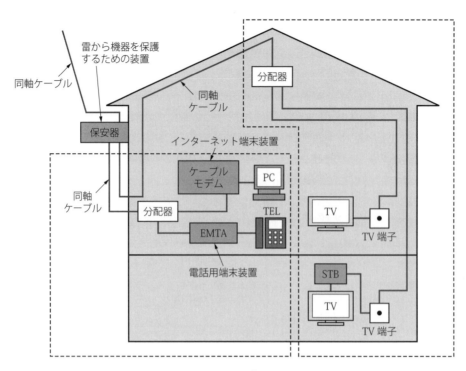

図 2-11　同軸ケーブル引き込み例

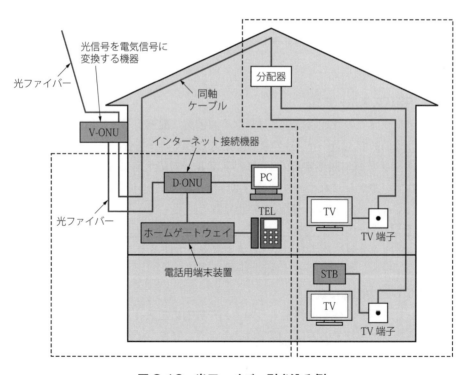

図 2-12　光ファイバー引き込み例

3. 光ファイバーを利用した再放送（再送信）による受信

地上デジタル放送やBSデジタル放送は、光ファイバーを利用した再放送により受信することもできる。

（1）高周波信号を光に変換して伝送する方式（例：フレッツ・テレビによる受信）

NTT東日本、NTT西日本がサービスを提供している「フレッツ・テレビ」では、FTTH（Fiber To The Home）によるフレッツ光回線、光コラボレーション事業者が提供する光アクセスサービスを利用して地上デジタル放送やBSデジタル放送（ハイビジョン放送）などの視聴ができる。光ファイバーと接続した映像用回線終端装置（V-ONU）からUHF・BS（地上デジタル・衛星）の高周波信号を出力し、同軸ケーブルを使用してテレビなどのアンテナ端子に直接接続して視聴する。高周波信号を分配すれば、複数の受信機で視聴できる。この方式は、UHF・BSの信号を高周波のまま振幅変調し、FTTHで送信されてきた光信号をフォトダイオードで受光してAGCアンプで増幅するというシンプルな構成の映像用回線終端装置を利用している。また、フレッツ・テレビで地上デジタル放送やBSデジタル放送（ハイビジョン放送）を視聴するには、専用のテレビなどは必要なく、一般に市販されているテレビなどで視聴することが可能である。また、WDM伝送方式[※1]のため、インターネット接続への干渉はない。戸建て住宅のホーム共聴設備を利用した、フレッツ・テレビの配線接続例を**図2-13**に示す。なお、4K放送や8K放送の視聴については、一部視聴方法が異なるため、41ページの『(7)「フレッツ・テレビ」による再放送』に記載している。

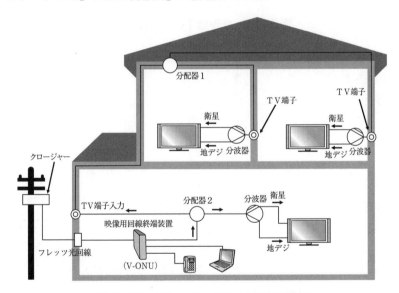

図2-13 フレッツ・テレビ配線接続例

（2）コンテンツをIPパケットとして伝送する方式（例：ひかりTVによる受信）

FTTHを利用したIPTV（Internet Protocol TV）サービスの1つである「ひかりTV」は、テレビアンテナ不要で、テレビサービスとして基本チャンネル＋専門チャンネルの視聴、さらにビデオオンデマンド（VOD）やカラオケサービスなどが利用できる。ひかりTVを見るに

※1：WDM伝送方式（Wavelength Division Multiplexing、波長分割多重）は、1本の光ファイバーを多重利用することによって、それぞれ波長が異なる複数の信号を同時に利用する通信技術。インターネットの信号とは別々の波長で伝送するため、伝送速度には影響が生じない。

は、NTTぷららの「ひかりTV」を契約する。利用可能な回線は、フレッツ光ネクストなどのフレッツ光回線、および光コラボレーション事業者が提供する光アクセスサービスなどである。さらに、各種の光回線を利用できるよう取り組みが進められている。地上デジタル放送の視聴は地域について制限があるが、BSデジタル放送（ハイビジョン放送）の視聴には地域に関する制限はない。ひかりTVの配線接続例を図2-14に示す。図に示したように、視聴するためには、ひかりTVに対応したテレビやパソコンあるいは専用のチューナーが必要である。

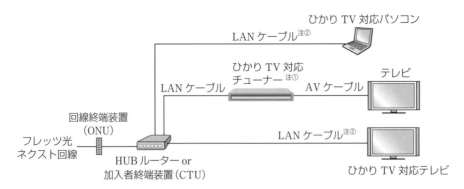

注①：チューナーはNTTぷららよりレンタルまたは購入する。1回線あたり、2台までの接続となる。
注②：ひかりTVチューナー機能対応テレビまたはひかりTVチューナー機能対応パソコンを利用する場合、LANケーブルで直接接続する。この場合、「ひかりTV」の地上デジタル放送IP再送信には対応していないので、地デジは視聴できない。

図2-14　ひかりTV配線接続例

4. 地上デジタル放送の特徴

地上デジタル放送は、マルチパス障害（ゴースト）に強く、安定した映像・音声の受信が行え、さらに単一周波数ネットワーク（SFN）による周波数の有効活用が可能である（図2-15参照）。

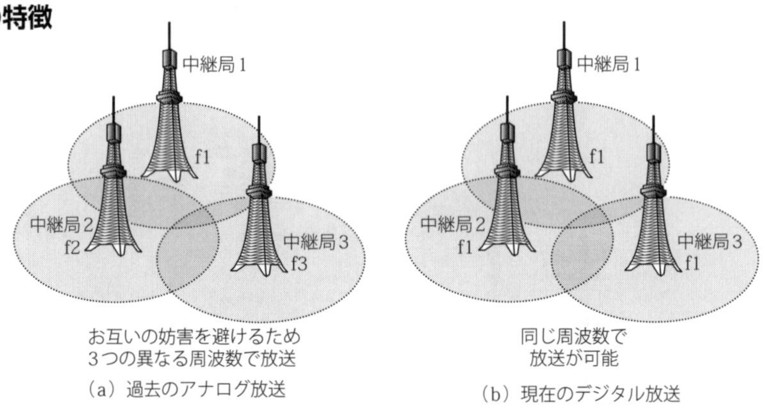

お互いの妨害を避けるため3つの異なる周波数で放送
（a）過去のアナログ放送

同じ周波数で放送が可能
（b）現在のデジタル放送

図2-15　SFNのイメージ

地上デジタル放送は、1チャンネル分の6MHzの帯域幅をセグメントと呼ばれる14個の箱に分割し、図2-16のように、その中の13セグメントを使って放送を行っている。この13セグメントのうち、12のセグメントを家庭のテレビ向けの放送に使用し、残りの1つのセグメントを「ワンセグ」放送に使用している。残りの1セグメントは、隣接するチャンネルとの混信や干渉を防ぐためのガードバンドとして使用している。

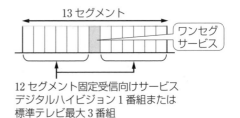

12セグメント固定受信向けサービス
デジタルハイビジョン1番組または
標準テレビ最大3番組

図2-16　地上デジタル放送のセグメント構成

5. 「ワンセグ」放送

ワンセグは、UHF の放送電波で送られてくる地上デジタル放送のサービスの１つである。「ワンセグ」放送を受信できる受信機には、ワンセグ専用の受信機のほか、カーナビやスマートフォンなどがある。また USB タイプのワンセグ受信機もあり、パソコンの USB 端子に差し込み、「ワンセグ」放送を受信できる。番組内容は、基本的に地上デジタル放送と同じであるが、ワンセグ独自の放送も行われている。また、携帯電話の通信機能を使った双方向サービスや、通信回線を使用して送信される情報の利用もできる。

（1）ワンセグの規格

ワンセグの映像の解像度は水平 320×垂直 180 画素（16：9）、毎秒のフレーム数は通常の地上デジタル放送の半分になる 15 フレーム／秒である。音声は、モノラル／ステレオ／音声多重に対応している。放送される映像は、映像符号化方式として MPEG4 AVC/H.264 を用いて圧縮している。携帯端末のような小画面を対象とした簡易動画であり、ハイビジョンやフルハイビジョン映像ではない。

（2）エリア・ワンセグ

エリア・ワンセグは、携帯端末向けの地上デジタル放送の仕組みである「ワンセグ」技術を使ったテレビ局の放送とは異なり、狭いエリアに限定して独自の映像やデータを配信するサービスのことをいう。イベント会場、ショッピングセンターや空港などで、そのエリア独自の情報を配信する。エリア・ワンセグで使われる電波は、UHF 帯のなかで、そのエリアで既存の地上デジタル放送に影響を及ぼさないチャンネルを使用して行われている。

2.3 衛星放送

衛星放送は、赤道上空約 36000km の静止衛星を利用し放送を行うシステムである。送信所を経由して放送局の電波を衛星へ送信し、衛星から再び地上に向けて送信するシステムで、１つの衛星で日本全国をカバーしている。現在はハイビジョン放送に加え、4K 放送や 8K 放送も行われている。

1. 衛星放送電波の特徴

衛星放送では、約 12GHz と非常に波長の短いマイクロ波（SHF 帯）を使用し、受信には高利得のパラボラアンテナが使用される。この衛星放送の電波は、光に近い性質を持っていて直線性が強いため、障害物に電波が遮られた場合、大きく減衰し受信できなくなる。また、雨や雲の中を通過すると電波が吸収されて減衰する。そのため、集中豪雨など激しい雨のときは、

受信状態：良 　　　　 受信状態：悪 　　　　　　　 受信状態：良 　　　　 受信状態：悪
デジタル放送（降雨対応なし） 　　　　　　　 デジタル放送（降雨対応あり）

図 2-17　降雨対応放送の受信例

画質の低下や一時的に受信不能となることがある。降雨時の受信映像の例を**図2-17**に示す。

2.　衛星放送電波の種類

　衛星放送で衛星から送信される電波には、直線偏波と円偏波の2種類がある。**図2-18**は、衛星放送電波の種類を示したものである。BSデジタル放送と110度CSデジタル放送では偏波面が時間に応じて電波の進行する方向に向かって右回りに回転する右旋円偏波、および左回りに回転する左旋円偏波を使用している。また、124/128度CSデジタル放送では、水平または垂直の直線偏波を採用している。**表2-1**のようにハイビジョンなどの放送では、110度CSデジタル放送は、映像、音声の圧縮方式や映像、音声のフォーマットなどの基本部分について、BSデジタル方式と同じ規格を採用している。このため、110度CSデジタル放送とBSデジタル放送は受信機、受信アンテナ（パラボラアンテナ）の共用化が可能である。

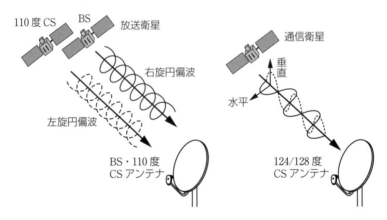

図2-18　衛星放送電波の種類

表2-1　デジタル放送方式の比較（4K・8K放送除くハイビジョン放送など）

	110度CSデジタル放送 （スカパー）	BSデジタル放送	124/128度CSデジタル放送 （スカパー！プレミアム）
映像フォーマット	525i、1125i、525p、750p	525i、1125i、525p、750p	525i、525p、1125i、750p
音声チャンネル	最大5.1ch	最大5.1ch	最大2ch
データ放送	あり	あり	EPGのみ
双方向機能	インターネット回線、 または電話回線	インターネット回線、 または電話回線	インターネット回線、 または電話回線
変調方式	TC8PSK、QPSK、BPSK	TC8PSK、QPSK、BPSK	QPSK、8PSK
音声符号化方式	MPEG2 Audio（AAC）	MPEG2 Audio（AAC）	MPEG2 Audio（AAC）
衛星名	N-SAT-110、JCSAT-110R	BSAT-3a、3b、3c	JCSAT-3A、JCSAT-4B
静止軌道（度）	東経110	東経110	東経128　東経124
偏波	円（右旋）	円（右旋）	直線
伝送帯域幅（MHz）	34.5	34.5	27
情報レート（Mbps）	約39（QPSKの場合）	約52（最大）	約34、約70

3.　衛星と運用位置

　BSデジタル放送、110度CSデジタル放送および124/128度CSデジタル放送で現在使用されている衛星と運用位置を**図2-19**に示す。

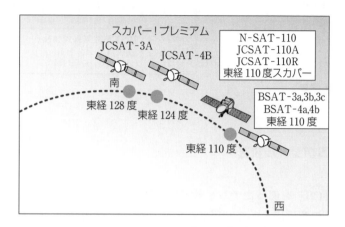

図2-19　BS・CS衛星と運用位置

4.　BSデジタル放送

(1) 概要

　BSデジタル放送では、放送に加え静止画像や各種の情報を提供するデータ放送、高音質の音声放送など、さまざまなサービスが可能である。特にデータ放送は、必要な情報を見たいときに見ることができるため、各種のサービスが可能となっている。

5.　110度CSデジタル放送

(1) 概要

　衛星放送電波の種類で説明したように、110度CSデジタル放送は基本部分がBSデジタル放送と同じ規格となっており、受信機、受信アンテナはBSデジタルと共用化されているものがほとんどである。110度CSデジタル放送受信機の機能には、BSデジタル放送の受信機の機能に加え、お気に入りのチャンネルを簡単に選局できるブックマーク機能、放送局からのお知らせを表示する掲示板機能やプロモーションチャンネルへ誘導する機能などがある。

(2) システム

　110度CSデジタル放送の有料チャンネルの課金管理などで利用する「CASカード」は、BSデジタル放送で利用されている「B-CASカード」と同じ方式を採用している。このため、1枚のカードでBSデジタル放送と110度CSデジタル放送の両方に対応できるようになっている。

6.　BSデジタル放送と110度CSデジタル放送事業者

　BSデジタル放送や110度CSデジタル放送には、受託・委託放送制度が導入されている。衛星放送事業は大きな投資負担を分散することが必要なため、番組作成と放送衛星を運営する会社を分離し、番組制作会社が新規参入しやすい環境がつくられている。

（1）基幹放送局提供事業者

B-SAT社（株式会社放送衛星システム）およびスカパーJSAT㈱

（2）衛星基幹放送事業者

民間放送局の各キー系列が設立した5つの会社やNHK、WOWOWなどが41社

（3）有料放送管理事業者

スカパーJSAT㈱

表2-2　基幹放送局提供事業者と衛星基幹放送事業者

	基幹放送局提供事業者	衛星基幹放送事業者
事業内容	放送設備を有し、放送衛星を管理・運営する会社	番組の制作・編集を行う会社
事業者名	B-SAT社（株式会社放送衛星システム）スカパーJSAT（株）	民間放送局の各キー系列の会社やNHK、WOWOWほか

7.　124/128度CSデジタル放送

（1）概要

当初、通信衛星「CS」を使ったテレビ放送は「通信」として位置づけられ、ケーブルテレビ局などの特定者への配信用として利用されてきたが、1989年の法改正により、個別受信が可能な「放送」となり、1996年には128度CSデジタル放送が開始された。その後、124度CSデジタル放送と合併して現在に至っている。この124/128度CSデジタル放送は、多チャンネルの専門放送サービスを特色として、スカパーJSAT㈱により放送サービスが行われている。

（2）サービスの仕組み

124/128度CSデジタル放送もBSデジタル放送と同様に、受託・委託放送制度が導入されている。この124/128度CSデジタル放送サービスの仕組みを**図2-20**に示す。

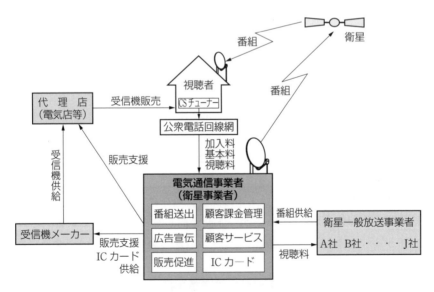

図2-20　124/128度CSデジタル放送サービスの仕組み

2.4 著作権保護

1. 限定受信システム（B-CASカード）

　B-CASカードは、地上デジタル放送、BSデジタル放送、110度CSデジタル放送の番組の著作権保護や有料放送の限定受信に利用されている。また、NHKのBSデジタル放送の設置確認メッセージで利用されているほか、データ放送の双方向サービスでも利用されることがある。作詞家、作曲家などが有する著作権と、歌手、演奏者、放送事業者などが有する著作隣接権を保護するため、2004年4月以降、BSデジタルの無料放送と地上デジタル放送には「コピー制御信号」が加えられている。これらの放送や有料放送を受信するためには、B-CASカードを受信機に装着するなどの対応が必要である。

図2-21　B-CASカードとminiB-CASカードの形状

● B-CASカードの種類
- 赤カード　　　　　　　：地上・BS・110度CSデジタル共用カード
- 青カード　　　　　　　：地上デジタル専用カード
- CATV専用カード　　　：CATV STB用カード。オレンジ色
- 特別内蔵用ICカード：防水型TVなど、メーカーで事前装着する場合に使用。
- そのほかに、店頭展示用カード、開発用カードなどもある。

　これらに加え、SIM型のminiB-CASカードがある。形状が小型で、車載機器、ポータブルAV機器など、スペースを確保しにくい機器への搭載が可能である。機能は、B-CASカードと同一である。

2. コンテンツ権利保護専用方式

　地上デジタル放送の著作権保護の方法として、「コンテンツ権利保護専用方式」がある。この方式は、B-CASカードは使用せず、暗号化された信号を復号する仕組みを受信機器に内蔵することで著作権の保護を行っている。B-CASカードを用いないため、フルセグチューナー、スマートフォン、タブレット、パソコン、カーナビなどの小型の機器で、この方式を採用しているものがある。

3. ACAS

ACASとは、新4K8K衛星放送などで使用されているCASの方式である（**図2-22**参照）。この方式は、無料放送のコンテンツ権利保護（RMP：Rights Management and Protection）および有料放送の限定受信システム（CAS）に対応するものである。また、ACASは、新4K8K衛星放送だけではなく、地上デジタル放送、BSデジタル放送および110度CSデジタル放送のハイビジョン放送にも対応している。

(1) ACASチップ

ACASでは、従来のB-CASカードに代わり、ACASのプログラムを書き込んだACASチップ（LSIチップ）を使用している。そのため、4Kテレビや8Kテレビなどの受信機には、このACASチップが搭載されている。

(2) ACAS番号

ACASチップを搭載した受信機には、搭載されているACASごとに割りふられた0100から始まる20桁の番号が付与されている。ACAS番号は、NHKのBSデジタル放送の受信機設置確認メッセージ消去、有料放送の視聴契約などで使用される。また、ACAS番号は受信機の機能を使用して確認できるが、確認方法は機器により異なるので、取扱説明書やメーカーのホームページなどを参照する必要がある。

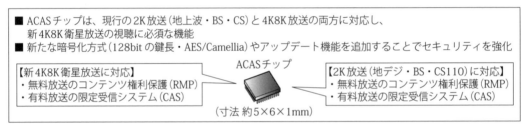

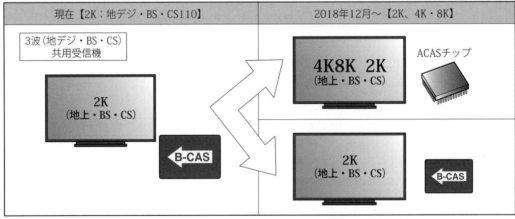

出典：総務省「新たなCAS機能に関する検討分科会一次とりまとめ（案）」の資料より（2019年7月2日）

図 2-22 ACAS方式の概要

一口メモ **放送番組のインターネット配信**

　スマートフォンやタブレット、パソコンなどの機器で、放送番組を視聴できるインターネット配信サービスが行われている。これらの配信サービスには、放送とほぼ同じタイミングで番組を配信する同時配信、放送後に番組を配信する見逃し番組配信の2種類がある。

（1）NHK プラス

　NHK プラスでは、同時配信と見逃し番組配信の両方が行われている。2022年4月からは、総合テレビの同時配信を24時間化している。2021年度は、地上デジタル放送の総合テレビとEテレの放送番組を1日19時間程度のインターネット同時配信だったが、4月からはEテレとあわせて、原則としてすべての地上波の番組を同時配信/見逃し配信が可能となった。続いて、インターネットに接続したテレビ受信機で利用できるアプリにより、テレビの大画面で番組を楽しむことができるようになった。なお、スマホ/PC 向けにはテレビ放送との同時配信も行っているが、テレビ向けは見逃し配信のみとなっている。テレビ向けには、大画面での視聴を意識してスマホ/

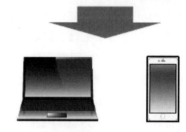

図2-A　放送番組のインターネット配信のイメージ

PC 向けよりも高画質な最大フル HD/6Mbps である。現時点での対象機器は、「Android TV」、「Fire OS」を搭載しているテレビ受信機および外付けデバイスとなる。サービスを利用するためには、これまでメールアドレスや ID、パスワードに加え、ハガキによる放送受信契約の確認作業が必要だったが、すべてインターネット上で行えるようになった。

（2）NHK オンデマンド

　NHK オンデマンドでは、見逃し番組配信サービスが行われている。地上デジタル放送の総合テレビとEテレ、BS デジタル放送の BS1 と BS プレミアムの番組のなかから、月々500〜600の番組をインターネットにより配信している。視聴は、基本的に有料であるが一部無料で配信されている番組もある。配信期間は、番組により放送から2週間、1年間などである。視聴するためには、パソコンでは NHK オンデマンドのホームページにアクセスして、スマートフォンやタブレットでは専用アプリをインストールして必要な手続をする必要がある。

（3）TVer

　TVer は、民放テレビ局が連携して運営するテレビポータルサイトで、見逃し番組配信のサービスが行われている。このサービスでは、参加する各民放テレビ局が放送した番組のなかから、毎週約400の番組がインターネットにより配信されている。NHK が放送した番組も多くはないが配信されている。視聴は無料で、配信期間は番組放送終了から約7日間である。また、2021年から一部の番組の同時配信が開始された。視聴は、パソコン

ではTVerのホームページにアクセスして視聴できるほか、スマートフォンやタブレットに専用アプリをインストールして視聴できる。また、Android TVを搭載したテレビで専用アプリをインストールして視聴できるものがある。

2.5　4Kテレビ放送と8Kテレビ放送

1.　4Kテレビ

4Kテレビは、図2-23のようにディスプレイの画素数が水平3840×垂直2160で、画面全体の画素数が829万4400画素である。1K（キロ）という単位は1000を示しており、水平方向の画素数（水平画素）が3840で、約4000あるので4Kテレビと呼ばれている。一方、フルハイビジョンテレビは、画素数が水平1920×垂直1080で画面全体の画素数が207万3600画素である。したがって、4Kテレビはフルハイビジョン

約829万画素

図2-23　4Kテレビの画素数

の4倍の画総数があり、55V型以上といった大画面を近くで見ても画素の粗さが目立たないという特徴がある。

4Kテレビには、4K放送をテレビ本体で受信可能なタイプとテレビ本体で4K放送を受信できないタイプがある。4K放送をテレビ本体で受信可能なタイプ[2]を「4Kテレビ」、受信できないタイプを「4K対応テレビ」と呼んでいる。また、4K解像度ではないハイビジョン放送やBDソフトなどの映像は、テレビに搭載されている画像処理回路により、4Kの画素数にアップコンバート（アップスケーリング）してテレビに映し出される。

2.　8Kテレビ

8Kテレビは、画素数が水平7680×垂直4320で、画面全体の画素数は3317万7600画素である。8Kテレビはフルハイビジョンの16倍の画素数、4Kテレビの4倍の画素数があり、非常に高解像度の画像を映し出すことができる。8Kテレビにも「8Kテレビ」と「8K対応テレビ」があり、BSデジタル放送の8K放送をテレビ本体で受信できるタイプを「8Kテレビ」、受信できないタイプを「8K対応テレビ」と呼んでいる。また、8K解像度ではない4K放送やBDソフトなどの映像は、テレビに搭載されている画像処理回路により、8Kの画素数にアップコンバート（アップスケーリング）してテレビに映し出される。

※2：BS4K放送、110度CS4K放送、124/128度CSによる4K放送、IPTVによる4K放送、IPTVによる4K配信サービスのうち、少なくとも1つをテレビ本体で受信可能なタイプをいう。

3.　4K放送、8K放送と4K映像配信サービス

4K放送、8K放送と4K映像配信サービスの概要、ならびに視聴方法などについて説明する。

（1）映像符号化方式

4K放送、8K放送および多くの4K映像配信サービスでは、一般的に映像符号化方式として MPEG-H HEVC/H.265（HEVC）が用いられている。YouTubeの4K映像には、Googleが開発した映像符号化方式のVP9やAV1が用いられている。

（2）124/128度CSデジタル放送

124/128度CSデジタル放送では、国内で始めての4K試験放送が行われ、現在スカパー！プレミアムサービスで4K放送が行われている。この4K放送では、HLG（Hybrid Log-Gamma）方式よる HDR映像の放送も行われている。

（3）新4K8K衛星放送

2018年12月からBSデジタル放送（右旋円偏波／左旋円偏波）と110度CSデジタル放送（左旋円偏波）で、新4K8K衛星放送が開始された。現在（2022年9月現在）、放送が行われているチャンネル（番組）は、**表2-3**のとおりである。新4K8K衛星放送では、Hybrid Log-Gamma方式による HDR映像の放送も行われている。

表 2-3　新4K8K衛星放送のチャンネル（番組）

BSデジタル放送	右旋円偏波	4K放送	6チャンネル（番組）	・NHK BS4K ・BS日テレ 4K ・BS朝日 4K ・BSテレ東 4K ・BS-TBS 4K ・BSフジ 4K
	左旋円偏波	4K放送	3チャンネル（番組）	・ショップチャンネル 4K ・4K QVC ・WOWOW 4K ※有料
		8K放送	1チャンネル（番組）	・NHK BS8K
110度CSデジタル放送	左旋円偏波	4K放送	8チャンネル（番組）	・J SPORTS 1（4K）※有料 ・J SPORTS 2（4K）※有料 ・J SPORTS 3（4K）※有料 ・J SPORTS 4（4K）※有料 ・日本映画＋時代劇 4K ※有料 ・スターチャンネル 4K ※有料 ・スカチャン1 4K ・スカチャン2 4K ※一部有料

（4）新4K8K衛星放送の視聴

図2-24は、新4K8K衛星放送の受信アンテナのアンテナコンバーターから出力される IF信号（衛星から送信される 11GHz～13GHz の電波をアンテナコンバーターで変換した信号）の状況を示したものである。

放送波として右旋円偏波および左旋円偏波の使用、さらに左旋円偏波の IF信号の周波数が最大 3224MHz に拡大したため、視聴する放送により必要な機器がそれぞれ異なってくる。**表2-4**は、視聴する放送に対して必要なテレビ受信機、4Kチューナーや8Kチューナー、アンテナおよび受信設備を一覧としてまとめたものである。

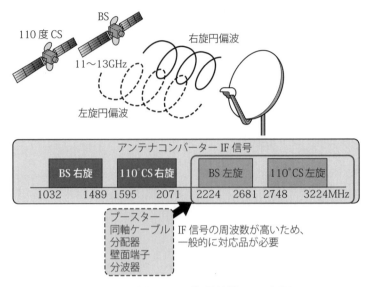

図 2-24　新 4K8K 衛星放送の IF 信号

表 2-4　新 4K8K 衛星放送の視聴に必要な機器

視聴する放送			視聴に必要な機器			
			テレビ	チューナー (テレビにチューナーが内蔵されていない場合)	アンテナ	受信設備 (ケーブル、壁面端子、ブースター、分波器、分配器など)
BS デジタル 放送	右旋 円偏波	4K 放送	4Kテレビ 4K対応テレビ	4Kチューナー (BS右旋)	従来の 右旋円偏波用 BS・110度CSアンテナ で受信可能	従来のBSハイ ビジョン放送用 が利用可
	左旋 円偏波	4K 放送	4Kテレビ 4K対応テレビ	4Kチューナー (BS左旋)	右左旋円偏波対応 BS・110度CSアンテナ など	IF周波数が高い ため、通常、 対応品が必要
		8K 放送	8Kテレビ 8K対応テレビ	8Kチューナー	右左旋円偏波対応 BS・110度CSアンテナ など	IF周波数が高い ため、通常、 対応品が必要
110度 CS デジタル 放送	左旋 円偏波	4K 放送	4Kテレビ 4K対応テレビ	4Kチューナー (110度CS左旋)	右左旋円偏波対応 BS・110度CSアンテナ など	IF周波数が高い ため、通常、 対応品が必要

1）テレビ

　4K 放送を視聴する場合には、4K チューナーが内蔵された 4K テレビが必要で、4K チューナーが内蔵されていない 4K 対応テレビでは、外付けの 4K チューナーが別途必要となる。同様に、8K 放送を視聴する場合には 8K チューナーが内蔵された 8K テレビが必要で、8K チューナーが内蔵されていない 8K 対応テレビでは 8K チューナーが別途必要になる。

2）アンテナ

　BSデジタル放送（右旋円偏波）の4K放送を受信する場合は、以前から使用してきた従来のデジタル放送用の右旋円偏波対応BS・110度CSアンテナを利用できる。BSデジタル放送（左旋円偏波）と110度CSデジタル放送（左旋円偏波）の4K放送およびBSデジタル放送（左旋円偏波）の8K放送を受信する場合には、右左旋円偏波対応BS・110度CSアンテナなどが必要である。

3）受信設備

　BSデジタル放送（右旋円偏波）の4K放送を受信する場合は、IF信号の周波数が従来と変わらないので、一般的に従来の受信設備をそのまま使用できる。BSデジタル放送（左旋円偏波）と110度CSデジタル放送の（左旋円偏波）の4K放送およびBSデジタル放送（左旋円偏波）の8K放送を受信する場合には、IF信号の周波数が最大3224MHzと従来の右旋円偏波による放送に比べて高いため、通常は対応品が必要である。

4）新4K8K衛星放送用のチューナー

　BSデジタル放送（右旋/左旋円偏波）および110度CSデジタル放送（左旋円偏波）の4K放送を受信できる4KチューナーおよびBSデジタル放送（左旋円偏波）の8K放送を受信できる8Kチューナーが市販されている。

5）視聴に関する注意点

　4Kチューナーと4K対応テレビなどを接続してBSデジタル放送（右旋/左旋円偏波）および110度CSデジタル放送（左旋円偏波）による4K放送を視聴するには、ハイスピードHDMIケーブルなど適切なHDMIケーブルを使用する必要がある。特に、HDR（High Dynamic Range）や広色域（BT.2020）に対応したテレビで視聴する場合には、18Gbps対応のHDMIケーブル（プレミアムハイスピードHDMIケーブルが望ましい）が必要である。詳しくは、4Kチューナーや4K対応テレビの取扱説明書やメーカーのホームページなどで確認する。また、4Kチューナーと接続する場合に、HDCP2.2以降の規格と4K/60pの入力に対応しているHDMI端子（テレビ側）を選択する必要がある。各端子の仕様は、テレビの取扱説明書などで確認するとよい。

集合住宅での新4K8K衛星放送の視聴

　マンションなどの集合住宅でアンテナを使用して新4K8K衛星放送を視聴する場合、左旋円偏波を使用した放送のIF信号の周波数が高いため、通常、アンテナケーブル、ブースター、壁面端子、分波器や分配器などの受信設備は対応品が必要になる。新しく集合住宅を建設する場合は対応した機器を使って受信設備を整備できるが、既設の集合住宅では受信設備の全面的な改修が必要で、施工の困難さや改修工事期間の長期化などが課題になる場合がある。

　この課題を解決するため、左旋円偏波のIF信号をダウンコンバーターやアップコンバーターといった周波数変換装置を使って変換することで、既存の集合住宅の受信設備をそのまま利用できる受信方法が考案された。図2-Bは、周波数変換装置を使用した視聴の例である。この例では、右左旋円偏波対応BS・110度CSアンテナから送られてきた左旋

円偏波の IF 信号（2224MHz～3224MHz）の信号をダウンコンバーターにより低い周波数の信号（90MHz～470MHz）に変換する。変換された信号は各住戸に既存のアンテナケーブルを使って送信され、各住戸でアップコンバーターを使用して元の IF 周波数に戻し、4K テレビや 8K テレビで視聴する方式である。

　なお、この方式では、地上デジタル放送の信号と新 4K8K 衛星放送の右旋円偏波の IF 信号は周波数の変換が不要のため、ダウンコンバーターやアップコンバーターを通過しても周波数は変換されない。

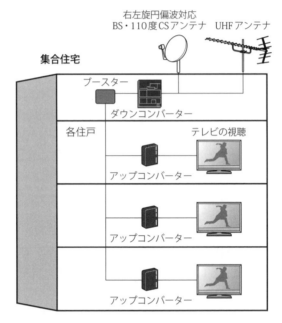

図2-B　周波数変換装置を使用した視聴例

（5）ケーブルテレビ

ケーブルテレビでは、4K 映像コンテンツの配信サービスや 4K 放送が行われている。

1）J：COM オンデマンド 4K サービス

　株式会社ジュピターテレコム（J：COM）では、4K 映像コンテンツのビデオオンデマンド（VOD）による配信サービスが行われている。

2）ケーブル 4K

　一般社団法人 日本ケーブルテレビ連盟（JCTA）が主体となり、ケーブルテレビにおける 4K 専門チャンネルの 4K 放送となる、「ケーブル 4K」を放送している。ケーブルテレビ業界初の全国統一編成による、4K 放送のコミュニティチャンネルという位置づけで、開局時には、業界最大手のジュピターテレコム（J：COM）グループを含む全国 39 事業者でスタートし、現在（2022 年 9 月時点）では、78 以上の事業者が放送を行っている。「J：COM オンデマンド 4K サービス」や「ケーブル 4K」を視聴するには、**図2-25** のように利用するケーブル事業者との契約に加え、専用の 4K 対応 STB（セットトップボックス）、および 4K テレビまたは 4K 対応テレビが必要である。

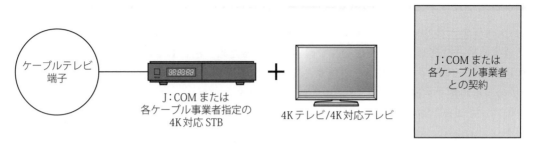

図2-25　J：COMオンデマンド4Kサービスおよびケーブル4Kの視聴例

3）4K放送の再放送

　ケーブル事業者のなかには、トランスモジュレーション方式やパススルー方式による新4K8K衛星放送の再放送を行っている事業者がある。例えば、トランスモジュレーション方式の場合には、専用の4K対応STBなどの機器を設置することでBSデジタル放送の右旋円偏波の4K放送などを視聴できる。詳しくは、視聴するケーブル事業者のホームページなどで視聴可能な放送と再放送の方式、必要な機器などを確認する必要がある。

（6）スカパー！4K放送

　スカパーJSAT株式会社は、有料の4K専門チャンネルとして、110度CSデジタル放送の左旋円偏波を使用するJ SPORTS 1（4K）など8チャンネル（番組）を放送している。これらの4K放送を視聴するには、**図2-26**のように、右左旋円偏波用BS・110度CSアンテナ、4Kチューナー内蔵の4Kテレビが必要である。4Kチューナーが内蔵されていない4K対応テレビの場合には、4Kチューナー機器が必要である。

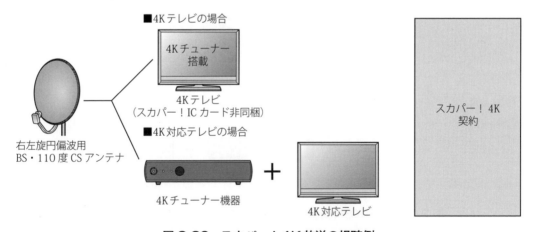

図2-26　スカパー！4K放送の視聴例

（7）「フレッツ・テレビ」による再放送

　「フレッツ・テレビ」では、新4K8K衛星放送の開始にあわせてBSデジタル放送の右旋円偏波による4K放送の再放送サービスを開始した。さらに、2019年夏以降、BSデジタル放送の左旋円偏波による4K放送と8K放送および110度CSデジタル放送の左旋円偏波による4K放送の再放送サービスを開始している。これらの左旋円偏波による放送の再放送は、周波数変換を行い放送波と異なる770MHz以下に周波数を下げて各家庭まで再送信し、家庭内の受信

側で専用アダプターにより放送と同じ元の周波数に戻し、4Kチューナーと4K対応テレビ、8Kチューナーと8K対応テレビ、4Kテレビや8Kテレビなどで視聴する方式である。視聴を希望する放送に応じて、必要な契約や機器が異なるため、例として、**図2-27**にBSデジタル放送の右旋円偏波の4K放送を視聴する場合、また**図2-28**に新4K8K衛星放送のすべての4K放送を視聴する場合について示す。なお、このサービスは、下記のいずれかの条件を満たす場合にも同様の再放送サービスを利用することができる。

①「スカパー！プレミアムサービス光」対応の一戸建ておよび集合住宅に居住している

②一部の光コラボレーション事業者が提供する光アクセスサービスおよび映像サービス等を契約している

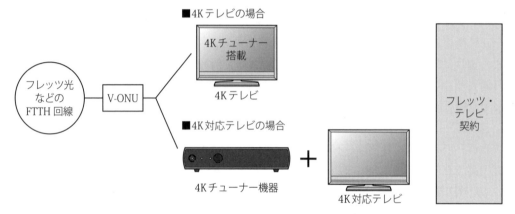

図2-27　BSデジタル放送の右旋円偏波の4K放送を視聴する場合

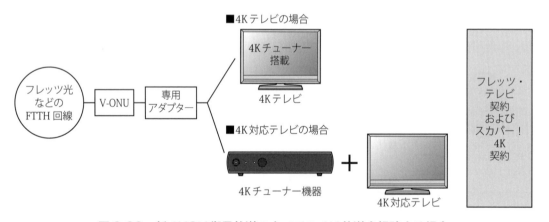

図2-28　新4K8K衛星放送のすべての4K放送を視聴する場合

(8) IPTVなど

IPTVでは、ビデオオンデマンド（VOD）による4K映像コンテンツの配信サービスおよび専門チャンネルによる4K放送などが行われている。

1) ひかりTV

NTTぷららの「ひかりTV」では、NTT東日本およびNTT西日本が提供するインターネット回線のフレッツ光ネクストなどの光回線を用いて、4K映像コンテンツのVOD配信サービスを行っている。この4K映像の配信は、IPパケットを用いて伝送する方式である。

HDR 対応の 4K 映像コンテンツは、HDR10 方式およびドルビービジョン（Dolby Vision）の HDR 映像コンテンツを配信している。さらに、「ひかり TV チャンネル 4K」で 4K 放送を行っており、この放送では一部の番組を Hybrid Log-Gamma 方式の HDR 映像で放送している。これらの VOD による 4K 映像コンテンツや 4K 放送を視聴するためには、**図2-29** のように、ひかり TV 4K 対応チューナーを搭載した 4K テレビ、またはひかり TV 4K 対応チューナー機器と 4K テレビや 4K 対応テレビの組み合わせが必要である。また、HDR の映像コンテンツや放送番組を視聴するためには、4K テレビなどの機器もそれぞれの HDR の方式に対応したものが必要となる。さらに、ひかり TV では新 4K8K 衛星放送の右旋円偏波で行われている 4K 放送の IP による再放送サービスが提供されており、これらの放送を視聴するためには、再放送にも対応する専用の 4K チューナーなどが必要である。

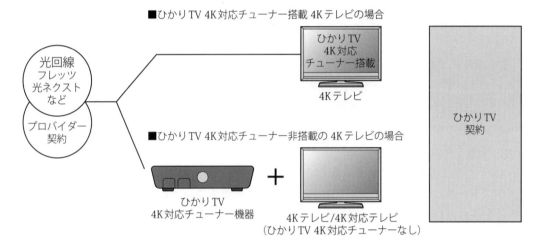

図 2-29　ひかり TV 4K の VOD および 4K 放送の視聴例

2.6　動画配信サービス

　インターネットに接続できるテレビが主流となり、映画、音楽番組、過去に放送された番組など、さまざまな動画配信サービスがインターネットを通じて利用できるようになった。これらの動画配信サービスでは、4K や HDR に対応する 4K 映像コンテンツなど、さまざまな映像配信が行われている。現状では、テレビの機種によって機能が異なるため、利用できる動画配信サービスは異なっている。また、テレビだけでなく、パソコンや専用アプリをインストールしたスマートフォンなどでも視聴が可能な動画配信サービスも多い。各動画配信サービスはサービス内容が随時変更されているので、視聴する際にはサービスの内容と視聴できる機器について確認が必要である。次に、主な動画配信サービスについて概要を説明する。

1.　Netflix

　Netflix は世界の 50 か国以上で映像配信サービスを展開しており、日本でも 2015 年から動画の配信サービスを行っている。定額制のサービスで、料金プランにより視聴できる映像コンテンツが異なっている。ベーシックプランでは標準画質の映像コンテンツのみで、スタンダードプランでは標準画質に加えフルハイビジョンの映像コンテンツまで、さらにプレミアムプラ

ンでは 4K 映像コンテンツを含むすべての映像コンテンツを視聴できる。また、4K 映像コンテンツの一部を HDR10 およびドルビービジョンの HDR 映像コンテンツとして配信している。このサービスに対応するテレビのリモコンには、「NETFLIX」ボタンが搭載されているものもあり、簡単に Netflix にアクセスできるようになっている。また、テレビだけでなく、パソコンや専用アプリをインストールしたスマートフォンなどでも視聴が可能である。

2.　Amazon Prime Video

　Amazon Prime Video（プライム・ビデオ）は、主に Amazon プライム会員を対象にしたサービスで、ストリーミングおよびダウンロードにより映像コンテンツが提供されている。このサービスに対応したテレビだけでなく、パソコンや専用アプリをインストールしたスマートフォンなどでも視聴が可能である。また、4K 映像コンテンツおよび HDR10 やドルビービジョンに対応した HDR 映像の 4K 映像コンテンツの配信も行われている。

3.　Disney+（ディズニープラス）

　ディズニープラスは、ディズニーのディズニー、ピクサー、スター・ウォーズ、マーベル、ナショナルジオグラフィックの 5 ブランドの映像コンテンツを視聴できるサービスである。スマートフォンやタブレットで使用するアプリは、Disney THEATER（ディズニーシアター）、Disney DX（ディズニー DX）、STAR WARS DX（スター・ウォーズ DX）および MARVEL DX（マーベル DX）などである。また、ディズニーシアターは対応するテレビに専用アプリをインストールして視聴できる。フルハイビジョン映像のコンテンツに加え、4K 映像コンテンツの配信も行われている。

4.　Apple TV+

　Apple の Apple TV+ は、Apple が運営する映像コンテンツの動画配信サービスである。iPhone（スマートフォン）、iPad（タブレット）や Mac（パソコン）にインストールされている Apple TV アプリを使用して視聴できる。また、AirPlay 2 に対応したテレビでも同様に視聴できる。映像コンテンツは、4K 映像コンテンツや HDR 対応の映像コンテンツも配信している。

5.　YouTube

　YouTube は、パソコンなどで動画をアップロードし動画をインターネット上で共有するサービスである。インターネットに接続できる YouTube に対応したテレビなどでも、簡単にいろいろな動画が閲覧できるため、好みの動画を検索して各種の動画を楽しむことができる。YouTube では 4K 映像コンテンツのアップロードとストリーミングによる動画共有サービスも行われている。また、YouTube では 4K 映像コンテンツおよび HDR10、ドルビービジョンや HLG に対応した HDR 映像の 4K 映像コンテンツのアップロードとストリーミングによる動画共有サービスも行われている。YouTube で共有化されている 4K 映像の映像符号化方式は MPEG-H HEVC/H.265（HEVC）ではなく、Google が開発した VP9 や AV1 が採用されている。したがって、これらの映像符号化方式を使用した映像コンテンツを視聴するには、4K テレビや 4K 対応テレビも VP9 や AV1 に対応している必要がある。

6. dTV

dTV は、NTT ドコモが提供する 12 万以上の各種の映像コンテンツを提供する定額制の動画配信サービスである。このサービスに対応したテレビだけでなく、パソコンや専用アプリをインストールしたスマートフォンなどでも視聴が可能である。また、4K 映像コンテンツや HDR 対応の映像コンテンツの配信も行われている。

7. テレビでの視聴

各種の動画配信サービスの映像コンテンツをテレビで視聴するには、**図 2-30** のとおり大きく 2 つの方法がある。1 つは、それぞれの動画配信サービスに対応するテレビを使用して視聴する方法である。もう 1 つは、それぞれの動画配信サービスに対応するメディアストリーミング端末をテレビに接続して視聴する方法である。また、4K 映像コンテンツや HDR 映像の 4K 映像コンテンツを視聴するには、機器がそれらに対応している必要がある。

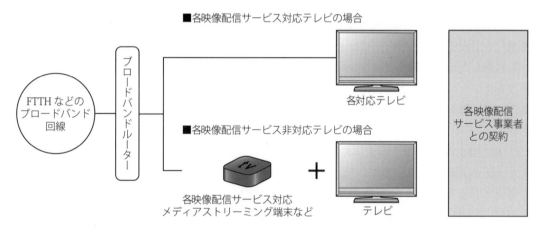

図 2-30　テレビによる映像配信サービスの視聴

8. メディアストリーミング端末

テレビに接続して動画配信サービスを視聴できるメディアストリーミング端末を各社が販売している。いずれの機器もインターネットとの接続のために無線 LAN 機能を持ち、テレビの HDMI 端子と接続して視聴する。動画配信サービスの視聴のほかにも、スマートフォンやタブレットの画面をテレビに映し出すなど各種の機能を備えているものも多い。なお、機器のソフトウエアの更新などにより機能や視聴できる動画配信サービスなどが随時更新されるので、詳しい内容は各社のホームページなどで確認する必要がある。

図 2-31　メディアストリーミング端末の例

(1) Chromecast Ultra

　Google が販売する機器で、テレビの HDMI 端子に差し込むタイプで形状は直径が約 5.8cm、厚さが約 1.4cm の円盤状で、短い HDMI ケーブルが接続されている（**図2-31**の右）。リモコンは付属していない。したがって、「Cast」機能に対応したアプリなどをインストールしたスマートフォンやタブレットを使って操作する。また、スマートフォンやタブレットの画面もアプリを使ってテレビ画面に表示することもできる。アプリを使用して視聴できる動画配信サービスは、Netflix、Amazon Prime Video、YouTube や dTV など多彩である。4K 映像およびドルビービジョンと HDR10 方式の HDR 映像の視聴にも対応している。4K 映像には対応していないが、同様の機能を搭載しフルハイビジョン映像に対応した Chromecast もある。また、Chromecast Ultra と同等の機能を内蔵した Chromecast built-in に対応したテレビもあり、スマートフォンにインストールした Cast 機能に対応したアプリを使用して同様の使い方ができる。

(2) Chromecast with Google TV

　Chromecast with Google TV は、前述の Chromecast Ultra の機能に加え Android TV を進化させた Google TV と Google アシスタントの機能も搭載した機器である。マイクロホンを搭載した音声認識リモコンが付属し、リモコンのボタン操作による動画配信サービスの映像コンテンツの検索などに加え、音声によるテレビの操作や映像コンテンツの検索などができる。4K 映像に対応し、HDR 映像はドルビービジョンと HDR10 に加え HDR10+ にも対応している。

(3) Amazon Fire TV Stick-4K Max

　Amazon が販売する機器で、大きさが約 10cm×3cm×1.4cm で音声認識リモコンが付属している。また、無線 LAN の Wi-Fi 6（IEEE802.11ax）に対応している。視聴できる動画配信サービスは、Amazon ビデオ、Amazon Prime Video、Netflix、Hulu、YouTube などである。4K 動画の視聴が可能で、HDR10、HDR10＋ および Hybrid Log-Gamma の HDR 映像にも対応している。音声認識リモコンを使用して、音声による映像コンテンツの検索ができる。4K 映像には対応していないが、同様の機能を搭載しフルハイビジョン映像に対応した Fire TV Stick もある。

(4) Apple TV 4K

　視聴できる動画配信サービスは、Apple TV+、Netflix、Amazon Prime Video、dTV や YouTube などである。AirPlay 2 に対応しているので、iPhone や iPad の画面をそのままテレビに表示させることができる。また音声対応のリモコンの音声アシスタント「Siri」により、見たいものなどを声で伝えることで簡単に検索できる機能などが搭載されている。専用アプリの Apple TV Remote をインストールした iPhone や iPad などで、Apple TV 4K を操作することもできる。製品名が示すとおり、4K 動画に対応し、HDR 映像は HDR10 とドルビービジョンに対応している。4K 映像には対応していないが、同様の機能を搭載しフルハイビジョン映像に対応した Apple TV もある。

ABEMA（アベマ）

ABEMAは、20チャンネル以上で24時間視聴ができるインターネットテレビ局として放送を行っている。テレビ放送が電波を利用して放送を行っているのに対して、このABEMAは電波の代わりにインターネットを利用して放送を行う形態のサービスといえる。各チャンネルは、ニュース、音楽、スポーツや釣りなどそれぞれのジャンルに特化したチャンネルで、それぞれそのジャンルの番組を放送している。ABEMAに対応したテレビで視聴できるほか、パソコン、またアプリをダウンロードしたスマートフォンやタブレットなどでも視聴できる。

2.7 デジタル放送のリモート視聴 ～外出先でも録画番組が視聴可能に～

リモート視聴とは、自分のテレビやBD/HDDレコーダーなどが受信している放送番組や録画された放送番組を外出先でスマートフォンやタブレットなどのモバイル機器から専用アプリを使って視聴できる機能である（**図2-32**参照）。この「デジタル放送受信機におけるリモート視聴要件」は、一般社団法人 電波産業会（ARIB）が規定する「地上デジタルテレビジョン放送運用規定（TR-B14）」および「BS/広帯域CSデジタル放送運用規定（TR-B15）」で決められている。

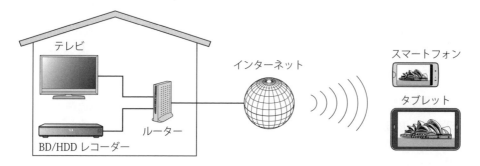

図2-32 デジタル放送のリモート視聴イメージ

「デジタル放送受信機におけるリモート視聴要件」によると、あらかじめ親機となるテレビやBD/HDDレコーダーとモバイル機器とのペアリング（紐付け）が必要で、そのペアリング有効期限は最長3か月である。同時にペアリングを有効化できるモバイル機器の台数は6台まで、同時にリモート視聴ができるモバイル機器は1台に限定されている。また、リモート視聴を利用するには、モバイル機器に親機となるテレビやBD/HDDレコーダーに対応した専用アプリをインストールする必要がある。デジタル放送のリモート視聴については、地上デジタル放送はすべてのチャンネルが対象となっているが、BSデジタル放送や110度CSデジタル放送では一部のチャンネルは対象となっていないため、視聴できないチャンネルがある。

各メーカーからこのデジタル放送のリモート視聴ができるテレビやBD/HDDレコーダーな

どの機器が販売されているが、実際の使用にあたっては次のような点に注意が必要である。伝送時に回線の速度が遅い場合にはコマ落ちや動画の停止が発生するので、テレビや BD/HDD レコーダーなどからインターネットへの接続には、FTTH などの高速通信回線を使用することが望ましい。さらにスマートフォンやタブレット側の接続も安定して視聴するためには、4G、5G や高速の Wi-Fi（無線 LAN）などでの接続が必要である。また、リモート視聴ではストリーミングのため伝送をしながら視聴するので、大量のパケット通信が発生し長時間使用すると通信容量が大きくなる。したがって、スマートフォンで 4G や 5G 回線を使うなどの場合には、通信容量制限や通信料にも注意を払う必要がある。これらの問題を解決するため、画質は低下するが、外出時の視聴における通信速度を低く設定できる機能を持ったテレビや BD/HDD レコーダーも販売されている。

この章でのポイント!!

地上波や衛星波などを利用した各種のテレビ放送の方式やその特徴などについて説明しています。また、新4K8K衛星放送として開始された 4K 放送や 8K 放送、インターネットを利用した各種の動画配信サービスなどについても説明しています。よく理解しておきましょう。

キーポイントは
- デジタル放送の種類と特徴
- 番組の著作権保護技術
- 4Kテレビ、8Kテレビと放送
- 動画配信サービス

キーワードは
- 地上デジタル放送、BS デジタル放送、CS デジタル放送
- 円偏波、右旋円偏波、左旋円偏波、直線偏波、垂直偏波、水平偏波
- ケーブルテレビ、IPTV、ワンセグ放送
- 新4K8K衛星放送、4K 放送、8K 放送
- Netflix、Amazon Prime Video、Disney+、Apple TV+、YouTube、ABEMA
- メディアストリーミング端末
- デジタル放送のリモート視聴

3章 テレビ受信機

　テレビの歴史を振り返ると、1953年の白黒テレビ放送の開始から長期にわたってブラウン管をディスプレイとしたテレビが使われてきた。その後、テレビ放送がデジタル化されるのと同時期に、新たなディスプレイとして、液晶ディスプレイ、プラズマディスプレイ、さらには有機ELディスプレイが開発され、それぞれのディスプレイを搭載したテレビが登場してきた。現在では、液晶ディスプレイを主流として、有機ELディスプレイを搭載したテレビが販売されている。この章では、液晶ディスプレイと有機ELディスプレイの構造や特徴、HDR (High Dynamic Range) を含むテレビの画質の要素、インターネットとの親和性の高いインテリジェント化されたテレビ、また、新しいコンセプトのVR、ARやMR技術による映像の世界などについて説明する。

3.1　液晶ディスプレイ（LCD : Liquid Crystal Display）

　液晶ディスプレイは、液晶を光源からの光に対し、シャッターとして動作させて映像を表示している。光源には、周囲の光やLEDなどのバックライトを利用している。光源の位置により、表示方式は次のように分類される。

1.　透過型（液晶テレビ、パソコンディスプレイ）

　図3-1 (a) のように、光源からの光が液晶パネルを通過することで、画像を見ることができる。バックライトが必要なため消費電力は反射型に比べて大きくなるが、暗い場所でも画像を見ることができる。

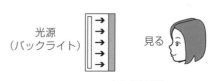

（a）透過型

2.　反射型（液晶電卓、液晶時計）

　図3-1 (b) のように、太陽光や照明の光が反射することで、画像を見ることができる。バックライトが必要な透過型に比べて消費電力が少なく、屋外などの明るい場所では見やすいが、暗い場所では画像が見えにくくなる。

　図3-2は、透過型の仕組みをより詳しく示したものである。

（b）反射型

図3-1　透過型と反射型液晶

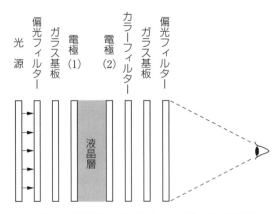

図3-2　透過型の液晶ディスプレイの仕組み

3. 動作原理

　液晶は、電圧の印加により液晶分子の配列のコントロールが可能で、この液晶分子の配列の変化により、光の偏光の向き（偏光面）を変えることができる。この液晶の性質を利用し、偏光フィルターを用いて液晶を光源の光に対し、シャッターとして動作させている。図3-3は、液晶に電圧をかけない状態でバックライトの光が透過するノーマリーホワイトのTN（Twisted Nematic）方式の液晶ディスプレイについて動作原理を示した例である。図3-3（a）はシャッターが開いた状態を表している。

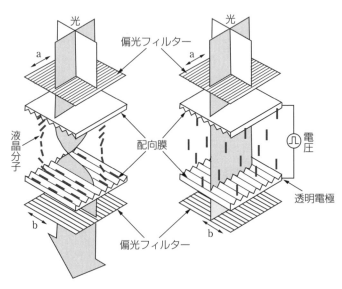

（a）シャッターが開いた状態　　　（b）シャッターが閉じた状態

図3-3　TN方式の液晶の動作原理

　光源となるバックライトから出た光は、1枚目の偏光フィルターを通過することで一方向の偏光面を持つ光のみになる。さらに、この光は液晶分子の配列に沿って偏光面が90度ねじれて進むため、1枚目と偏光面が90度ずれた2枚目の偏光フィルターを通過する。図3-3（b）は、シャッターが閉じた状態を表している。電圧を加えると液晶分子の並び方が変わり、1枚目の偏光フィルターを通過した光はねじれずに、そのままの偏光面で進む。そのため、偏光面が90度ずれた2枚目の偏光フィルターを通過できず、光は遮断される。これらの動作は、サブピクセルと呼ばれる小さな単位での動作を示している。このサブピクセルそれぞれに、赤、緑、青の3原色のカラーフィルターを取り付けた3つのサブピクセルの1組で1画素（ピクセル）を構成してカラー化を実現している。

　TN方式は、原理的に見る角度によっては画像が見えにくくなることがある。映像が適切に見える範囲を角度で示したものが「視野角」である。技術開発により、視野角を拡大した液晶ディスプレイの駆動方式も開発されている。逆に、視野角の特性を積極的に利用し、周囲の人

から画面の内容が見えないように、ノートパソコンなどでは斜めの方向から見えにくくする工夫をしているものもある。

4. 種類と特徴・用途

　液晶ディスプレイは、駆動方式により単純マトリックス方式とアクティブマトリックス方式の2種類に大きく分類される。それぞれの特徴と主な用途を**表3-1**に示す。アクティブマトリックス方式では、液晶のシャッター機能を制御する素子として TFT（薄膜トランジスタ）が一般的に使われており、TFT型液晶ディスプレイなどと呼ばれる。この方式は、シャッターの切り替え速度が速いため、動きの速い画像を映すテレビなどの液晶ディスプレイに多く使用されている。

表3-1　駆動方式の特徴と主な用途

種　類	特　徴	主な用途
単純マトリックス	・構造が簡単 ・静止画向き	携帯電話、カメラ、FAX、時計、コピー機、電子辞書、音響機器、計測機器など
アクティブマトリックス（主に TFT 使用）	・応答速度に優れる ・動画向き ・中間調表示が可能 ・高精細な表示が可能	テレビ、プロジェクター、モニター、デジタルカメラ、携帯電話、スマートフォン、カーナビゲーション、パソコン、タブレット、デジタルビデオカメラなど

　テレビやパソコンのディスプレイなどに使われている TFT型液晶ディスプレイは、液晶分子の配列により、**表3-2**の3種類に大きく分類される。

表3-2　TFT型液晶ディスプレイの種類と特徴

種　類	特　徴
TN方式（Twisted Nematic）	比較的低コスト。応答速度が速い。視野角が狭く色変化、輝度変化がある。特に上下の視野角による変化が大きい。
VA方式（Vertical Alignment）	応答速度が速い。黒の表現に優れ TN方式よりもコントラスト比が高い。視野角は広いが若干色変化がある。
IPS方式（In Plane Switching）	視野角は広く色変化、輝度変化ともに少ない。黒の輝度値が VA方式より高く、コントラスト比は若干不利。

（1）VA方式（Vertical Alignment方式）

　図3-4は、VA方式の動作原理を示した図である。VA方式は、液晶に電圧を加えない状態でバックライトの光を遮断するノーマリーブラックである。VA方式では、液晶に電圧を加えないときは図3-4（a）のように液晶分子がほぼ垂直、最大電圧を加えたときは図3-4（c）のように水平に並ぶ。電圧を加えないと液晶分子がほぼ完全にバックライト光を遮断するので純度の高い「黒」を表現でき、また、電圧を加えたときにはバックライト光を透過して「白」を表現できるため、高いコントラスト比を実現できる特徴がある。

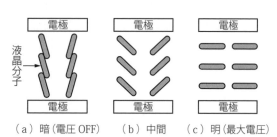

（a）暗（電圧OFF）　（b）中間　（c）明（最大電圧）

図3-4　VA方式の動作原理

(2) IPS方式（In Plane Switching方式）

図3-5は、IPS方式の動作原理を示した図である。IPS方式は、図3-5（a）のように液晶に電圧を加えない状態で、バックライトの光を遮断するノーマリーブラックである。IPS方式では、液晶分子を液晶パネルのガラス基板に対して水平に配置し、図3-5（b）と（c）のように横方向に回転させることでバックライトの光を制御する。この方式は視野角が広く、斜めから見ても色や輝度変化が少ないのが特徴である。

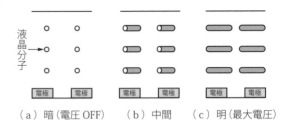

（a）暗（電圧OFF）　（b）中間　（c）明（最大電圧）

図3-5　IPS方式の動作原理

5.　バックライトの種類

テレビの液晶ディスプレイのバックライトとして、以前は冷陰極管（CCFL）が使用されていたが、最近ではLEDが用いられている。

(1) LED（Light Emitting Diode、発光ダイオード）

LEDに順方向電圧を印加すると、PN接合面の境界付近で正孔と電子が再結合する。そのときに生じるエネルギーが光のエネルギーに変換され放出される（**図3-6**参照）。LEDの発光原理は冷陰極管と異なり、半導体により電子のエネルギーを直接、光エネルギーに変換するため、冷陰極管に比べて低消費電力、低発熱である。

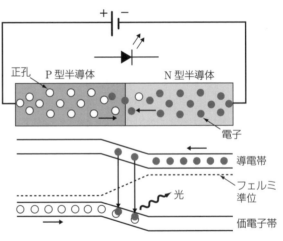

図3-6　エネルギー（フェルミ）準位のバンド構造イメージ

6.　バックライトの配置方式

(1) エッジ配置型

薄型化を実現するためパネルの周辺（エッジ、edge）に光源を配置し、導光板などを用いて画面をムラなく照明する方式をエッジ配置型バックライト方式という。**図3-7**は、光源に高輝度の白色LEDを採用し、薄型化を追求したエッジ配置型LEDバックライト方式の断面イメージ図である。

この方式は、薄型・軽量化を意図した壁掛け用のテレビやノートパソコンの液晶パネルで多く採用さ

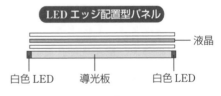

図3-7　エッジ配置型LEDバックライト方式のイメージ

れている。エッジ配置型LEDバックライト方式では、画面全体の輝度を均一にして明るさのムラを抑えるために、**図3-8**のように光を拡散させる「拡散シート」や「導光板」を使うなどの工夫が施されている。

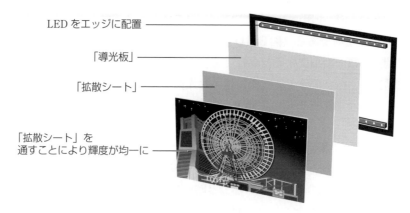

図3-8 エッジ配置型LEDバックライト方式の構造例

　また、LEDのエッジ配置には**図3-9**のような種類があり、LEDを上だけ、下だけ、上下共に配置したものや、LEDを左右だけ、上下左右の4か所のエッジ部分に配置したものなどがある。

| 上方エッジライト | 下方エッジライト | 上下エッジライト |

図3-9 エッジ配置の種類（例）

（2）直下配置型

　LEDを液晶パネルの背面（裏側）に規則正しく並べてバックライトとしたタイプを直下配置型LEDバックライト方式という。液晶パネルの背面全体にLEDを配置したタイプが一般的であるが、部分的に配置したタイプもある。

1）バックライトの種類

　バックライトの種類として、赤（R）、緑（G）、青（B）のLEDを用いる3原色LEDバッ

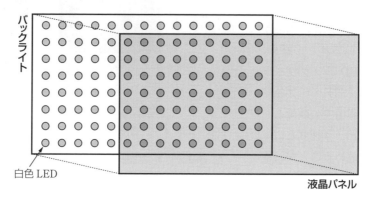

図3-10 白色LEDを用いた直下配置型バックライトのイメージ

クライト、白色の LED を用いる白色 LED バックライトの 2 種類があるが、現在は白色 LED を採用したものが主流である（**図 3-10 参照**）。

2) エリア制御（ローカルディミング）

　直下配置型 LED バックライト方式には、発光面を細かく分割し、表示される映像の明暗に合わせて、それぞれの部分ごとに輝度を制御する機能（エリア制御またはローカルディミングなどと呼ばれる）を備えたものがある（**図 3-11 参照**）。この機能は、明るい映像部分の輝度を高く、暗い映像部分の輝度を低くすることにより、より大きなコントラスト比を実現できる。エリア制御を採用することにより、映像の中で明るい太陽など輝度の高い部分を非常に明るく表示できるので、明るい部分と暗い分がはっきりとした高コントラストのメリハリのある画像となる。また、エリア制御は輝度を下げた部分の消費電力が減るため、テレビ画面全体の消費電力の低減にも有効な方式である。

バックライト発光イメージ　　　　　　　　　　出力映像

図 3-11　エリア制御のイメージ

3) ミニ LED バックライト

　直下配置型 LED バックライト方式には、エリア制御をさらに進化させたミニ LED を使用する方式もある。**図 3-12** は、ミニ LED バックライトとエリア制御 LED バックライトの比較である。ミニ LED バックライトでは、ミニ LED の使用数が数千〜数万個となり、多数のミニ LED を液晶パネルの背面全体に配置している。また、バックライトの分割駆動数もエリア制御 LED バックライトに比べて多く、より細かな制御が可能になっている。この結果、エリア制御 LED バックライトに比べ、ミニ LED バックライトでは、同一画面内の映像として見た場合、ピーク輝度とコントラスト比を高めることが可能になった。

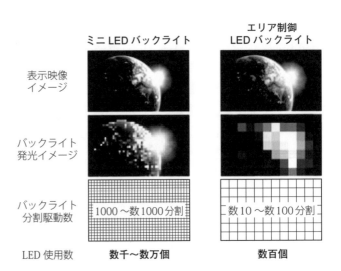

図 3-12　ミニ LED バックライトとエリア制御 LED バックライトとの比較

一口メモ 　**酸化物半導体（IGZO）を使用した液晶ディスプレイ**

　酸化物半導体を使用した液晶ディスプレイの呼び名として使われる IGZO は、酸化物半導体の主な構成物質である Indium（インジウム）、Gallium（ガリウム）、Zinc（亜鉛）、Oxygen（酸素）の頭文字をとって名付けられたものである。酸化物半導体を使用した液晶ディスプレイの大きな特徴は、低消費電力である。静止画表示の場合には、従来の液晶ディスプレイに比べて最大 10 分の 1 程度まで消費電力を減らせるという。この低消費電力化は、トランジスタの小型化と液晶アイドリングストップの 2 つの技術により実現されている。

　1 つ目のトランジスタの小型化は、酸化物半導体の電流が速く流れる特性を利用してトランジスタの小型化ができるため、バックライトの透過光量が増え同じ消費電力でも画面が明るくでき低消費電力化が可能となる。また、2 つ目の液晶アイドリングストップは、通常の液晶は画面が表示されている間はいつも電流が流れていたが、酸化物半導体液晶は静止画で更新が必要のない状態であれば一時的に電流を止めることができる。この特性を活用し、静止画表示中の更新回数を少なくし低消費電力化を行っている。

　酸化物半導体を使用した液晶ディスプレイのもう 1 つの特徴として、タッチパネルの高感度化による入力操作のしやすさがある。これは休止駆動方式という技術により実現されている。入力を検出するときは、液晶への駆動電力供給を止めて駆動回路から発生するノイズをなくすことで、入力検出回路に与える影響を低減させスムーズな動作を実現させている。酸化物半導体を使用した液晶ディスプレイは、低消費電力という特長を生かしてスマートフォンやタブレットなどバッテリーで駆動する機器に搭載されることが多い。

3.2　有機 EL ディスプレイ（EL：Electro-Luminescence）

　有機 EL ディスプレイは、バックライトなどの光源が不要な自発光方式のディスプレイである。図3-13 は、有機 EL ディスプレイの構造を簡略化した模式図である。発光層である有機層に電圧を印加すると、マイナス極から電子が発光層に注入され、プラス極から電子の抜け出した穴である正孔が発光層に注入される。発光層では、電子と正孔が互いに束縛しあい有機化合物の分子が高エネルギー状態である励起状態となり、これが元のエネルギーの低い安定した基底状態に戻るときに、エネルギーが光として放出され発光する。発光する光の色は、有機層に使われている有機化合物が発する光の波長により決まる。有機層は非常に薄く、数十ナノメートル（nm）～数百ナノメートル（nm）程度である。したがって、ディスプレイの厚さは、2 枚のガラス基板の厚さがほとんどを占め、数 mm 程度の非常に薄型のディスプレイにすることが可能である。

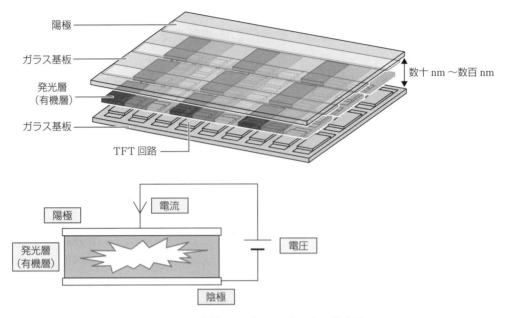

図 3-13　有機 EL ディスプレイの模式図

1.　構造

　有機 EL ディスプレイは、サブピクセルごとに発光素子が構成されている。この発光素子は、基板の上に透明電極の陽極と金属の陰極で挟まれている。陽極から陰極に電流が流れる際に陽極からは正孔が、陰極からは電子が発生し発光層で効率的に結合するように多層構造をしているのが一般的である。陰極は銀やアルミニウムなどの金属を使い、陽極には透明な物質が使われているため、発生した光は陰極の鏡の働きで反射され、透明な陽極を透過して出力される。カラー化にはいくつかの方式があるが、発光層の有機化合物として光の 3 原色となる赤、緑、青色の発光材料が使われている場合には、赤、緑、青のサブピクセルを並べて、1 画素を構成し、カラー化を実現している。

2.　駆動方式

　液晶ディスプレイと同様、ドットマトリックス表示の各画素に、TFT（薄膜トランジスタ）などのアクティブ素子を配置して順次駆動している。

3.　視野角

　自発光素子であるため、見る方向によって色が変わる問題（色シフト）や明るさの変化は小さく、視野角は 180 度に近い。

4.　発色

　有機 EL は、原理的に任意のエネルギーの励起、すなわち任意の波長の光を取り出せる。このため、色域の広いフルカラーディスプレイが可能である。

5.　カラー化

　カラー化には、大きく分けて 3 つの方式がある。

（1）RGB3色の発光層を使用する方式

　赤（R）、緑（G）、青（B）、それぞれの色で発光する有機化合物を使う方法。この方式は図3-14のように、各色の発光をそのまま使うので、光の利用効率は高いが、赤、緑、青の各セルに異なった発光層を蒸着形成するため、大画面のディスプレイを作ることが難しいといわれている。

（2）色変換層を使用する方式

　青色の発光と色変換層を使用して、青から赤色や緑色を発光させる方法である（図3-15参照）。単色発光のため経年変化による輝度変化は均等となるが、光の利用効率は低くなる。そのため、青から白色を発光させる色変換層を用いて白色を加え、4色で1画素を構成して輝度を高くする方式もある。

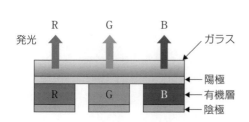

図3-14　3色の発光層を使用する方式の構造　　図3-15　色変換層を使用する方式の構造

（3）カラーフィルターを使用する方式

　白色発光の有機EL素子を使用し、カラーフィルターによりR（赤）、G（緑）、B（青）の光に変換してカラー化する方法である。フィルターを通るため光の利用効率は低くなる。そのため、赤、緑、青に加えてカラーフィルターを通さない白色を加えた4色で1画素を構成して輝度を高くする方式もある。現在、テレビには主にこの4色で1画素を構成する方式が使われている（図3-16参照）。

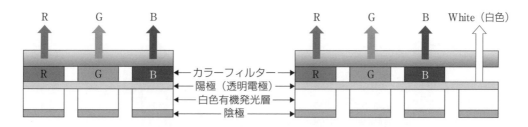

図3-16　カラーフィルターを使用する方式の構造

フォーカス｜テレビの注目技術、量子ドット（QD：Quantum Dot）

　量子ドットとは、光の波長を変換する性質を持つ粒子を使って色変換を行うことで、従来方式に比べて実際に表現できる色域が広くなり、より鮮やかな色表示ができる技術である。

　量子（Quantum）とは、物理学で用いられる用語で、物質の素である原子や電子、中性子などのような非常に小さい粒子と波の性質を併せ持った物質やエネルギーの単位のことである。

　テレビなどに採用されている量子ドットは、ナノサイズの粒子状の半導体結晶物質で、一般的なバルク状の半導体（シリコンウェハーの様な半導体単結晶）とは違った性質を持つ。量子ドットは外部から高いエネルギー（波長の短い）の光を受けるとエネルギーが低い（波長の長い）別の色で発光する性質があり、発光波長はエネルギーギャップで決まる。そして、このエネルギーギャップは量子ドットのサイズで決まる。その発光効率は高く、発光波長は極めて単色に近い色（つまり純度の高い色）で発光する。また、量子ドットは、通常の物質では困難であった粒子サイズの制御が可能である。

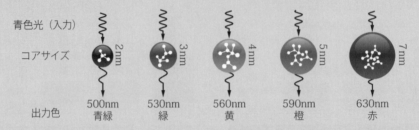

図3-A　量子ドット　色変換イメージ

　これらの性質を活用して、高効率で純度の高い光波長変換（短波長→長波長への色変換）を実現し、スペクトルのバランスがとれた白色光を得ることができたことが量子ドット技術のポイントである（図3-A参照）。量子ドットを非常に薄いシートに閉じ込めて、液晶パネルや有機ELパネルと組み合わせることにより、従来よりも発色が良く、自然の色に近い色を映し出すことができる。

　一般の液晶テレビを例にすると、色の表示方法は、バックライトの白色を青色LEDに黄色（青の補色）の蛍光体（蛍光剤）による光を加えて生成し、バックライトから出る光を偏光フィルターと液晶部でシャッターのようにコントロールし、通過した光をRGBのカラーフィルターで色に変換することで行っている。このため、スペクトルは緑色と赤色の付近はつながったブロード（幅が広くなだらか）な形で、緑色と赤色の明るさのレベルも青色と比べ低くなる。このとき、フィルターで不要な色（帯域）を吸収（ロス）させてRGB成分を取り出すために、ブロード状態のスペクトル光だと効率よく取り出すことができない。フィルター透過後のスペクトルイメージを図3-Bに示す。

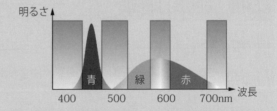

図3-B　白色光（青色LED＋黄色蛍光剤）の　　　　フィルター後のスペクトルイメージ

　量子ドットのシート（QDシート）を使った色変換で合成されえた白色光は、色変換が効率よくできているため、青色、緑色、赤色ともにスペクトルはバランスが取れたものとなり、同程度の明るさのピーク、幅となる。このため、従来方式より鮮やかな色が再現できるのである。このときのフィルター透過後のスペクトルイメージを図3-Cに示す。

現状の液晶方式、有機 EL 方式の量子化をまとめると以下のようになる。

① 量子ドット液晶方式（QLED）

青色 LED バックライトの光を量子ドット（QD）シートを通して純度の高い赤色、緑色を作り出し、RGB 三原色を合わせて白色バックライトに変換する。その後は、従来の液晶方式と同じで、偏光板、TFT、液晶シャッターなどを経てカラーフィルターで必要な色を取り出し、カラー画像として表示される。

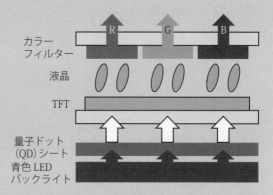

図 3-C　白色光（青色 LED ＋ QD シート）の フィルター後のスペクトルイメージ

つまり、基本的には、従来の方式でバックライトが量子ドットによる白色バックライトに変わっただけともいえる。ちなみにバックライトを青色とするのは、青色が他の色より光エネルギーが高い（波長が短い）ということと、変換を 1 色（青色）分減らせる（効率がよくなる）ためである。構成イメージを図 3-D に示す。

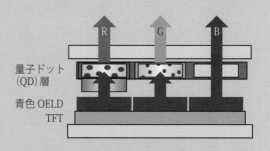

図 3-D　量子ドット液晶方式　構成イメージ

② 量子ドット有機 EL 方式（QD-OLED）

青色発光の有機 EL 層をサブピクセル単位で輝度を制御し、その光を量子ドット（QD）層が青色を赤色、または緑色に変換することで、RGB 三原色のサブピクセルが構成され、カラー画像として表示される。

つまり、一般的な有機 EL テレビの方式に比べ、白色の有機 EL 発光層を青色に置き換え、カラーフィルター層を量子ドット（QD）層に置き換えたものともいえる。一般的に大型サイズの有機 EL パネルは、RGB ごとの有機 EL 素子に、さらにサブピクセルごとに生成することが難しいため、RGB のパネル全面の各有機 EL 層を作り、それぞれの光を合成して白色を作り出している。QD-OLED では、青色発光の有機 EL 層を用い、直接、青色から色変換しているため、効率よく（損失が少なく）、純度の高い色が得られる。構成イメージを図 3-E に示す。

なお、本解説の構成イメージは、詳細な構造については、各メーカーによって違う可能性がある。

図 3-E　量子ドット有機 EL 方式 構成イメージ

マイクロ LED ディスプレイ

　テレビには、ディスプレイデバイスとして液晶ディスプレイや有機 EL ディスプレイが使われているが、次世代のディスプレイとして注目されているのがマイクロ LED ディスプレイである。

（1）基本構造

　マイクロ LED ディスプレイは、有機 EL ディスプレイと同様のバックライトが不用な自発光方式のディスプレイである。図 3-F は、マイクロ LED ディスプレイの基本構造を示したものである。駆動回路上に配置された R、G、B のマイクロ LED が発光することにより映像を表示するシンプルな構造である。

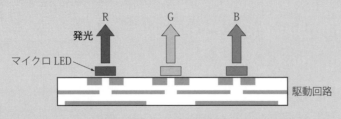

図 3-F　基本構造

（2）特徴

　マイクロ LED ディスプレイには、液晶ディスプレイや有機 EL ディスプレイと比較して次の特徴がある。

① 高輝度

　有機 EL ディスプレイと比べて発光効率が高く、また光の利用効率も高いため、高輝度である。

② 高コントラスト

　高輝度で、液晶ディスプレイのようにバックライトの光モレがないため、コントラスト比が大きく高コントラストである。

③ 広視野角

　自発光のため、見る方向によって色が変わる色シフトや明るさの変化は小さく、視野角は 180 度に近く広視野角である。

④ 長寿命

　半導体素子のため、有機 EL ディスプレイの有機化合物に比べて化学変化が発生しにくく、長寿命である。

（3）マイクロ LED ディスプレイの方式

　マイクロ LED を実装してディスプレイにする方式として、大きく 2 つの方式がある。名称は、さまざまな呼び方があり既定されているものではない。

① チップ実装方式

　図 3-G (a) のように、R、G、B のマイクロ LED を搭載したチップを作製し、このチップを駆動回路が形成された基板上に並べて実装してディスプレイにする方式である。この方式は、比較的大型のマイクロ LED ディスプレイを製造するのに適している。チッ

プ間のピッチ（画素ピッチ）を 1.26mm とした構造により、4K 画素数で 220 インチ、8K 画素数で 440 インチのマイクロ LED ディスプレイが商品化されている。

② ウェハ貼り合わせ方式

図 3-G（b）のように、半導体ウェハ上に青色（B：Blue）のマイクロ LED を高密度で並べて作製し、駆動回路を形成した半導体ウェハと貼り合わせることでディスプレイにする方式である。カラー化のため、高密度で並べた青色 LED の上に、青色を緑色および赤色の光に変換する色変換層を形成している。試作品であるが、1.6 インチ角の正方形で横 300 画素×縦 300 画素のマイクロ LED ディスプレイが開発されている。

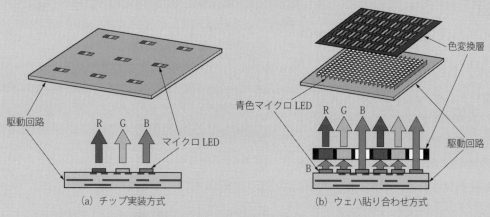

図 3-G　マイクロ LED ディスプレイの方式

（4）今後の展開

マイクロ LED は一部商品化されているものの、まだ開発段階のディスプレイデバイスのため、新しい技術革新なども含めどのように将来の商品化に向け展開するのかまだ見通せない段階にある。前述のマイクロ LED ディスプレイの 2 方式については、次のような展開が推察される。

① チップ実装方式

画素ピッチをより小さくする開発が進むと考えられる。画素ピッチが 1.26mm から 4 分の 1 の 0.315mm になれば、4K 画素数で 55V 型、8K 画素数で 110V 型のテレビ用マイクロ LED ディスプレイを製作できるため、一般家庭での利用も視野に入ってくる。

② ウェハ貼り合わせ方式

より大型化に向けた開発が進むと考えられる。当初は、スマートフォン、次にタブレットやパソコンなどに使用されると考えられる。試作された 1.6 インチ角の正方形で横 300 画素×縦 300 画素のマイクロ LED ディスプレイと同じ画素ピッチで大型化すると、4K 画総数で 24V 型、8K 画素数で 48V 型のテレビ用マイクロ LED ディスプレイを製作できる。また、半分の画素ピッチで大型化すると、4K 画総数で 48V 型、8K 画素数で 96V 型のテレビ用マイクロ LED ディスプレイになる。チップ実装方式と同様に、テレビに搭載して一般家庭での利用も視野に入ってくる。

3.3　テレビの画質

　テレビの画質を左右する要素は数多くあるが、主要なものとして画素数、輝度、コントラスト比、色再現性などがある。さらに、映像信号に関わる色深度、残像を低減させ倍速駆動、輝度・色差信号のフォーマットやHDR（High Dynamic Range）も、画質に影響する要素となっている。

1.　画素数

　テレビの画面のきめ細かさや解像度を決める要素となるのが、ディスプレイの画素数である。現在は、テレビに搭載されるディスプレイパネルの画素数を基にテレビの呼称が定められており、一般的に、ハイビジョンテレビ、フルハイビジョン（2K）テレビ、4Kテレビおよび8Kテレビと呼ばれている。それぞれの水平方向と垂直方向の画素数および画面全体の画素数は、図3-17のとおりである。フルハイビジョンテレビの画面全体の画素数は約207万画素で、フルハイビジョンテレビを基準にすると、4Kテレビの画素数はその4倍の約829万画素、8Kテレビの画素数は16倍の3317万7600画素となる。同じ画面サイズのテレビであれば、画素数が多いほど近づいても映像の粗さ（画素）が気にならないため、視野が広がり臨場感のある映像を視聴できる。

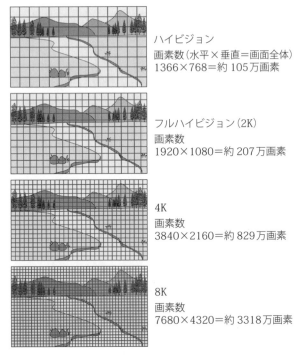

ハイビジョン
画素数（水平×垂直＝画面全体）
1366×768＝約105万画素

フルハイビジョン（2K）
画素数
1920×1080＝約207万画素

4K
画素数
3840×2160＝約829万画素

8K
画素数
7680×4320＝約3318万画素

図3-17　ディスプレイの画素数

2.　輝度

　輝度は、画面の明るさの程度を表し、単位は cd/m^2（nitを使う場合もある）である。画面全体を白色表示にして測定した輝度を全画面輝度、画面の一部を白色表示にして測定した輝度をピーク輝度と呼んでいる。全画面輝度、ピーク輝度共に、輝度が高いほどより明るい表示が可能であるといえる。例えば、太陽が輝くような映像を映し出す場合には、ピーク輝度が高いほど、より輝く太陽を表現できる。最近のテレビでは、HDR（High Dynamic Range）映像の高いピーク輝度 $1000cd/m^2$ 以上に対応して、ディスプレイ画面上のピーク輝度で $1000cd/m^2$ 以上を実現できる液晶ディスプレイを搭載したテレビも販売されるようになってきている。

3.　コントラスト比

　コントラスト比は、画面に表示する白色と黒色の輝度の比を示し、10000：1などと表現される。黒色を表示したときの輝度を1とした場合に、白色を表示したときの輝度が、その何倍

なのかを比で示したものである。黒色の輝度が低いほど、また白色の輝度が高いほどコントラスト比は大きくなる。コントラスト比が大きいほど、画像の明るい部分と暗い部分との明暗の差がはっきりするため、メリハリのある画像になると一般的にいわれている。

4. 色再現性

色再現性は、入力された映像の色を再現する能力を表す。色再現性の能力は、一般的に CIE（Commission Internationale de l'Eclairage、国際照明委員会）が標準化した CIE xy 色度図上で、再現可能な色の範囲で表現されることが多い。また、国際電気通信連合（ITU：International Telecommunication Union）の無線通信部門（ITU-R：ITU Radiocommunication Sector）では、ITU-R 勧告で色域を規定しており、よく知られるものとして BT.709 や BT.2020 などがある。BT.709 の色域はハイビジョン放送などの色域として用いられており、BT.2020 は 4K 放送などの色域として使用されている。CIE xy 色度図と BT.709 および BT.2020 の色域を表したものが、**図3-18** である。BT.2020 のほうが、BT.709 よりも CIE xy 色度図上で色の再現範囲が広く、より多彩な色表現が可能なことを示している。テレビについても、再現可能な色の範囲を CIE xy 色度図上に示すことで、どの程度の色再現性があるのか、また BT.709 や BT.2020 の色域をどの程度カバーしているかなどが理解でき、機器の色再現性の能力を把握することができる。

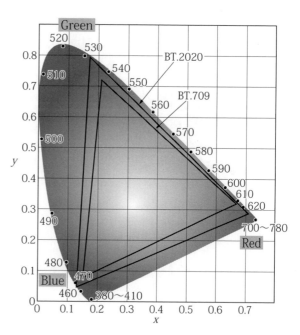

図3-18 CIE xy 色度図と BT.709、BT.2020 の色域

5. 色深度

色深度とは、RGB それぞれの色表現を行う際の階調の値となる駆動ビット数を表している。色深度は、デジタルの映像信号でそれぞれの色を何段階の数値で表現するのかを示す値といえる。色深度が単色で 8 ビット（bit）の場合には、理論上、256 階調の表現が可能で、RGB の 3 色を合わせた場合には約 1677 万 7 千色の色表現が可能である。この色深度が単色で 10bit になると、理論上、1024 階調の表現が可能で、RGB の 3 色を合わせた場合には約 10 億 7 千万色の色を表現できる。色深度が 10bit や 12bit などと大きくなるほど、中間色を含め多くの色を再現できる能力を備えているといえる。地上デジタル放送やブルーレイディスクなどの色深度は 8bit が用いられている。また、Ultra HD Blu-ray 規格では、色深度に 10bit が採用されており、映像信号の単色での階調表現が従来のブルーレイディスクの 8bit に比べて大きくなっている。

6. 倍速駆動

　アクティブマトリックス方式を用いる液晶ディスプレイや有機 EL ディスプレイなどのホールド型のディスプレイデバイスは、動画を表示する際、次の画像を表示するまで前の画像が表示され続けるため残像が発生しやすい。そのため、動きの速い動画などを見るときに、残像を生じさせてしまう場合がある。この動きの速い映像の残像を低減させる技術が倍速駆動である。テレビ画像は、60 枚／秒で書き換えられるのが基本である。倍速駆動では、**図 3-19** のように画像と画像の間にもう 1 枚の画像を疑似的に作って埋め込む「動画像補間技術」を用いて、毎秒 120 枚にして表示を行う。これにより、画像の動きを滑らかにし、速い動きの映像の残像を低減させることができる。この倍速駆動の技術は、メーカーにより倍速表示、倍速技術などと呼ばれている。

　この倍速駆動に加え、液晶ディスプレイのなかには、各画像の表示後に LED バックライトを消灯させて同じ画像を表示する時間を短くし、擬似的にインパルス型の表示方法に近づけて残像を低減させる方式のものもある。

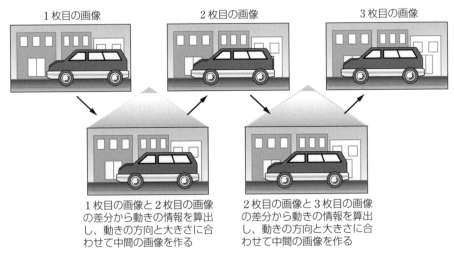

図 3-19　倍速駆動の動画像補間技術

7. 輝度・色差信号のフォーマット

　YUV などとも呼ばれるデジタルの輝度・色差信号のフォーマットには、4：4：4、4：2：2や 4：2：0 などがある。この 3 つのフォーマットは、デジタルのコンポーネント信号の輝度信号（Y）、青色と輝度の色差信号（Pb/Cb）および赤色と輝度の色差信号（Pr/Cr）の形式を規定したものである。人の視覚特性には、暗闇では物の形は認識できても、色については認識しにくいなど、輝度に対する感度よりも色に対する感度のほうが低いという性質がある。この特性を利用して、より少ないデータ量で映像信号を伝送するために考えられたのが、4：2：2や4：2：0 などの映像信号フォーマットである。**図 3-20** は、3 つの映像信号フォーマットの違いを表現したものである。4：4：4 のフォーマットは、輝度信号（Y）、青色差信号（Pb/Cb）および赤色差信号（Pr/Cr）のデータ量を減少させるなどの加工をせず、縦と横の画素数がすべて同じデータ量のフォーマットである。これに対し、4：2：2 のフォーマットでは、輝度信号（Y）は、縦と横の画素数と同じデータ量とするが、青色差信号（Pb/Cb）および赤色差信号（Pr/Cr）の横の画素数を半分にしてデータ量を減らしている。さらに 4：2：0 のフォーマッ

トでは、輝度信号（Y）は、縦と横の画素数と同じデータ量とするが、青色差信号（Pb/Cb）
および赤色差信号（Pr/Cr）を横と縦の両方共に半分にして、さらにデータ量を減らしている。
これらの方式を用いることにより、伝送時にデータ量を少なくできる。地上デジタル放送やブ
ルーレイディスクなどでは、映像信号のデータ量を抑えるために4：2：0のフォーマットが用
いられている。一方、より高画質を意図した4：4：4のフォーマットは、圧縮されていない情
報量の多い色差信号を使うため、高画質の映像をテレビなどに映し出す能力を持っている。

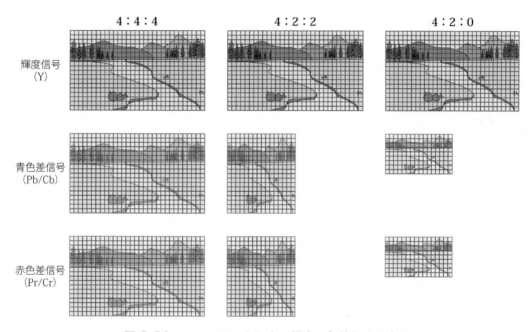

図3-20 フォーマットによる輝度・色差信号の違い

8. HDR（High Dynamic Range）

（1）HDRの技術

　HDRは、映像の持つ輝度の幅（ダイナミックレンジ）をより拡大するための技術である。
HDRの技術は、映像の撮影や制作、また映像の記録や伝送、テレビでの表示までを含めた技
術である。図3-21は、現実の世界をはじめとする輝度のダイナミックレンジの比較である。
現実の世界で見ることのできる物の明るさである輝度をcd/m^2（または nit）という単位で表
すと、室内の暗がりの床の輝度が約$0.1cd/m^2$、蛍光灯の輝度が約$6000cd/m^2$また直射日光
を反射した車のボディの輝きの輝度が約$300000cd/m^2$などとなり、非常に大きなダイナミッ
クレンジを持っている。また人間の目は、一般的に$0.01cd/m^2 \sim 100000cd/m^2$程度の明る
さの違いを瞬時に識別する能力を持つといわれており、瞳孔の調節によってより暗いところも
明るいところも識別できる能力がある。

　このような現実の状況に比較して、従来のSDR（Standard Dynamic Range）の映像であ
るハイビジョン放送やBDソフトなどでは$0.01cd/m^2 \sim 100cd/m^2$の非常に狭い輝度の幅で映
像が作られてきている。したがって、直射日光を反射した車のボディの輝きの約$300000cd/m^2$
の輝度も$100cd/m^2$となってしまうため、本来の輝きとは程遠い映像となっていた。この課題
を解決する方法がHDRの技術で、映像の記録からテレビでの表示までを含め、映像の持つ輝
度の幅（ダイナミックレンジ）を拡大することができる。HDRに対応した映像では、輝度の

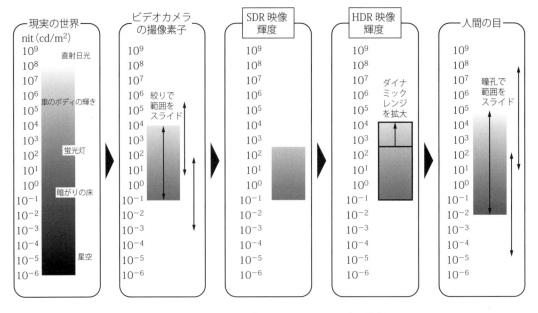

図3-21　輝度のダイナミックレンジの比較

伝達関数であるEOTFとOETFには、PQ方式とHybrid Log-Gamma方式がある

※1 OETF：Opto-Electronic Transfer Function
※2 EOTF：Electro-Optical Transfer Function

図3-22　HDR映像の撮影から表示までのシステム

ダイナミックレンジを拡大しているため、より現実に近い映像をテレビの画面上で再現できるようになった。HDRによる映像記録および再生方式では、大きな輝度のダイナミックレンジをカバーし、さらに人間の目が感じる明るさの変化に応じた数値化を行うため、**図3-22**のプロセスのようにビデオカメラでの撮影の際にはHDR映像に適したOETF（Opto-Electronic Transfer Function）、テレビでの表示の際にはHDR映像に適したEOTF（Electro-Optical Transfer Function）伝達関数を規定する必要がある。

　伝達関数のOETFとEOTFでは、輝度の低い暗い映像から輝度の高い非常に明るい映像までリニアではなく、対数による曲線的関係を利用して、大きな輝度のダイナミックレンジを持つ映像の適切な撮影および表示を可能としている。現在のHDRの方式では、これらのOETFとEOTFの伝達関数として、PQ方式とHybrid Log-Gamma方式の2つの方式が用いられている。

(2) PQ（Perceptual Quantization）方式

　PQ方式では、**図3-23**のようにテレビでの表示の際に使用されるEOTFをSMPTE ST2084EOTF（PQカーブ）として規定しており、撮影時に使用されるOETFは、SMPTE

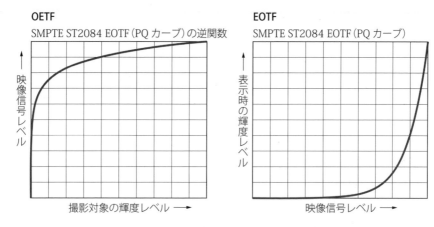

図 3-23 PQ 方式の OETF と EOTF

ST2084EOTF（PQ カーブ）の逆関数を使用して HDR 映像を成立させている。この PQ
（Perceptual Quantization）方式は、HDR10 と呼ばれる方式やドルビービジョン（Dolby
Vision）などに採用されている。

1）HDR10 方式

　HDR10 方式は、Ultra HD Blu-ray の HDR 映像の標準規格などに採用されている。
HDR10 方式は、色深度が 10bit で、1024 階調により赤、緑、青の各色の輝度表現を行う
ことができる。また、Static HDR を採用しており、この方式は映像コンテンツ単位で最大
輝度レベルなどを設定する方式となっている。

2）Dolby Vision（ドルビービジョン）

　ドルビービジョンは、Ultra HD Blu-ray の HDR 映像のオプション規格などに採用され
ている方式である。ドルビービジョンの 1 つ目の特徴は、色深度が最大で 12bit に設定でき
ることで、色深度が 10bit の場合に比べ、より細かな階調での赤、緑、青の各色の輝度表
現が可能となっている。2 つ目の特徴は、Dynamic HDR の採用である。HDR10 などの
Static HDR では、映像コンテンツ単位でしか最大輝度レベルを設定できない。例えば、最
大輝度を 1000cd/m^2 と設定した場合、明るい映像では最大輝度 1000cd/m^2 を使用した適
切な輝度の映像で表現できるが、暗い部屋の中などの暗い映像シーンでは、1000cd/m^2 と
いった明るい部分がないので、映像全体が暗くなってしまう。Dynamic HDR では、この
制限を取り払うため、最大輝度レベルを映像のフレーム単位で設定できる。したがって、明
るいシーンでも暗いシーンでも bit 数を最大に利用して適切な輝度の階調表現が可能になる。
これにより、映画などの撮影後に映像の色や画質調整を行い、映像を仕上げるカラーグレー
ディングのプロセスで Dynamic HDR により各映像シーンに合わせ最大輝度レベルの設定
などを行い、制作者の意図に合わせた各シーンの映像表現を可能にしている。

3）HDR10＋方式

　HDR10＋方式は、HDR10 を拡張した規格である。HDR10 では Static HDR のみであっ
たが、HDR10＋では、拡張により Dynamic HDR も利用できるようになった。これによ
り、ドルビービジョンと同様に最大輝度レベルを理論上、映像のフレーム単位で設定できる。
したがって、明るいシーンでも暗いシーンでも、bit 数を最大に利用した適切な輝度の階調
表現が可能である。

4）インターネットでの HDR の 4K 映像コンテンツ配信

　映像ソフトの Ultra HD Blu-ray だけでなく、インターネットを利用して HDR の 4K 映像配信サービスが行われている。ひかり TV や Netflix では、HDR10 方式やドルビービジョンで HDR の 4K 映像コンテンツのビデオオンデマンドによる配信を行っている。また、Amazon Prime Video では、HDR10、HDR10＋方式に対応した HDR の 4K 映像コンテンツなどの配信を行っている。

（3）Hybrid Log-Gamma 方式

　PQ 方式は基本的に撮影後の作業であるカラーグレーディングが必要なため、生放送を行うデジタルテレビ放送では利用することが困難である。そこで、デジタルテレビ放送に利用できる方式として、NHK などが SDR 方式と HDR を組み合わせた Hybrid Log-Gamma 方式を開発した。この方式では、**図 3-24** のように撮影時に使用される OETF を Hybrid Log-Gamma として規定しており、テレビでの表示の際に使用される EOTF は Hybrid Log-Gamma の逆関数を使用している。

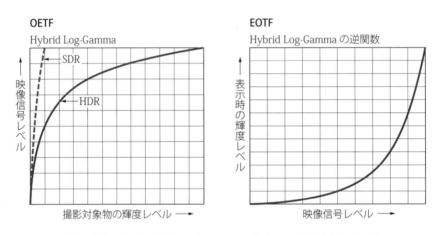

図 3-24　Hybrid Log-Gamma 方式の OETF と EOTF

　SDR と HDR の両方を成立させるために、OETF において、SDR の最大輝度の映像信号を HDR では約半分の輝度レベルの映像信号として利用することで、両方の映像表現を成立させている。この方式では、HDR の特徴である非常に明るい映像も記録できるが、カラーグレーディングなど処理をせず HDR に対応した映像で放送できる特徴を持っている。新 4K8K 衛星放送の 4K 放送と 8K 放送の HDR 映像などで、Hybrid Log-Gamma 方式が採用されている。

（4）HDR 対応テレビ

　テレビでこれらの HDR 映像を忠実に再現するためには、テレビも HDR に対応したものでなければならない。そのため、液晶テレビの直下配置型 LED バックライトを搭載した機種などでは、明るい映像部分の輝度を高く、暗い部分の輝度を低く変化させ大きなコントラスト比を得る機能（エリア制御やローカルディミング）が利用されている。また、HDR の記録や伝送の方式は前述のとおり、それぞれの方式で異なっている。したがって、各方式でそれぞれ記録された HDR 映像、またインターネットで配信される HDR 映像や放送される HDR 映像をテレビで視聴するには、テレビもそれぞれの方式に対応している必要がある。

(5) Dolby Vision IQ

　Dolby Vision IQ は、ドルビービジョンの HDR 映像コンテンツに対し、テレビが設置されている場所の明るさに応じて画質を最適化する技術である。ドルビービジョンに対応した HDR 映像を視聴する場合、明るいリビングルームなどに設置されたテレビで視聴すると、映像コンテンツによっては画面が暗くなり、きれいに見えないことがある。これは、映像コンテンツそのものが全体的に暗かったり、制作段階での想定よりもテレビが設置されている場所が明るかったりすることなどが原因である。Dolby Vision IQ を搭載するテレビでは、この技術により、テレビに内蔵されている照度センサーを使って設置場所の照度を測定して設置場所に応じて画面が暗く見えることがないように調整し、さらに映像コンテンツの映像データに含まれるメタデータを利用して画質を最適化している。

9. Ultra HD Premium

　UHD（4K や HDR など）映像の技術仕様などのルールを定めている関連企業団体である UHD Alliance は、Ultra HD Premium のロゴを制定し、HDR 対応を含む以下の要求内容により、高画質の映像を表現できるコンシューマー向けのテレビや映像コンテンツ（映像ソフト）などの認証を行っている。

●コンシューマー向けテレビなど
　①解像度：水平 3840×垂直 2160 画素
　②色深度：10bit
　③色域 1：BT.2020 に準拠
　④色域 2：DCI-P3※の 90％以上をカバー
　⑤HDR 対応：SMPTE ST2084EOTF（PQ カーブ）
　⑥輝度表示：
　　• 液晶ディスプレイ搭載テレビ
　　　最低輝度 0.05nits 未満（黒レベル）～最高輝度（ピーク輝度）1000nits 以上
　　• 有機 EL ディスプレイ搭載テレビ
　　　最低輝度 0.0005nits 未満（黒レベル）～最高輝度（ピーク輝度）540nits 以上

●映像コンテンツ（映像ソフト）
　①解像度：水平 3840×垂直 2160 画素
　②色深度：10bit
　③色域：BT.2020
　④HDR 対応：SMPTE ST2084EOTF（PQ カーブ）
　⑤最低輝度（黒レベル）0.03nits 未満～最高輝度（ピーク輝度）1000nits 以上のマスターモニターの使用を推奨

上記の要求に適合し、Ultra HD Premium のロゴを表示したテレビなどが販売されている。

※：DCI-P3 は、米国の映画制作会社で構成される業界団体 Digital Cinema Initiatives（DCI）が定めたデジタルシネマの色域の規格である。

テレビの最適な視聴距離

　4Kテレビの最適な視聴距離は画面の高さの1.5倍の距離、フルハイビジョンテレビの場合は画面の高さの3倍の距離などといわれるのはなぜだろうか？

　テレビを見る最適な視聴距離と角画素密度には、密接な関係がある。角画素密度は、図3-Hのように人がテレビを見るときの眼球の視角1度あたりの画素数を示している。テレビの画素が気になるか、ならないかの境界値（しきい値）は、一般的に角画素密度が視角1度あたり60画素といわれている。

　この角画素密度が60画素となる視聴距離を55V型のテレビに当てはめて示したものが図3-Iである。

- 4Kテレビの場合は視聴距離が約1mになる。これは、画面の高さの約1.5倍の距離で、視野角（水平視野角）は約60度である。

- フルハイビジョンのテレビの場合は視聴距離が約2mになる。これは、画面の高さの約3倍の距離で、この場合の視野角（水平視野角）は約30度である。

　この関係性から、一般的に、画素が気にならず、テレビに映し出される映像を広い視野で見ることができる最適な視聴距離の目安は、次のようにいわれるようになった。

角画素密度
＝視角（観視画角）
　1度あたりの画素数

1度

眼球

図3-H　角画素密度

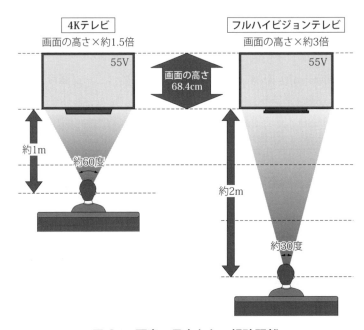

図3-I　画素の目立たない視聴距離

① 4Kテレビの場合は、画面の高さの約1.5倍の距離

② フルハイビジョンテレビの場合は、画面の高さの約3倍の距離

　この関係性を基に、画面サイズと視聴距離の関係を示したグラフが図3-J である。テレビの画面サイズを横軸、視聴距離を縦軸として、画素が気になるか、ならないかの境界値（しきい値）を直線で示している。例えば、60V型の4Kテレビの場合には約110cmが境界になるため、画素が気にならず広い視野で見ることができる最適な視聴距離は約110cmになる。

　ただし、快適に視聴できる距離は、画素が気になるか、ならないかだけではなく、映像コンテンツの内容、テレビ画面の明るさや周囲の環境、視聴者の体調などにより異なる場合があるので、これらの点も十分に考慮する必要がある。

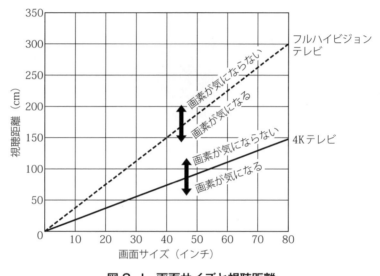

図 3-J　画面サイズと視聴距離

3.4　インテリジェント化するテレビ
〜テレビのさまざまな使い方、そして音声機能〜

　インターネットを利用したさまざまな映像コンテンツの視聴やアプリをダウンロードして機能をカスタマイズができるインテリジェント化されたテレビが販売され、豊富な映像と情報によって、より快適に楽しむことができる機器へと変化している。また、音声検索との融合により、映像コンテンツや情報の検索を簡単に行えるテレビ、他機器をコントロールできるテレビ、さらに音声で情報を提供する「話をする」テレビも実用化されている。

1. スマートフォンで操作

　リモコンを使わずにスマートフォンで、電源ON/OFF、チャンネル切り替え、音量調節などの基本操作ができるテレビがある。これらのテレビでは、専用アプリをスマートフォンにダウンロードすることで、リモコンの機能を使用できるようになる。図3-25は、アプリの画面

上のリモコン機能を示した例である。スマートフォンで気軽にテレビを操作できることに加え、リモコンが見当たらなくなったり、リモコンの電池が消耗してしまったりした場合にも役立つと考えられる。

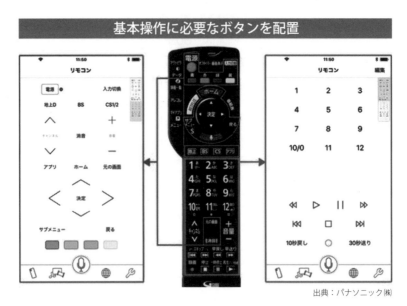

図3-25　スマートフォンでの操作例

2.　スマートフォンで検索した映像コンテンツの再生

　スマートフォンで検索した映像コンテンツなどをテレビの大画面に映し出し、楽しむことができるテレビが実用化されている。この機能は、テレビにより異なるが、専用アプリを利用する方法や Chromecast built-in、Miracast、AirPlay などに対応したテレビなどで実現されている。

（1）専用アプリによる方法

　図3-26 のように、スマートフォンにダウンロードした専用アプリの画面上で各種の映像コンテンツのなかから見たい動画を見つけ出し、タップして選択することでテレビの画面に映し出すことができる。

図3-26　専用アプリによる方法の例

（2）Chromecast built-in 対応テレビ

　Chromecast built-in に対応したテレビでは、例えば、スマートフォンで YouTube の映像コンテンツを選択したあと、「キャストアイコン」をタップすることでテレビに YouTube の映像コンテンツを映し出すことができる（図 3-27 参照）。このとき、テレビはスマートフォンからの情報を基に、テレビ側からインターネットを使って YouTube の指定された映像コンテンツを探し出し、テレビの画面に映し出す動作を行っている。

映像配信サービスから
お気に入りの
映像コンテンツを選んで、
テレビで再生

図 3-27　Chromecast built-in 対応テレビの例

3. アプリによる機能のカスタマイズ

　使い方や目的に応じ、アプリを追加して機能をカスタマイズできるテレビもある。Android TV を登載したテレビは、その一例である。各種の映像コンテンツの視聴や音楽の再生、ほかにもゲーム、料理レシピの検索やショッピングなど目的に応じたさまざまな使い方ができる。テレビで利用できるアプリは、各種のサービスと連動する新しいアプリが開発され提供されている。

4. 音声検索

　音声により映像コンテンツや検索ワードに関連する動画を検索できるテレビが販売されている。図 3-28 は、テレビのリモコンの音声検索ボタンを押して話しかけることにより、インターネットで提供される YouTube などの映像コンテンツやテレビ放送の番組などを検索できる例である。

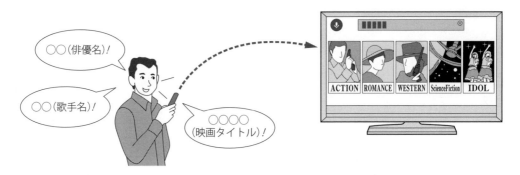

○○（俳優名）!

○○（歌手名）!

○○○○
（映画タイトル）!

ACTION　ROMANCE　WESTERN　ScienceFiction　IDOL

図 3-28　リモコンを使った音声検索

図3-29は、テレビ本体にマイクロホンを搭載したテレビによる音声検索の例である。

出典：ソニー㈱

図 3-29　テレビ本体のマイクロホンによる音声検索

5. 「音声プッシュ通知」サービス

　宅内で使用している家電製品の動作状況、また生活に役立つ情報などを音声で知らせてくれる「音声プッシュ通知」サービスを利用できるテレビが実用化されている。このサービスは、クラウドを使用し、このサービスに対応する家電製品とテレビを連携させて実現している。図3-30は、音声プッシュ通知の例である。例えば、エアコンが設置されている離れた部屋の温度が高い場合に、「エアコンのある部屋が高温状態です」などとテレビが音声で知らせてくれる。また、生活に役立つ情報として、ゴミ収集日に「今日は燃えるゴミの日です」などと、うっかり忘れてしまわないように音声で知らせてくれる。これらの音声プッシュ通知は、テレビのメニュー画面の設定で通知内容をカスタマイズできるため、必要な音声プッシュ通知を選択して快適な生活のサポートとして利用できる。また、プッシュ通知は単に音声だけでなく、テレビの画面に表示することも可能である。

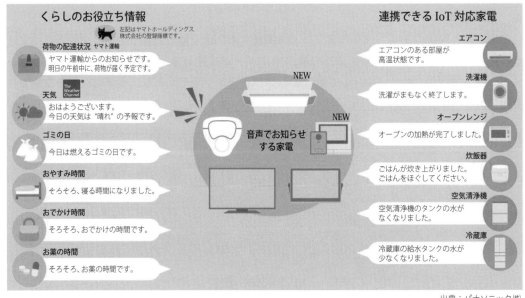

出典：パナソニック㈱

図 3-30　「音声プッシュ通知」サービス

Google アシスタント対応テレビと搭載テレビの違いとは？

　Google アシスタント対応テレビと搭載テレビの違いについて説明する。

（1）Google アシスタント対応テレビ

　Google アシスタントを搭載するスマートスピーカーなどを使った音声指示により、テレビの ON/OFF などが行えるテレビのことをいう。**図 3-K** のように、スマートスピーカーからの指示により操作されるテレビである。この動作をする機能は、「Works with Google アシスタント」とも呼ばれている。

図 3-K　Google アシスタント対応テレビ

（2）Google アシスタント搭載テレビ（Google アシスタント built-in テレビ）

　テレビに Google アシスタントを搭載し、スマートスピーカーとほぼ同じ機能を備えているテレビである。付属のリモコンやテレビ本体に内蔵されたマイクロホンに話しかけることにより、テレビ自体の機能のコントロール、各種の検索や**図 3-L** のように、テレビからの指示によって他機器を操作できるテレビのことをいう。このタイプのテレビは、一般的に上記の Google アシスタント対応テレビと同じ機能も備えている。

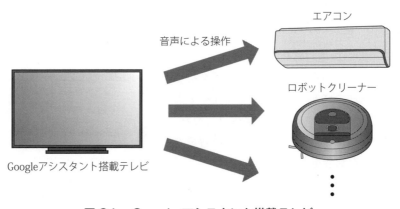

図 3-L　Google アシスタント搭載テレビ

　上記は Google アシスタントの説明であるが、Amazon Alexa なども同様に 2 種類の機器がある。

3.5　ソフトウエアの更新

　デジタル放送の受信に対応した機器では、新しく開始されたサービスにその受信機を対応させることや、機能アップや機能改善を行うため、機器に内蔵されているソフトウエアを書き換えることができる。機器のメニュー設定で、あらかじめ「自動でダウンロードを行う」設定にしておけば、ソフトウエアのダウンロードを自動で行うことができる（設定方法については、各機器の取扱説明書を参照）。

1.　ダウンロード方法と注意事項

　ソフトウエアのダウンロードは、地上デジタル放送および BS デジタル放送、インターネットなどを利用して実施される。デジタル放送によるダウンロードの場合、ケーブルテレビのSTB を利用してデジタル放送を受信している環境（直接デジタル放送が受信できない）や、直接受信していてもアンテナ受信レベルが低い場合などは正しくダウンロードできないことがある。また、ソフトウエアの更新は、機種によりテレビのリモコンで電源を切った状態（スタンバイ状態）や電源が入った状態で行われる。テレビの電源プラグをコンセントから抜いた状態、本体の電源スイッチで主電源を切った状態ではダウンロードは行われない。また、更新中は電源プラグをコンセントから抜かないよう注意が必要である。一般的にはダウンロードによりあらかじめ設定しておいた内容が書き換わることはないが、ダウンロードの内容によっては設定内容が初期状態に戻る場合や予約設定が消えてしまう場合もあるので、確認し再設定を行う（詳しくは、機器の取扱説明書などで確認する）。ソフトウエア書き換え用のデータ信号は、一定期間内に何回も送信される。1 回目のダウンロードがうまくいかなかった場合でも、再度送信されたときにダウンロードが行われる。ダウンロードが正常に終了した場合は、機器のお知らせメールなどにメッセージが表示される。

3.6　上手な使い方

1.　購入時に年間消費電力量を知る

　液晶ディスプレイや有機 EL ディスプレイを搭載したテレビは、過去のブラウン管テレビに比べて大幅に消費電力は低減しているが、ほぼ毎日使われ、また使用時間が長いこともあり、家庭内の消費電力量の約9％と大きな割合を占めている。一般的に画面サイズが大きいほど、また多くの機能を備えるほど消費電力量は大きくなる傾向がある。購入時には、図 3-31 の統一省エネラベルを確認し省エネ基準達成率が高く、年間消費電力量および待機時消費電力の小さい機種を選ぶと消費電力量を少なくできる。

図 3-31　テレビの統一省エネラベル
　　　　　の例

2.　節電

　一部の機種では、テレビにセンサーを搭載して設置場所の明るさをリアルタイムに把握し、バックライトの明るさを制御することで消費電力を低減させる機能を持ったものがある。無駄な電力を消費しないためには、以下のような点に注意しておく必要がある。

①見ていないときにテレビの電源を入れておくのは無駄な電力を消費するので、見ないときは電源を切る。

②必要以上に画面を明るくするのは消費電力の増加につながるので、画面の明るさや音量は適切な状態にする。

③画面がほこりなどで汚れていると暗く見えるので、適切な明るさにするために清掃を行う。清掃やお手入れの方法は、取扱説明書で確認する。

④長期間使用しないときには、待機電力による電力の消費をさせないために、本体の電源を切る。

3.　転倒防止

　地震の揺れなどによる転倒を防止するために、取扱説明書で確認して、丈夫な壁やテレビ台などに固定する（図3-32参照）。

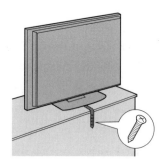

図3-32　転倒防止の対応例

3.7　VR、AR、MR技術による映像の世界

　コンピューターなどで制作したCG（Computer Graphics）の映像を現実に存在するかのように体験したり、現実の世界とCG映像を融合させて体験したりできる技術が利用できるようになってきている。これらの技術は急速に進歩してきており、現在実際に利用できる利用できる技術には、VR（Virtual Reality／仮想現実）、AR（Augmented Reality／拡張現実）やMR（Mixed Reality／複合現実）などがある。

1.　VR（Virtual Reality／仮想現実）

　実際には存在しないCG映像などによる仮想空間に実際に入り込んだかのように体験技術である。

（1）VR用ヘッドマウントディスプレイ（HMD：Head Mounted Display）

　図3-33は、VR用HMDを装着して使用している一例である。VR映像を視聴できるHMDであるソニー・インタラクティブエンタテインメントが販売しているPlayStation VRは、画素数が水平1920×垂直1080（90fpsまたは120fps）の5.7インチの有機ELディスプレイにより、左右の目、それぞれで見るための画素数が水平960×垂直1080の映像を表示して3次元の立体映像を作り出すことができる。視聴者がHMDを装着すると、視野角が約100度の映像により、目の前全体が映像で覆われ、また頭を動かせば、その方向の映像をシームレスに見ることができる。頭部を動かして360度の仮想空間を見渡せるのは、HMDに内蔵された加速度センサーが頭の動きと速度、ジャイロセンサーが頭の傾きと回転を感知し、またHMDに取り付けられたLEDの光を外部に設置したカメラが捉えて頭部の位置の追跡を行い、これ

らの動きに合わせて映像を制御することにより実現している。有機ディスプレイのサイズは 5.7 インチであるが、実際の画面は、約 100 度という広い視野で全体に広がる映像となる。また、ヘッドホンを装着して音を聴くと、独自の 3D オーディオの技術により、頭部の動きに連動し、仮想空間内の音響も映像の動きに連動して変化する機能も装備している。この HMD による VR 映像と音響の視聴は、今までのテレビなど視聴とは全く異なるもので、VR 映像のゲームのほかにもビデオカメラで撮影した VR 映像コンテンツなどの視聴が可能である。

図 3-33　ヘッドマウントディスプレイ（HMD）の装着例

2.　AR（Augmented Reality／拡張現実）

　現実の世界に CG 映像や情報を重ねて表示し、映像を拡張する技術である。この技術を利用すると、CG で制作されたキャラクターなどを現実の風景に重ね合わせ表示することができるため、まるで現実の世界に CG によるキャラクターが現れたかのような映像を見ることができる。AR の技術を利用した例には、スマートフォンなどのゲームアプリである「ポケモン GO」などがある。

3.　MR（Mixed Reality／複合現実）

　AR をさらに発展させた技術で、現実の世界に CG による 3D 映像をあたかも現実の世界に存在させることができる技術である。AR 映像では CG 映像に近づいたり、後ろに回り込んだりすることはできないが、MR ではカメラやセンサーなどを使用して映像の位置情報を把握し、現実の空間の適切な位置に配置することで、それらを可能にしている。

（1）MR 用 HMD

　MR 用 HMD の代表的なものとして、Microsoft HoloLens がある。図 3-34 は、複数の人が MR 用 HMD を装着し、CG で制作された 3D 映像を取り囲み、検討などを行っている例である。

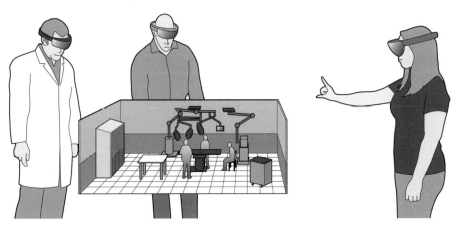

図 3-34　MR 技術と HMD の利用例

　このように、VR、AR、MR 技術を駆使することで、現実の世界と CG 映像や仮想空間など
の境界がなくなり、今までにない新たな映像体験が今後さまざまな方法で利用できるようにな
ると予想される。

　自由視点映像

　自由視点映像は、最近注目されている映像表現の方法で、見る人が視点を自由に移動さ
せて実際の空間の中を自由自在に飛び回るように見ることができる映像である。図 3-M
は、野球中継でバッターの打撃の様子を自由視点映像で視聴する一例で、自由視点映像の
制作と配信の仕組みは次のとおりである。複数のビデオカメラで映像を撮影し、それらの
映像データを高速処理で 3D 構造解析処理により 3D モデル化して自由視点映像にする。
3D モデル化された映像データは視聴者が移動させた視点に合わせレンダリングされて映
像が配信され、視聴者はテレビなどの映像表示機器を使って自由視点映像として視聴でき
る。この野球の例では、視聴者はスマートフォンを使って視点を自由に移動させることに
より、テレビの大画面でバッターの打撃フォームやピッチャーの投げる球種などをさまざ
まな好みの視点で視聴できる。自由視点映像の技術は、まだ実証実験の段階であるが、将
来は通信網の高速化により、各種のスポーツ中継やコンサートの映像配信サービスなどで
実用化されると考えられる。

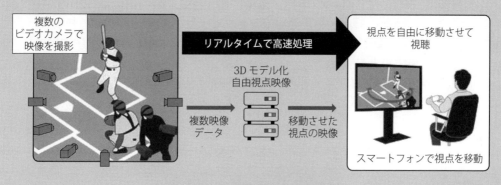

図 3-M　自由視点映像の視聴例

この章でのポイント!!

テレビに搭載されているディスプレイの構造、動作原理や特徴、HDR を含むテレビの画質の要素、インテリジェント化するテレビについて説明しています。また、ヘッドマウントディスプレイと VR、AR や MR 映像などについても説明しています。よく理解しておきましょう。

キーポイントは
- 液晶ディスプレイの構造、動作原理、種類、特徴
- 有機 EL ディスプレイの構造、動作原理、特徴
- テレビの画質の要素
- テレビのインテリジェント化
- テレビの上手な使い方
- VR、AR、MR 技術と HMD（ヘッドマウントディスプレイ）
- 自由視点映像

キーワードは
- エッジ配置型 LED バックライト方式、直下配置型 LED バックライト方式、ミニ LED バックライト、量子ドット、マイクロ LED ディスプレイ
- 画素数、輝度、コントラスト比、色再現性、色域、BT.709、BT.2020、色深度、倍速駆動、輝度・色差信号のフォーマット、HDR（HDR10、ドルビービジョン、HDR10＋、Hybrid Log-Gamma）、Ultra HD Premium、Dolby Vision IQ
- 音声検索、音声プッシュ通知、Chromecast built-in、Android TV、Google アシスタント対応テレビ、Google アシスタント搭載テレビ
- 統一省エネラベル、転倒防止

4章 デジタルディスクレコーダー

テレビ放送がデジタル化され、ハイビジョン映像に加え高画質の 4K 放送も一般的になった。これらの映像を録画して保存するために、機器も従来の DVD/HDD レコーダーに代わり、記録容量の大きなブルーレイディスク（BD）に録画、また市販の BD ソフトも再生できる BD/HDD レコーダーが主流となっている。さらに、4K 映像の Ultra HD Blu-ray の映像ソフトの再生に対応した BD/HDD レコーダーや BD プレーヤー、4K 放送を録画できる 4K チューナー内蔵 BD/HDD レコーダーも販売されるようになった。この章では、BD/HDD レコーダーを中心に、外付け USB HDD や各種の記録用ディスクなどについて説明する。

4.1 BD/HDD レコーダー

BD/HDD レコーダーに使われるブルーレイディスクは、CD や DVD と同じ直径 12cm で、DVD の約 5 倍以上の記録容量を持ち、片面 1 層で 25GB、片面 2 層で 50GB の記録容量がある。ブルーレイディスクでは、記録密度を高めるため、DVD 用の赤色レーザー（波長：650 nm）に対し、より波長の短い青紫色レーザー（波長：405nm）が使われている。

1. ディスクの種類

（1）BD-R（Blu-ray Disc Recordable）

ブルーレイディスクの規格で規定されている BD-R は、DVD の DVD-R／+R に相当する追記型ディスクである。記録層の素材には、金属などの相変化化合物（無機色素素材）を使用したタイプと有機色素化合物を用いた 2 種類がある。記録層に相変化化合物を使用した一般的なタイプは、BD-R または BD-R HTL（HTL：High To Low）とも呼ばれ、データを記録する際、レーザー光の当たった部分を化学変化させて、光の反射率を低下させ記録する相変化方式を採用している。読み取り時には、化学変化した部分と化学変化していない部分の光反射率の差を利用してデータを読み取る。表面は、0.1mm のカバー層（ポリカーボネート基板）で覆われている。記録層が 1 層の 25GB（BD-R）と 2 層の 50GB（BD-R DL）の 2 種類がある。また、有機色素化合物を使用したタイプは BD-R LTH（LTH：Low To High）とも呼ばれ、レーザー光の当たった部分を化学変化により低い反射率から高い反射率に変化させることから、Low To High といわれている。このディスクは、LTH タイプに対応した BD/HDD レコーダーなどの機器で使用することができる。

（2）BD-RE（Blu-ray Disc Rewritable）

BD-RE は、記録型ブルーレイディスクの書き換え可能ディスクで、DVD の DVD-RW／+RW、DVD-RAM に相当する。記録層には相変化化合物を使用し、相変化記録方式で記録する。記録層が 1 層の 25GB（BD-RE）と 2 層の 50GB（BD-RE DL）の 2 種類がある。

（3）BDXL 規格（3 層および 4 層）

　BDXL 規格は、Blu-ray Disc Association（BDA）がブルーレイディスクの容量を拡大する仕様として規格化したものである。BDXL には 3 層と 4 層の 2 種類があり、3 層タイプは追記型の BD-R XL と書き換え型 BD-RE XL で記憶容量は 100GB、4 層タイプは追記型 BD-RXL の記憶容量が 128GB である。記録、再生には、BDXL に対応した BD/HDD レコーダーなどの機器が必要である。BDXL 対応機器は、BDXL だけではなく、BD-R や BD-RE も使用することができる。

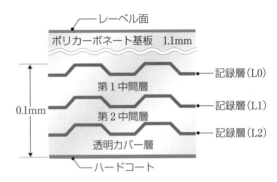

図 4-1　BDXL　3 層ディスクの構造

2.　各ディスクの記録層

　ブルーレイディスクの厚さは CD や DVD と同じ 1.2mm であるが、記録層の位置が異なる。CD の記録層は、レーベル面に近い 0.1mm の位置にある。CD-R などのレーベル面に文字を書く場合に「先のとがったペンを使わないように」と注意書きがあるのはこのためである。また、DVD の記録層はほぼ中央の 0.6mm に位置するが、ブルーレイディスクの記録層はレーザー光が当たる盤面側から 0.1mm の位置になっている。これは、ディスクの傾きや反りに対して、記録層がレンズに近いほど、書き込みや読み出しエラーを少なくするためである。

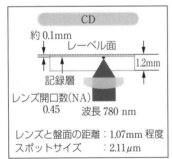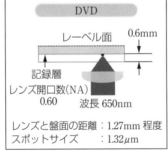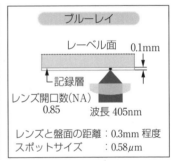

図 4-2　記録層の位置

3.　記録方式

（1）BDMV 方式（Blu-ray Disc Movie）

　一般的に映画や音楽ライブ映像などの市販 BD ソフトに使われる方式で、DVD の DVD Video 方式に相当する。この規格では、映像コンテンツに応じメニュー画面を盛り込むことが可能である。音声フォーマットは、標準フォーマットとして、DVD ビデオと同じドルビーデジタル 5.1ch、DTS 5.1ch およびリニア PCM（7.1ch まで対応）がある。これらに加え、オプションの音声フォーマットとして、7.1ch サラウンドに対応したドルビー True HD、DTS-HD、ドルビーデジタルプラス、さらにオブジェクトベースのサラウンドフォーマットであるドルビーアトモスや DTS：X などが採用されている。

(2) BDAV 方式（Blu-ray Disc Audio/Visual）

　一般的に BD-R、BD-RE などの書き込み式ブルーレイディスクで利用される方式である。主に録画用の記録方式として用いられ、DVD の DVD-VR 方式に相当する。ブルーレイディスクでは、DVD に比べて機器間の互換性が高いので、DVD で必要であったファイナライズは基本的に不要である。

3D 映像の再生（Blu-ray 3D）

　現在ほとんど機器は販売されていないが、ブルーレイディスクを使用して家庭内で高精細の 3D コンテンツを楽しめる「Blu-ray 3D」規格に対応した BD/HDD レコーダーや BD プレーヤーなどがあった。「Blu-ray 3D」規格では、映像符号化方式として、MPEG4 AVC/H.264 を拡張した MPEG4 MVC（Multiview Video Coding）が採用されている。Blu-ray 3D 規格で収録された市販の BD ソフトを Blu-ray 3D 規格に対応した機器で再生することにより、3D のコンテンツを 3D 対応テレビなどで視聴できる。また、3D 対応でない BD レコーダーや BD プレーヤーで 3D 対応の BD ソフトを再生した場合は 2D の再生になる。Blu-ray 3D 規格の BD ソフト、BD レコーダーや BD プレーヤーなどには、図 4-A の Blu-ray 3D のロゴマーク表示がある。

図 4-A　Blu-ray 3D のロゴマーク

---

4. 録画時間

(1) DR モードによるハイビジョン映像の録画

　放送画質のままで録画できる DR モードなどでは、MPEG2 の映像符号化方式を用いた地上デジタル放送などの放送信号を変換せずにそのまま録画している。1 層 25GB のブルーレイディスクには、BS デジタル放送（転送レート約 24Mbps）で約 2 時間 10 分、地上デジタル放送（転送レート約 17Mbps）で約 3 時間の番組が録画でき、2 層 50GB ディスクにはこの倍の時間の録画ができる。また、HDD への録画時間は、使用している HDD の容量にほぼ比例すると考えてよい。

(2) 長時間録画モード

　BD/HDD レコーダーは、MPEG4 AVC/H.264 の映像符号化方式を用いて、ハイビジョン番組の録画も、大きく画質を低下させることなく、DR モードの 2 倍から 16 倍程度の録画ができる長時間録画モードを搭載している。録画時間が長くなるモードほど、圧縮率が高く画質が低下するので、画質と録画時間の優先度に応じて設定できるようになっている。長時間録画のモードの呼び方は、「HX・HL モード」「SR・LR モード」など各社により違うため、各メーカーの製品に関するホームページや取扱説明書などで確認が必要である。また、長時間録画モードの場合、マルチ音声や字幕データは、録画における制限が決まっていたり、録画時に選択して設定するなど機種により対応が異なっていたりするので注意が必要である。

5.　HDD の基本構造

　HDD は、**図4-3**のようにプラッターと呼ばれる磁気ディスクが毎分数千～1万回転し、磁気ヘッドでデータの読み書きをする。プラッターは、記録容量などに応じて数枚が組み合わされて使われる（プラッター1枚の両面に1個ずつの磁気ヘッドが搭載され、記録を行う）。ハードディスクの電源が ON の状態では、プラッターが高速回転しアームに取り付けられたヘッドが、プラッター上をスイングしてデータの読み書きを行う。ヘッドは、プラッターの高速回転によって生じる気流により、わずかに浮いた状態が保たれ、ヘッドとプラッターの磨耗を防いでいる（**図4-4**参照）。

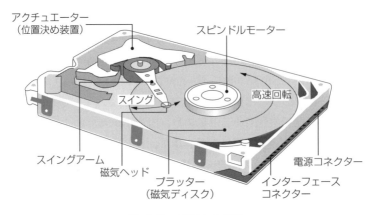

図 4-3　HDD の構造

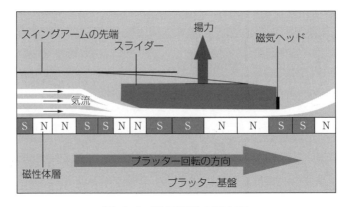

図 4-4　磁気記録の概念図

6.　取り扱い上の注意

　BD/HDD レコーダーは、基本的にパソコンと同じ構造の HDD を使用しており、取り扱い上の注意も共通である。その主なものを以下に記す。

　①特に動作時には、振動や衝撃を与えない。データを損なうだけでなく、ヘッドやプラッターが破損し故障の原因になる。

　② BD/HDD レコーダーの電源コードを抜く場合は、その前に必ず電源スイッチを OFF にし、HDD が停止したことを確認する。電源スイッチ ON のまま電源コードを抜くと、ヘッドがプラッターに当たってプラッター表面やヘッド自体を損傷する原因になる。

　③使用しない場合でも、時々電源を入れて HDD を動作させる。機器のコンディションを良

　好に保つために有効である。

④保存しておきたい内容は、DVD やブルーレイディスクなどにコピーまたは移動しておく。
　HDD が故障すると、録画されたデータを損なうことがある。

⑤温度差の激しいところ、湿度の多いところに置かない。結露によりヘッドやプラッターを
　損傷する原因になる。

⑥残量に余裕のある状態で録画する。可変ビットレート方式を用いている映像コンテンツの
　録画の場合、残量表示に比べて実際に録画できる容量が増減するので、残量に余裕がない
　と録画できないケースが考えられる。

⑦機器の冷却用ファンや通風口を塞がない。内部が高温になり、故障の原因になる。

4.2　BD のコピープロテクト

1.　著作権保護技術

（1）AACS（Advanced Access Content System）

　市販ソフトのブルーレイディスクや録画が可能なブルーレイディスクには、記録や再生のた
めの著作権保護技術として、「AACS LA（AACS Licensing Administrator）」が提供する著作
権保護技術の AACS が採用されている。AACS は、暗号化技術を採用し、DVD で採用されて
いた著作権保護技術の CSS（Content Scrambling System）や CPRM（Content Protection
for Recordable Media）より一段と強化され、強固なセキュリティを実現している。

（2）AACS2

　4K 映像が記録されている市販の Ultra HD Blu-ray、4K 映像や 8K 映像の録画が可能なブ
ルーレイディスク（Blu-ray AV 規格 Version5.0 に対応）には、記録や再生のための著作権
保護技術として AACS2 が採用されている。AACS2 は、AACS に比べてコピー制御情報の安
全性確保などが強化されており、著作権保護技術としてより強固なものとなっている。

（3）HDCP（High-bandwidth Digital Content Protection）

　HDCP は、BD/HDD レコーダーやパソコンなどの映像再生機器からテレビなどの表示機器
にデジタル信号を HDMI インターフェースや DVI などを使用して伝送する場合、伝送される
信号を暗号化してデジタルコンテンツが不正にコピーされるのを防止する著作権保護技術であ
る。著作権保護された 4K 映像のコンテンツを HDMI 端子、DisplayPort 端子や DVI 端子を
用いて伝送する場合には、使用機器が HDCP2.2 以降の規格に対応している必要がある。

（4）ダビング 10（ダビングテン）

　デジタル放送のコピー制御は、過去に「コピーフリー」「コピーワンス」「コピー禁止」の 3
種であった。その当時は、無料放送のほとんどが「コピーワンス」で、HDD に録画後、ブルー
レイディスクや DVD にダビングすると、HDD から消えてしまうため、使い勝手の面で不自
由さがあった。この制限を緩和するため、関係団体・省庁が協議した結果、2008 年から「ダ
ビング 10」というコピー制御方式が運用開始されている。ダビング 10 適用番組では、9 回ま
でのコピー、10 回目でムーブが可能となっている。以下に、ダビング 10 の詳細を記す。

①レコーダーがダビング 10 に対応していることが必要。

②ダビング 10 はデジタルチューナー搭載 HDD レコーダー（PC 含む）を対象としている。
　HDD 以外のメディア（ブルーレイディスクや DVD など）に直接録画した場合は、ダビ

ング10対象外となる。

③ダビング10番組を録画するHDD以外のメディア（ブルーレイディスクやDVDなど）は、コピーワンスと同様にARIB技術資料で定められるコンテンツ保護方式（AACS、CPRMなど）への対応が必要。

④ダビング10番組を録画したHDD以外のメディア（ブルーレイディスクやDVDなど）から、さらにデジタルコピー（孫コピー）を作ることはできない。

⑤地上デジタル放送はすべてダビング10の対象となるが、BS・110度CSデジタル放送では有料放送を中心に1世代1回だけのコピーワンスの番組が主に放送されている。

図4-5に、ダビング10番組を録画した場合のコピーとムーブの動作を示す。

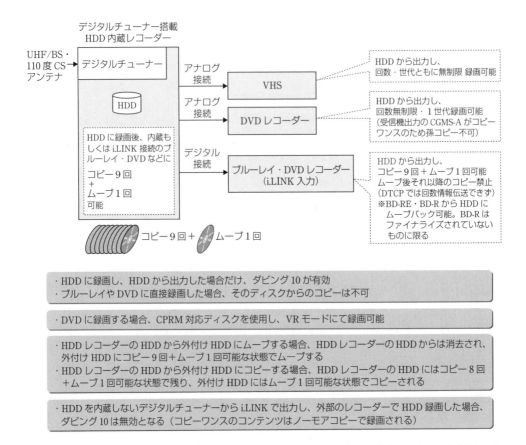

図4-5　ダビング10番組の録画動作の例（機器の仕様と端子の有無などにより異なる）

(5) DVD/HDDレコーダーなどの著作権保護技術

　BD/HDDレコーダーが一般化する前は、DVD/HDDレコーダーが使用されていた。DVD/HDDレコーダーにも著作権保護技術を使用したコピープロテクト機能が搭載されていたので、参考のために概要を記述する。DVD/HDDレコーダーは、著作権保護技術としてビデオテープのVHS市販ソフトなどで用いられるマクロビジョンのほかに、CGMS（Copy Generation Management System）のコピープロテクション方式にも対応し、次のような機能を持っていた。

①コンテンツに「コピー禁止」信号が付加されている場合、録画できない。

②「コピーワンス」の信号が付加されている場合、HDD または CPRM 対応の DVD のいずれかに 1 回記録できる。そこからさらにコピーすることはできないが、HDD から DVD へのムーブは可能。

「コピーワンス」番組を録画した場合、条件によりコピーやムーブの可否はさまざまになるので、その関係を**図4-6**に示す。

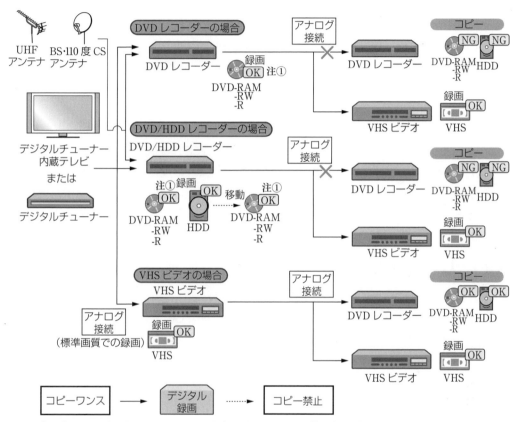

図4-6 「コピーワンス」番組の録画とコピーの動作例

(6) Cinavia（シナビア）

Cinavia とは Verance（ベランス）社が開発した著作権保護技術の1つで、Audio Water Mark（AWM）と呼ばれる音声信号に付加された Cinavia コードにより利用を制限する著作権保護機能である。BD ソフト、DVD ソフトをはじめ、映画館で上映する映画ソフトにも利用されている。この Cinavia による著作権保護では、コンテンツの音声信号に人間には聞き取ることができない（不可聴な）Cinavia コード信号が付加されており、再生時などで不正と思われる再生条件を検出したときに、Cinavia 対応機器が再生などを制限する。AACS の規定により、2012 年 2 月以降に製造されたすべての BD プレーヤーや BD/HDD レコーダーなどの BD 関連機器は、Cinavia 対応機器となっている。これらの機器では、映画館で上映したもの

を不正撮影した BD や DVD、また不正にコピーされた BD や DVD などを再生すると、再生開始後 10 分から 20 分程度で画面に警告表示が表示され、音声のミュートや再生の停止などが行われる。

（7）BD のムーブバック機能

DVD にダビングやムーブされた著作権保護コンテンツは、HDD に二度と戻すことはできないが、BD-RE や BD-R（ファイナライズされていないもの※に限る）にダビングまたはムーブ（Move：移動）されたコンテンツは、HDD にムーブバックする（書き戻す）ことが可能である。BD-R から HDD にムーブバックした場合は、BD-R 上のコンテンツは再生できなくなり、そのコンテンツに利用されていた領域は使用不可となるので注意が必要である。ムーブバック機能は、複数のブルーレイディスクに録画した番組を HDD に書き戻して 1 枚のブルーレイディスクに統合するなどの使い方に利用できる。

（8）BD ソフト再生のアナログ映像出力の禁止

AACS の著作権保護の規定により、2014 年 1 月以降に出荷された BD プレーヤーや BD/HDD レコーダーなどでは、市販されている映画や音楽など著作権保護された BD ソフト再生時のアナログ映像出力が禁止されている。この対応などにより、現在市販されている BD プレーヤーや BD/HDD レコーダーは、映像出力としてデジタル出力の HDMI 出力端子だけを装備し、D 端子、コンポジット映像端子などのアナログ出力を装備しない機種がほとんどである。

4.3 リージョン ID

1. DVD のリージョン ID（リージョンコード）

映像コンテンツなどが記録されている市販ソフトの DVD-Video では、世界を 6 つの販売地域に区分し、プレーヤーとディスクに地域ごとの再生可能地域 ID（リージョン ID、リージョンコード）を設定して再生を管理する方法が導入されている。図 4-7 は、6 地域のリージョン ID を示したもので、日本の ID は「2」である。DVD プレーヤーには販売地域に対応した ID が登録されており、著作権者の意向によりディスクに ID が記録されている場合は、ディスク ID とプレーヤーの ID が一致しないと再生できない仕組みになっている。ただし、ディスクへの ID 設定の仕方によって、複数の地域で再生可能にできるため、往年の名作映画などの市販ソフトでは、全世界で再生が可能な「リージョンフリー」の DVD もある。

※：BD-R は、タイトル消去、追記や編集の際に映像コンテンツを誤って消さないように、ディスクを保護するためのファイナライズが可能である。そのため、ムーブバックできる BD-R は、ファイナライズをしていないものに限られる。一方、BD-RE ではファイナライズはできないが、代わりにプロテクトを設定すれば映像コンテンツの保護が可能である。

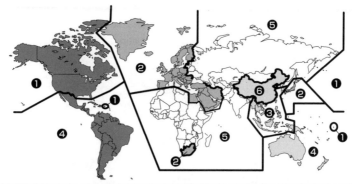

リージョンID	主な地域	リージョンID	主な地域
❶	米国（米国領）、カナダ	❺	ロシア、東ヨーロッパ、中央アジア、アフリカ
❷	ヨーロッパ、中東、日本、南アフリカ	❻	中国
❸	アジア太平洋地域	❽〈ALL〉	地域制限なし（フリー）
❹	南米、オーストラリアとその周辺	❽	国際線航空機・船舶

図4-7　世界6地域のリージョンID

2.　ブルーレイディスクのリージョンID

　ブルーレイでは、DVD-Video の6地域のリージョンID に対し、A、B、C の3地域のリージョンID に分けられている。DVD では日本と米国は違うリージョンID になっていたが、ブルーレイでは同じA地域なので、米国で販売されている映画などのコンテンツをそのまま日本のプレーヤーで見ることができる。図4-8 に、ブルーレイディスクのリージョンID と地域を示す。

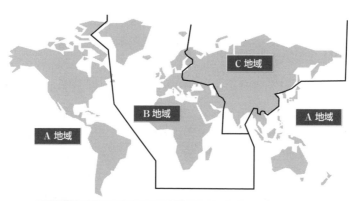

A 地域	日本、北南米、韓国、東南アジア、オーストラリア
B 地域	アフリカ、グリーンランド、欧州連合（EU）、中近東、中東
C 地域	中国、ロシア

図4-8　ブルーレイディスクのリージョンID

4.4　記録用ディスク

1.　光ディスクの種類

　レーザー光を利用して信号の読み出しを行うディスクメディアを光ディスクと呼んでおり、いくつかの種類がある。ここでは、それぞれのディスクについて概要を説明する。

(1) 読み取り専用ディスク

市販の音楽や映像コンテンツを記録した CD や DVD、BD などは再生専用ディスクで、データを記録することや消去することはできない。

(2) 追記型ディスク

1回だけ書き込み可能で、基本的に書き換えのできないメディアである。CD-R や DVD-R、DVD＋R、BD-R、BD-R XL（3層 100GB など）がある。

これらのディスクは、1回だけ書き込めるという意味でライトワンス型光ディスクとも呼ばれている。

(3) 書き換え可能型ディスク

複数回の書き込みや消去ができるメディアで、CD-RW や DVD-RAM、DVD-RW、DVD＋RW、BD-RE、BD-RE XL（3層 100GB など）などがある。これらのディスクは相変化記録方式を採用し、リライタブル型光ディスクとも呼ばれている。

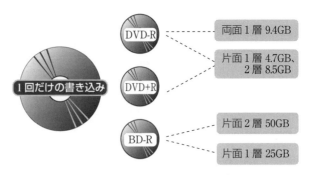

図 4-9　DVD-R/＋R、BD-R ディスク

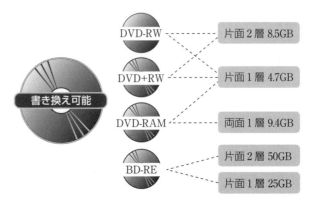

図 4-10　DVD-RW/＋RW、DVD-RAM、BD-RE ディスク

2. DVD の録画

DVD の録画に関する事柄について説明する。

(1) CPRM (Content Protection for Recordable Media)

地上デジタル放送や BS デジタル放送には、著作権保護のため「ダビング 10」や「コピーワンス」のコピー制御信号が含まれている。これらの著作権保護されたデジタル放送番組を DVD に録画するため、記録メディア用の著作権保護技術である CPRM が使われている。この CPRM に対応した DVD（DVD-R、DVD-RW、DVD-RAM）を使うことで、デジタル放送を標準画質で録画できる。

CPRM 対応メディアには、著作権保護のため 1 枚ごとに異なる固有の「メディア ID」と一定生産枚数ごとに変更される「MKB」(Media Key Block) と呼ばれる情報が記録されている。この 2 つに加え録画機器の持つ「デバイスキー」を使用して暗号化を行い、DVD にコンテンツを記録している。このコンテンツを他の DVD にコピーを行おうとすると、暗号化されたデータ本体は記録できるが、メディア ID や MKB はコピーできない。そのため、再生を行う際に暗号化に使用した鍵を生成できず、再生ができない仕組みとなっている。

(2) AVCREC 方式

DVD は一般的に標準画質でのデジタル録画となるが、AVCREC 方式では、CPRM に対応した DVD にハイビジョン画質で録画を行うことができる。この方式では、映像符号化方式として MPEG4 AVC/H.264 が用いられており、AVCREC 方式に対応した機器でのみ、AVCREC

方式による録画および再生が可能である。

4.5　Ultra HD Blu-ray 規格

　Ultra HD Blu-ray は、ブルーレイディスクの規格を行っている業界団体の Blu-ray Disc Association が 2015 年に規定した 4K 映像コンテンツなどをブルーレイディスクに記録、再生する映像ソフトのための規格である。**表 4-1** は、この Ultra HD Blu-ray 規格のフルハイビジョン映像の規格と 4K 映像の規格を一覧にまとめたものである。

表 4-1　Ultra HD Blu-ray の規格概要

	フルハイビジョン映像 規格	4K 映像 規格
画像の解像度 （水平×垂直）	1920×1080	3840×2160
HDR (High Dynamic Range)	最大輝度 10000cd/m² (nit) 〔推奨値 1000cd/m² (nit) 程度〕 ※HDR 非対応の SDR（Standard Dynamic Range）の場合は、100cd/m² (nit)	
色深度（階調）	10bit（1024 階調）	
色域	BT.2020 に対応 ※SDR の場合は、BT.709 に対応	
映像符号化方式	MPEG-H HEVC/H.265（HEVC）	
ディスク	2層　50GB 2層　66GB 3層 100GB	
音声フォーマット	WAV、ドルビーデジタル、ドルビー TrueHD、ドルビーアトモス、 DTS、DTS-HD、DTS：X など	
3D映像	非対応	

　Ultra HD Blu-ray 規格の主な特徴は、以下のとおりである。

1.　解像度

　解像度は、フルハイビジョン（水平 1920×垂直 1080）および 4K（垂直 3840×水平 2160）の 2 つである。

2.　HDR（High Dynamic Range）

　画面の明るい映像部分の輝度が最大で 10000cd/m² に、実用上の推奨値としては 1000cd/m² に高められた。これにより、映像の中で明るい太陽などの輝度の高い部分が非常に明るく表示できるため、明るい部分と暗い分がはっきりとした大きなコントラスト比のメリハリのある映像を視聴できる。HDR の記録方式としては、輝度信号カーブに SMPTE ST2084EOTF（PQ カーブ）、色深度に 10bit を用いる HDR10 方式が標準として採用されている。また、オプションの HDR 記録方式として、ドルビービジョン、HDR10+ および SL-HDR2（Philips HDR をベースに開発されたもの）が採用されている。HDR で記録された映像を適切に再生するには、テレビもそれぞれの HDR 記録方式に対応している必要がある。

3.　色深度（階調）

　赤（R）、緑（G）、青（B）それぞれの映像信号の量子化ビット数である色深度は 10bit で、1024 階調となる。したがって従来のブルーレイの 8bit で 256 階調に比べ、よりきめ細かい滑らかな映像の再現が可能である。また、色深度が 8bit の場合、理論上、RGB の 3 色を合わせて約 1677 万 7 千色の色表現となるが、色深度が単色で 10bit になると、理論上、RGB の 3 色を合わせた場合には、約 10 億 7 千万色の色を再現できる。

4.　色域

　色域は、国際電気通信連合（ITU：International Telecommunication Union）の無線通信部門（ITU-R：ITU Radiocommunication Sector）による ITU-R 勧告で定められている BT.2020 に対応した色域に準拠している。4K テレビなど広色域を再現できる能力を持った表示機器で、広色域の映像を映し出すことが可能になっている。

5.　映像符号化方式

　現行のブルーレイディスクの映像符号化方式は、MPEG2 および MPEG4 AVC/H.264 などであるが、Ultra HD Blu-ray の 4K での映像符号化方式には、MPEG-H HEVC/H.265（HEVC）が採用されている。MPEG-H HEVC/H.265（HEVC）は、MPEG2 や MPEG4 AVC/H.264 に比べて圧縮率が高く、これにより 4K 映像をディスクに記録する場合、記録容量を抑えることができる。

6.　ディスク

　Ultra HD Blu-ray に対応したディスクとして、3 種類が規格化されている。従来の 2 層で容量が 50GB のディスクに加え、2 層で容量が 66GB および 3 層で容量が 100GB のディスクが新たに規格化された。また、最大のデータ転送レートは 2 層 50GB で約 82Mbps、それ以外の 2 種類のディスクは約 100Mbps である。

7.　フレームレートと 3D 映像

　フレームレートは、24fps（frames per second）〜 60fps までサポートするが、3D 映像には非対応である。

8.　Ultra HD Blu-ray の互換性

　映画などのコンテンツを記録した Ultra HD Blu-ray 規格対応の映像ソフトの再生について説明する。Ultra HD Blu-ray 規格は映像符号化方式に HEVC を採用しているため、ブルーレイディスクのみに対応する BD プレーヤーや BD/HDD レコーダーなどでは、Ultra HD Blu-ray ソフトの再生はできない。一方 Ultra HD Blu-ray ディスクに対応する BD プレーヤーや BD/HDD レコーダーなどには現行のブルーレイディスクとの互換性機能が搭載されるため、従来の BD ソフトも再生でき上位互換性が確保されている。なお、Ultra HD Blu-ray ディスクに対応する BD プレーヤーや BD/HDD レコーダーなどで、ドルビービジョンや HDR10+ を含む HDR の 4K 映像の Ultra HD Blu-ray ソフトを再生し、HDR 対応の 4K テレビで HDR 映像として視聴するには、両方の機器が HDMI 2.0b 以降の規格（HDR10 の場合は HDMI

2.0a で可）と HDCP2.2 以降の規格の両方に対応している必要がある。このとき、機器の接続には、HDR 対応の 4K 映像の伝送が可能な 18Gbps に対応したハイスピード HDMI ケーブルやプレミアムハイスピード HDMI ケーブル以上の HDMI ケーブルを使用する必要がある。なお、詳しい内容については、機器の取扱説明書やメーカーのホームページなどで確認する必要がある。

4.6　Blu-ray AV 規格 Version5.0

Blu-ray Disc Association は、4K および 8K の映像コンテンツの録画が可能な録画用 Blu-ray AV 規格 Version5.0 を策定した。そして、この規格に対応した 4K 放送を録画できる 4K チューナー BD/HDD レコーダーが市販されている。

1. 映像・音声符号化方式

この規格では、従来の規格で対応している MPEG2 や MPEG4 AVC/H.264 などの映像符号化方式、MPEG2 AAC などの音声符号化方式に加え、新 4K8K 衛星放送などで導入された MPEG-H HEVC/H.265（HEVC）の映像符号化方式および MPEG4 AAC や MPEG4 ALS などの音声符号化方式にも対応しているのが特徴である。さらに、新 4K8K 衛星放送などで利用されている HDR 映像の記録・再生方式の Hybrid Log-gamma 方式にも対応している。

2. 録画に使用可能なブルーレイディスク

新 4K8K 衛星放送などの録画に使用できるブルーレイディスクは、従来の BD-R/BD-RE が利用可能で、その内容は次のとおりである。

（1）4K 放送の録画

4K 放送の番組はビットレートが最大で 33Mbps 程度のため、録画には従来の BD-R/BD-RE のすべてのブルーレイディスクが使用可能である。例えば、2 層 50GB の BD-R/RE を用いて MPEG-H HEVC/H.265（HEVC）により放送画質のままで録画する 4K DR モードなどの場合、4K 放送の番組のビットレートが 33Mbps のときには約 3 時間の録画が可能である。長時間録画の場合には、録画モードによるが録画時間はこれより長くなる。

（2）8K 放送の録画

8K 放送の番組はビットレートが最大で 100Mbps 程度に達するため、録画には 4 倍速以上に対応したブルーレイディスクが必要になる。現在は 4 倍速以上に対応した BD-RE が存在しないため、放送画質のままで録画する場合には、4 倍速以上に対応した BD-R が必要になる。3 層 100GB の BD-R XL を用いて放送画質のままで録画する場合、8K 放送の番組のビットレートが 100Mbps のときには約 2 時間 10 分の録画が可能である。長時間録画の場合には、録画モードによるが録画時間はこれより長くなる。

4.7　4K チューナー内蔵 BD/HDD レコーダー

4K チューナー内蔵 BD/HDD レコーダーは、従来のハイビジョン放送に対応する BD/HDD レコーダーに BS デジタル放送や 110 度 CS デジタル放送の 4K 放送を受信できるチューナー

が搭載された 4K 放送番組の録画ができる機器である。また、前述の Blu-ray AV 規格 Version5.0 と 4K 映像コンテンツの記録や再生のための著作権保護技術の AACS2 にも対応している。

1.　録画機能

　4K 放送番組の録画には、映像符号化方式として MPEG-H HEVC/H.265（HEVC）を使用している。内蔵する HDD に録画する場合、放送画質のままで録画できるモード（4K DR モード）に加え、2 倍、4 倍、8 倍や 12 倍などの長時間録画モードで録画できる機能を備えている。ただし、長時間録画モードの録画は直接 HDD に長時間モードで録画するのではなく、最初に 4K DR モードで 4K 放送番組を HDD に録画し、その後、自動で長時間モードに変換する方法が一般的に用いられている。また、ブルーレイディスクへの録画は、一般的に直接ブルーレイディスクに録画できず、HDD に録画した 4K 放送番組をダビングする方法が用いられている。ブルーレイディスクへのダビングは、4K DR モードおよび長時間録画モードで録画されたいずれの 4K 放送番組でも可能である。

2.　4K 番組録画ブルーレイディスクの再生互換性

　4K 放送番組を録画する形式には、4K 放送と同じ形式である映像と音声などのデータを分離して記録する MMT/TLV（MPEG Media Transport/Type Length Value）、4K 放送とは異なる形式の映像と音声などのデータをまとめて記録する MPEG-2 TS（MPEG-2 Transport Stream）の 2 種類がある。現在は、機器により、どちらか片方、または両方の方式を採用している。そのため、4K 放送番組を録画する際に、録画する機器や録画モードによって 2 種類の異なる形式のブルーレイディスクができてしまう。再生時の互換性については、**表 4-2** のとおり再生機器が対応する形式によって再生できない場合があるため、録画した機器と異なる機器で再生する場合には注意が必要である。

表 4-2　4K 録画ブルーレイディスクの再生互換性

4K 放送番組が録画された ブルーレイディスクの形式	再生機器が対応する形式		
	MMT/TLV のみ対応	MMT/TLV と MPEG-2 TS の両方に対応	MPEG-2 TS のみ対応
MMT/TLV	○	○	×
MPEG-2 TS	×	○	○

○：再生可、×：再生不可

4.8　SeeQVault（シーキューボルト）

　テレビ放送などで高画質のハイビジョン映像が一般的になり、高画質のコンテンツを好きな機器で楽しみたい、安全に持ち出したいといったニーズに対応するため、パナソニック、サムソン、ソニー、東芝の 4 社で開発した技術が SeeQVault である。この SeeQVault は、ハイビジョン放送番組などをさまざまな機器で楽しむためのコンテンツ保護技術で、概要について説明する。SeeQVault に対応していない機器では、**図 4-11（a）**のようにテレビに接続した外付け USB HDD に録画したデジタル放送の番組は、そのテレビでしか視聴することができ

なかった。また、BD/HDD レコーダーの内蔵 HDD に録画したデジタル放送の番組を micro SDHC メモリーカードにダビングする場合は、著作権保護技術の CPRM により標準画質での録画に制限されていた。

これらの不便な状況を解消する技術が SeeQVault で、SeeQVault に対応した機器では図 4-11（b）の使い方が可能になる。テレビに接続した USB HDD は、デジタル放送番組の録画に使用したテレビだけでなく、別のテレビに接続して録画した番組を視聴することが可能である。また、BD/HDD レコーダーの内蔵 HDD に録画したデジタル放送の番組を microSDHC メモリーカードにダビングする場合、ハイビジョン画質での録画が可能である。このような動作を可能にするため、SeeQVault の著作権保護技術には、128bit の AES 暗号によるコンテンツ暗号化方式、公開鍵方式を用いた機器と USB HDD やメモリーカードなどのメディア間の認証システム、さらにメディアの違法複製を困難にする固有 ID などのセキュリティ技術が利用されている。ただし、SeeQVault はメーカー間のファイルシステムの違いにより、メーカーが動作保証をした機器間でのみ再生互換性が保たれている。したがって、機器の購入や使用時には、動作保証された機器かどうか、メーカーのホームページなどで確認する必要がある。

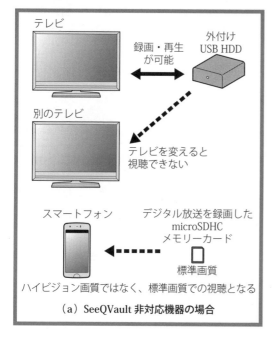
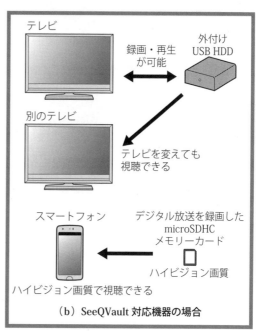

図 4-11　SeeQVault 対応機器と非対応機器の比較

4.9　外付け USB HDD による録画

BD/HDD レコーダーは、USB 端子を用いて増設用の外付け USB HDD に録画できる機種が主流である。また、録画対応テレビで USB 端子を用い、USB HDD に録画できる機種もある。これらの USB HDD、BD/HDD レコーダーやテレビには、SeeQVault に対応していない機種と対応している機種の 2 種類があるので、それぞれの場合について機能や制約などを説明する。

1. SeeQVault に対応していない USB HDD による録画・再生

　SeeQVault に対応していない USB HDD を BD/HDD レコーダーやテレビ接続する場合、BD/HDD レコーダーやテレビが SeeQVault に対応しているか否かに関係なく動作は同じである。接続方法は、テレビや BD/HDD レコーダーに搭載された専用の USB 端子に USB HDD を接続する。その際に、著作権保護の観点から「登録」という作業が必要になる。これにより、登録した機器でしか USB HDD は使えなくなる。例えば、**図4-12**のように、寝室の BD/HDD レコーダーで登録した USB HDD の録画番組は、その USB HDD をほかの部屋の BD/HDD レコーダーに接続しても視聴することはできない。

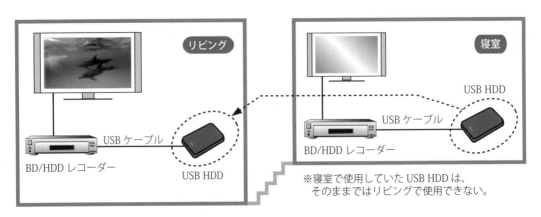

図4-12　SeeQVault に対応していない外付け USB HDD の場合

　ほかの BD/HDD レコーダーやテレビで使いたい場合、新たに「登録」し直す必要があるが、新たに登録すると HDD が初期化されるため、USB HDD に保存されていた録画内容はすべて消去されてしまう。したがって、登録を行う際は大切な番組やコンテンツが残っていないかを確認し、保存しておきたい番組は BD などにダビングしておく必要がある。また、USB HDD を接続できる BD/HDD レコーダーやテレビでは、USB HDD の使用について機種により下記の制約などがある。詳しい内容は、カタログや取扱説明書で確認する必要がある。

①登録できる USB HDD の台数は、機種により異なる。例えば、最大で8台登録できる機種などがある。

②同時に接続できる USB HDD の台数も機種により異なる（1台のみ接続可能な機種が比較的多い）。

③複数の USB HDD を接続できる機種で USB HDD 専用の端子が1つの場合、複数の USB HDD を接続する際に、USB ハブを使用する必要がある。

④接続できる USB HDD の最大容量も「最大2TB まで」や「最大4TB まで」などと機種により異なる。

⑤多くの機種では、USB HDD に録画できるタイトル数に制限があるため、タイトル制限の数まで録画すると容量に余裕があっても以降は録画できなくなる。

2. SeeQVault に対応した機器による録画・再生

　以下は、USB HDD と録画および再生に使用する BD/HDD レコーダー、テレビのすべてが SeeQVault に対応し、機器間で動作が保証され、さらに SeeQVault 対応として録画された映

像コンテンツの場合の説明である。接続方法は、SeeQVault に非対応の場合と同じで、テレビや BD/HDD レコーダーに搭載された専用の USB 端子に USB HDD を接続する。**図4-13**のように SeeQVault に対応した機器では、寝室で使用していた USB HDD をそのままリビングの BD/HDD レコーダーに接続し、USB HDD に録画していた番組などを視聴することができる。そのほかにも、友達の家の BD/HDD レコーダーまたは録画対応テレビに接続して USB HDD に録画した番組を視聴することもできる。ただし、以下の制約などもあるため、使用の際には注意が必要である。

① BD/HDD レコーダーと USB HDD を接続して放送番組を SeeQVault 対応として録画する方法には、以下に示すとおり異なる方式がある。機器がいずれの方式を採用しているのか、カタログや取扱説明書などで確認して使用する必要がある。

　（a）USB HDD への直接録画はできず、BD/HDD レコーダーの HDD に一度録画したあと USB HDD へダビングする方式。

　（b）USB HDD を BD/HDD レコーダーに登録し、USB HDD へ直接録画する方式。

　（c）USB HDD に他の機器で見ることができない SeeQVault 非対応として録画した番組から、SeeQVault 対応のコピーを USB HDD に作成する方式。

② USB HDD にダビングまたは直接録画された SeeQVault 対応の番組は、ほかの BD/HDD レコーダーの HDD やブルーレイディスクなどへ録画する場合にムーブのみ可能で、コピー制御がコピーワンスとなる。

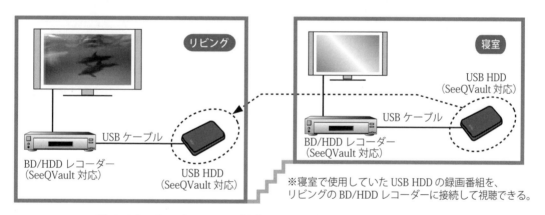

図4-13 SeeQVault に対応している外付け USB HDD の場合

この章でのポイント *!!*

BD/HDD レコーダーに使われるブルーレイディスクの種類や著作権保護技術、また外付け USB HDD などについても説明をしています。さらに、Ultra HD Blu-ray 規格、4K チューナー内蔵 BD/HDD レコーダーや著作権保護技術の SeeQVault についても説明していますので、よく理解しておきましょう。

キーポイントは
- ブルーレイディスクの種類と容量、録画時間、長時間録画モード
- BD のコピープロテクト（各種の著作権保護）
- Ultra HD Blu-ray
- Blu-ray AV 規格 Version5.0、4K チューナー内蔵 BD/HDD レコーダー
- SeeQVault、外付け USB HDD

キーワードは
- BD-R、BD-RE、BDXL、BDMV 方式、BDAV 方式、DR モード
- AACS、AACS2、コピーワンス、ダビング 10、Cinavia、リージョン ID、CPRM
- Ultra HD Blu-ray、HDR10、HDR10+、ドルビービジョン、SeeQVault

5章 ビデオカメラ

デジタル信号で映像を記録するビデオカメラは、過去には DV 方式のビデオカメラ、HDD や 8cm DVD に録画するタイプなどがあった。その後、内蔵メモリーやメモリーカードに録画するタイプのビデオカメラが増加し、現在はこのタイプが主流となり手軽にハイビジョン映像の撮影や再生ができるようになった。また、4K テレビの普及とともに、ビデオカメラも 4K 映像が撮影できる機器が数多く販売されるようになってきた。さらに、空間映像を体験することができる 360 度カメラや VR スコープなどの機器も販売され始めている。この章では、ハイビジョンビデオカメラ、4K ビデオカメラやネットワークカメラに加え、ウェアラブルカメラ、360 度カメラや VR スコープなどの機能や特徴について説明する。

5.1 ビデオカメラの概要

大容量のメモリーカードが手軽に入手できるようになり、現在の家庭用ビデオカメラのほとんどがメモリー内蔵型で、メモリーカードも使用できるタイプとなっている。また、手ブレ補正機能の搭載も一般的になり、さらに 4K 動画撮影機能を搭載したビデオカメラも多くなってきている。

5.2 ハイビジョンビデオカメラの規格

ハイビジョンビデオカメラ（以下、ビデオカメラ）にはいくつかの録画方式があり、また録画した映像を再生するにもいろいろな方法がある。機器によって撮影したハイビジョン映像をコピーする方法も異なるため、使いこなすにはビデオカメラの説明書に従った取り扱いと知識が必要となる。

1. 録画方式と符号化技術

ハイビジョンビデオカメラの録画方式には、HDV、AVCHD、ブルーレイおよび MPEG2、MP4 などがある。現在は、AVCHD が主流の録画方式である。各方式で基本となっている映像符号化方式は、MPEG2 と MPEG4 AVC/H.264 である。映像符号化の技術が改善され、同程度の映像画質の場合、MPEG4 AVC/H.264 のデータ量は MPEG2 データ量の約半分である。MPEG2 は DVD ソフトや放送、通信、パソコンなどへの適用を考慮した映像符号化方式であるが、MPEG4 AVC/H.264 はワンセグ放送のような小容量の映像信号からハイビジョン放送の映像信号まで、広範囲をカバーできる映像符号化方式である。表5-1 に、ハイビジョン録画方式の内容と符号化方式の例を示す。使用するビデオカメラそれぞれで、使用できる映像符号化方式や音声符号化方式などが異なるため、詳しい内容についてはカタログや取扱説明書で確認する必要がある。

表5-1　ハイビジョン録画方式と符号化方式の例

録画方式	メディア	映像符号化方式	音声符号化方式および技術
HDV	DV、ミニDV テープ	MPEG2	・MPEG1 Audio Layer II
AVCHD	8cmDVD、メモリーカード（SD/SDHC やメモリースティック）、HDD	MPEG4 AVC/H.264	・リニア PCM（SD 画質の場合） ・ドルビーデジタルで 5.1サラウンド録音が可能
ブルーレイ	8cmBD-RE 注① 、BD-R 注②	MPEG4 AVC/H.264	・ドルビーデジタル
MPEG2	HDD または SD/SDHC	MPEG2	・MPEG1 Audio Layer II
MP4	メモリーカード	MPEG4 AVC/H.264	・AAC など

注①：BD-RE は録画・再生を繰り返しできるブルーレイディスク
注②：BD-R は1回だけ録画可能なブルーレイディスクで、録画方式は BD-R Ver.2.0 規格

　すべてハイビジョンの録画ではあるが、録画モード（伝送レートまたはビットレート）により画質と録画時間が変わる。高画質なモードを選ぶと録画時間が短くなるため、画質と記録メディアの容量（録画可能時間）から録画モードを選ぶ。また動きの速い被写体は、一般的に高画質な録画モードを選ぶと高品位な画質で撮影できる。

2.　インターレース方式とプログレッシブ方式

　インターレース方式は、**図5-1**のように1枚の画像（1フレーム）を水平方向に奇数と偶数の走査線に分割して1枚の画像を2回に分けて走査して画像を作り出す方式である。このとき、分割して1枚の画像を2回分に分けた半分の情報量となる画像を1フィールドという。一方、プログレッシブ方式は、**図5-2**のように1枚の画像（1フレーム）を1回の走査で表現する方式である。

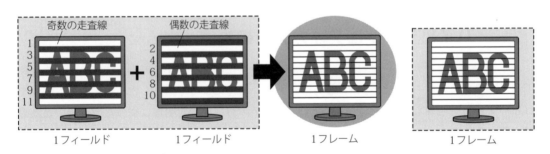

奇数の走査線　　偶数の走査線

1フィールド　　　1フィールド　　　　1フレーム　　　　　　1フレーム

図5-1　インターレース方式　　　　図5-2　プログレッシブ方式

3.　記録時の画素数と画像フォーマット

　記録時の画素数と画像フォーマットは、以下のとおりである。

（1）記録時の画素数

　ビデオカメラはフルハイビジョンで記録できるものが一般的となり、記録時のフォーマットと画素数は 1080i（水平 1920×垂直 1080）や 1080p（1920×1080）などとなっている。また、高精細な 4K（3840×2160）画素数の 4Kテレビも販売されており、それに併せて 4K解像度で撮影できるビデオカメラも販売されている。

（2）画像フォーマット

　カタログなどでは、画像フォーマットを**図5-3**のように記載している。図5-3 に示されて

いるフィールド周波数／フレームレートの 60 という数値は、60i の場合がインターレース方式のフィールド周波数を示し、60p の場合はプログレッシブ方式のフレームレートを示している。

1080/60 i ← i：インターレース方式
p：プログレッシブ方式
フィールド周波数／フレームレート
有効走査線数（垂直方向の画素数）

図 5-3　画像フォーマットの記載方法

1）60p（プログレッシブ方式のフレームレート）

　フレームレートとは、動画が 1 秒間あたり何枚の静止画像によって構成されているのかを表す数である。単位は fps（frames per second）で、60fps は動画が 1 秒間あたり 60 枚の静止画で構成されていることを表している。したがって、60p をフレームレートで表すと 60fps となる。フレームレートは動画表示の滑らかさを表す指標でもあり、値が大きいほどより滑らかな画像となる。一般的に人の目に自然な動画として映るのは、30fps 程度かそれ以上といわれている。

2）60i（インターレース方式のフィールド周波数）

　フィールド周波数は、動画が 1 秒間あたり何フィールドの画像によって構成されているのかを表す値である。インターレース方式では 2 フィールドで 1 フレームを構成するため、フィールド周波数の半分の値がフレームレートとなる。したがって、フィールド周波数の 60i をフレームレートで表すと 30fps となる。

3）有効走査線数（垂直方向の画素数）

　図 5-4 に、有効走査線数（垂直方向の画素数）の違いよる画面全体の画素数の比較を示す。

4．AVCHD 方式

　AVCHD 方式の規格には、当初策定された AVCHD、その後に策定された AVCHD Format Version 2.0（AVCHD Ver.2.0）の 2 つがある。当初の AVCHD 規格では、映像符号化方式として MPEG4 AVC/H.264、音声には 5.1ch サラウンドの録音も可能なドルビーデジタル方式およびリニア PCM 方式を採用し、1920×1080/60i（水平 1920×垂直 1080/60i）のインターレース方式によるフルハイビジョン映像の記録に対応していた。その後策定された AVCHD Ver.2.0 では、より高精細な映像を記録するため、1920×1080/60p のプログレッシブ方式によるフルハイビジョン映像の記録に対応

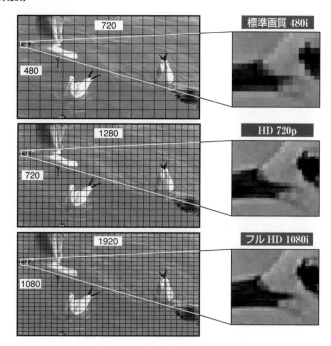

標準画質 480i

HD 720p

フル HD 1080i

図 5-4　各方式の画素数比較

図 5-5　AVCHD のロゴ

した。この規格は、AVCHD Progressive などとも呼ばれている。また、AVCHD Ver.2.0 には、映像符号化方式として MPEG4 AVC/H.264 を用いて 1920×1080/60i などの 3D 映像信号を記録できる AVCHD 3D などと呼ばれる規格もある。AVCHD Progressive や AVCHD 3D の音声にも、ドルビーデジタル方式およびリニア PCM 方式が採用されている。

一口メモ

3枚の撮像素子を搭載したカメラ

　撮像素子を3枚使った3板式ビデオカメラがある。このビデオカメラは、図5-Aのようにレンズからの入射光をダイクロイックプリズムにより光の3原色（R、G、B）に分解し、3枚の独立した撮像素子で撮像するシステムである。高画質を追求したビデオカメラに採用される方式で、一般的な単板式（撮像素子1枚）のビデオカメラに比べて、色の再現性が良いことやノイズレベルの低いことが特徴である。

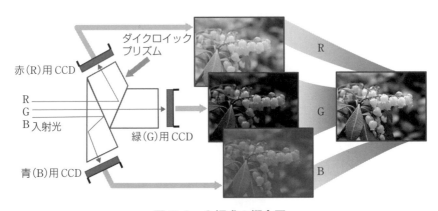

図 5-A　3板式の概念図

5.3　4K ビデオカメラ

　4K テレビの普及とともに、4K 動画を撮影し楽しむため 4K 動画が撮影できる各種のビデオカメラが販売されている。これらの 4K ビデオカメラの記録フォーマット、使用できる記録用メモリーカード、4K 解像度で記録できるフレームレートは、機種により異なっている。販売されている 4K ビデオカメラの代表例として、4 機種の 4K 撮影に関する仕様をまとめたものが**表5-2**である。一般的に 4K 動画の記録は、フルハイビジョン動画の記録に比べてビットレートが高くなるため、使用可能なメモリーカードが限定されている。したがって、取扱説明書などで使用できるメモリーカードを確認する必要がある。また、HDR 映像の録画方式として Hybrid Log-Gamma 方式に対応したビデオカメラもある。この機種

ソニー FDR-AX700

ソニー FDR-AX60

図 5-6　4K ビデオカメラの例

で 4K 解像度の HDR 映像を撮影後、Hybrid Log-Gamma 方式に対応した 4K テレビで視聴することにより、HDR に対応した 4K 映像を楽しむことができる。そのほかにも、ウェアラブルカメラで 4K 動画を撮影できるものが販売されている。またビデオカメラではないが、デジタル一眼カメラやミラーレス一眼カメラなどでも 4K 動画を 30p や 60p などで撮影できる機器も販売されている。

表 5-2　4K ビデオカメラ　機種の仕様

項　目	ソニー		パナソニック	
	FDR-AX700	FDR-AX60	HC-X1500	HC-WXF1M
撮像素子サイズ	1型	1/2.5型	1/2.5型	1/2.5型
記録フォーマット	XAVC S	XAVC S	MP4、MOV	MP4
画像圧縮形式	MPEG4 AVC/H.264	MPEG4 AVC/H.264	MPEG-H HEVC/H.265 (HEVC) MPEG4 AVC/H.264	MPEG4 AVC/H.264
音声圧縮形式	リニア PCM	リニア PCM	MP4：AAC MOV：リニア PCM	AAC
記録用メモリーカード	SDHC および SDXC 100Mbps：UHS-1 U3 60Mbps：Class10 以上、U1 以上	SDHC および SDXC 100Mbps：UHS-1 U3 60Mbps：Class10 以上	SDHC および SDXC UHS-1 U3	SDHC および SDXC Class10 以上
4K/60p 撮影時書込みスピード （平均ビットレート）	非対応	非対応	最大 200Mbps	非対応
4K/30p 撮影時書込みスピード （平均ビットレート）	約 100Mbps、約 60Mbps （設定で変更可能）	約 100Mbps、約 60Mbps （設定で変更可能）	最大 72Mbps	最大 72Mbps
HDR 録画方式	Hybrid Log-Gamma 方式	非対応	非対応	非対応

5.4　手ブレ補正

　手ブレとは、ビデオカメラを保持する手の動きが撮影中のビデオカメラに伝わり、映像がブレたり揺れて記録されてしまう現象である。これを改善する技術が手ブレ補正である。ビデオカメラの小型化や高倍率化により手ブレしやすくなったことや、テレビの大画面化で大画面での視聴機会が増えて、わずかな手ブレでも不快に感じやすくなったことから、手ブレ補正の重要性が増し補正精度が向上している。手ブレ補正には、光学式補正や電子式補正などの方式がある。

1.　光学式補正

（1）レンズシフト方式

　補正レンズを移動させることにより、光の進

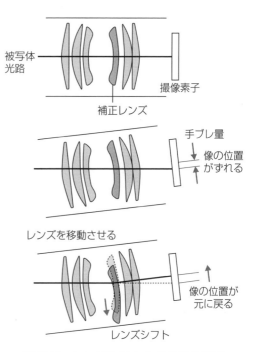

図 5-7　レンズシフト方式の動作原理

行方向を調整する手ブレ補正方式である。動作原理を**図5-7**に示す。

（2）撮像素子シフト方式

　レンズに入ってきた光の角度を変化させずに、撮像素子をシフトすることにより手ブレ補正を行う方式である。動作原理を**図5-8**に示す。最近では、手ブレ防止の性能向上のため、上下や左右だけでなく回転方向にも撮像素子をシフトさせ、手ブレを防止する機能を搭載したものもある。

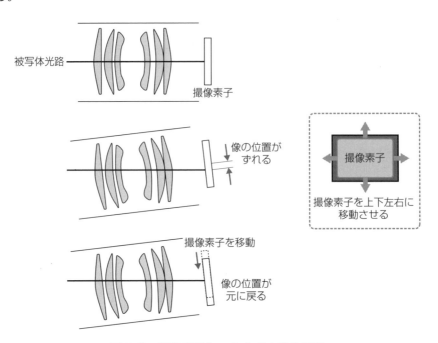

被写体光路

撮像素子

像の位置がずれる

撮像素子

撮像素子を上下左右に移動させる

撮像素子を移動

像の位置が元に戻る

図5-8　撮像素子シフト方式の動作原理

（3）空間光学手ブレ補正

　撮像素子を含むレンズユニット全体がビデオカメラ内で浮遊するような状態を作り、レンズユニット全体をシフトさせることにより、手ブレ補正を行う方式である。この方式は、レンズユニット全体がシフトするため広角から望遠までズーム倍率にあまり関係なく、大きな手ブレも抑えることが可能である。動作状態を**図5-9**に示す。さらに、**図5-10**のように、空間光学手ブレ補正に加え、手ブレ発生前後の撮影画像を解析処理することにより、補正軸に縦方向、横方向および回転方向の5軸方向でブレを補正する機能を追加した手ブレ補正を搭載したビデオカメラもある。

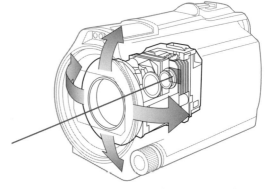

撮像素子を含むレンズユニット全体が、浮遊するように左右、上下にシフトする

図5-9　空間光学手ブレ補正の動作

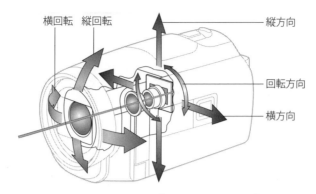

横回転　縦回転　　　　　　　　　縦方向

回転方向

横方向

図 5-10　空間光学手ブレ補正＋5軸手ブレ補正

2.　電子式補正

　手ブレで位置のずれた像を追いかけるように、撮像素子の有効画素部分を電子的にずらすことで、手ブレを補正する方式である。動作原理を図5-11に示す。

← 有効画素

← 総画素

手ブレのない画像

像の位置
がずれる

手ブレ画像

有効画素の
位置をずらす

像の位置が
元に戻る

手ブレを補正した画像

図 5-11　電子式の動作原理

　また、この方式を利用してビデオカメラが傾くことより生じる映像の傾きを補正する機能を持つビデオカメラもある。

5.5　ビデオカメラの付加機能

1.　サブカメラ内蔵ビデオカメラ

　通常のレンズ（メインカメラ）のほかに、もう1つのレンズ（サブカメラ）を搭載することで、メインカメラの撮影映像とサブカメラの撮影映像を子画面として同時に記録できるビデオカメラである。図5-12のように、同時に別方向の異なる2つの被写体を撮影することや、1つの被写体のアップとその周辺全体を同時に撮影するなど、従来ではできなかった撮影ができる特徴がある。さらに、図5-13のように、スマートフォンとビデオカメラを Wi-Fi Directで無線接続して、メインカメラとサブカメラの撮影映像に加え、スマートフォンの撮影映像も子画面として同時に3つの映像を記録できる機能を持ったビデオカメラも販売されている。

図5-12　メインカメラとサブカメラによる撮影

図5-13　メインカメラ、サブカメラとスマートフォンによる撮影

2.　スローモーション機能（スローモーション再生）

　ゴルフのショットをスローモーションで見てみたいなどの要求に応えるため、付加機能としてスローモーション機能を備えたビデオカメラがある。スローモーションによる再生のスピードは機種により異なるが、約半分から40分の1程度のスピードでスローモーション再生が可能である。原理は**図5-14**のように、通常の録画と再生のフレーム数を1秒間に60フレーム（フレームレート60fps：frames per second）とした場合、4倍の240fpsなどのハイフレームレートで撮影し、再生時に通常のフレームレートの60fpsに戻すことでスローモーション再生を実現している。通常の60fpsで録画した動画を単純に4分の1の15fpsにしてスローモーションで再生すると、1秒間に15フレーム（15fps）と少なくなるため、映像は動きがカクカクした不自然なものになってしまう。これに対し、240fpsなどのハイフレームレートで録画した動画を4分の1のスローモーションで再生する場合、フレーム数が1秒間に60フレーム（60fps）と多くなるため、滑らかなスローモーション再生が可能になる。また、スローモーション機能は、再生時のフレームレートが同じ場合、録画時のフレーム数（fps）の数が大きいほど、より遅い速度でのスローモーション再生ができる。

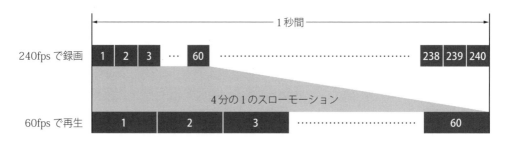

図5-14　スローモーション機能の原理

3.　クイックモーション機能（クイックモーション再生）

　空の雲の動きなど長い時間にわたる変化を短時間で見てみたいなどの要求に応えるため、付加機能としてクイックモーション機能を備えたビデオカメラがある。この機能は、スローモーションとは逆で、1時間を1分間に短縮するなど、長い時間の変化を短時間に短縮して再生するための機能である。原理は、スローモーションとは逆に、通常の録画と再生のフレーム数を1秒間に60フレームとした場合、1fpsなどの非常に小さな値のフレームレートで録画し、再生時に60fpsなどで再生することで、クイックモーション再生を実現している。この場合は、60倍のスピードのクイックモーションになる。再生時のフレームレートを60fpsとした場合、それぞれの録画時のフレームレートにおけるクイックモーションの倍率を示したものが**表5-3**である。これは再生時のフレームレートを60fpsとした場合の一例で、クイックモーションのスピード（倍率）は、録画時と再生時のフレームレートの比率により決まる。

表5-3　クイックモーションのスピード（倍率）

再生時の フレームレート	録画時のフレームレート					
	1fps	2fps	4fps	15fps	30fps	60fps
60fps	60倍	30倍	15倍	4倍	2倍	1倍 （通常再生）

5.6　ウェアラブルカメラ

　ウェアラブルカメラは、アクションカムやアクションカメラなどとも呼ばれるカテゴリーのビデオカメラで、ビデオカメラと異なり「手に持って撮る」のではなく、「人や物に装着して撮る」といった新しい概念に基づく機器である。一般的なビデオカメラに比べて小型・軽量で、広角撮影に重点を置いており、さらには防水仕様といった機器もある。小型・軽量を生かし、自転車やバイクに装着して走行中の風景を撮影することや、ヘルメットに取り付けて、自分の目線での映像を撮影することが可能である。今までにない、斬新で迫力のある体感映像を比較

図5-15　ウェアラブルカメラの例

的簡単に撮影できるので、スノーボード、サイクリングや登山、マリンスポーツを楽しむ愛好家などにも注目されている。さらには、専用のカメラ取り付け用アクセサリーなどを使い体に装着してハンズフリーによる撮影、ドローンやペットに装着して今までにない視点からの撮影ができるなど、新しい使い方が広がっているカメラである。また、4K映像を撮影できるウェアラブルカメラも販売されている。

　ウェアラブルカメラは動きの激しい場所に取り付けられるため、撮影した映像にブレが発生してしまう場合がある。このブレを防止する機能として、ビデオカメラに搭載されている空間光学手ブレ補正を応用した、空間光学ブレ補正機能を搭載したウェアラブルカメラも販売されている。

5.7　360度カメラとVRスコープ

1.　360度カメラ

　魚眼レンズや広角レンズなどを複数搭載し、周囲の広い範囲の風景を動画で撮影できる360度カメラが販売されている。また、複数のウェアラブルカメラをリグに固定して、360度カメラと同じように、さらに高画質で撮影できるものもある（**図5-16**参照）。

2眼式　　　　　　　　　　　3眼式　　　　　　　6台のウェアラブルカメラを
　　　　　　　　　　　　　　　　　　　　　　　　　　リグに固定

図5-16　360度カメラの例

（1）種類

　一般向けに市販されている360度カメラには、全天球カメラと半天球カメラの2種類がある。全天球カメラは、**図5-17**のようにビデオカメラの本体の前後に2つのレンズを搭載し、水平方向と垂直方向共に360度、全方向を撮影できるタイプである。半天球カメラは、**図5-18**のように超広角のレンズを1つ搭載し、水平方向は360度、垂直方向は制約があるが約180度を撮影できるタイプなどがある。

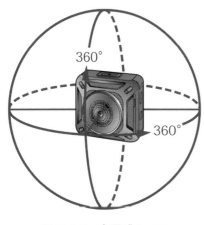

図5-17　全天球カメラ

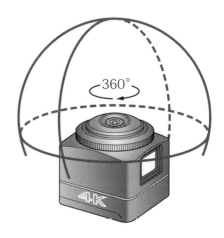

図5-18　半天球カメラ

2.　VRスコープ（スマートフォンを装着するタイプ）

　360度カメラで撮影した映像は、**図5-19**のように専用のスマートフォンを装着したVRスコープを使用して映像を見ることで、より臨場感のある空間映像を体験することができる。スマートフォンは、専用アプリをインストールしてVRスコープに装着して使用する。

図 5-19　VR スコープの例

（1）種類

　VR スコープの種類として、大きく 2 つのタイプがある。1 つは 2 眼タイプで、映像を左右2 分割してスマートフォンの横長の画面上に表示し、左右別々のレンズを使って映像を見るタイプである。このタイプでは、両目の視差を利用し立体的な 3D の映像を見ることができる。もう 1 つは 3D の立体映像としない 1 眼タイプで、画面を分割せずスマートフォンの横長の画面全体に動画映像を表示し、1 枚の大きなレンズを使って映像を見るタイプである。このタイプは、2 眼タイプより視野が広いので、目の前全面に広がる映像を楽しむことができる。また、両タイプ共に頭部を上下、左右に動かすと、スマートフォンに内蔵された加速度センサーやジャイロセンサーなどを利用して、頭部の動きに合わせて映像も同じ方向の映像が表示される。これにより、あたかも撮影したときと同じ空間にいて、見る方向を変えると、その動きに追従して、その方向の風景を見ているのと同じ体験ができる。

5.8　ネットワークカメラ

　ネットワークカメラは、IP ネットワークを通じて、カメラで撮影した動画などを離れた場所から見ることができるカメラである。従来は業務用の防犯、監視などに使用されていたが、最近は住宅に設置して、防犯、監視、高齢者家族や子どもの見守り、ペットの様子の確認などにも使用されるようになってきている。

1.　ネットワークカメラとは

　ネットワークカメラは、主要部品としてレンズ、撮像素子、マイクロプロセッサー、メモリーなどを搭載し、ビデオカメラと簡単なコンピューターを組み合わせた機能を持つ機器である。また、ネットワークカメラは機器自体に IP アドレスの設定が可能なため、家庭内 LAN などのネットワークに直接接続できる。したがって、ネットワークが利用できる場所であれば、さまざまな場所に設置して使用できる。静止画の圧縮方式やファイル形式には JPEG、動画の記録や圧縮方式には Motion JPEG、MPEG4 AVC/H.264 や MPEG-H AVC/H.265（HEVC）などが一般的に使用されている。また、動画と同時に音声を伝送できる機能を持った機器もある。ネットワークカメラを設置、接続して使用する方法には各種の方法があるが、基本的な接続例を図 5-20 に示す。この例では、住宅の中に設置して留守宅の防犯、監視、子どもやペットの様子などを外出先からスマートフォンやタブレットなどで確認するための接続例である。

　また図 5-21 は、自宅とは別の家に住んでいる高齢者家族の様子を自宅のパソコンや、外出先からスマートフォンやタブレットなどのモバイル機器で確認するための接続例である。

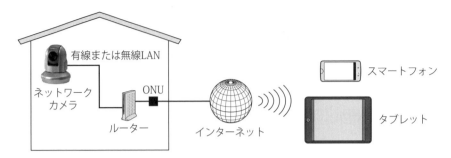

図5-20　ネットワークカメラの接続例-1

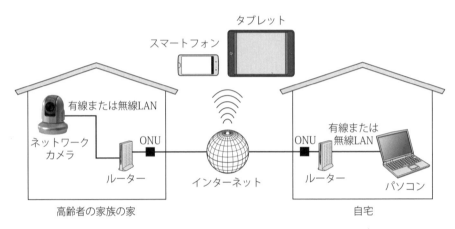

図5-21　ネットワークカメラの接続例-2

2.　種類と特徴

　ネットワークカメラには、屋内専用か屋外でも使用可能かといった設置場所による区分に加え、ボックス型、ドーム型、PTZ型（PTZドーム型含む）といった用途による区分がある。

（1）ボックス型ネットワークカメラ（図5-22参照）

　ボックス型は、一般的に、焦点距離が固定されている単焦点レンズ、または設置時に写す範囲（画角）の調整ができるバリフォーカルレンズが搭載されている。バリフォーカルレンズは、焦点距離を変化させて写す範囲（画角）を調整したあと、ピント合わせが必要なレンズである。ボックス型ネットワークカメラは、一般的に設置時に写す範囲が固定される。したがって、使用時に画像のモニタリングをしながらレンズの方向を調整することはできないが、電動

出典：パナソニック㈱

図5-22　ボックス型ネットワークカメラ

バリフォーカルレンズなどを搭載するタイプの場合、ズーム調整が可能である。また、形状からレンズの向いている向きがはっきりと分かりやすいので、防犯や監視などネットワークカメラの存在を意識させたい用途に向いているとされる。

（2）ドーム型ネットワークカメラ（図5-23参照）

　ドーム型には、各種のタイプがある。一般的には、設置時に写す範囲とピントを調整するバリフォーカルレンズを搭載したカメラを小型のドーム形状のハウジング（筐体）に内蔵したものが多い。実際の使用時に、撮影された映像をモニタリングしながら内部のカメラの向きを調整し、さまざまな方向に向けて状況を確認できるタイプや使用時にズームにより焦点距離を変えることのできるタイプなどがある。通常は、天井に設置するケースが多い。ほかにも、広い範囲を撮影するために広角レンズを搭載したタイプなど、用途に応じて各種の製品が販売されている。

出典：パナソニック㈱

図5-23　ドーム型ネットワークカメラ

（3）PTZ型（PTZドーム型）ネットワークカメラ（図5-24参照）

　PTZ型は、カメラを水平方向に回転させ動かすPan（パン）、カメラを垂直方向に回転させ動かすTilt（チルト）、遠くのものの拡大などを行うZoom（ズーム）の頭文字をとって名付けられたもので、カメラに写る範囲となる視野制御ができるのが特徴である。映像をモニタリングしながら、見たい対象物を的確に捉えるために写す方向や写す範囲（画角）を調整できるので、適切に状況を確認することが可能である。このため、一般的に、PTZ型には焦点距離を変化させて写す範囲（画角）を調整して

出典：パナソニック㈱

図5-24　PTZ型ネットワークカメラ

もピントのずれが発生しないズームレンズが搭載されている。また、自動追尾の機能により動いている人や自動車などを検出し、その対象物を追跡して長い時間撮影する用途に利用できるものもある。

3.　各種の機能と特徴

　ネットワークカメラに搭載されている各種の機能や特徴について説明する。

（1）LANケーブルによる電力供給

　ネットワークカメラを有線で接続・設置する場合、一般的には電源ケーブルとLANケーブルの両方が必要になるが、電源ケーブルを使用しないでLANケーブルだけで設置できるPoE（Power over Ethernet）対応のネットワークカメラがある。PoEはLANケーブルを使用して電力供給を行う技術で、PoE対応のネットワークカメラとPoE給電機器などを組み合わせることにより、LANケーブル1本で電力供給と映像データなどの伝送を行うことができる。PoEの規格には、IEEE802.3af、IEEE802.3atやIEEE802.3btなどがある。

（2）無線LAN機能

　ネットワークカメラは、単体でいろいろな場所に設置するケースが多い機器である。したがって、無線LANに対応した機器も多く販売されている。無線LANに対応した機器の場合、電源さえ確保すれば（バッテリー搭載製品を含む）、LANケーブルを引き回して配線する必要

はない。

(3) 音声の双方向通信

　マイクロホンとスピーカーが内蔵されたネットワークカメラでは、外出先から映像に加え音声をモニタリングしたり、ネットワークカメラの設置場所付近にいる人に声で呼びかけたり、会話をするなどの使い方ができる。

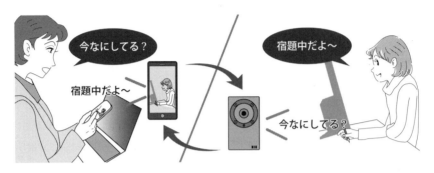

図 5-25　ネットワークカメラを利用した会話の例

(4) 暗視機能

　ネットワークカメラの設置場所が暗くなると、映像が暗くなり見にくくなる。これを防止するために、カメラのレンズ周辺に赤外線（近赤外線）LED を搭載し、暗くなると自動的に赤外線カメラとして撮影する機能を持った機器もある。

(5) 静止画や動画の保存

　ネットワークカメラの機器で、映像のストリーミング伝送に加えネットワークカメラの本体に装着した SDHC メモリーカードなどのメモリーカードに、

図 5-26　暗視機能搭載ネットワークカメラの例

静止画や動画を保存できるものがある。メモリーカードの容量が限られているので、一般的には記録できる静止画の枚数、動画の録画時間には制限がある。また、大容量のストレージである NAS（Network Attached Storage）やパソコンなどに静止画、動画を保存できる機器もあり、この場合はメモリーカードなどに比べてより多くの静止画、動画を保存できる。

(6) 人感センサーを利用した機能

　ネットワークカメラのなかには、周囲の温度変化を感知する赤外線センサーなどを利用した人感センサーを搭載したものや、AI による映像解析技術を利用し人を検知する仕組みをネットワークカメラ本体やクラウド上のサーバーに取り入れたものがある。図 5-27 の例は、ネットワークカメラが撮影した映像をクラウド上のサーバー AI が解析し人を検知した場合、登録者のスマートフォンなどへ人物が映った画像をプッシュ通知する、お知らせ機能を有する製品である。この機能は、防犯や見守りなどに利用できる。また、人感センサーが人物などを感知したときに、アラーム音（警告音）を発生させる機能、動画録画を自動的にスタートする機能などを持つネットワークカメラもあり、設置場所や使用方法によりさまざまな用途に利用できる。

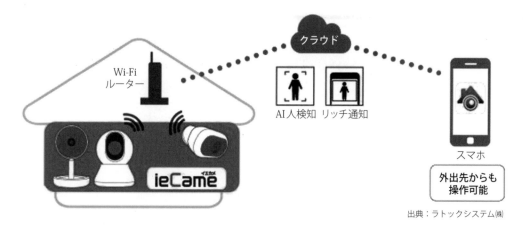

出典：ラトックシステム㈱

図5-27　AIで人を検知して通知するネットワークカメラの例

4.　使用時の注意ポイント

　ネットワークカメラを設置し使用する場合、注意すべき点について説明する。

（1）使用用途と種類

　ネットワークカメラの使用目的、設置場所によって、最適なネットワークカメラが異なってくる。屋内か屋外か、対象物は何か、どの範囲を写すのか、その場所の明るさ、また、昼間か夜間かなどによって、どのタイプのネットワークカメラが適切かよく検討する必要がある。また、どのような機器との接続が必要となるのか、検討することも必要である。

（2）プライバシーや肖像権

　ネットワークカメラを使用する場合には、被写体に対するプライバシーや肖像権に配慮し、責任を持つ必要がある。プライバシーとは、一般的に私生活をみだりに公開されないという法的保証ないしは権利、もしくは自己に関する情報をコントロールする権利のことといわれている。また肖像権は、一般的に、みだりに他人から自らの容貌、姿態を撮影されたり、公開されたりしない権利である。

（3）セキュリティ

　ネットワークカメラが写す映像を外出先でスマートフォンなどにより確認する場合には、専用アプリなどを用いてアクセスする。ネットワークカメラがルーターに接続されている場合、スマートフォンからは、一般的にルーターのグローバルIPアドレスとネットワークカメラのプライベートIPアドレスを使ってネットワークカメラにアクセスする。このとき、ネットワークカメラはインターネットを経由して画像などの情報を伝送するので、適切なセキュリティ対策を実施しない場合、不正なアクセスなどにより画像を見られてしまう危険性がある。不正なアクセスを防止する対策としては、以下のような対応を確実に実施する必要がある。

1）パスワードなどの変更と使用

　パスワードは初期設定のままにせず変更を行い、ネットワークカメラにアクセスするときにパスワードなどの入力が必要な設定にして利用権限を制限する。これにより、不正アクセスの危険性を低くすることができる。また、定期的にパスワードを変更することも必要である。さらに、ユーザー名やユーザーIDの設定が可能な場合には、パスワードと同様に適切な対応を行う。

2）SSL/TLS による暗号化通信の利用

インターネット上で画像などのデータを伝送する際に、暗号化して送受信する方法の1つが、SSL（Secure Sockets Layer）/TLS（Transport Layer Security）による暗号化通信である。利用するには、まず SSL/TLS サーバー証明書を申請し取得する。そのあと、SSL 暗号化通信を利用する設定を行い、ネットワークカメラにアクセスする際にネットワークカメラに、SSL/TLS のサーバー証明書とサーバー公開鍵を要求して SSL の暗号化通信を行うことで、安全性を高めることができる。メーカーによっては、アプリの設定で SSL/TLS を利用できるものもある。

3）機器のセキュリティに対するアップデート

機器の脆弱性に対応するため、メーカーからファームウエアなどのアップデート（セキュリティパッチ）が提供された場合には、該当する機器に確実に適用する。

4）必要なときのみ使用

使用する必要のないときは、不正アクセスされないために、家庭内 LAN などのネットワークから切り離すことや、機器の電源を切るなどの対応を行う。

この章でのポイント !!

記録メディアとして内蔵メモリーやメモリーカードを使用するビデオカメラを中心に、採用されている記録方式や手ブレ補正などの各種機能について説明しています。また、新たなカテゴリーのビデオカメラとして、4K ビデオカメラ、ウェアラブルカメラや 360 度カメラ、ネットワークカメラなどについても説明しています。よく理解しておきましょう。

キーポイントは

- 記録方式と映像符号化方式
- 手ブレ補正の種類、動作原理と特徴
- 4K ビデオカメラ、ビデオカメラの各種付加機能
- ウェアラブルカメラ、360 度カメラの特徴
- ネットワークカメラの特徴、種類、使用時の注意ポイント

キーワードは

- インターレース方式、プログレッシブ方式、AVCHD Ver2.0
- レンズシフト方式、撮像素子シフト方式、空間光学手ブレ補正、電子式補正
- XAVC S、サブカメラ内蔵、スローモーション機能、クイックモーション機能
- 全天球カメラ、半天球カメラ、VR スコープ
- Motion JPEG、バリフォーカルレンズ、ボックス型ネットワークカメラ、ドーム型ネットワークカメラ、PTZ 型ネットワークカメラ、PoE（Power over Ethernet）

6章 デジタルカメラ

過去には、カメラといえばフィルムを使用するカメラのことを示していた。しかし、フィルムに代わって CMOS センサーなどの撮像素子とフラッシュメモリーを用いるデジタルカメラが急速に普及し一般的となった。初期のデジタルカメラの撮像素子の画素数は、当時のビデオカメラと同等の 30 万画素程度であったが、撮像素子の性能の向上や画素数の増加に加え画像処理技術が大きく進歩し、画質が格段に向上した。また、カラープリンターの性能も進歩した結果、デジタルカメラはフィルムカメラにとって代わったといえる。これに伴い、デジタルカメラと区別するために、フィルムを使用したカメラは、銀塩カメラまたはフィルムカメラと呼ばれるようになった。また、デジタルカメラは動画記録もできるのが一般的で、ビデオカメラ的な使い方も可能である。デジタルカメラの技術は非常に速いスピードで進んでおり、コンパクトタイプの普及機から一眼レフタイプの高級機まで、価格、撮影目的に応じて多種多様の商品が発売されている。レンズ交換が可能で一眼レフ並みの高画質な撮影もできるが、ミラーレス構造でコンパクトなミラーレス一眼カメラと呼ばれるカテゴリーのカメラもある。デジタルカメラに関する技術の進歩は早く、全容を記すことは困難なため、本章では基本的な内容を記す。なお、説明に必要な場合を除き、以降はデジタルカメラを単にカメラと記す。

6.1 概要

1. 特徴

デジタルカメラの特徴は、主に以下のとおりである。

①撮影した画像をその場で確認でき、撮り直しや画像の削除も可能。

②現像が不要。パソコンやプリンターがあれば、容易に画像の加工やプリントができる。

③画像をメールで送ることや、ホームページや SNS（ソーシャルネットワーキングサービス）で公開したりすることが容易。

④メモリーカードなどの記録媒体は、記録画像や音声を消去して繰り返し使用できる。

2. 構成

図 6-1 は、コンパクトカメラの外観と操作部名称の例である。撮影時に各種設定を選ぶことができ、再生時も多機能であるため、フィルムカメラに比べて操作部が多くなっている。図 6-2 は、カメラの基本的な仕組みである。レンズを通して入ってきた被写体の映像を撮像素子（CMOS センサーなど）で電気信号に変換し、電子回路によりデジタル信号化する。各種の信号処理を行ったあと、液晶モニターで画像を表示する。シャッターを押すと、記録媒体（メモリーカード）に信号が記録される。動画撮影できるカメラでは、マイクに入った音声も動画とともにデジタル信号化されて記録される。再生時には、記録された画像を液晶モニターに表示することや、USB 端子に接続された USB ケーブルを経由して、パソコンやプリンターに転送

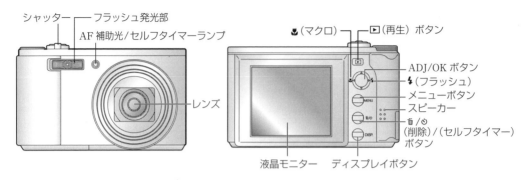

図6-1　カメラの外観と操作部名称の例

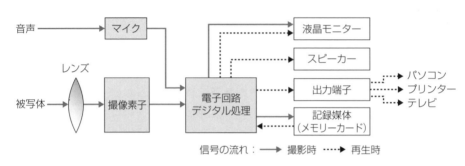

図6-2　基本的な仕組み

できる。また、HDMIケーブルを利用して、カメラからハイビジョン映像や4K映像の動画を
テレビに出力できる機種もある。

3.　撮像素子

　CMOSセンサーなどの撮像素子自体は、色を識別する
機能を持たず、輝度情報のみを出力する。そのため、撮像
素子の前面にR（赤）、G（緑）、B（青）を規則的に並べ
たカラーフィルターを置き、1素子ごとに出力される輝度
情報に色情報を加えて合成することにより、さまざまな色
を再現している。一般的なカラーフィルターの配列例を図
6-3に示す。撮像素子全体に配置された画素の総数を総画
素数、実際に撮影に使用される画素数を有効画素数という。
一般的に、撮像素子の外周に配置された素子は使用しない
ので、有効画素数は総画素数よりも小さな数値になる（以
降、断りがない限り有効画素数を画素数という）。

R	G	R	G	R	G
G	B	G	B	G	B
R	G	R	G	R	G
G	B	G	B	G	B
R	G	R	G	R	G
G	B	G	B	G	B

図6-3　一般的なカラーフィルターの色配列

4.　撮像素子のサイズ

　撮像素子は、カメラのグレードに応じてさまざまなサイズのものが用いられている。図6-4
は、代表的なサイズを比較したものである。

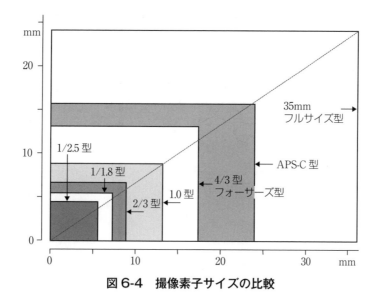

図 6-4　撮像素子サイズの比較

　最近では、コンパクトカメラもデジタル一眼カメラも撮像素子の高画素数化が進んでいるが、写真の画質は画素数だけでなく撮像素子の大きさ、レンズの性能、カメラ本体の画像処理エンジンの能力などによって決まるので、これらのバランスを適切に設定することがカメラ設計では重要な要素になっている。

　撮像素子のサイズが大きいことによる利点は、図 6-5 のように同じ画素数でも撮像素子のサイズが大きければ 1 画素あたりの面積が大きくなり、より多くの光を取り込むことができることである。これにより、暗い場所などでも、よりノイズの少ない明るく鮮明な画像で撮影が可能になる。一方、撮像素子のサイズが同じ場合には、画素数が多いほど解像度は高くなるが、1 画素あたりの面積が小さくなり取り込める光の量が減る。このため、暗い場所で明るい画像を撮影しようとする場合には、ノイズが目立つ画像になってしまう。

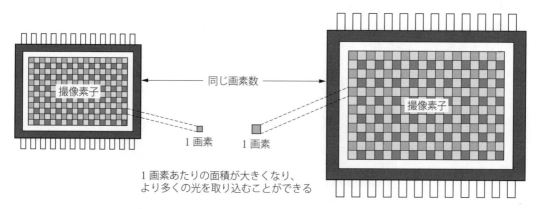

図 6-5　撮像素子のサイズと 1 画素の面積

5.　裏面照射型 CMOS センサー

　カメラは、小型・軽量化とともに、高画質で撮影できる性能も要求されている。そのため、主要な構成部品である撮像素子の CMOS センサーにも、小型で高画素のものが求められてきている。ここで問題になるのが、小型で高画素化が進むと CMOS センサーの感度が下がるこ

とである。1画素あたりの受光量が減るため、照度の低い暗いシーンの撮影でノイズが発生してしまう。そこで、高画素でサイズが小さなCMOSセンサーでも感度を損なわないようにする技術が進歩してきた。その技術の一例として、裏面照射型CMOSセンサーがある。図6-6（a）のように、従来の表面照射型のCMOSセンサーでは素子の上に配線がレイアウトされている。カラーフィルターを通過した入射光の一部が、配線によって遮られてしまい、その分、フォトダイオードに光が当たる面積も小さくなっている。図6-6（b）の裏面照射型CMOSセンサーは、受光面と配線層の配置を逆転させている。配線がフォトダイオードの裏側に配置されているため、入射する光は遮られることがない。そのため、感度が高くなり、暗いシーンでもノイズの少ない画像での撮影が可能になる。

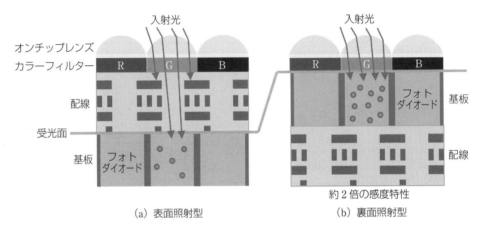

図6-6　表面照射型と裏面照射型の違い

6. 積層型CMOSセンサー

　裏面照射型CMOSセンサーでは、図6-7（a）のように同一のチップ上に画素部分およびアナログ回路とロジック回路を搭載するため、チップのサイズによる搭載可能な回路規模の制約、画素と回路の配置によるノイズ対策など数々の制約があり、より高画質化と高機能化を目的とする大規模な回路を搭載するうえで課題となっていた。この課題を解決するため、積層型

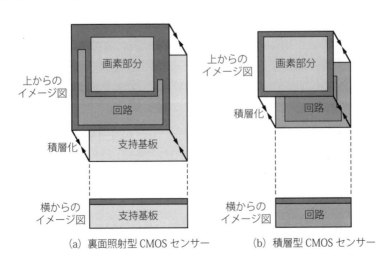

（a）裏面照射型CMOSセンサー　　（b）積層型CMOSセンサー

図6-7　裏面照射型CMOSセンサーと積層型CMOSセンサーの構造比較

CMOSセンサーが開発された。積層型CMOSセンサーは、図6-7（b）のように裏面照射型CMOSセンサーの支持基板の代わりに信号処理回路が形成されたチップを用い、その上に裏面照射型画素が形成された画素部分を重ね合わせる積層構造を採用している。この積層構造により、小さなチップサイズでも大規模な回路の搭載が可能になり、また画素と回路部分をそれぞれ独立したチップとしているため、画素部分は高画質化に、回路部分は高機能化に特化できる。これにより、高画質化、高機能化および小型化を同時に実現できる。この積層型CMOSセンサーの利用により、例えば、ミラーレスカメラやコンパクトデジタルカメラでの連写時に一瞬画面が暗くなってしまう「ブラックアウト」現象の低減や1/40といった「スーパースローモーション」の動画撮影などが可能になった。

7. 3層積層型CMOSセンサー

3層積層型CMOSセンサーは、積層型CMOSセンサーに、さらに半導体メモリーのDRAMを積層したものである（**図6-8**参照）。各画素からの読み出しデータを同時に一次保存できるDRAMを配したことで、積層型CMOSセンサーに比べて、さらに高速でデータの読み出しができるようになった。これにより、例えば、動きの速い被写体を写真撮影するときに発生するフォーカルプレーンひずみ（画素信号を1行ごとに読み出すために起こるCMOSイメージセンサー特有の画像のひずみ）を抑えた写真を撮影することなどが可能になった。

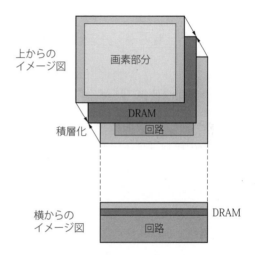

図6-8 3層積層型CMOSセンサーの構造

8. ミラーレス一眼カメラ

ミラーレス一眼カメラは、文字どおり「ミラー（鏡）のない」レンズ交換式カメラである。デジタル一眼レフがファインダーで画像を見るためにミラーボックス内のミラーの反射（Reflex、レフレックス）を利用しているのに対し、ミラーレス一眼カメラにはミラーがなく反射を利用していない。そのため、ミラーレス一眼カメラを「ノンレフレックス」と呼ぶこともある。

デジタル一眼レフカメラとミラーレス一眼カメラの違いは、**図6-9**のとおりである。デジタル一眼レフカメラでは、レンズから入る光をミラーボックス内のミラーに反射させて、ファインダーに映している。シャッターを押した一瞬だけミラーが上がり、CMOSセンサーなどの撮像素子に光が届き、記録される仕組みである。一方、ミラーレス一眼カメラではこのミラーがないので、レンズから入った光はCMOSセンサーなどの撮像素子に常に届く。シャッターを押したときに、信号を画像処理エンジンで処理し、1枚の画像としてメモリーカードなどに記録する。ミラーレス一眼カメラは、本体にミラーボックスがないため、デジタル一眼レフカメラに比べ小型・軽量化できるというメリットがある。持ち運びが便利で、扱いやすいサイズのため、コンパクトカメラに近い携帯性が魅力の1つになっている。一般的に、小型・軽量でも、

デジタル一眼レフカメラに使われているものと同じ、あるいは近いサイズの撮像素子を搭載している機器が多い。また、レンズの交換ができるので、レンズの特性を利用して背景などをぼかした写真を写すなどデジタル一眼レフカメラと同じような撮影ができる特徴を持っている。

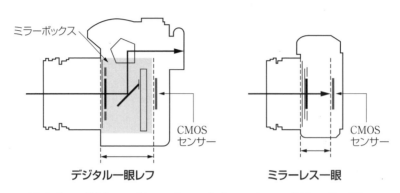

ミラーボックス

CMOS
センサー

CMOS
センサー

デジタル一眼レフ　　　　　　　ミラーレス一眼

図6-9　デジタル一眼レフカメラとミラーレス一眼カメラの違い

6.2　記録メディア

1.　メモリーカードの種類

　カメラの記録メディアとしては、半導体を用いたフラッシュメモリーカード（以下、メモリーカード）が一般的である。メモリーカードにはいくつかの種類があり、同じ種類でも形状の異なるものがあるので、使用するカメラに合わせてメモリーカードを選ぶ必要がある。撮像素子の高画素化で、写真1枚あたりのデータ量が大きくなっている。また動画撮影を行うと、データ量がさらに大きくなる。そのため、撮影状況に応じて必要な容量のメモリーカードを選ぶ必要がある。また、メモリーカードには書き込み速度の規格があり、撮影した写真や動画のデータをメモリーカードへ転送する際の速度に影響するので、カメラが指定する書き込み速度に合わせて、メモリーカードのグレードを選ぶ必要がある。主なメモリーカードには、以下のようなものがある。

（1）コンパクトフラッシュ（CFカード：Compact Flashカード）

　42.8×36.4mmのサイズで、容量は32MB〜512GB程度である。主にデジタル一眼レフカメラなどに利用されている。また、転送速度は製品の使用により異なるが、一般的に高速な書き込み、読み出しに対応している。さらに、データ転送のインターフェースをCFカードのパラレル方式からシリアル方式に変更して、より高速化を図ったCFastカードもある。CFast1.1の規格では理論上の最大転送速度が300MB/秒で、CFast2.0の規格では理論上の最大転送速度が600MB/秒である。

（2）CFexpress 2.0

　CFastカードに加えXQDカードにも対応する規格として、新たにCFexpress 2.0が策定された。この規格は表6-1のとおり3種類に区分されており、従来のCFexpress 1.0はType Bに変更され、さらにType AとType Cが追加されている。転送速度を高めるため、シリアルバスのインターフェースであるPCI Express（PCIe）およびNVM Express（NVMe）のプロトコルを利用している。また、XQDカードを使用する機器側がこのCFexpress 2.0に対応していれば、CFexpressカード（Type B）を使用することができる。

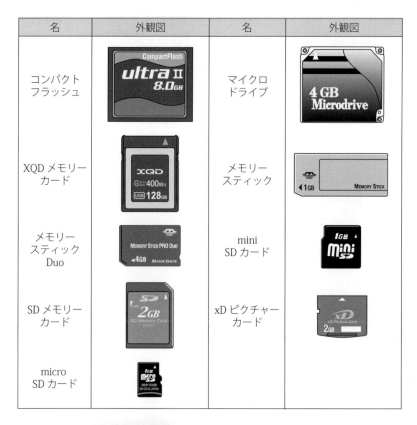

名	外観図	名	外観図
コンパクト フラッシュ		マイクロ ドライブ	
XQD メモリー カード		メモリー スティック	
メモリー スティック Duo		mini SD カード	
SD メモリー カード		xD ピクチャー カード	
micro SD カード			

コンパクト
フラッシュ
アダプター

図 6-10 主なメモリーカードの名称と外観

表 6-1 CFexpress 2.0 の規格

	Type A	Type B	Type C
サイズ	28mm×20mm×2.8mm	38.5mm×29.6mm×3.8mm （XQDメモリーカードと同サイズ）	74mm×54mm×4.8mm
PCI Express（PCIe） インターフェース	Gen3、1レーン	Gen3、2レーン	Gen3、4レーン
NVM Express（NVMe） プロトコル	NVMe 1.3	NVMe 1.3	NVMe 1.3
最大速度 （理論値）	1000MB/s	2000MB/s	4000MB/s

（3）XQDカード

　38.5×29.6mm、厚さ 3.8mm のカードで、容量は 32GB～256GB 程度である。デジタル
カメラに搭載されるイメージセンサーの高画素化に伴い大容量化している画像データ、また
4K ビデオカメラで撮影される 4K 映像の大容量映像データなどを高速書き込みするためのカー
ドで、Compact Flash Association により規格化されている。現在は、高級デジタル一眼レ

フカメラや高級 4K ビデオカメラなどで XQD カードを使用する機器が販売されている。XQD カードにはいくつかのシリーズがあり、仕様は**表6-2**のとおりである。XQD フォーマットには下位互換性があり、Ver2.0 対応の機器であれば Ver2.0 に加え Ver1.0 のカードの使用が可能である。最大転送速度はシリーズにより異なるが、カードへの書き込みで最大 400MB/秒、またカードから機器への読み出しで 440MB/秒である。現在、主に販売されている XQD カードは G シリーズである。

表6-2　XQD カードのシリーズ

シリーズ		G シリーズ	M シリーズ	N シリーズ
フォーマットバージョン		Ver2.0		Ver1.0
最大転送速度	書き込み	400MB/秒	150MB/秒	80MB/秒
	読み出し	440MB/秒	440MB/秒	125MB/秒

(4) メモリースティック（MS：Memory Stick）

端子に触れにくい構造をしており、著作権保護に対応するコピープロテクション機能（Magic Gate）も採用されている。メモリースティック Duo と呼ばれるサイズが一般的で、さらにサイズを小型・軽量にしたマイクロと呼ばれるものがある。ほかに最大容量 32GB の容量で、転送速度を高速化したメモリースティック PRO、PRO-HG Duo と呼ばれるものもある。

(5) SD、SDHC、SDXC メモリーカード

32×24mm、厚さ 2.1mm のカードで、著作権保護機能を持ち、誤消去防止のプロテクトスイッチも付いている。

1）容量

SD メモリーカードの容量は、8MB～2GB として規格化されている。SD メモリーカードと同じ大きさで、規格値が 2GB を超え最大容量 32GB の SDHC メモリーカード、規格値が 32GB を超え最大容量 2TB までの SDXC メモリーカードもある。

2）スピードクラス（最低書き込み速度）

SD、SDHC、SDXC メモリーカードには「スピードクラス」と呼ぶ書き込み速度の規格があり、CLASS2、4、6、10 と表示している。例えば、CLASS4 は最低書き込み速度が 4MB/秒（32Mbps）で、CLASS10 は最低書き込み速度が 10MB/秒（80Mbps）の意味である。さらに UHS（Ultra High Speed）スピードクラスと定義された、より高速の書き込み速度の SDHC および SDXC メモリーカードも発売されている。SD、SDHC、SDXC メモリーカードは、各社のデジタルカメラ、ビデオカメラなどの記録メディアに採用されており、標準的なメモリーカードとなっている。

3）サイズ

SD、SDHC、SDXC メモリーカードの半分以下の大きさの miniSD、miniSDHC や microSD、microSDHC、microSDXC メモリーカードと呼ばれるものもあり、ポータブルオーディオプレーヤーや携帯電話などの記録メディアとして利用されている。microSD メモリーカードを miniSD や SD サイズに変換するアダプターや、miniSD メモリーカードを SD サイズに変換するアダプターがあり、異なる機器で同じメモリーカードを利用する際の利便性の向上が図られている。

2. SD、SDHC、SDXC メモリーカードについての詳細

　一般的に、メモリーカードのなかで最も使用されている SD、SDHC、SDXC メモリーカードに関して、使用可能な機器や各種規格などについて詳しく説明する。

(1) 機器との対応関係

　SD、SDHC、SDXC メモリーカードと使用できる機器の関係を表したのが、図6-11 である。それぞれのメモリーカードで使用できる機器と使用できない機器があり、例えば、SDXC メモリーカード対応機器では SD、SDHC、SDXC メモリーカードが使用できるが、SD メモリーカードのみの対応機器では SD メモリーカードしか使用できない。

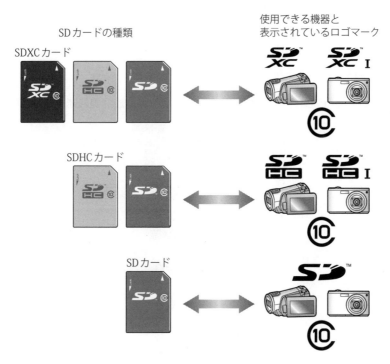

図6-11　SD、SDHC、SDXC メモリーカードと対応機器

(2) UHS スピードクラス

　動画撮影時は、一定の速度で途切れないように、連続してデータを書き込むことが重要である。特に 4K のような高解像度の動画撮影時や静止画でも高画素数の連続撮影時などには、書き込み速度が保証されたカードを使用する必要がある。UHS（Ultra High Speed）スピードクラスは、このような場合における最低保証の書き込み速度を規定した規格で、UHS スピードクラス 1 と 3 があり、それぞれ U1、U3 と表示がされている。書き込み時の最低保証速度は、U1 が 10MB/秒、U3 は 30MB/秒である。スピードクラスの CLASS2、4、6、10 は、SD、SDHC、SDXC カードに対して定義されているが、UHS スピードクラスは、SDHC、SDXC メモリーカードに対して定義されている。UHS スピードクラスは、UHS バスインターフェースの UHS-Ⅰ、ⅡおよびⅢに対応して設定されているため、これら UHS-Ⅰ、UHS-Ⅱおよび UHS-Ⅲに対応する機器を使用することで、U1 または U3 の書き込み性能を発揮できる。

（3）ビデオスピードクラス

　ビデオスピードクラスは、4K映像や8K映像などの高解像度の動画撮影時の書き込み速度の保証を意図した規格である。ビデオスピードクラスはV6、V10、V30、V60およびV90の5つのクラスがあり、書き込みにおける最低保証速度は、それぞれV6が6MB/秒、V10が10MB/秒、V30が30MB/秒、V60が60MB/秒およびV90が90MB/秒である（表6-3参照）。ビデオスピードクラスに対応するのは、SDHC、SDXCメモリーカードである。ビデオスピードクラスもほかのスピードクラスと同様に、各ビデオスピードクラスに対応した機器で使用することにより、それぞれの規格の最低保証速度以上で書き込みができる。また、ビデオスピードクラスに対応したSDHC、SDXCメモリーカードは、複数のファイルを同時に管理することが可能となっている。この機能を使うことにより、この機能に対応したビデオカメラでビデオ撮影中に、その途中の映像のひとコマを静止画として保存することや、ビデオ撮影中に保存されているほかのファイルを操作したりできる。

表6-3　スピードクラスと書き込み時の最低保証速度

スピードクラス	スピードクラス	UHSスピードクラス	ビデオスピードクラス	各スピードクラスと対応するビデオフォーマットの例　機器に対応したスピードクラスのカードを使用する必要がある
カードイメージ例	SDHC I CLASS⑩	SDXC I U1	SDXC II V60	
90MB/秒			V90	8Kビデオ
60MB/秒			V60	4Kビデオ
30MB/秒		⑶	V30	HD/フルHDビデオ
10MB/秒	⑩	⑴	V10	スタンダードビデオ
6MB/秒	⑥		V6	
4MB/秒	④			
2MB/秒	②			

（4）スピードクラスと書き込み時の最低保証速度

　SD、SDHC、SDXCメモリーカードは、写真や動画の高画質化、また機器の高性能化に対応して書き込み時の最低保証速度も高速化し、各種のスピードクラス規格が決められてきた。現在のスピードクラスと書き込み時の最低保証速度をまとめると、表6-3のとおりとなる。最近のデジタル一眼レフカメラや4Kビデオカメラなどでは、メモリーカードに高速な書き込み速度を要求するものが増えている。使用する機器とカードの組み合わせが適切でないと能力を最大限に発揮できないので、機器の仕様を十分確認し、対応したスピードクラスのSD、SDHC、SDXCメモリーカードを使用する必要がある。

(5) UHS バスインターフェース

　UHS スピードクラスが性能を発揮できるように、バスインターフェースの最大転送速度を規定したものが、UHS バスインターフェース UHS-Ⅰ、ⅡおよびⅢである。規格での最大転送速度は、UHS-Ⅰが 104MB/秒、UHS-Ⅱが 312MB/秒、UHS-Ⅲが 624MB/秒となっている。UHS-Ⅰ、ⅡまたはⅢに対応した SDHC、SDXC メモリーカードには、Ⅰ、ⅡまたはⅢの表示があり、それと併せて UHS スピードクラスの U1 または U3 の表示がある。これらのカードは、それぞれ UHS-Ⅰ、ⅡまたはⅢに対応した機器で使用することにより、UHS スピードクラスの最低書き込み速度が保証されるとともに、高速な転送速度でのデータ転送が可能になる。

　また、UHS-ⅡとⅢに対応した SDHC、SDXC メモリーカードには、従来の接続端子に加え新たな接続端子が追加されており、それぞれ UHS-Ⅱまたは UHS-Ⅲに対応した機器で使用することで、SDHC、SDXC メモリーカードに規定された最大転送速度でのデータ転送が可能になる。

(6) 表示の例

　SD、SDHC、SDXC メモリーカードには、どのグレードのメモリーカードかを識別するための各種表示がある。表示例は**図6-12**に示すとおりで、この表示により使用する機器との適合性を確認できる。

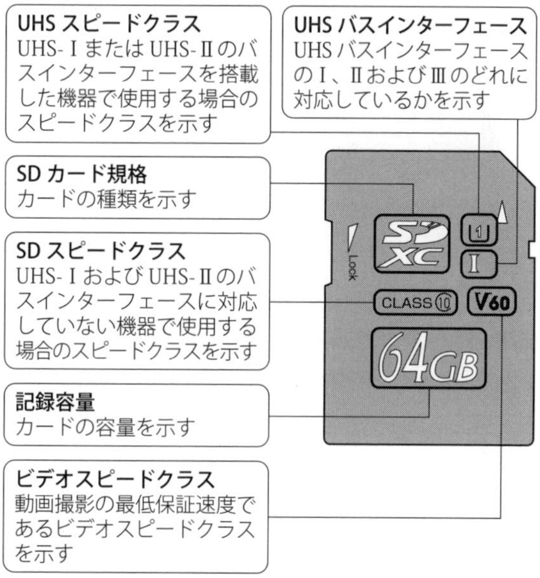

> **UHS スピードクラス**
> UHS-Ⅰまたは UHS-Ⅱのバスインターフェースを搭載した機器で使用する場合のスピードクラスを示す

> **UHS バスインターフェース**
> UHS バスインターフェースのⅠ、ⅡおよびⅢのどれに対応しているかを示す

> **SD カード規格**
> カードの種類を示す

> **SD スピードクラス**
> UHS-Ⅰおよび UHS-Ⅱのバスインターフェースに対応していない機器で使用する場合のスピードクラスを示す

> **記録容量**
> カードの容量を示す

> **ビデオスピードクラス**
> 動画撮影の最低保証速度であるビデオスピードクラスを示す

図6-12　SD、SDHC、SDXC メモリーカードの表示例

(7) SeeQVault 対応メモリーカード

　過去には、SD、SDHC、SDXC メモリーカードで地上デジタル放送や BS デジタル放送などのコンテンツをメモリーカードに保存する場合、著作権保護の観点から標準画質のデジタルデータでのみ保存が可能で、ハイビジョン画質での保存はできなかった。しかし、ハイビジョン画質コンテンツの著作権を保護し、メディアなどに保存できる著作権保護技術である SeeQVault を用いることにより、スマートフォンやタブレットなどのモバイル機器で外出先でも高画質なコンテンツを再生して楽しむことができるようになった。SeeQVault に対応したメモリーカードとして、microSDHC メモリーカードが販売されている。

(8) アプリケーションパフォーマンスクラス

　スマートフォンなどの内蔵メモリーを拡張するために microSDXC メモリーカードなどを利用して、アプリのインストールやアプリ関連のデータなどを保存するケースが増えてきている。このような使用における書き込みや読み出しなどの最低処理速度を定めた規格がアプリケーションパフォーマンスクラスである。アプリケーションパフォーマンスクラスには、クラス1（A1）とクラス2（A2）があり、規格の概要は**表6-4**のとおりである。

表6-4　アプリケーションパフォーマンスクラスの規格

アプリケーション パフォーマンスクラス	ランダム書き込み 最低処理速度	ランダム読み出し 最低処理速度	シーケンシャル 最低処理速度
クラス1（A1）	1500 IOPS	500 IOPS	10Mバイト/秒
クラス2（A2）	4000 IOPS	2000 IOPS	10Mバイト/秒

※IOPS（Input/Outout Per Second）は、与えられた条件下で1秒間に4KBのデータを書き込み、また
　は読み出しできる回数
※シーケンシャル最低処理速度は、与えられた条件下で1秒間に書き込みできる連続データの量

　また、規格に対応した microSDXC メモリーカードなどには、図6-13 のようなロゴマーク
の表示がある。スマートフォンなどの機器側もクラス1（A1）やクラス2（A2）に対応するも
のがあり、microSDXC メモリーカードなどとの組み合わせにより処理速度のパフォーマンス
が表6-5 のように変わる。クラス2（A2）の処理速度になるのは、機器と microSDXC メモ
リーカードなどの両方がクラス2（A2）に対応している場合である。

図6-13　アプリケーションパフォー
　　　　マンスクラスの表示例

表6-5　組み合わせによるパフォーマンスの違い

機器	microSDXCなどの メモリーカード	処理速度 パフォーマンス
A1 対応	A1 対応	A1
A2 対応	A2 対応	A2
A1 対応	A2 対応	少なくとも A1

フォーカス　メモリーカードの新規格

　SD アソシエーションが 2018 年 6 月以降に発表した規格について説明する。

1）SDUC メモリーカード（SD Ultra Capacity メモリーカード）

　SD メモリーカードの最大容量は SDXC メモ
リーカードの 2TB までであったが、新たに規格
化された SDUC メモリーカードでは最大容量が
128TB までに拡張された。図6-A は、SDUC メ
モリーカードの例である。

2）SD Express と microSD Express

　SD Express はデータ転送速度の高速化を実現
するために策定された規格で、最大データ転送速
度は 985MB/秒である。データ転送の高速化は、
UHS-Ⅱ以降のメモリーカードで追加された端子

図6-A　SDUC メモリーカード
　　　　の例

を使用し、シリアルバスのインターフェースである PCI Express（PCIe）および NVM Express（NVMe）のプロトコルを利用することで実現している。この SD Express は SDHC メモリーカード、SDXC メモリーカードおよび SDUC メモリーカードに適用が可能で、実際のメモリーカードの例は図6-B のとおりである。

図6-B　SD Express メモリーカードの例

また、SD Express と同じ仕様で最大データ転送速度985MB が microSDHC メモリーカード、microSDXC メモリーカードおよ

図6-C　microSD Express メモリーカードの例

び microSDUC メモリーカードに適用できる microSD Express の規格もある。対応するメモリーカードの例は、図6-C のとおりである。

これら規格は、最大容量の拡張と転送速度の高速化に対応するもので、8K動画の記録、超スローモーション（ハイスピード撮影）や360度のビデオ撮影などの用途を想定して策定された。

6.3　レンズに関する基礎知識

1.　焦点距離と画角

カメラのレンズに関する基本的な知識で、撮影する際にも気をつけなければならない焦点距離と画角について説明する。焦点距離と画角、さらに両者の関係は、特にデジタル一眼レフやミラーレス一眼カメラのような、レンズ交換式カメラのレンズ選択においても重要な知識である。

図6-14で、レンズを通った光が像を作る際、イメージサークル上のピントが合ってはっきり見える位置を焦点と呼び、レンズの主点と焦点の距離を焦点距離と呼ぶ。ここでいうレンズの主点とは、光の屈折を基準にしたレンズの中心点を示すものである。焦点距離は、f で表される。また画角は、写真に写る範囲を角度に置き換えて表したもので、一般的にいわれる視野や視野角とほぼ同じ意味のものである。画角は、図6-14で示したように画角＝2θで表され、焦点距離と密接な関係がある。

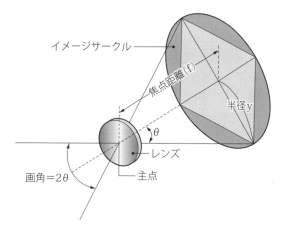

図6-14　焦点距離と画角

　この焦点距離と画角の関係を示したのが、**図6-15**である。焦点距離が短いレンズを使うと画角は大きくなり、写る範囲は広くなる。逆に、焦点距離が長いレンズを使うと画角は小さくなり、写る範囲は狭くなる。一般的に、人間の視野角に近いといわれる焦点距離がf＝50mmのレンズを標準レンズと呼ぶ。また、焦点距離fの数値が大きくなるほど望遠～超望遠のレンズ、逆に数値が小さくなるほど広角～超広角のレンズになる。例えば、レンズの仕様に焦点距離200mmと記述されていれば200mmの望遠レンズ、24mmと記述されていれば24mmの広角レンズになる。

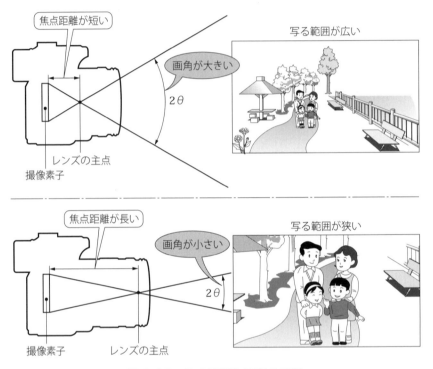

図6-15　焦点距離と画角の関係

　実際に同じ位置から焦点距離の異なるレンズで撮影した例が**図6-16**で、焦点距離が短いほど写る範囲が広く、逆に焦点距離が長いほど映る範囲が狭くなっている。レンズの焦点距離が変化することにより、画角（写る範囲）が変化することが分かる。

2.　撮像素子サイズと画角・焦点距離

　デジタルカメラでは、撮像素子のサイズで画角が変わるので注意が必要である。フィルムカメラでは、撮像素子に相当するものとして、一般的に35mmフィルムが使われていた。そのため、同じ焦点距離のレンズであればカメラ本体が異なっても画角は変わらず、焦点距離の値からそのまま画角を把握することができた。一方、デジタルカメラでは各種サイズの撮像素子が使われており、異なる撮像素子サイズのデジタルカメラでは同じレンズとの組み合わせでも画角が変わってしまう。したがって、焦点距離の値だけで実際の撮影時の画角を把握することができない。そこで、使い慣れた35mmフィルムを使用するフィルムカメラで同じ画角となる焦点距離に換算し、「焦点距離は35mm換算で何mm」と表現して判断基準を示すことで、画角を把握しやすくしている。デジタルカメラにおける、撮像素子のサイズと画角の関係を説

焦点距離(f)

同じ位置から撮影しても、焦点距離が短いほど写る範囲が広く、長いほど写る範囲が狭くなる

図6-16 焦点距離と画角(写る範囲)の違い(実際例)

明する。

図6-17に示すように、焦点距離が同じレンズを使用し撮像素子サイズが違う場合、撮像素子サイズが大きいほど画角は大きくなることが分かる。したがって、フィルムカメラ用の35mmフィルムと同じ大きさの35mmフルサイズ型の撮像素子に比べ、APS-C型の撮像素子の場合、画角が小さくなることが分かる。この画角の違いを過去に使い慣れていたフィルムカメラの35mmフィルムに合

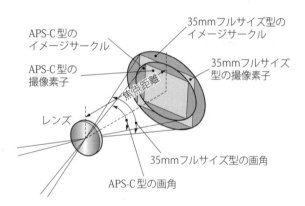

図6-17 撮像素子サイズと画角の関係

わせ、同じ画角が得られるよう補正をするため、「35mm換算で何mmの焦点距離」という表現が使われ、実際の撮影時の画角をイメージできるようにしている。この35mm換算の焦点距離の値を判断基準として用いることで、異なるサイズの撮像素子を搭載したデジタルカメラの画角の比較を容易に行うことができる。

例えば、キヤノンのデジタル一眼レフのAPS-C型の撮像素子搭載機種では、焦点距離を1.6倍すると35mmフィルムのカメラで撮影するのと同じ画角が得られる焦点距離となる。50mmの標準レンズを装着した場合、35mm換算すると1.6倍した80mm相当が35mmフィルムカメラでの焦点距離となる。一方、ニコンのデジタル一眼レフのAPS-C型の撮像素子搭載機種では、焦点距離を1.5倍すると35mmフィルムのカメラと同等で撮影するのと同じ画角が得られる焦点距離となる。50mmの標準レンズの場合、35mm換算で1.5倍した75mm相当が焦点距離となる。これは、同じAPS-C型の撮像素子でもメーカーにより大きさが若干異なるためで、詳しくは各メーカーの機種の仕様を確認する必要がある。

撮像素子の大きさが縦 24mm × 横 36mm なのに、なぜ 35mm フルサイズ型と呼ばれるのか？

　フィルムカメラでは、図6-Dのように縦方向が35mmのフィルムを使用していた。実際の写真は、この図にあるとおり縦24mm、横36mmの長方形の部分に撮影される。一方、デジタルカメラでは、撮像素子がこの縦24mm、横36mmの大きさの場合にフィルムカメラと同じ撮影範囲になる。そのため、この大きさの撮像素子を35mmフルサイズ型と呼ぶようになった。したがって、この35mmフルサイズ型の撮像素子を搭載したデジタルカメラは、フィルムカメラと同じ撮影範囲で、画角もフィルムカメラと同じになる。

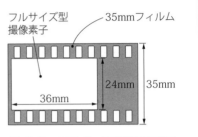

図6-D　フルサイズ型撮像素子の大きさ

3.　焦点距離によるレンズの分類

　レンズは、焦点距離によって広角レンズ、標準レンズ、望遠レンズに大きく分類される。デジタル一眼レフカメラやミラーレス一眼カメラでは、撮影対象となる被写体や撮影意図によってレンズ交換を行うことが可能である。**図6-18**は、焦点距離の異なるレンズの画角（撮影範囲）の関係をイメージとして表したものである。

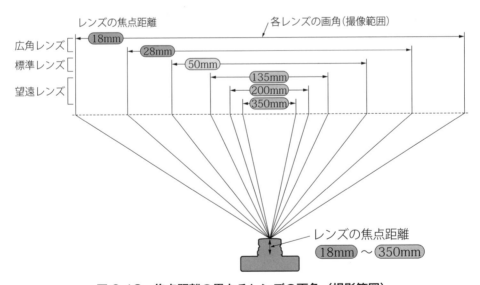

図 6-18　焦点距離の異なるレンズの画角（撮影範囲）

　各レンズの特徴は、以下のとおりである。なお、焦点距離は35mm換算の数値で表している。

（1）標準レンズ

　一般的に、焦点距離が50mm前後のレンズを標準レンズという。人間の持っている視野や遠近感などのイメージに近似しているため、標準レンズといわれている。スナップ写真など撮

影全般に広く使われる一般的なレンズである。

（2）広角レンズ

　標準レンズより焦点距離が短く、一般的に 35mm 以下のものを広角レンズと呼ぶことが多い。焦点距離が短いため画角が大きく、撮影できる範囲が広いので広角といわれている。手前から遠くまでピントが合った写真を撮りやすいので、風景写真などを撮影するのに適している。最も広角なレンズは、特定の用途に使われる魚眼レンズで約 180 度の撮影が可能なものもある。また、ウェアラブルカメラなども広角レンズを搭載し、動画撮影で手ブレの目立ちにくい広角レンズの特性を生かし、広い範囲を撮影ができるものが多い。

（3）望遠レンズ

　標準レンズより焦点距離が長く、一般的に 85mm 以上のものを望遠レンズと呼ぶことが多い。焦点距離が長いので画角は小さく、撮影できる範囲は狭くなるが、望遠鏡のように遠くのものを大きく撮影できる。したがって、被写体に近づくことが難しいスポーツの撮影や野鳥、動物の撮影などに利用される。ピントが合う範囲が狭いので、周囲をぼかした写真を撮ることができるのも特徴である。一方、シビアなピント合わせが必要で、また画角が小さいので少しの揺れでも手ブレが発生してしまうため、焦点距離 200mm 以上などの望遠レンズを使う場合は、三脚などを使ってカメラとレンズを固定するのが望ましい。

（4）ズームレンズ

　ズームレンズは、焦点距離を変えることができるズーム機構を持ったレンズである。例えば、28mm ～ 135mm のズームレンズは、焦点距離を 28mm から 135mm までの間で可変できる。焦点距離を可変できるので、複数本の単焦点レンズを携帯する必要がないという機動性の高さや、撮影場所が限定されている場合や、レンズ交換しにくい場所でも、レンズ 1 本でさまざまな撮影ができる利便性が特徴である。

（5）マクロレンズ

　マクロレンズとは、一般的に被写体を 1/2 倍から等倍の撮影倍率※で撮影することができるレンズのことで、主に小さな花や昆虫などの被写体を大きく写すときに使われる。被写体を大きく写すため手ブレを起こしやすく、ピント合わせもシビアなため、三脚を使用するのが基本である。また、オートフォーカスでピントが合わない場合には、マニュアルでのピント合わせが必要である。

4．F 値（絞り値）

　F 値は、カメラのレンズの明るさを表す指標である。絞り値とも呼ばれ、**図6-19**のように焦点距離 f をレンズの有効口径 D で割った値で示される。レンズの絞りを開放（全開）にしたときの F 値を開放 F 値という。開放 F 値はレンズの明るさを表す指標で、レンズの有効口径が同じレンズでは開放 F 値が小さいほど多くの光を集光できる能力があるといえる。また、開放 F 値が小さいほど、一般的に明るいレンズといわれる。撮影時は、レンズの絞りを調整することでレンズの有効口径を変化させ、適切な絞り値に合わせる。レンズの絞り値は、F1.4、F2.0、F2.8、F3.5…などの値で設定できるようになっていて、最小の数値が開放 F 値である。

※：撮影倍率は、レンズで写された像の大きさ（35mm フィルム上の大きさ）と被写体の実際の大きさの比率で、焦点距離÷（撮影距離－焦点距離）で表される。デジタルカメラでは、各種の撮像素子サイズがあるので 35mm 換算の撮影倍率を示すのが一般的である。

数値が大きくなるほど絞りを閉じた状態で、集光できる量が少なくなることを示している。絞り値が1段階大きくなる（例えば、F1.4からF2.0）と、集光できる量が半分になる。

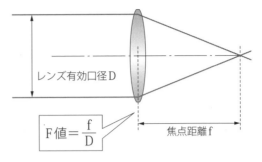

$$F値 = \frac{f}{D}$$

図6-19　F値（絞り値）

5. 被写界深度

　被写界深度は、ピント（フォーカスまたは焦点）が合って見える範囲のことをいう。撮影時にピントを合わせた位置から前後に距離が離れるほどピントが外れてボケた状態になるが、手前から遠くまで広い範囲でピントが合った状態に見えることを被写界深度が深い（パンフォーカス）という。逆にピントが合っている範囲が狭く、前後にボケている範囲が広く見える状態を被写界深度が浅いという。この被写界深度は、レンズの絞り値（F値）と関係があり、絞りを絞ってF値を大きくするほど被写界深度は深くなり、逆に絞りを開けてF値を小さくするほど被写界深度は浅くなる。この被写界深度とF値の関係を実際の写真で示したものが、**図6-20** である。これらの写真は、テーブルに置かれた包装紙を同じ位置から撮影したものである。F値がF22の場合、テーブルの手前から遠くまで全体にピントが合っているが、F1.4の場合は中央のみピントが合って手前や遠くはボケた状態になっている。このことから、F値が小さいほど、被写界深度が浅くなりピントの合う範囲が狭い写真となることが分かる。この関係を利用して、例えば花の咲いた花壇の中に人物がいる場合、人物だけにピントを合わせ周囲の花をぼかした写真を撮るには、絞りを開けて被写界深度の浅い状態で撮影すればよいことになる。

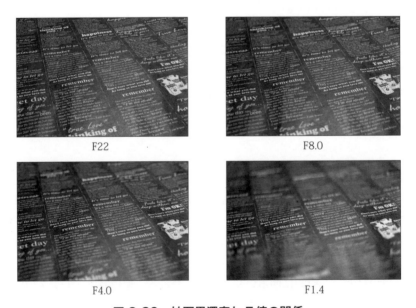

図6-20　被写界深度とF値の関係

6.4　露出に関する基礎知識

　ここでは、意図した明るさの写真を写すのに重要な露出について、また露出に関係する ISO 感度、シャッタースピード、EV 値、撮影モードなどについて説明する。

1.　ISO 感度

　ISO 感度は、フィルムカメラではフィルムの光に対する感度を表し、デジタルカメラでは光を電気信号に変換して記録する際の感度を表す。フィルムの場合、感度はフィルムの種類で決まっており、使うフィルムに合わせてフィルムカメラ本体の ISO 感度を設定した。また、感度を変える場合は、ISO 感度が異なるフィルムに交換し、その ISO 感度に合わせてフィルムカメラ本体の ISO 感度の設定を変更する必要があった。デジタルカメラの場合はフィルムと異なり、光を電気信号に変換して記録する際に、電気的に増幅率を変化させ感度を変えることができる。本体の ISO 感度のダイヤルや設定メニューで、Auto、100、200…1600、3200…などのように感度を設定する。Auto はカメラが自動的に適切な感度を選ぶモードである。ISO 感度は数値が大きいほど光を電気信号に変換して記録する際の感度が高いことを示している。例えば、暗くて撮像素子に届く光の量が半分になっても、数値を倍に（感度を倍に）すれば同じ感度が得られることになる。これを利用して、夜間など暗いシーンで撮影する場合、フラッシュを使うとフラッシュの光が届く範囲しか明るく撮影できないが、ISO 感度を高くすることで近い場所から遠くまで、適切な明るさで写真を写すことができる。ただし、電気信号の増幅率を上げて ISO 感度を高くしているため、感度を高くしすぎると増幅時のノイズでざらついた写真となってしまう場合がある。以前に比べて撮像素子のノイズ低減技術が進み、感度性能が向上して実用上も ISO 感度を非常に高く設定できるようになってきたが、撮影の際は ISO 感度を高くしすぎないよう適切な値にすることが必要である。

2.　シャッタースピード

　シャッターが開いている時間のことをシャッタースピードと呼んでいる。シャッタースピードは、1/4秒、…1/125秒、1/250秒、1/500秒…などと表され、シャッタースピードが速い（小さい値）ほど光が撮像素子に当たる時間が短くなり、逆に遅い（大きい値）ほど光が当たる時間が長くなることを示している。また、動いている被写体を撮影する場合、シャッタースピードを変えることにより被写体の写り方が変わる。シャッタースピードが遅いと被写体が動いた状態の写真となり、逆にシャッタースピードを速くすると被写体の動きを止めることや、少なくして写すことができる。したがって、スポーツの一瞬の状態を捉えた動きを止めた写真や水の流れの動きを表現する写真などは、シャッタースピードの設定を変えることで、意図する状態の写真を写すことができる。

3.　露出

　露出とは、撮像素子にどれだけの光を当てるかということを意味している。ISO 感度を一定にした場合、F 値（絞り値）とシャッタースピードにより露出は変化する。例えば、絞り値を小さくして取り込む光量を多くする場合、シャッタースピードを遅くして光を取り込む時間を長くする場合には、撮像素子に当たる光の量が多くなり、明るい写真を写すことができる。逆

に、絞り値を大きくする場合、シャッタースピードを速くする場合には、撮像素子に当たる光は少なくなり、暗い写真を写すことができる。一般的に、明暗バランスが整って見える状態、あるいは撮影者の意図どおりの明るさとなる状態を適正露出という。撮影時は、カメラが適正な露出を自動的に設定するモードを利用することや、手動で絞り値とシャッタースピードの組み合わせを設定するなどして、適正露出になるように光量を調整して撮影する。一方、意図的に適正露出から絞り値とシャッタースピードをずらすことにより、印象深い写真などを写すこともできる。

4.　EV値 (Exposure Value)

　EV値とは、絞り値とシャッタースピードの組み合わせで得られる光量（露出量）を示す数値である。EV値は、数値が小さいほど取り込める光の量が多くなり、逆に大きいほど取り込める光の量が少なくなることを表している。表6-6は、ISO感度を100に固定した場合の、絞り値とシャッタースピードの組み合わせで得られるEV値を表に示したものである。表6-6において、同じEV値になる組み合わせは複数存在するが、EV値が同じであれば光量は同じである。例えば、EV値が10となる組み合わせはこの表では11通りあり、これらの設定で同じ明るさの場所で写した場合は、すべて同じ光量のため同じ明るさの写真となるが、それぞれ絞り値とシャッタースピードが異なるので、11通りの異なった写真表現が選択できることを意味している。

表6-6　EV値の例（ISO感度100の場合）

シャッタースピード(秒)	F値										
	1	1.4	2	2.8	4	5.6	8	11	16	22	32
1	0	1	2	3	4	5	6	7	8	9	10
1/2	1	2	3	4	5	6	7	8	9	10	11
1/4	2	3	4	5	6	7	8	9	10	11	12
1/8	3	4	5	6	7	8	9	10	11	12	13
1/15	4	5	6	7	8	9	10	11	12	13	14
1/30	5	6	7	8	9	10	11	12	13	14	15
1/60	6	7	8	9	10	11	12	13	14	15	16
1/125	7	8	9	10	11	12	13	14	15	16	17
1/250	8	9	10	11	12	13	14	15	16	17	18
1/500	9	10	11	12	13	14	15	16	17	18	19
1/1000	10	11	12	13	14	15	16	17	18	19	20

　また、ISO感度の設定を変えるとEV値も変化する。ISO感度を100から2倍の200へ高くした場合、EV値は1だけ小さい値となる。つまりEV値が10の絞り値とシャッタースピードの組み合わせの場合、ISO感度を2倍にすることによりEV値はすべて9となり、より光量が多くなり、明るい写真を写す設定に変化する。マニュアルによる写真撮影では、このようなEV値である光量に対する絞り値、シャッタースピードとISO感度の関係を基に、適切な絞り値、シャッタースピードとISO感度を選択して自分の意図する適正な明るさで撮影を行うことが大切である。また各種の撮影条件において、意図した写真としてちょうどよい明るさの適正露出を正確に知るためには露出計が必要になるが、一般的にISO感度を100としたときに

適正露出となる EV 値は、快晴で 15、晴れで 14、曇りで 12、夕暮れで 8、明るい室内で 7、暗い室内で 6、夜景で 5 程度といわれている。

5.　モードダイヤル

デジタル一眼レフカメラやミラーレス一眼カメラでは、図6-21 のようなモードダイヤルをほとんどのカメラが装備している。このモードダイヤルの各モードの設定条件を理解することで、さまざまシーンで意図した適切な露出の設定が可能になる。各モードについて、概要を説明する。なお、各モードの動作説明は、ISO 感度を Auto ではなく固定値とした場合の説明である。

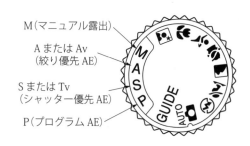

図 6-21　モードダイヤルの例

（1）P（プログラム AE）

被写体の明るさに応じて、内蔵されているプログラムを基に、自動的に絞り値とシャッタースピードを設定して適切な明るさで撮影するモードである。カメラが絞り値とシャッタースピードの両方をあらかじめ決められたプログラムにより変化させて、適正露出を自動的に設定するモードである。AE は、Auto Exposure（自動露出）の略である。

（2）S または Tv（シャッター優先 AE）

シャッタースピード優先で撮影するモードである。手動（マニュアル）で設定したシャッタースピードに応じて、カメラが適正露出になるように絞り値を自動的に設定するモードである。例えば、動きの速い被写体を静止させた状態で写す場合は、このモードを使いシャッタースピードを速く設定する。

（3）A または Av（絞り優先 AE）

絞り優先で撮影するモードである。手動で設定した絞り値に応じて、カメラが適正露出になるようにシャッタースピードを自動的に設定するモードである。例えば、レンズの絞りを開けて被写界深度を浅くし、被写体の前後がボケた写真を写すときなどに使用するモードである。

（4）M（マニュアル露出）

撮影者自身が手動で絞り値やシャッタースピードを設定し、撮影するモードである。

6.5　オートフォーカス機能

ピント（焦点）が合っている状態とは、被写体の位置に光源があると仮定した場合に、そこからの光が撮像素子の面上で 1 点に集中する状態を指し、この状態をカメラが自動的に作り出す機能がオートフォーカス機能である。デジタルカメラでは主にコントラストオートフォーカス、位相差オートフォーカス、像面位相差オートフォーカスが用いられている。

1.　コントラストオートフォーカス（コントラスト AF）

コントラスト AF は、撮像素子に映し出された画像に対し、レンズを動かしながらピントが合っている位置となるコントラスト（明暗差）が一番大きくなるところを探してピントを合わ

せる方式である。この方式は、被写体からの光を撮像素子で捉え、レンズを動かしながらピント位置を探す必要があるため、ピントを合わせるのにやや時間がかかる。また、オートフォーカス用に専用のセパレーターレンズやAFセンサーが必要ではないためカメラの小型化に向いており、主に小型のコンパクトデジタルカメラやミラーレス一眼カメラなどで利用されている。

2.　位相差オートフォーカス（位相差AF）

　位相差AFは、主にデジタル一眼レフカメラの光学式ビューファインダー（OVF：Optical View Finder）による撮影時に利用される方式である。位相差AFでは、オートフォーカス専用のセパレーターレンズと位相差AFセンサーがカメラに組み込まれている必要がある。この方式は、図6-22のようにレンズから入った光からセパレーターレンズで2つの像を作り、位相差AFセンサーでその2つの像の間隔からピントのずれ量を検出する。そのずれ量から、どれだけレンズを移動させるかを計算してレンズを一度で移動させピントを合わせる方式である。この方式は、一般的に動いているものにもピントを合わせやすい高速なオートフォーカスといわれている。

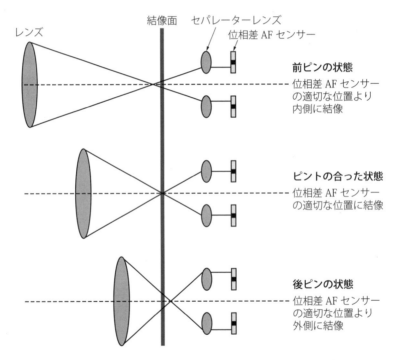

図6-22　位相差オートフォーカスの動作イメージ

3.　像面位相差オートフォーカス（像面位相差AF）

　像面位相差AF（撮像面位相差AFともいう）は、撮像素子に常に光を当てておくことができるミラーレス一眼などで用いられている方式である。この方式は、オートフォーカス専用の位相差AFセンサーを使用するのではなく、撮像素子の像面（撮像素子の面上）に位相差AF機構が組み込まれている方式である。撮像素子の画素の中に、位相差画素を離れて配置しており、レンズから入ってきた光を2方向に分離してピントのずれ量を検出し、どれだけレンズを移動させるかを計算してレンズを一度で移動させピントを合わせる方式である。

4.　空間認識オートフォーカス（空間認識 AF）

　空間認識 AF とは、空間認識・演算により距離を測定する技術によって、ピント位置の異な
る複数の画像から空間を認識して、被写体までの距離情報を瞬時に算出、一気に合焦領域まで
ピント合わせを行うオートフォーカス機能である。撮影した画像そのものから被写体距離など
を算出するため、高速性と高精度の両立を可能にする方式といわれている。

5.　レーザーオートフォーカス（レーザー AF）

　レーザー AF は、最近のスマートフォンなどのカメラに採用され始めている方式である。
レーザーの光を撮影したい対象物にカメラ側から当て、その反射光を検知して対象物までの距
離を測りピントを合わせる方式である。一般的に、微弱な赤外線レーザーを使用する場合が多
い。この方式は、カメラ側が測定用のレーザー光を出すことから、撮影場所が暗い場合でもピ
ント合わせの精度が低下しないという特徴がある。

6.6　主な付加機能

1.　ズーム

　カメラでは、被写体の写る範囲や像の大きさを変えるために、光学ズームと電子ズームの 2
種類の方式が用いられている。以下に、それぞれの原理と特徴を説明する。

（1）光学ズーム

　レンズの焦点距離を短くすると、画角は大きくなり写る範囲は広くなる。したがって、写る
像は小さくなる。一方、焦点距離を長くすると、画角は小さくなり写る範囲は狭くなる。した

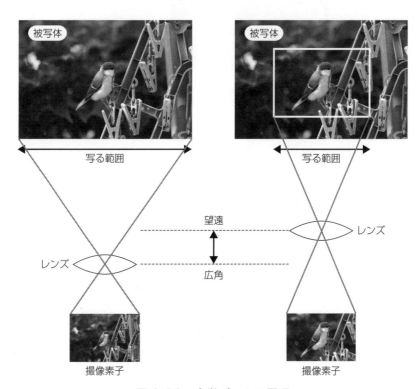

図 6-23　光学ズームの原理

がって、写る像は大きくなる。この特性に基づき、レンズの一部を動かして焦点距離を変化させる仕組みを持ったレンズをズームレンズという。この方式を光学ズームといい、画質の変化は実用上ほとんど無視できる。**図6-23**に、その原理を示す。また、**図6-24**は画像変化を示したもので、画質の変化がほとんどないことが分かる。

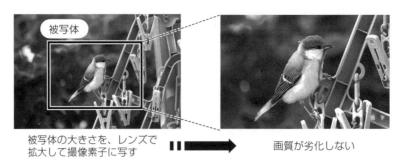

図6-24　光学ズームによる画像の変化

(2) 電子ズーム

　電子ズームは、いったん撮像素子に写った像の一部を電子的に拡大する方式である。ズーム倍率が高くなるほど、画像として使われる有効画素数が減少する。例えば、2000万画素の撮像素子で2倍ズームした場合、使われる有効画素数が2000万/(2×2)＝500万画素相当に減少してしまう。4倍ズームの場合、1/16の125万画素相当になってしまう。**図6-25**に、その原理を示す。また、**図6-26**は画質劣化のイメージを示したものである。

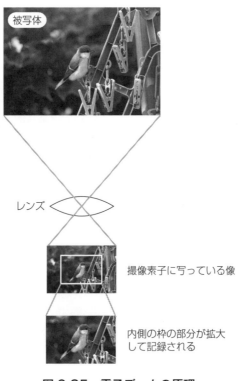

図6-25　電子ズームの原理

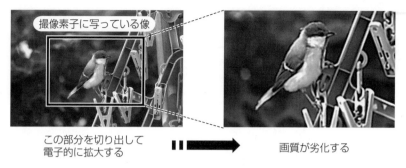

撮像素子に写っている像

この部分を切り出して
電子的に拡大する

画質が劣化する

図6-26　電子ズームによる画像の劣化

2. 手ブレ補正

　手ブレとは、撮影時に手の揺れなどによりカメラが動くことで、画像全体がブレて鮮鋭でなくなることをいう。プリントサイズを大きくすると、さらに目立つようになる（**図6-27** 参照）。

 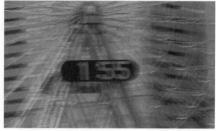

図6-27　手ブレ画像の例

　これを改善する技術が手ブレ補正で、光学式補正と電子式補正がある。ここでは、光学式補正についてその概要を記す。

（1）光学式補正（レンズシフト方式）

　レンズ群の一部を移動することで、光の進行方向を調整する手ブレ補正方式である。レンズシステムに手ブレ補正機構を組み込むので、レンズの特性に合わせた適切な補正が可能となる。動作原理を**図6-28**に示す。

（2）光学式補正（撮像素子シフト方式）

　入ってきた光の角度を変化させずに、手ブレで位置のずれた像を撮像素子が移動して追いかける方式である。レンズシフト方式のように、レンズに補正光学系を組み込む必要がないので、レンズ部を小型にできる。また、レンズを交換できるカメラでは、レンズを交換しても手ブレが補正できる。動作原理を**図6-29**に示す。

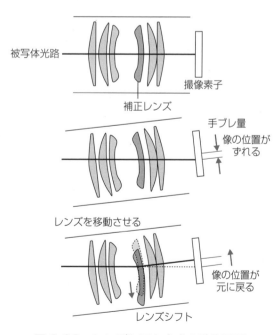

被写体光路

撮像素子

補正レンズ

手ブレ量
像の位置がずれる

レンズを移動させる

像の位置が元に戻る

レンズシフト

図6-28　レンズシフト方式の動作原理

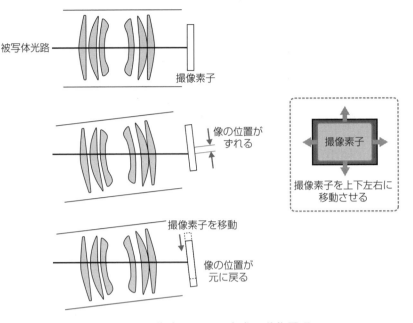

被写体光路

撮像素子

像の位置が
ずれる

撮像素子を移動

像の位置が
元に戻る

撮像素子

撮像素子を上下左右に
移動させる

図6-29　撮像素子シフト方式の動作原理

（3）５軸手ブレ補正

　レンズ交換式カメラで、レンズシフト方式と撮像素子シフト方式を組み合わせることにより、各種のブレにも対応できる５軸で手ブレ補正を行う機構を装備したものがある。**図6-30**は、５軸手ブレ補正の各軸を示したもので、これら５つの動きのブレに対応している。

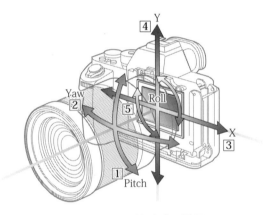

図6-30　５軸手ブレ補正

　①Pitch（ピッチ）は、縦方向（上下）の角度ブレ

　②Yaw（ヨー）は、横方向（左右）の角度ブレ

　③Xは、横方向の移動（シフト）によるブレ

　④Yは、縦方向の移動（シフト）によるブレ

　⑤Roll（ロール）は、回転によるブレ

3.　被写体ブレ軽減

　被写体ブレとは、撮影中に写したい物が動いたためにブレて写ることをいう。例えば、室内で動きの予測しにくい小さな子どもやペットなどを写すときや、激しく動き回るスポーツを行っている一場面を写すときなどに発生しやすい。原因は被写体が動く速さに比べて、シャッタースピードが遅いためで、被写体ブレを軽減するにはシャッタースピードを速くする必要がある。カメラの機種によっては「スポーツモード」などを選ぶことにより、自動的に速いシャッタースピードが設定され、被写体ブレを軽減できる。また、カメラがモードダイヤルを備えて

いれば、シャッター優先モードでシャッタースピードをマニュアルで速く設定することにより、被写体ブレを軽減できる。また別の方法として、ISO 感度の設定を高くしてシャッタースピードを速くする方法もある。ISO 感度を自動設定（Auto）から手動に変更して、例えば 800、1600、3200 などに設定する。感度が上がった状態に合わせて適正露出にするため、シャッタースピードを速くできる。ただし、ISO 感度を上げるほどノイズが目立ち、階調も詰まって画質が劣化するので、被写体ブレ軽減とのバランスを取る必要がある。なお、被写体ブレ軽減のためにシャッタースピードを速くすることは、同時に手ブレ軽減にも有効である。一方、手ブレ補正機能は手ブレ軽減のみに効果があり、被写体ブレを軽減することはできない。

被写体ブレなし　　　　　　　　　　　　　　　被写体ブレあり

図 6-31　被写体ブレの例

4.　HDR（High Dynamic Range）合成

HDR 合成とは、写真の最も明るい部分と最も暗い部分の明暗の差であるダイナミックレンジをより幅広く広げるための画像合成技術である。デジタルカメラの撮像素子は、人間の目に比べこの明暗の差を捉える能力が低く、明暗差の大きな風景などを撮影する際に、明るい部分を適正露出に合わせ撮影すると暗い部分は黒つぶれした写真、逆に暗い部分を適正露出に合わせ撮影すると明るい部分は白飛びした写真となってしまう。デジタルカメラの HDR 合成機能では、このような黒つぶれや白飛びが発生しないように、また、より人間が実際に見た状態に近い写真とするため、複数の露出の異なる画像を連続で撮影し、それらをカメラ内で合成してダイナミックレンジの広い、よりバランスのとれた写真に作り直している。このような HDR 合成の機能は、最近ではデジタルカメラだけでなく、スマートフォンなどにも搭載されるようになってきている。

5.　撮影後のフォーカス調整

写真の撮影後に、写真上のフォーカスポイント位置の変更、またボケ味を出すための被写界深度が調整できれば、撮影時にフォーカスポイントや被写界深度をあまり気にせず撮影し、撮影後に写真を確認しながら好みの写真を作成できる。また、撮影した 1 つの写真からフォーカスポイントやボケ味を変えた複数の写真も作り出すことができる。現在、この撮影後のフォーカス調整ができるカメラやスマートフォンが販売されるようになってきている。撮影後のフォーカス調整の方式には数種類の方式があり、主な方式や技術などについて説明する。

（1）ライトフィールド方式

図 6-32 のように、カメラの撮像素子の前にマイクロレンズなどを配置することにより、撮影用レンズから入ってきた光の量と光の方向という 2 つの情報を、撮像素子を使って記録する

方式である。撮影後にソフトウエアで光の量と光の方向の情報を演算することで、写真の任意の位置にフォーカスを合わせたり、被写界深度を調整したりする方式である。

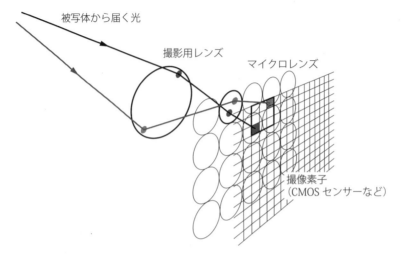

図6-32　ライトフィールド方式

（2）選択フォーカス方式

　通常のカメラレンズで写真を撮影する以外に距離情報を集める機能を搭載し、その情報を活用する方式である。通常のカメラレンズの写真はパンフォーカスで撮影を行い、ソフトウエアを用いて距離情報を合わせて演算を行い、写真の任意の位置にフォーカスを合わせたり、被写界深度を調整したりする方式である。

（3）フォーカスセレクト方式（フォーカスタッキング方式）

　写真撮影時にピントの合う位置を自動的にずらしながら複数の画像を短時間で撮影し（例えば30枚/秒）、撮影後に撮影された写真のなかから意図する好みの場所にピントが合っている写真を選択できるという方式である。この方式では、撮影後に被写界深度の調整はできないので、被写界深度は撮影時に撮影意図に合わせて設定する必要がある。

（4）ダブルレンズ方式

　同じ画素数の同じ性能のカメラを横に2つ並べパンフォーカスの写真を撮影し、撮影後にソフトウエアを用いて視差のある2枚の写真データから、フォーカスポイントや被写界深度を調整した写真を作成する方式である。スマートフォンなどで、この方式を採用したものがある。

6.　ピクセルシフトマルチ撮影

　一般的なカメラでは、撮像素子の画素の配列パターンを基にしてカメラが画像処理（補完処理）を行うため、実際には存在しない色を表示してしまう色モアレ（偽色）が発生する場合がある。ピクセルシフトマルチ撮影とは、この色モアレ（偽色）を最小限に抑える機能である。ミラーレス一眼カメラなどでこの機能を搭載したものがあり、非常に高精細な建築物や美術品の写真を静止画で撮影する場合などに効果的な機能である。

（1）1枚撮影による色モアレ

通常の写真の1枚撮影では、**図6-33（a）** のように、撮像素子のR（赤）、G（緑）、B（青）の色情報を1：2：1の比率で取得し、そのあと、補間処理によって残りの色情報を取得して補完する。したがって、この色情報を補完する際に色モアレ（偽色）を発生させてしまう場合がある。

（2）ピクセルシフトマルチ撮影

ピクセルシフトマルチ撮影には、4枚合成や16枚合成などの方式がある。ここでは、例として4枚合成の方式について説明する。この方式では、**図6-33（b）** のように撮像素子を1画素分ずつずらしながら4枚の写真を連続撮影する。そのあと、それぞれの色について4枚の連続撮影で取得した色情報を集めることによりRGBの全色情報を取得する。したがって、周辺の色情報を補完する必要がないので、色モアレ（偽色）の発生を最小限に抑えることができる。なお、現在市販されているカメラの4枚合成のピクセルシフトマルチ機能では、撮影後に専用のアプリケーションソフトを使って4枚の連続写真の合成を行う方式が用いられている。

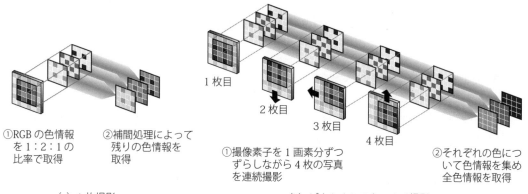

図6-33 1枚撮影とピクセルシフトマルチ撮影の違い

7. フォーカスロック

コンパクトタイプのカメラでは、フォーカスランプが点灯しても、どこにフォーカス（ピント）が合っているか分からないことがある。また、撮影時にオートフォーカス機能では主要な被写体にフォーカスを合わせることができない場合もある。そのような場合は、フォーカスロックを行うとよい。

（1）通常撮影時のフォーカスロック

主要な被写体が液晶モニターの中央にくるようにカメラを向け、シャッターボタンを半押しするとフォーカスがロックされる。シャッターボタンを半押ししたまま、写したい範囲全体が画面に入るようにカメラの向きを変え、シャッターボタンを押し切ると、主要な被写体にピントが合った状態で撮影できる（**図6-34** 参照）。

（2）ガラス越し撮影時のフォーカスロック

ガラス越しに撮影すると、ガラス面にフォーカスが合ってしまう場合がある。その場合は、**図6-35** のようにできるだけガラス面にレンズの先端を近づけてシャッターボタンを半押しし、ガラスから離して押し切るとよい。

図6-34 通常撮影時のフォーカスロック

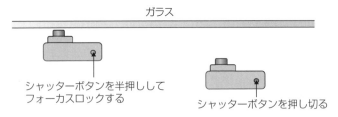

図6-35 ガラス越し撮影時のフォーカスロック

8. 動体予測オートフォーカス

動いている被写体に、カメラがフォーカスを合わせ続ける機能である。一定の速度で移動する被写体には効果的であるが、速度が速くなったり遅くなったり、不規則に変化する場合はフォーカスを合わせられないこともある。

図6-36 動体予測オートフォーカス

9. ホワイトバランス / ホワイトバランスブラケット

ホワイトバランスとは、白い被写体を正確に白く撮影できるようにする機能をいう。カメラの初期設定ではオートになっているが、晴天、曇り、蛍光灯、白熱電球など光源の種類に合わせて設定を選択できるものが一般的である。また、手動で実際の光源に正確に調整できるカメラもある。1コマごとに、ホワイトバランスを少しずつ変えて連続撮影する機能を搭載したカメラもある。この機能をホワイトバランスブラケットという。実際の色合いとの差が出やすいおそれのある場合、連続撮影したなかから最適な色合いの写真を選ぶことができる。

10.　ヒストグラム

　ヒストグラムは、明るさの分布を表すグラフで、撮影する画像に明るい部分の量と暗い部分の量がどのくらいあるかを示すものである。一番右が最も明るい被写体、一番左が最も暗い被写体で、その間が中間の明るさである。画像の暗い部分が真っ黒になる黒つぶれや、明るい部分が真っ白になり表現されなくなる白飛びは、画像加工ソフトを使用しても補正することはできない。図6-37の左のヒストグラムは、分布が左側に片寄って黒つぶれになっている状態を示している。逆に右のヒストグラムは、グラフが一番右側に片寄って白飛びしている状態を表している。撮影時にヒストグラムを確認して、黒つぶれや白飛びがなるべくないように露出を補正することで、撮影時の失敗を防止できる。

図6-37　ヒストグラム

11.　顔検出機能

　顔検出機能とは、カメラに写った映像のなかから、人の目や鼻、口などを判断し被写体の顔の位置を認識するものである。最近では、以下のような機能を持ったものがある。

①多人数の顔を同時に認識する機能。従来、3人程度までだったが、10人以上に対応するものもある。

②顔にピントが合うようにする。また、動いている場合には、追尾してピントが外れないようにする。

③露出を顔に合わせ、顔の写りが良い写真にする。

④大人や子どもを判断して優先的にピントを合わせる。あるいは、事前に顔を登録することで、登録された顔に優先的にピントを合わせる。

⑤人物が笑った瞬間に自動でシャッターを切る。

⑥人だけではなく、犬や猫などのペットの瞳にピントが合う。

12.　Wi-Fi 機能付きデジタルカメラ

　Wi-Fi 機能付きデジタルカメラは、撮影した写真をスマートフォン、タブレット、パソコンなどに転送できる。よく使われるケースとして、デジタルカメラからスマートフォンへの転送がある。スマートフォンは、SNS（ソーシャルネットワーキングサービス）への画像アップを手軽に行えるが、内蔵カメラの写真では画質として物足りない場合がある。このような場合、より高画質な写真をアップするために、Wi-Fi 機能付きデジタルカメラから Wi-Fi Direct を使ってスマートフォンに写真を転送し、高画質の写真をスマートフォンで SNS に掲載するという使い方ができる。また、Wi-Fi 機能付きデジタルカメラは、無線 LAN がない環境でもスマートフォンなどの機器が近くにあれば接続が可能なため、使える場所の制限を受けない利点がある。Wi-Fi 機能を持たないデジタルカメラで同様の使い方をするために、無線 LAN 機能を内蔵した SD カードが製品化されている。その種類としては、Flash Air（フラッシュエア）、Flu Card（フルカード）などがある。これらの SD カードを各カードに対応したカメラに装着することにより、撮影した写真を Wi-Fi Direct でスマートフォン、タブレット、パソコンなどに転送できる。

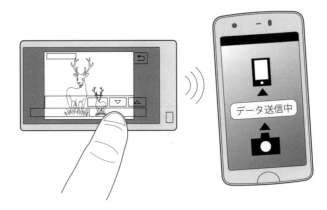

図 6-38　Wi-Fi 機能付きデジタルカメラの使用イメージ

6.7　画像ファイル

1.　静止画像ファイルの規格

（1）DCF（Design Rule for Camera File System）

　DCF は、メモリーカードやパソコンなどに画像ファイルを書き込んだり読み出したりするためのファイルシステムについての規格である。カメラで記録された画像には、図6-39のように、DCF で定められたファイル名が自動的に付けられる。メモリーカードの画像ファイル名をパソコンで図6-39のように変更すると、DCF との互換性が失われるために、液晶モニターに「画像がありません」などと表示され、カメラでは再生できなくなる。また、メモリーカードをパソコンでフォーマットした場合も同様の理由でカメラでは記録、再生ができなくなるので、フォーマットは必ずカメラで行うようにする。

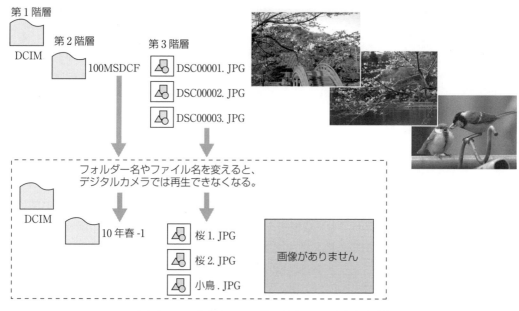

図 6-39　画像フォルダー名とファイル名の例

(2) Exif（Exchangeable Image File Format）

　Exif は、画像ファイルフォーマットの規格で、JPEG や TIFF 形式で記録された画像ファイルに付加する撮影条件などの情報について定めたものである。画像ファイルを書き込むことや読み出したりすること自体は、Exif 対応ソフトがなくても可能である。

(3) MP フォーマット（Multi-Picture Format）

　立体視（3D）、マルチアングル、パノラマの静止画記録で使われるフォーマットで、1 つのファイルで複数の静止画ファイルを関連づけて保存する。拡張子には MPO が用いられており、対応した機器で利用できる。

2.　静止画像のファイル形式

　静止画像のファイル形式には JPEG、TIFF、RAW が採用されており、それぞれ次のような特徴を持っている。

(1) JPEG（Joint Photographic Experts Group）

　普及型から一眼レフまで、すべてのカメラに採用されているファイル形式である。画像データを圧縮して記録するため、ほかのファイル形式に比べてファイルサイズが小さい。圧縮率を切り替えることにより、画質やファイルサイズを変えることができる。なお、画像処理ソフトで加工すると画質の劣化が大きいので、最小限の処理にとどめるよう注意が必要である。

(2) TIFF（Tagged Image File Format）

　普及型のカメラでは採用していないものが多い。画像データを圧縮せずに記録するため、画質は良いが 3 形式のなかでファイルサイズが最も大きい。最近のカメラではあまり採用されなくなっている。

(3) RAW

　一眼レフなど高級機に採用されている。撮像素子からの画像データを加工せず、生（Raw）データのまま非圧縮または可逆圧縮で記録する場合が多い。ファイルサイズは JPEG よりは大

きいが、TIFF よりは小さい。RAW の画像圧縮方式は標準化されておらず、メーカーによって異なる方式が採用されている。したがって、パソコンで画像を表示するには、メーカーが提供する専用の画像展開ソフトなどが必要である。フィルム写真と同じように、画像を表示できるようにすることを現像、画像展開ソフトを現像ソフトと呼ぶこともある。画像展開の際にホワイトバランスの条件を変更することや、露出補正を加えることなどもできる。また、画像処理ソフトで加工をしても画質の劣化が少ないなど、元データとして保存するには最も適している。

3.　画像サイズ

　JPEG 形式の画像記録では、カメラの設定により圧縮率の切り替えだけでなく、撮影時の横と縦の画素数を選ぶことによっても画質を変えることができる。表6-7 に、印刷紙の大きさであるプリントサイズと、撮影時の横×縦の画素数の推奨値の例および総画素数の関係を示す。撮影時に、印刷する印刷紙の大きさを想定し、画像の縦横の画素数を適切に設定する必要がある。これにより、適切な画質で印刷ができ、また記録に用いるメモリーカードの使用容量を抑えることができる。なお、TIFF と RAW の場合は、JPEG のように画像の縦横の画素数を切り替えることはできず、カメラそれぞれで最大画素数の固定値となっている。

表 6-7　画像サイズの例

サイズ名	サイズ（mm）	横×縦の画素数 （推奨値の例）	総画素数
Ｌサイズ	89×127	1024×768	800,000
ポストカードサイズ	102×157	1150×863	1000000
２Ｌサイズ	127×178	1400×1050	1500000
六切	203×254	2400×1800	4300000
四切	254×305	3000×2250	6750000
半切	356×432	4200×3150	13000000
全紙	457×560	5400×4050	22000000

4.　動画像のファイル形式

（1）動画圧縮の基本

　動画像は、フレームと呼ばれる静止画像が連続して次々に表示されることで、動く画面となる。これら1枚ごとの画像を圧縮する処理（空間領域）と複数の画像間での処理（時間領域）を行い、それぞれの不要部分を削除することで画像圧縮を行っている。

1）1枚ごとの画像圧縮（空間領域）

　フレーム内の画像を細かく分解して一部分を見ると（図6-40参照）、隣り合った画素の情報はほとんど同じことが多い。その部分の画素の変化がゆるやかともいえる。青い空などがその一例である。つまり同じ情報であるデータが連続する場合、前のデータを使うことで次のデータを省略することができる。グラデーションだけなどの単純な映像の場合、色情報は前のデータを使い、明るさ情報を使うだけで画像の再現が可能な場合もある。また、長時間記録モードでは、細部の情報を省略することや圧縮率を高くして行っている。図6-41 に、圧縮率の違う画像の例を示す。

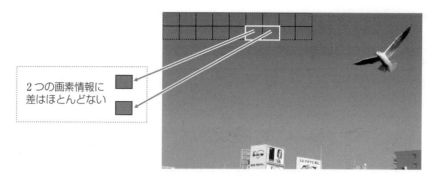

2つの画素情報に
差はほとんどない

図6-40　フレーム内圧縮の概要

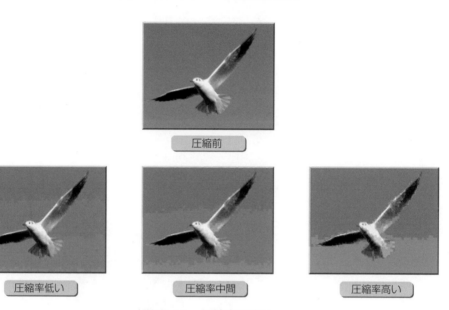

圧縮前

圧縮率低い　　　　　　　　　圧縮率中間　　　　　　　　　圧縮率高い

図6-41　圧縮率の違い

2) フレーム間の圧縮（時間領域）

　1枚目のフレームと2枚目のフレームを見ると情報の変化量は少ないことが多い（図6-42参照）。カメラを固定して鳥を撮影した場合、鳥の移動分だけが情報の変化となる。この変化量だけをデータとすることで、2枚目のフレームを表示することができる。以降のフレームも、この変化量だけをデータとすることでよい。また、実際には動きの予測を計算

1枚目のフレーム　　　　　　　　　　　　　2枚目のフレーム

図6-42　フレーム間圧縮の概要

してフレームを作成している。

（2）ファイル形式

1）Motion JPEG

　Motion JPEG はフレーム内圧縮だけを用いている。フレーム間圧縮を用いないため MPEG に比べて圧縮効率は低いが、圧縮処理プロセスを簡潔にできる。

2）MP4

　ファイル容量が小さくできる MPEG4 AVC/H.264 の動画圧縮方式を用いて、動画データを格納するファイル形式である。Motion JPEG に比べるとファイル容量が 1/10 程度なので、より長時間の記録が可能である。パソコンなどで再生する場合に適したファイル形式である。

3）AVCHD Ver.2.0

　メモリーカードを利用したデジタルビデオカメラに採用されている方式で、MPEG4 AVC/H.264 による画像圧縮方式を採用している。この方式により、ハイビジョン画質（1280×720）やフルハイビジョン画質（1920×1080）などで動画記録できる。BD/HDD レコーダーで対応している機種が多いので、BD/HDD レコーダーに保存する場合に適したファイル形式である。

5.　パソコンへの画像データ転送

（1）ケーブル接続による方法

　カメラとパソコンを USB ケーブルで接続し、画像データを転送する。

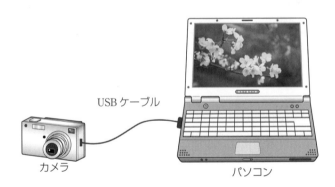

USB ケーブル

カメラ　　　　　　　　　　　　パソコン

図 6-43　USB ケーブル接続による方法

（2）メモリーカードの抜き差しによる方法

1）パソコンのメモリーカードスロットにカードを挿入する方法

　パソコンは、一般的に各種のメモリーカード用スロットを備えている。カメラと同じメモリーカードが使用できる場合、パソコンに挿入して画像データを転送する。

2）カードリーダーを用いる方法

　カードリーダーには特定のメモリーカード専用のものと、複数のカードに対応したものとがあり、パソコンとは USB ケーブルで接続する。カードリーダーのスロットにメモリーカードを挿入して画像データを転送する。

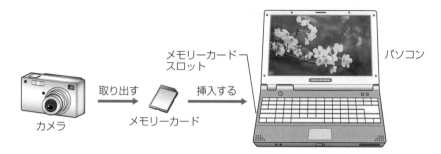

図6-44　メモリーカードの抜き差しによる方法

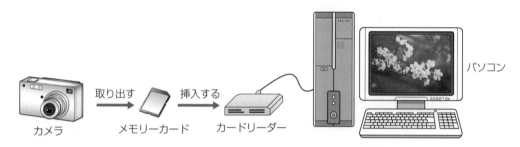

図6-45　カードリーダーを用いる方法

6.8　画像のプリント

　図6-46は、画像をプリントする際のカメラと周辺機器の接続をまとめたものである。以下に画像のプリント方法の主な方法について解説するが、そのほかの方法については「11章　プリンター」を参照のこと。

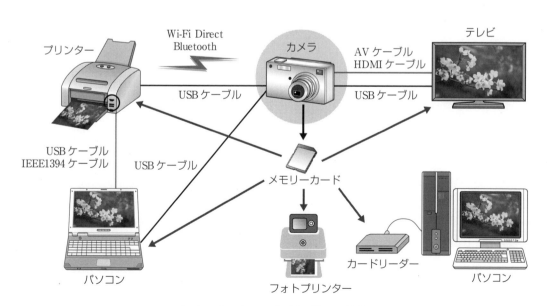

図6-46　カメラと周辺機器の接続

1.　パソコンとプリンターを用いる方法

　パソコンとプリンターを USB ケーブルなどで接続し、パソコンに取り込んだ画像をプリンターのドライバーや画像処理ソフトなどを用いてプリントする。

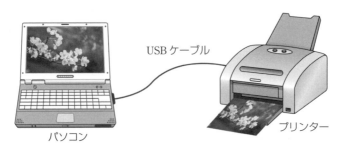

図 6-47　パソコンとプリンターを用いる方法

　画像処理ソフトには、プリンターに同梱されているものと市販のものとがある。プリンター同梱のソフトは、専門的な知識がなくてもプリントができるよう、比較的簡易な機能のものが一般的である。アルバム作成に便利な機能を持ったものもある。市販の画像処理ソフトにはさまざまな種類がある。明るさや色の調整をはじめ全体の画像から必要部分を切り取るトリミングや、画像の部分的な消去、追加、合成および画像サイズの変更など、いろいろな加工ができるものがある。

2.　メモリーカードをプリンターに挿入する方法

　図 6-48 のように、メモリーカードスロットを備えたプリンターに、メモリーカードを挿入してプリントする。プリンターの操作ボタンを用いて、プリントするコマ、枚数、プリントサイズ、用紙の種類などを選んでプリントできる。液晶モニターで確認しながら、画像の明るさや色調補正ができる機種もある。

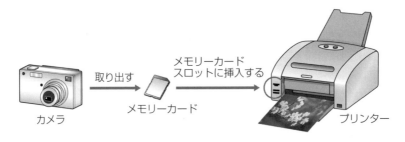

図 6-48　メモリーカードをプリンターに挿入する方法

6.9　簡単プリントの規格 Exif と PIM

　カメラ用ファイルフォーマット規格の Exif は、プリンターで印刷する場合の画質を自動的に最適化することを目的としたものであり、Ver.2.0 からは別名 Exif Print とも呼ばれている。同じ目的を持つ技術に PIM（Print Image Matching）がある。自動的に最適なプリント画質を得るという目的は同じであるが、この 2 つの方式は規格化における考え方が異なるので、その概要について説明する。

　Exif の情報の表示例を**表6-8**に示す。Exif Print は、プリント時の自動補正の精度を上げるために有用と思われる撮影時の情報（タグ情報）を、カメラ側で画像に付加している。その情報を基に、プリンターが最適な画質になるように自動的に補正を行い、プリントする方式である。

表 6-8　Exif 情報の表示例

メーカー名	NIKON CORPORATION	光源	オート / カスタム
機種名	NIKON D70	フラッシュ発光	なし
画像方向	正位置	レンズ焦点距離（実距離）	70.0mm
画像の幅の解像度	300	（35mm フィルム換算）	105mm
画像の高さの解像度	300	FlashPix バージョン	Ver.0100
ソフトウェア名	inch	個別画像処理	なし
シャッター速度（露出時間）	1/640	露出モード	自動
絞り値（F ナンバー）	F4.5	ホワイトバランス	自動
露出プログラム	絞り優先	デジタルズーム倍率	1.0
Exif バージョン	Ver.0221	撮影シーンタイプ	標準
撮影日時	2004/03/28　16：45：46	撮影コントラスト	標準
露出補正	0.0	撮影彩度	標準
レンズ開放 F 値	F4.4	撮影シャープネス	標準
測光モード	多分割	被写体距離レンジ	不明

　一方の PIM は、最適なプリントを得るために、プリンター側でどのような処理をするのか、その指示情報をカメラ側で画像に付加しておく。プリンターは、記録された画像の指示情報どおりに画像処理をしてプリントを行う方式である。絵作りをカメラやプリンター任せにせず、自分で画像を補正する場合は、プリンタードライバーのプロパティを開き、Exif や PIM の適用を外して自動設定を解除することができる。Photoshop などの画像処理ソフトを使えば、さらに詳細な画像の補正や加工ができる。それぞれのロゴマークを**図6-49**に示す。

図 6-49　Exif Print と PIM のロゴマーク

6.10　動画の Log 記録方式

　動画の Log 記録方式はプロ用のカメラ機器に搭載され、映画やコマーシャルなどの撮影に使われていたが、最近では一般向けのカメラにも搭載され始めている。この Log 記録方式は、

1995年ごろに登場したCineon（シネオン）と呼ばれるLog形式の記録方式が最初だといわれている。これは、フィルムで撮影された動画素材をデジタル化するために規格化された10bitのフォーマットで、フィルムと同じ映像の質感を出すために用いられていた。現在は、カメラメーカー各社が独自のLog記録方式を開発し、カメラにその機能を搭載している。Log記録方式の例として、キヤノンのCanon Log（Canon Log/Log 2/Log3）、ソニーのS-Log（S-Log/S-Log2/S-Log3）、パナソニックのV-Log（V-Log/V-Log L）などがある。いずれのLog記録方式も、フィルムの光に対する感度（フィルムの場合は濃度ともいう）がリニアではなく、対数であるLogの関係に当てはまることを利用している。このLogの関係性を動画の記録に使うことによって、暗部からハイライトまで黒つぶれや白飛びがなく、広いダイナミックレンジの記録ができる。さらに、記録後にカラーグレーディングという映像処理を適切に行うことで、撮影者の意図に合わせた自由度の高い映像表現やフィルムで撮影したような質感の印象深い絵作りが可能となる。最近では、このLog記録方式で動画を撮影し、自分の意図に合わせた絵作りを楽しむといった楽しみ方が注目されている。

この章でのポイント !!

デジタルカメラを理解するうえで重要となる、レンズや露出に関する基礎知識、付加機能、また画像記録に用いられる各種記録メディア、画像のファイルや各種のプリント方法など多岐にわたる内容を詳細に説明しています。よく理解しておきましょう。

キーポイントは
- デジタルカメラの概要およびレンズに関する基礎知識
- 露出に関する基礎知識
- オートフォーカス機能
- 各種記録メディア
- 各種の付加機能
- 画像のファイルおよびプリント
- 動画のLog記録方式

キーワードは
- 撮像素子（CMOSセンサー）、裏面照射型CMOSセンサー、積層型CMOSセンサー、3層積層型CMOSセンサー、画角、焦点距離、F値、被写界深度
- CFカード、CFastカード、CFexpress 2.0、XQDカード、SD、SDHC、SDXCメモリーカード（スピードクラス、UHSスピードクラス、ビデオスピードクラス、UHS-Ⅰ〜Ⅲ）
- SDUCメモリーカード、SD Express、microSD Express
- ISO感度、シャッタースピード、露出、EV値、モードダイヤル
- コントラストAF、位相差AF、像面位相差AF、空間認識AF、レーザーAF
- ズーム、手ブレ補正、被写体ブレ、HDR合成、ヒストグラム
- DCF、Exif、JPEG、TIFF、RAW、Exif Print、PIM

7章 ホームシアターとオーディオ機器

音楽や映像の楽しみ方が広がり、家庭に設置されているホーム機器だけではなく、各種の
ポータブル機器による個人ユース、またネットワークを通じてさまざまな場所で、目的に応じ
て音楽や映像を楽しむことができるようになってきた。また、映像のフルハイビジョン化や
4K 映像化、さらにハイレゾ音源やハイレゾ機器の普及に伴い、より高画質な映像や高音質な
音楽を楽しめる時代となってきた。この章では、ホームシアターや関連する機器、ハイレゾ音
源やハイレゾを含む各種のオーディオ機器や関連する事柄について説明する。

7.1 ホームシアター

大画面の 4K テレビ、プロジェクター、AV アンプ、BD プレーヤー、BD/HDD レコーダー
やスピーカーなどの機器を組み合わせて設置し、映画館のように迫力ある映像と音響を楽しむ
ための AV システムが、ホームシアターである。代表的な 5.1ch サラウンドシステムのセッ
ティング例を図 7-1 に示す。

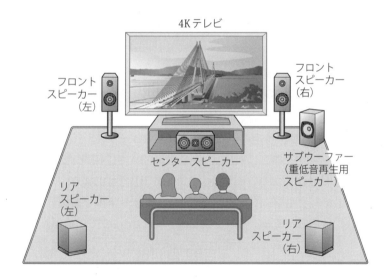

図 7-1　5.1ch サラウンドシステムのセッティング例

1. 音の再生方式

音の再生方法には、各種の方法がある。

(1) モノラル方式とステレオ方式

音楽などを視聴するとき、スピーカーが 1 つ（モノラル 1 チャンネル）の場合、音が聴こえ
てくる位置（以下、音像）はスピーカーの位置と同じとなり音の広がりがない。ステレオ放送
などの視聴で 2 つ以上のスピーカーを用いると、音像は左右に広がりを持つようになる。

(2) 5.1ch サラウンド

6台のスピーカーを使い、映画館と同じような前後左右の臨場感あふれる音場を作ることができる。5.1ch サラウンドに対応した音声方式としては、ドルビーデジタル、DTS や AAC などがある。

(3) バーチャルサラウンド（擬似サラウンド）

通常は前後左右に多くのスピーカーを設置して作るマルチチャンネルの音場を、前方のスピーカーだけで擬似的に再現する方式である。サウンドバーなどで、このバーチャルサラウンドを採用した機器が販売されている。

2. 構成

ホームシアターは、次のような機器から構成されている。

(1) ディスプレイ

部屋の広さや置き場所に応じたサイズのテレビまたはプロジェクターを用いる。高画質な映像を楽しむため、4K 映像対応のものや 8K 映像対応のものが向いている。テレビの場合、デジタル放送のサラウンド音声を楽しむために、過去には AV アンプと光デジタルケーブルで接続する必要があったが、双方の機器が ARC（Audio Return Channel）や eARC（enhanced ARC）に対応していれば HDMI ケーブル 1 本で接続できる。

(2) DVD・BD プレーヤー、BD/HDD レコーダー

サラウンド音声が記録された DVD やブルーレイディスクの再生のほか、テレビ放送用のチューナーを搭載した BD/HDD レコーダーではサラウンド放送の視聴も可能である。サラウンドで視聴するために、例えば、BD プレーヤーや BD/HDD レコーダーと AV アンプを HDMI ケーブルで接続する。

(3) AV アンプ

ドルビーデジタル 5.1ch など各種のサラウンドシステムに対応したアンプは、映像や音声の各種の入出力端子を備えている。また、DVD のオプション音声規格である DTS、デジタル放送の AAC、ブルーレイの高品位音声のドルビー True HD や DTS-HD などのデコーダーを内蔵した機器や、ドルビーアトモス、DTS：X や Auro-3D にも対応した機器もある。HDMI 入力端子と出力端子が搭載されており、BD プレーヤーや BD/HDD レコーダーと HDMI ケーブルで接続して入力し、テレビやプロジェクターに HDMI ケーブルで接続して出力する。HDMI ケーブルで接続された各機器が CEC[1]（Consumer Electronics Control）に対応していれば、AV アンプを介してテレビのリモコンで電源の ON/OFF や入力切り替えなどの操作ができる機能を持った機種もある。4K 映像に対応した AV アンプのなかには、HDMI 端子から入力されたハイビジョン画質やフルハイビジョン画質の映像などを 4K の画素数の映像に変換して出力する 4K アップスケーリング機能や、4K 映像が入力された場合は変換せずにそのまま 4K 映像を出力する 4K パススルー機能を搭載したものがある。

(4) スピーカー（5.1ch サラウンドの場合）

フロントスピーカー 2 台、センタースピーカー 1 台、リアスピーカー 2 台、サブウーファー 1 台、計 6 台を使うのが基本である。各スピーカーは、次のように配置する。

※ 1：CEC（Consumer Electronics Control）は、HDMI の機器間制御機能のことで、HDMI ケーブルの接続でテレビのリモコンからレコーダー、AV アンプの操作ができる。

1) フロントスピーカー

AVシステムのメインとなるスピーカーで、左用（L）と右用（R）がディスプレイを挟んで対称となるように設置する。

2) センタースピーカー

前方中央に定位する音を受け持つスピーカーで、ディスプレイの下側の中央など、できるだけディスプレイに近い位置に設置する。

3) サブウーファー

重低音を受け持つスピーカーで、重低音は音像の定位にあまり影響しないため、比較的自由な位置に設置できる。

4) リアスピーカー

後方用で、左用（L）と右用（R）が対称となるように設置する。

3. Dolby Atmos（ドルビーアトモス）

従来のホームシアターのサラウンドシステムは、スピーカーを6台使用する5.1chサラウンドや8台使用する7.1chサラウンドなどである。これらの方式は、視聴者を中心としてスピーカーを前後左右の平面上に囲むように設置し、水平方向の音によりサラウンドの音場を作る方式である。一方、現実の音場は、水平方向だけでなく上下方向の音も加わり構成されているため、それを再現するサラウンドシステムとしてドルビーアトモスが開発された。ドルビーアトモスは、5.1chサラウンドや7.1chサラウンドなどのシステムに加え、さらに頭上からの音を加えることで、前後左右など周囲からだけでなく頭上からも音が聴こえ、3次元で音に包まれるような効果を得ることができる方式である。

（1）ドルビーアトモスの特徴

サラウンドの音声の録音、再生の方式には、チャンネルベースとオブジェクトベースの2つの方式がある。従来の5.1chサラウンドや7.1chサラウンドはチャンネルベースの方式で、ドルビーアトモスはオブジェクトベースの3次元サラウンドに対応したサラウンドフォーマットである。チャンネルベースの方式では、例えば5.1chサラウンドの音声を録音するのに、6つのスピーカーから出す音をそれぞれのチャンネルで計6チャンネル分を録音している。再生時には、この6チャンネルの音を6つのスピーカーからそれぞれ再生することにより5.1chサラウンドの音場を作り出す。オブジェクトベースの方式では、車のクラクション、ヘリコプターの音や人の声などを1つひとつのオブジェクトと捉え、それぞれのオブジェクトの音に加えて位置情報などもデータとして記録する。再生時には、これらのデータを基にAVアンプなどの機器側でスピーカーの数や位置に合わせ、最適な状態に音を調整し再生している。したがって、オブジェクトベースの方式では、原理的にスピーカーの数による制限がなく、32チャンネルなどの非常に数の多いスピーカーを使用するサラウンドシステムでも再生が可能になっている。

（2）ドルビーアトモスのシステム例

ドルビーアトモスで追加される頭上からの音は、天井に直接スピーカーを設置する方法、または音を天井で反射させるイネーブルドスピーカーを前方や後方に設置する方法が基本である。家庭用のドルビーアトモスの天井スピーカーやイネーブルドスピーカーを含めたシステムは、「5.1.2」、「5.1.4」や「7.1.2」、「7.1.4」、さらに「9.1.2」、「9.1.4」などと表示される。前の2つの数字は天井スピーカーを除いた平面上のスピーカーのチャンネル数を表し、3番目の2ま

たは4の数字は、頭上から音を出すためのスピーカー（天井スピーカーまたはイネーブルドスピーカー）の数を示している。このほか、手軽な方法としてバーチャルサラウンド技術により、サウンドバーなどでドルビーアトモスによるサラウンド再生が可能なものもある。

　具体的なシステムのセッティング例を、**図7-2**に示す。ここでは、天井スピーカーを使用した方法とイネーブルドスピーカーを使用した方法で、「5.1.2」、「5.1.4」と「7.1.2」のサラウンドシステムの例を示している。また、ドルビーアトモスを利用するには、AVアンプがドルビーアトモスに対応している必要がある。ドルビーアトモスに対応する映像コンテンツは、映画などのBDソフトやUltra HD Blu-rayソフト、映像配信サービスなどで提供されている。

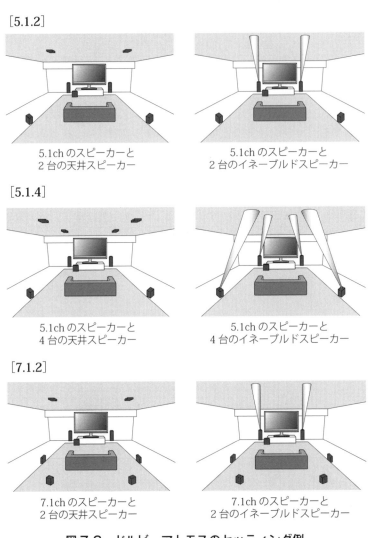

図7-2　ドルビーアトモスのセッティング例

　ドルビーアトモスに対応したAVアンプには、ドルビーアトモスに対応していないDVDソフトやBDソフトでも、AVアンプでドルビーアトモスのように、頭上からの音を合成して作り出すアップミックス技術の機能を搭載した機種もある。これらの機器を使用すれば、3次元の音空間を楽しむことができる。

4. DTS

　米国の DTS 社が開発した、劇場用デジタル音声システムである。ドルビーデジタルと同様に、DVD ビデオの音声規格として採用され、BDMV でも採用されている。信号のチャンネル数はドルビーデジタルと同じ 5.1ch サラウンドである。ドルビーデジタルとの比較では、DTS のほうが記録する際のデータ圧縮率が低く、ダイナミックレンジも広くなっている。DTS 方式の音声を再生するには、DTS 対応の BD/HDD レコーダーや DTS デコーダー内蔵の AV アンプが必要である。

表 7-1　ドルビーデジタルと DTS の比較

フォーマット	ドルビーデジタル	DTS
DVD での扱い	標準	オプション
音声信号処理	デジタル	デジタル
記録・再生チャンネル数	独立 5.1ch	独立 5.1ch
信号圧縮率	約 1/10	約 1/4
ダイナミックレンジ	約 105dB	約 120dB

5. DTS：X

　DTS：X は、米国の DTS 社が開発したオブジェクトベースの 3 次元サラウンドに対応したサラウンドフォーマットである。家庭用として最大 32ch サラウンドまでのサラウンドに対応する規格である。DTS：X の立体音響の効果を最大限に発揮させるためには、ドルビーアトモスと同様に天井スピーカーや天井で音を反射させるイネーブルドスピーカーを設置するのが好ましいが、天井スピーカーなどを設置しなくても、その環境において適切な立体音響を実現できるという特徴がある。これは、今までの 5.1ch サラウンドや 7.1ch サラウンドのシステムを利用している場合も配慮し、天井スピーカーを設置しなくても最適に再生できるようにしたためである。また、オブジェクトごとに音量を調節できる規格であるため、例えば、映画で聴こえにくい人の声の音量だけを大きくして、より聴きやすくすることなどが可能である。

6. DTS Virtual：X

　DTS Virtual：X は、天井スピーカーや天井に音を反射させるイネーブルドスピーカーを使わずに高さ方向の音も加えた 3 次元の音空間を実現する技術である。入力された音声信号に対して、再生機器側で音声信号の処理を行い 3 次元の音空間を実現するもので、バーチャルサラウンド技術の一種ともいえる。音声信号は、ステレオ信号、5.1ch サラウンドや 7.1ch サラウンドなどの信号でも 3 次元の音空間を作り出すことができ、AV アンプやテレビの前に手軽に設置できるサウンドバーなどで、この技術を利用した機器が販売されている。

7. Auro-3D

　Auro-3D は、Auro Technologies が開発した 3 次元のサラウンドフォーマットである。ドルビーアトモスや DTS：X などと異なり、3D 音響でありながらチャンネルベースのサラウンドフォーマットを用いているのが特徴である。また、ドルビーアトモスや DTS：X が映画館

での 3D 音響から発展したのに対し、Auro-3D はコンサートホールでのクラッシック音楽や教会でのオルガン演奏などをリアルに再現する観点から開発された技術である。

　Auro-3D では、3D 音響として構成される空間上の音響を高さ方向に 3 つの階層に区分している。第 1 の階層は耳の高さとなるレイヤー 1 で、これは 5.1ch サラウンドなどのスピーカーの位置に相当する高さである。第 2 の階層は頭上の斜め方向から音の聴こえる高さのレイヤー 2 で、これはサラウンドのハイトスピーカーの位置に相当する高さである、第 3 の階層は頭の真上となる高さのレイヤー 3 で、これは頭上の設置した天井スピーカーの位置に相当する高さである。これら 3 つのレイヤーの音を適切に再生することにより、3 次元の最適な音響を再現する方式である。

（1）スピーカーレイアウト

　Auro-3D で最適な 3D 音響を楽しむために、レイヤー 1 と 2 を利用する 9.1ch、またレイ

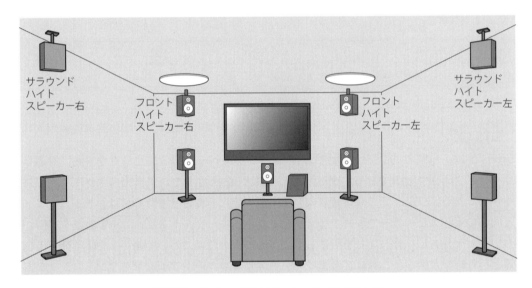

図7-3　9.1ch のスピーカーレイアウト例

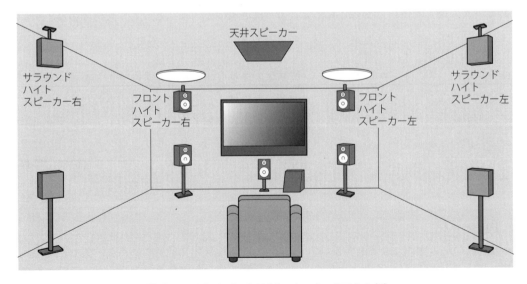

図7-4　10.1ch のスピーカーレイアウト例

ヤー１から３の３つのレイヤーを利用する 10.1ch などのスピーカーレイアウトが標準方式として推奨されている。9.1ch は、**図7-3** のように 5.1ch サラウンドのシステムに左右のフロントハイトスピーカー２台と左右のサラウンドハイトスピーカー２台の合計４台を追加したスピーカーレイアウトである。10.1ch は、**図7-4** のように 9.1ch のスピーカーレイアウトに頭上の位置となる天井スピーカーを追加したスピーカーレイアウトである。設置のしやすい 9.1ch のスピーカーレイアウトでも、十分な 3D 音響の効果が得られるとのことである。

（2）記録と再生の方法

Auro-3D のサラウンドフォーマットに対応した音源は、BD ソフトとして販売されている。この BD ソフトの再生には、BD/HDD レコーダーなどに加え Auro-3D に対応した AV アンプとサラウンドのスピーカーシステムを使用する必要がある。また、Auro-3D の音源ではないサラウンドフォーマットの音源や 2ch ステレオの音源を AV アンプの Auro-Matic 機能を使うことにより Auro-3D 相当の音源に変換できるため、3D 音響として再生することも可能である。

（3）ハイレゾ音源への対応

Auro-3D のサラウンドフォーマットはハイレゾ音源にも対応しており、技術的には最大 13.1ch で、各チャンネルは最大で標本化周波数 384kHz、量子化ビット数 24bit までのリニア PCM に対応が可能である。ただし、Auro-3D で製作された映画などの BD ソフトの場合には、記録容量の制約から 1ch あたり標本化周波数 96kHz、量子化ビット数 24bit に制限されている。

8.　ブルーレイの音声フォーマット

ブルーレイディスクの BDMV 方式の標準音声フォーマットには、DVD ビデオと同様にドルビーデジタル 5.1ch、DTS 5.1ch およびリニア PCM（7.1ch まで対応）などがある。これらに加え、オプション音声フォーマットとして、7.1ch サラウンドに対応したドルビー True HD、DTS-HD、ドルビーデジタルプラス、さらに新しいオブジェクトベースのサラウンドフォーマットであるドルビーアトモスや DTS：X、それらに加え Auro-3D なども採用されている。

9.　自動音場補正

5.1ch、7.1ch、11.1ch サラウンドや 5.1ch サラウンドに頭上から音を出す天井スピーカーやイネーブルドスピーカーを加えたシステムなど、マルチチャンネルでの再生では、人の聴覚に頼って適切な音場を再現させるのは難しい。そこで、専用のセットアップのためのマイクロホンで各スピーカーからのテストトーンを用いて、スピーカーの位置、スピーカーの周波数特性、スピーカーの音圧レベル、部屋の音響特性などを測定して、自動的に補正し、理想的なマルチチャンネル再生の環境を作り出すのが自動音場補正である。この自動音場補正では、測定した結果から、スピーカー間の音量バランスの補正、スピーカーの周波数特性の補正、スピーカーからリスニングポイントに到達する音の時間差の補正などが行われ、AV アンプに最適な設定内容が保存される。**図7-5** は、5.1ch サラウンドに頭上から音を出す天井スピーカーを加えたマルチチャンネルの自動音場補正のイメージである。

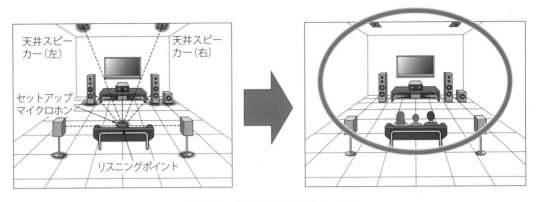

図 7-5　自動音場補正イメージ

　自動音場補正の方式は、下記に示す方式などがある。

(1) MCACC（Multi-Channel Acoustic Calibration system）

　Air Studio とパイオニア㈱が開発した自動音場補正の方式である。

(2) D.C.A.C.（Digital Cinema Auto Calibration）

　ソニー㈱が開発した自動音場補正の方式である。現在は、機能拡張を行い D.C.A.C.EX となり、5.1ch サラウンドのスピーカー配置でも、7.1ch サラウンド相当の音場を再現するファントム・サラウンドバックなどの機能もある。

(3) Audyssey MultEQ XT

　Audyssey Laboratories が開発した自動音場補正の方式である。セットアップマイクロホンでの測定は、リスニングポイントと中心になる場所を含め視聴エリア内で 3 か所の測定が必要。また、最大で 8 か所まで測定することができる。これは、視聴エリア内ですべての視聴者に最適な音場を提供することを目的にしている。さらに、音場補正の制度を高めた Audyssey MultEQ XT32 の方式もある。

7.2　プロジェクター

　プロジェクターは、テレビ放送、BD/HDD レコーダーの映像やパソコンの画像などをスクリーンに拡大投影する機器である。ここでは、液晶プロジェクター、LCOS プロジェクター、DLP プロジェクターおよびレーザー光源プロジェクターなどについて説明する。

1.　透過型液晶プロジェクター

　透過型液晶プロジェクターは、映像を作り出すデバイスとして透過型液晶パネルを使用したプロジェクターである。映像を映し出す仕組みとして、図 7-7 のように、まずランプの光をダイクロイックミラーを用いて光の 3 原色である赤色、緑色、青色に分解する。その後、透過型の液晶パネルで各色の映像を作り、クロスプリズムにより合成して、投射レンズからスクリーンへ投影する方式である。

図 7-6　透過型液晶プロジェクター

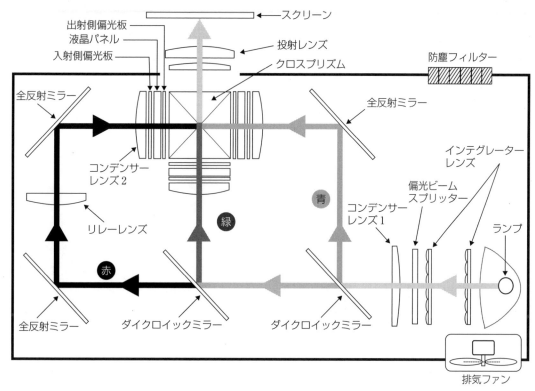

図 7-7　透過型液晶プロジェクターの構造

2.　LCOS プロジェクター（Liquid Crystal On Silicon プロジェクター）

　より高画質を追求するホームシアター用プロジェクターで用いられている方式で、映像を作り出すデバイスとして Liquid Crystal On Silicon と呼ばれる反射型液晶パネルを使用している。映像を映し出す仕組みは、**図7-8** のように、光源からの光をダイクロイックミラーを用いて光の3原色である赤色、緑色、青色に分解する。その後、反射型液晶パネルで各色の映像

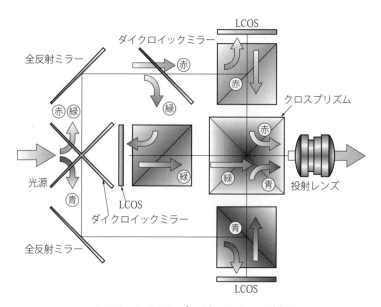

図 7-8　LCOS プロジェクターの構造

を作り、クロスプリズムにより合成して投射レンズからスクリーンへ投影する方式である。LCOSプロジェクターは、反射型液晶パネルの各画素を駆動するための配線が画素の裏側に位置している。そのため、各画素間の隙間を狭くすることが可能で、画素のドット感のない滑らかな映像を表示できる特徴を持っている。

3.　DLPプロジェクター（Digital Light Processing プロジェクター）の仕組み

　DLPプロジェクターは、DMD（Digital Micromirror Device）という半導体デバイスを使い、高精細表示を実現している。DMDは、半導体チップの回路上に、独立して動く1辺が十数ミクロンのミラーを数十万～数百万個程度配置したものである。

　DLPプロジェクターは、入力された映像信号に同期して動作するDMDのミラーに光を当て、このミラーで反射した光をレンズを通してスクリーンに投影する仕組みである（図7-9参照）。光源から出た光をDMDチップ上のマイクロ・ミラーに当てる。各ミラーの傾斜角度は毎秒数千回の高速で±12°の角度に独立してコントロールすることが可能で、反射光は投射レンズか光吸収板かのどちらかに振り分けられる。つまり、ミラーの1つひとつが画素となり、投射レンズに振り分けられる光の投射回数で濃淡（階調）が表現できる。また、光源とミラーの間にある、回転するカラーフィルター（カラーホイール）を通すことでカラー化を実現している。カラーフィルターは、3原色（赤、緑、青）または4色（赤、緑、青と白色）を使うのが一般的である。3原色の補色であるイエロー、マゼンタ、シアンを加え、中間色の輝度を高めた6色カラーフィルターも使用されている。また、DMDチップをRGBに1つずつ使用する、より高画質を追求した3板式DMDプロジェクターもある。

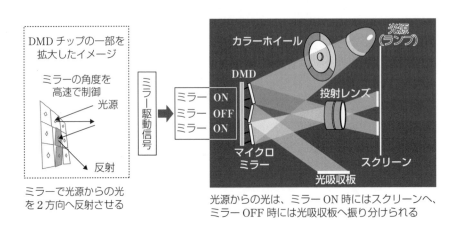

図7-9　DLPプロジェクターの動作原理

4.　レーザー光源プロジェクター

　光源にランプを用いるのではなく、レーザー光源を用いるプロジェクターである。一般的に、蛍光体ホイールに青色レーザーを当て、白色の光を作り出す。その後、ダイクロイックミラーを使って光の3原色である赤色、緑色、青色に分解し、表示デバイスを用いて映像を作り出す方式である。映像を作り出すデバイスには、透過型液晶パネル、LCOSの反射型液晶パネルやDMDが用いられ、構造もレーザー光源を用いる部分以外は、前述の各プロジェクターと同様である。レーザー光源を用いるプロジェクターの特徴として、色の再現性が高く広色域である

こと、電源 ON 後に規定の輝度に達する時間が数秒程度と短いこと、ランプに比べて寿命が長いことなどがある。

5. 短焦点プロジェクターおよび超短焦点プロジェクター

　通常のプロジェクターで約 60 インチの映像を投影するには、プロジェクターからスクリーンまで、1.5m～2m 程度の距離が必要である。それに対して短焦点プロジェクターは、プロジェクター本体とスクリーンまでの距離が、数 10cm～1m 程度で、40 インチ～100 インチ程度のスクリーンに投影できるプロジェクターである。投写レンズに相当する数枚の非球面ミラーを使用し、順次光線を反射し画像を拡大する方式と、レンズから投影される光を凹面ミラーで広角反射する方式などがある（図 7-10、図 7-11 参照）。

　超短焦点プロジェクターは、超短焦点レンズや非球面ミラーを利用し、短焦点プロジェクターより、さらにスクリーンに近づけた設置位置で使用できるプロジェクターである。機種によっては、スクリーンとの距離が 30cm 未満で 100 インチ以上の映像を投影できるものもあ

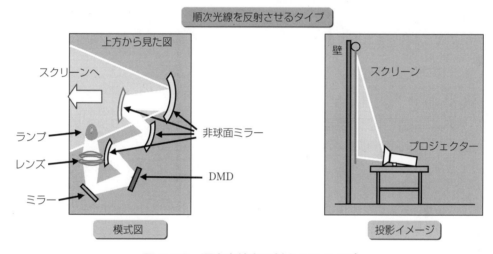

図 7-10　順次光線を反射させるタイプ

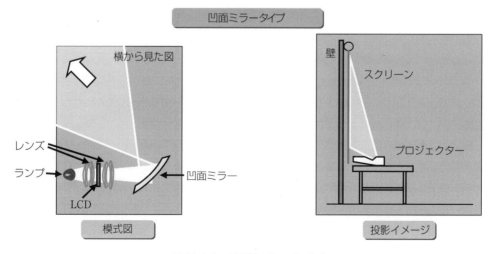

図 7-11　凹面ミラータイプ

る。また、超短焦点プロジェクターの利点を生かして、壁だけでなくテーブル面や床にも映像を投影できるものもある。

6. モバイルプロジェクター

　モバイルプロジェクターと呼ばれる小型・軽量で手のひらにのるようなサイズのプロジェクターが、最近、数多く販売されるようになってきた（図7-12参照）。これらの機器は、一般的に、DLPプロジェクターを小型化したものが多く、明るさが100ルーメン～500ルーメン程度、バッテリーを内蔵、またスマートフォンやタブレットなどと無線LAN、Wi-Fi DirectやHDMIなどの有線で接続ができるものが多い。小型・軽量で持ち運びに便利なため、個人ユースによるさまざまな場所での使用、またビジネスユースで少人数の会議での使用などが可能で、プロジェクターの新しいジャンルとして認知されるようになってきている。

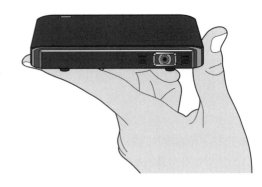

図7-12　モバイルプロジェクターの例

7. 映像タッチ式プロジェクター

　図7-13は、映像をタッチすることによる入力や操作ができるプロジェクターの例である。この製品は、Androidが搭載され、超短焦点レンズにより近距離で23インチから80インチの映像を壁やテーブル上に投影できるプロジェクターである。また、映像タッチ（23インチ時のみ）による入力や操作は、赤外線とカメラを組み合わせて、毎秒60フレームのリアルタイム検出により、遅延のない快適な操作を実現している。このプロジェクターの機能イメージは図7-14のとおりで、映像タッチに加え、音声による入力、さらにジェスチャーによる操作なども行える。利用できる主な機能としては、各種の動画配信サービス、テレビ電話、オンラインゲームがある。さらに、Androidが搭載されているため、各種アプリをダウンロードすることで機能のカスタマイズが可能で、それらのアプリにより各種サービスを利用することができる。

図7-13　映像タッチ式プロジェクター

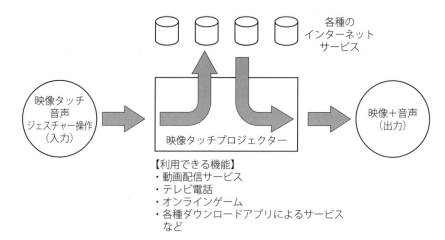

図 7-14 映像タッチ式プロジェクターの動作イメージ

8. ANSIルーメン

プロジェクターの明るさを表す単位として、一般的に ANSI ルーメンが使われる。この値は、スクリーンを9分割してそれぞれ測定した中央部の中心照度（単位：ルクス）から平均照度を計算し、さらにこの平均照度に測定画面全体の面積を掛けることで求められる。投写距離が変わっても値が変化しないため、機器の性能比較を正しく行うことができる（図7-15参照）。

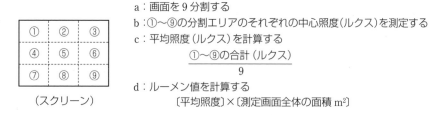

図 7-15 ANSI ルーメンの測定法

9. 台形ひずみ補正

電源コンセントの位置や設置場所の制約などで、プロジェクターをスクリーンの正面に設置することができず斜め横などからしか投射できない場合、またスクリーンの上方部分に投射する場合などのときに、画面が台形にひずんでしまう台形ひずみが発生する。この台形ひずみを解消するため、補正機能を搭載した機器がある（図7-16参照）。台形ひずみ補正には、レンズなどの光学系部品の位置を物理的に調整して補正する方式、表示デバイス（液晶パネルなど）

図 7-16 台形ひずみ補正の例

の映像表示に使用する範囲を少なくして電気的に補正する方式の2方式がある。電気的に補正する方式は、表示デバイス（液晶パネルなど）の映像表示に使用する画素を減少させて補正するため、解像度が低くなったり、明るさが暗くなったりする場合がある。

10.　レンズシフト機能

　プロジェクターのレンズシフト機能とは、スクリーンに映し出される映像の位置を調整する機能である。スクリーンの正面中央の理想的な位置にプロジェクターを設置できない場合でも、レンズを上下左右にシフトさせることにより、投影映像を適切な位置にシフトさせ調整することができる。図7-17のように、左右方向にシフト（位置ずらし）できる範囲は、映像の横のサイズに対する比率（%）で表される。同様に、上下方向にシフトできる範囲は、映像の縦のサイズに対する比率（%）で表される。これらの数値が大きいほど、シフト量が大きくなるため、スクリーンに対して横方向および縦方向におけるプロジェクターの設置場所がより自由に選べる（より広がる）ことを意味している。

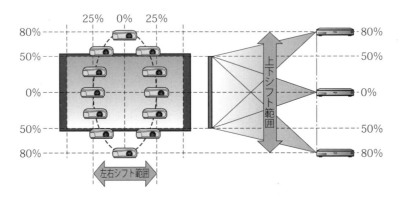

図7-17　レンズシフト機能による左右、上下のシフト範囲

11.　フロント投影式スクリーンの性質

　フロント投影式のスクリーンでは、プロジェクターからの光を適度に反射させ、その映像を見ることになる。黒い紙や、黒い物体に光を当てても反射する光は吸収されるため見えない。半面、白い紙や白い壁に光を当てると、光の反射が多くなり明るい映像を見ることができる。スクリーンには光を適度に反射して明るくし、かつ光を広く拡散させる必要性があるが、スクリーンを選ぶ場合には、この「反射」と「拡散」の特性が重要となる。「反射」と「拡散」の関係性として、光の拡散が広いとスクリーンゲイン[2]は低く、拡散が狭いとスクリーンゲインは高くなる性質がある（図7-18参照）。また、「反射」と「拡散」の特性から、スクリーンには主に次のような種類がある。

（1）拡散タイプ（ホワイト）

　画用紙に画像を映し出すイメージと似ている。光の拡散に偏りがなく、スクリーンゲインは1に近い。黒い画像が少し白っぽくなる「黒浮き」と呼ばれる現象が出やすい。暗い場所での

※2：スクリーンゲインは、標準白板と呼ばれる完全拡散板（酸化マグネシウムを焼き付けた純白板）に光を当てたときの輝度を基準として、スクリーンが反射する光の明るさ比を示すものである。

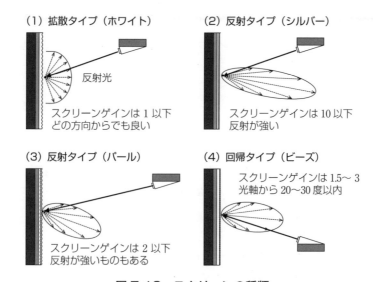

図7-18　スクリーンの種類

使用に適する。どの位置で見ても明るさの差は少ない。

（2）反射タイプ（シルバー）

　黒浮きを押さえ、黒をより黒く見せる。反射光はかなり明るいが、視野角は狭くなる。

（3）反射タイプ（パール）

　曇っている鏡や銀紙に光を当てて、その反射光を見るイメージ。広い視野角を確保できる。したがって、スクリーンを見る位置の違いによる画質の変化は少ない。

（4）回帰タイプ（ビーズ）

　光を投射された方角に向け強く反射させるため（**図7-19**参照）、外光の影響を受けにくい。また、スクリーンを見る位置にプロジェクターを配置できるため、機器の操作がしやすい。

投射してきた方向へ反射する

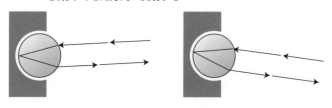

図7-19　ビーズスクリーンでの反射のイメージ

7.3　システムステレオ

　オーディオシステムには、コンポーネントステレオとシステムステレオがある。コンポーネント（Component）とは「構成要素や部品」を意味し、オーディオシステムでは、一般的にアンプ、チューナー、CDプレーヤー、スピーカーなどが単体で売られている音響機器のことをいう。ユーザーは、それぞれの機器を好みに合わせて選択できる。主に、音楽愛好家やオーディオマニアを中心にコンポーネント機器が使われている。一方、誰でも手軽に使えるように、それぞれの音響機器をコンパクトにまとめたものをシステムステレオという。また、HDD搭載コンポ、ミニコンポーネントシステム、パーソナルコンポなどといった名称も用いられてい

る。最近では、高音質を追求したハイレゾ音源を再生できるシステムステレオもあり、多種多様な製品が販売されている。ここでは、システムステレオの概要について説明する。

1.　構成

　アンプ、チューナー、DVD/CDプレーヤー、スピーカーなどで構成される。小型の機器を個々に接続しセットにした商品と、スピーカー以外の機器を一体のキャビネットにまとめて、機器間の接続を不要にしたタイプがある。また、オプションとして、カセットデッキ、アナログレコードプレーヤーなどが用意されているものもある。ネットワーク対応のシステムステレオでは、パソコンを使わずにインターネットに接続して、音楽をダウンロードすることや曲のタイトル情報を入手することができる。また、ネットワーク内のパソコンやNASなどに保存された音楽ファイルを再生できるものもある。USB端子やドックと呼ばれる専用の接続端子を装備している機器では、ポータブルオーディオプレーヤーやスマートフォンを接続して、音楽データの転送や再生ができる。また、最近ではUSBメモリーに保存したハイレゾ音源を再生できるものやBluetooth対応機器で再生している音楽をワイヤレスで伝送して楽しめる機種もある。

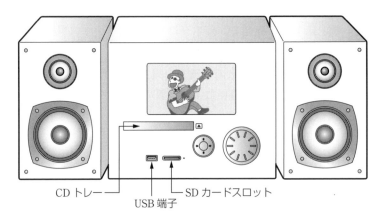

CDトレー──　　　┌──SDカードスロット
USB端子

図7-20　システムステレオの構成例

2.　機器の特徴

　システムを構成する主な機器の機能は、次のとおりである。

（1）チューナー部

　FM/AMラジオ放送などの受信を行う。希望の局をあらかじめ記憶させて、ワンタッチで呼び出したりできるものが一般的である。

（2）アンプ部

　各機器からの音声入力信号の切り替えを行い、音声信号を増幅してスピーカーから音を出すのがアンプである。また、音量や音質の調節機能を持っている。スピーカー接続端子のほか、デジタル機器を接続するための光デジタル音声端子やアナログレコードプレーヤー、カセットデッキなどを接続するためのアナログ端子を持つものもある。また、ネットワーク接続用のLAN端子、ポータブルオーディオプレーヤーなどを接続できるUSB端子や専用の端子を装備したものもある。

デジタルアンプとは

　オーディオアンプには、アナログアンプとデジタルアンプの2種類がある。過去から一般的に使われてきたアナログアンプは、**図7-A**のように音楽などのアナログ信号をそのまま大きくしてスピーカーへ送り込み音を再生する。一方、デジタルアンプは、**図7-B**のように音楽信号を「0」または「1」のデジタル信号として扱い、増幅後にアナログ信号に変換してスピーカーへ送り込み音を再生する。

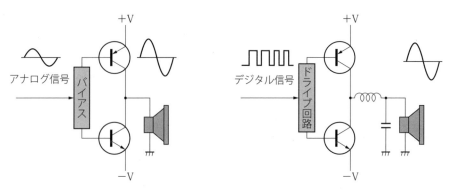

図7-A　アナログアンプの例　　　　**図7-B　デジタルアンプの例**

　デジタルアンプの機能と信号の流れは、一例であるが**図7-C**のように大きく3つに区分される。

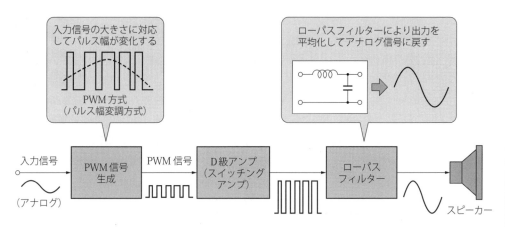

図7-C　デジタルアンプの機能と信号の流れ

① PWM 信号生成

　アナログの入力信号をPWM（Pulse Width Modulation）信号生成回路により、入力信号の大きさに対応してパルス幅が変化する「0」または「1」のデジタル信号に変換する。この機能には、PWM以外にもデルタシグマ変調を使用する方式もある。

② D級アンプ（スイッチングアンプ）

　パルス幅が変化する「0」または「1」のデジタル信号をそのまま増幅する。

③ローパスフィルター

　増幅されたデジタル信号をコイルとキャパシターなどを使ったローパスフィルターによ

り出力を平均化してアナログ信号に戻す。

　このような一連の動作により、音楽などのアナログ信号をデジタルアンプに入力すると、機器内部でデジタル信号への変換および増幅が行われ、最後にアナログ信号に変換して出力される。また、デジタルアンプは高効率で消費電力が小さいため、同じ出力を得るのにアナログアンプに比べて機器を小型化、軽量化できる特徴がある。

（3）スピーカー部

　低音から高音まで1個のスピーカーでカバーするフルレンジ型、低音用のウーファー（Woofer）と高音用のツィーター（Tweeter）の2個のスピーカーを用いた2ウェイ型、これに中音用のスコーカー（Squawker）を加えた3ウェイ型などがある（図7-21参照）。

　3ウェイ型のスピーカーは、一般的に3つのスピーカーを使用し、それぞれのスピーカーが音域の異なる低音域、中音域、高音域を受け持って再生することで、全体として低音から高音までの周波数帯域をカバーしている。3ウェイ型のスピーカーでは、前述のとおり低音用のスピーカーをウーファー、中音用のスピーカーをスコーカー、高音用のスピーカーをツィーターと呼んでいる。また、スピーカーボックス（エンクロージャー）の代表的な構造としては、密閉型とバスレフ型がある。バスレフ型は、前面や裏面などに開口部があり、開口部につながるダクトを利用して低音域を増強する構造のスピーカーボックスである（図7-22参照）。

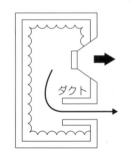

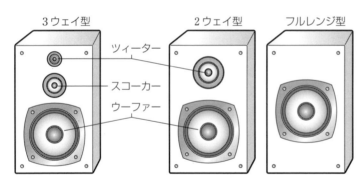

図7-21　密閉型スピーカーの例

図7-22　バスレフ型スピーカーの例

（4）DVD/CD プレーヤー部

　音楽 CD 再生専用と、DVD などの再生もできるものがある。

（5）MD レコーダー部

　以前は装備されていたが、現在はほとんど装備されていないので、参考までに概要を説明する。MD（Mini Disc）は、ATRAC という圧縮技術を用いて、音質をほとんど劣化させずに、音楽用 CD（CD-DA）に比べて約1/5に圧縮して録音を行うことができる。ディスクには、74分用と80分用とがある。圧縮率をさらに高くした ATRAC3 により、ディスクの録音可能時間を2倍または4倍に増やすこともでき、これを MDLP 方式と呼ぶ。また、パソコンのハードディスクに入っている音楽を、USB ケーブル接続で録音できる Net MD 規格に対応したものもあった。

(6) カセットテープデッキ

　以前は録音、再生機器として必ず装備されていたが、現在では、装備されている機器は少なくなっている。磁気テープを用いたカセットテープを用い、録音や再生を行うことができる。

(7) アナログレコードプレーヤー

　アナログレコードプレーヤーは、通常単体のコンポーネント機器として販売されている。アナログレコードプレーヤーは、30cm LP、17cm EP やシングルレコードなどのアナログレコードを再生する機器である。レコードプレーヤーに搭載される再生用のカートリッジは各種あるが、ここでは一般的な MM（Moving Magnet）型カートリッジで再生する場合について説明する。LP レコードや EP レコードを再生する場合、RIAA（Recording Industry Association of America）規格に基づいた周波数補正を行うフォノイコライザーが必要である。このフォノイコライザーは、再生時に低音域のレベルを上げ、高音域のレベルを下げる周波数補正を行う。アナログレコードプレーヤーには、このフォノイコライザーを内蔵したタイプと内蔵していないタイプがある。フォノイコライザーを内蔵している機器は、アンプの AUX 端子などに接続して再生することができる。フォノイコライザーを内蔵していないタイプは、別にフォノイコライザー（フォノイコライザーアンプ）を接続し、さらにアンプの AUX 端子に接続して再生するか、フォノイコライザーを内蔵したアンプの Phono 端子に接続して再生するなどの方法がある。また、USB 端子を搭載し、付属ソフトを使用してパソコンと接続することで、アナログレコードの音楽を MP3 やハイレゾ音源などのデジタルデータとして取り込むことができる機種もある。

3.　据え付け時の注意

　システムステレオの据え付け時における接続方法などについて説明する。

(1) 機器の接続

　一体型のものでは、スピーカーケーブルとアンテナ線などを接続する。いくつかの機器をセットにしたタイプでは、オーディオ信号用ケーブルとシステムコントロール用のケーブルとで接続する。

(2) スピーカーの接続

①アンプにスピーカーを接続するときは、電源スイッチを OFF にするか、電源コードを抜いておく。

②スピーカーは左用、右用が決められたもの、左右の区別のないものがあるので、指定どおりに設置する。

③左右のスピーカーの＋端子（プラス端子）、－端子（マイナス端子）とケーブルの＋－を正しくそろえて接続する。片方のスピーカーの接続が逆になると、スピーカーから出た音が打ち消しあって、低音が減衰したり非常に不自然な音になったりする。

(3) アンテナの接続

①付属品のアンテナは、AM 用、FM 用の両方とも、できるだけ窓の近くで位置や向きを変えて最適な受信状態になるように調整する。

②FM 用 T 字型アンテナの横方向の長さは、電波を最も効果的に受信できるように設定されているので、短くしたり巻き付けたりしない。

4. 特性・性能を示す用語

オーディオ機器のカタログなどで使われる主な用語について説明する。

(1) dB（デシベル）

基準と比較対象の電圧や電力などの大きさの比を対数で表したものである。以下に説明するSN比、ダイナミックレンジ、チャンネルセパレーションや、増幅率、スピーカーの出力音圧レベルなどを表すときに使われる。

(2) インピーダンス

交流の電流や電圧に対する抵抗値のことである。単位はΩ（オーム）で、スピーカーやオーディオ機器の入出力端子は、用途に応じたインピーダンスを持っている。単品コンポーネントなどのアンプの場合、実用最大出力80W＋80W（4Ω）/40W＋40W（8Ω）のように接続するスピーカーのインピーダンスとともに表示される。これは、スピーカーのインピーダンスによって出力が変わることを表している。また、そこに表示されている値より低いインピーダンスのスピーカーを接続して、音量ボリュームを上げ過ぎると、アンプの回路に負担が加わり故障の原因になる場合がある。

(3) 出力音圧レベル

スピーカーの性能を表す出力音圧レベルは、スピーカーに規定の音声信号を入力したときに再生される音の大きさを示したものである。単位は「dB/W/m」などで表され、スピーカーの出力音圧レベルの値が大きいほど、入力された音声信号を音にする変換効率が高いことを示している。

(4) 実用最大出力

アンプ部のスピーカー接続端子での電気的な出力を表し、一般社団法人 日本電子情報技術産業協会（JEITA）で定められた基準により測定される。単位は「W（ワット）」で、左チャンネルと右チャンネルの出力を10W＋10W（8Ω）のように表示する。家庭で音楽を聴く場合は、1W程度までの出力で使用されるのが一般的であるが、ひずみの少ない音で楽しむためには出力に十分な余裕が必要とされている。

(5) SN比

オーディオ機器の性能などを表す場合に使用されるSN比は、Signal（信号）とNoise（雑音）の比を示したものである。単位は「dB」で、数値が大きいほど信号に対する雑音が小さいことを示している。一般的には、SN比が大きいと性能が良く、雑音が少なく、すっきりとした音が得られるといわれている。

(6) ダイナミックレンジ

再現できる最大音と最小音の比を示す。単位は「dB」で、数字が大きいほど小さな音から大きな音まで幅広く再現できることを表している。

(7) チャンネルセパレーション/ステレオセパレーション

左右チャンネルの信号が混じらずに分離されている度合いを示す。単位は「dB」で、数値が大きいほど左右のチャンネルの信号の分離度が高く、音源の位置が明瞭に再現されるといわれている。

(8) 周波数特性

低音、高音などという音の高さは、周波数で表され、単位は「Hz（ヘルツ）」である。周波数特性は、20Hz～40kHz（±3dB）のように、再現される周波数の範囲と、その周波数の範

囲における出力の変動幅で示される。同じ変動幅の場合、この周波数の範囲が広いほど再現できる周波数の範囲が広いことを示している。ただし、音質の良し悪しは、周波数特性だけで決まるものではなく、他の特性とのバランスで決まるものである。

（9）全高調波ひずみ率

元の音にはない音が発生して、音の純度が損なわれる現象をひずむ（歪む）という。その程度はひずみ率で表され、単位は「%」である。新たに発生した音を高調波といい、元の音の2倍、3倍などの周波数となる高調波を2次高調波、3次高調波と呼ぶ。一般的に、2次、4次など偶数倍の高調波よりも、3次、5次など奇数倍の高調波のほうがひずみとして感じられやすい性質があるといわれている。

（10）実用感度

ラジオやチューナーで実用上十分な音質で受信できる電波の強さを示す。単位はμVで、数値が小さいほど感度が高いことを表している。

（11）ワウ・フラッター

レコードプレーヤーなどの性能を表すワウ・フラッターは、回転ムラによって発生する音声の周波数変動の大きさを示したものである。単位は「%（WRMS）」などで、数字が小さいほど回転ムラによる音声の周波数変動が小さいことを示している。

フォーカス｜フルデジタルスピーカー

一般的なスピーカーはアナログ信号を入力として用い、ボイスコイルに流れる電流により発生する磁力で振動板を振動させ音を発生させる。これに対し、デジタル信号を入力として用い音を発生させる方式のスピーカーがフルデジタルスピーカーである。最近では、このフルデジタルのスピーカーを使うことにより、デジタル音源からスピーカー入力まですべてデジタル信号となるフルデジタルサウンドシステムがサウンドバー、ヘッドホンやカーオーディオなどで実用化されている。

1）フルデジタルスピーカーの技術

フルデジタルスピーカーの構造は、**図7-D**のように通常のスピーカーとは異なり独立

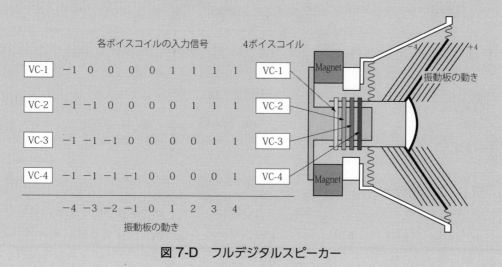

図7-D　フルデジタルスピーカー

した複数のボイスコイルを備えている。この例では、ボイスコイルは VC-1 から VC-4 の 4 個のボイスコイルを備えたタイプである。入力はデジタル信号の「－1」「0」「1」の 3 種類で、図 7-D の各ボイスコイルの入力信号にあるように、VC-1 から VC-4 に入力されるデジタル信号の組み合わせにより、スピーカーの振動板を「－4」から「4」までの 9 段階で動かすことができる。入力信号に応じた、この 9 段階の振動板の動きにより音を発生させる仕組みである。

2）特徴

フルデジタルスピーカーには、次の特徴がある。

① 高速な応答性（ハイレスポンス）

独立した複数のボイスコイルに瞬時に必要なデジタル信号を加えるため、アナログ入力を用いる単一ボイスコイルのスピーカーに比べ、振動板の動く応答性が高速でキレのある音の再生が可能であるといわれている。

② 省電力

独立した複数のボイスコイルは、常にすべてが駆動されているのではなく、入力信号の大きさに応じて必要なボイスコイルのみ駆動されるため、アナログ入力を用いる単一ボイスコイルのスピーカーに比べて省電力であるといわれている。

7.4　CD（Compact Disc）

CD は、直径 12cm の光ディスクの中にデジタル信号を記録したもので、最大記録時間は約 80 分である。また、直径 8cm のシングル CD もあり、最大記録時間は約 22 分である。音楽を記録する技術は、エジソンにより蓄音機として考え出され、その後 SP レコード、LP レコードとして広く普及した。1982 年に CD が登場すると、その音質の良さや取り扱いの容易さから瞬く間に普及し、10 年あまりでレコードと完全に置き換わった。これは、CD が音声信号をデジタル記録したもので、曲順を自由に変えて再生できるランダムアクセスが可能、耐久性に優れている、取り扱いが容易などの理由による。

1.　CD プレーヤー

CD プレーヤーは単品コンポーネントタイプのほか、システムステレオに組み込まれたものなどがある。

2.　ディスクの構造

1 と 0 で表されるデジタル信号に変換された音声は、ピットと呼ばれる出っ張りの有無としてディスク面に記録されており、ディスクの内周から外周方向にうずまき状に並んでいる。ピットは、図 7-23 に示すように非常に小さなものであるが、透明のディスク基板で保護され

ており傷に強い。また、レーザー光を用いて非接触で再生するため、ディスクの摩耗もなく、耐久性に優れている。

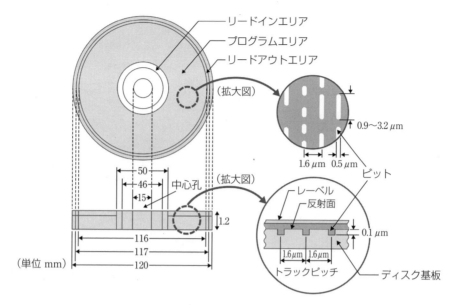

図 7-23 ディスクの構造

3. CD の種類

CD の種類について説明する。

(1) CD-DA (Compact Disc Digital Audio)

音楽用 CD のことで、一般的には単に CD と呼ばれることが多い。標本化周波数（サンプリング周波数）は 44.1kHz、量子化ビット数は 16bit である。したがって、理論上の高音域の再生可能周波数は 22.05kHz で、ダイナミックレンジは約 96dB である。

(2) スーパーオーディオ CD (Super Audio CD)

音声信号のデジタル変換にリニア PCM 方式ではなく、DSD (Direct Stream Digital) という方式を採用している。DSD は、音声信号の大小を 0 または 1 の 1bit デジタルデータに変換するデルタシグマ変調を用いて記録する方式で、スーパーオーディオ CD で使用される標本化周波数は CD の 64 倍の 2.8224MHz である。原理的には、120dB のダイナミックレンジと 100kHz 以上の周波数特性を持っている。暗号化による著作権保護がなされていて、スーパーオーディオ CD に対応したプレーヤーでの再生が可能である。従来の CD プレーヤーでも再生できるよう、CD-DA の音楽 CD の記録層を併せ持つディスクもある。

(3) CD-ROM (Compact Disc-Read Only Memory)

主にパソコンデータ用の CD 規格で、読み出し専用のディスク。各種のアプリケーションソフト、辞書などが CD-ROM として販売されている。

(4) CD-R (Compact Disc-Recordable)

パソコンなどで作成したデータや写真データ、デジタル音源の保存などに用いられる。一度だけ書き込みができ、書き込んだ情報は削除できない。

(5) CD-RW (Compact Disc-ReWritable)

パソコンなどで作成したデータや写真データ、デジタル音源の保存などに用いられる。繰り

返し書き込みが可能で、書き込んだ情報の削除もできる。

4.　上手な使い方

　CD の取り扱いについて、注意すべき点などについて説明する。

①ディスクのレーベル面は、たいへん薄く傷が
つきやすくなっているため、鉛筆やボールペ
ンなどの硬いもので文字を書くと、記録層で
ある反射面に傷がつき音飛びの原因になるた
め注意が必要である。

②レーベル面にシールなどを貼ると、回転ムラ
や面ぶれが発生してレーザー光が正しくピッ
トに当たらなくなり、音飛びの原因になるこ
とがある。また、シールやラベルが剥がれか
かると、ディスクが取り出せなくなったり
ピックアップを破損したりする。

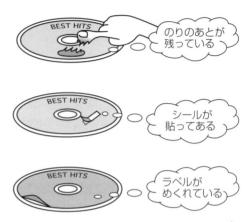

図 7-24　レーベル面の注意

③CD は汚れに強い構造になって
いるが、記録面には触れないよ
うに取り扱う。誤って指紋や油
などの汚れをつけてしまった場
合は、ディスクの中心部から周
辺に向かって放射状に柔らかい
乾いた布などで拭き取る。これ
は、拭き取るときに傷などをつ
けてしまった場合、同心円状の
傷より放射状の傷のほうが信号
処理回路によるエラー訂正がし
やすく、音に与える影響が少な
くなるためである。また、レコ
ード用クリーナーやシンナー・

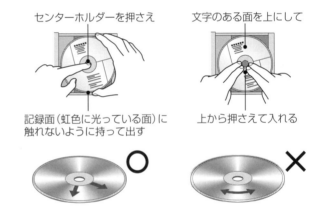

図 7-25　ディスクの取り扱い

ベンジンなどの溶剤を使って汚れの拭き取りをしてはならない。油性の汚れで取れにくい場
合は、カメラ用のレンズクリーナー液などを用いるとよい。

④部屋の暖房を入れた直後などに、CD プレーヤーなどの機器内部の光学レンズに水滴がつく
結露現象が発生することがある。このときは機器が正常に動作しなくなるので、回復を待っ
てから使用するようにする。

⑤ディスクを保管する場合は、専用のケースに入れておく。また、次のような場所に長期間放
置しない。

　• 直射日光の当たるところ
　• 暖房機のそばや車の中などの高温になる場所（長時間保存すると、ディスクが変形して再
　　生できなくなることがある）
　• ほこりの多いところ（ほこりを拭き取るときに傷をつける可能性がある）

ラジオ

　ラジオは、多数の電波から目的の電波を選び出し情報を得るための受信機器で、放送内容をスピーカーやイヤホンなどを介して音として聞くことできるものをいう。この項では、ラジオ放送と受信機器について説明する。

1. 放送の電波と特徴

　ラジオ放送に使われる電波は、**表7-2**に示すように中波、短波など各種あり、放送の種類により使い分けられている。電波の伝わり方は、地球を取り巻く電離層の働きに大きく影響を受ける。電離層は、太陽の電磁波の影響で地上60キロメートルから数百キロメートル上空の大気が電気を帯びたイオンになっている層のことである。電離層には電波を反射させる性質があり、その程度は周波数により異なる。また、時間帯や季節により大きく変化する。

表7-2　電波の種類と用途

電波の略称	周波数の範囲	利用している放送の例
VLF	3kHz を超え〜30kHz 以下	
LF（長波）	30kHz を超え〜300kHz 以下	
MF（中波）	300kHz を超え〜3MHz 以下	AM（中波）放送
HF（短波）	3MHz を超え〜30MHz 以下	短波放送
VHF（超短波）	30MHz を超え〜300MHz 以下	FM 放送
UHF（極超短波）	300MHz を超え〜3GHz 以下	地上デジタル放送
SHF（マイクロ波）	3GHz を超え〜30GHz 以下	BS/CS デジタル放送
EHF（ミリ波）	30GHz を超え〜300GHz 以下	

（1）中波放送

　中波放送は、電波の MW（Middle Wave）を使うので、MW 放送とも呼ばれるが、一般的には AM 放送と呼ばれる場合がほとんどである。本来、AM とは、音声信号の大きさの変化を電波の振幅の変化に変換して送信する方式（Amplitude Modulation、振幅変調）のことを指すが、AM 方式の放送のなかで中波放送が最も身近であることから、こう呼ばれるようになった。

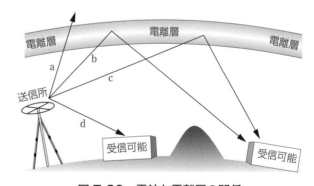

図7-26　電波と電離層の関係

中波放送は、放送設備や受信機が比較的簡単でありながら、電波の届く範囲が広いなど大きな長所を持っているため、各種放送のデジタル化が進むなかでも変わらずに広く利用されている。中波の性質は、昼間はほとんど電離層で反射されないため（**図7-26**の a、d）、比較的近距離だけに届くが、夜になると電離層で反射して（**図7-26**の b、c）かなり遠方まで電波が届く。

これにより、夜間には遠方の放送が受信可能になる反面、混信やフェージング現象[※3]など受信障害の原因となることがある。

（2）短波放送

　短波放送では、中波放送と同じ振幅変調方式が一般的に使われている。電波はHF（短波）を使用するが、HFはSW（Short Wave）ともいわれるためSW放送とも呼ばれる。短波放送は電離層の反射を積極的に利用し（図7-26のb、c）、遠距離での受信を目的に放送が行われている。このため、電離層の変動に対応できるように、季節や時間帯、受信地までの距離などの条件により、周波数を変えることや複数の周波数を使うなどして放送されている。これにより、1つの放送局で日本全国や外国への放送が可能になっている。逆に、国内で外国からの放送も数多く受信できる。

（3）FM放送

　FMとは、音声信号の大きさの変化を電波の周波数の変化に変換して送信する方式（Frequency Modulation、周波数変調）を表している。FM放送は、この周波数変調方式を採用しているため、混信や外部からのノイズ（電気ノイズ）の影響を受けにくく、音質が良いという特徴を持っている。使われているVHF（超短波）は、通常の場合、電離層では反射しにくい性質があり、放送アンテナから直接届く電波や大地などに反射した電波が受信に利用できる電波となる。電離層での反射を利用できないため、電波はあまり遠くまでは届かない。したがって、到達距離よりもステレオ放送や高音質といった特長を生かした放送に利用されている。

2.　受信機器

　受信できる放送の種類でラジオを分類すると、AM放送専用、FM放送専用、AMとFM放送用、これらにSW放送を加えたもの、TVのワンセグ放送の音声やワイドFM放送を受信できるラジオなどがある。なお、ワンセグ放送はUHFの電波によるサービスで、電波が遮られる場所やサービスエリア外では受信できないため、使用場所で利用できるか注意が必要である。また、ラジオは、ラジカセ、時計、携帯電話など他の機器と組み合わせたものなど種類が多く、携帯型から据え置き型までいろいろな機器が販売されている。したがって、使用目的に合わせて適切な機器を選ぶことが可能である。

3.　アンテナ
（1）中波放送用

　中波放送（AM放送）を受信するためには、本体内蔵のバーアンテナと呼ばれる棒状または板状のアンテナが使用されることが多い。図7-27に示すように、バーアンテナは、直角の方向からくる電波に対して最も感度が高く、90°ずれてアンテナと平行な方向からくる電波はほとんど受信でき

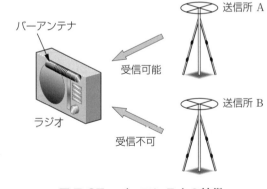

図7-27　バーアンテナの特徴

※3：フェージング現象は夜間、中波放送や短波放送で、音の大きさが周期的に大きくなったり小さくなったり変化する現象。アンテナから直接届く電波と電離層で反射した電波とが、強め合ったり打ち消し合ったりすることにより発生する。

ない性質を持っている。できるだけ良好に受信するためには、まず窓際など電波状態の良い場所に置くとともに、バーアンテナを内蔵する本体の向きを受信したい局に合わせて調整する。なお、受信する放送局の方向に受信機（バーアンテナ）の向きを合わせる煩わしさがある一方、うまく調整することで混信などの受信障害を軽減できる場合もある。ステレオ用のチューナーでは、一般的にループ状アンテナが付属されているので、アンテナ端子に接続して受信状態が最良となる位置に設置する。

（2）FM放送用

FM放送を受信するためのアンテナは、小型のラジオなどでは伸縮型のロッドアンテナを装備したり、携帯型のラジオなどではヘッドホン（イヤホン）のコードを利用したりしている。小型のラジオなどで良好に受信するためには、まず窓際など電波状態の良い場所に置くとともに、ロッドアン

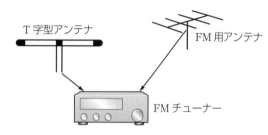

図7-28　FMチューナーのアンテナ

テナが装備されている場合はロッドアンテナを伸ばし、その向きを調整する。

FMチューナーではアンテナ端子が装備されているので、屋外にFM専用アンテナを設置して接続するか、簡易型のT字型アンテナを取り付けて受信する。受信する放送局の方向に合わせて、最良の受信状態が得られる向きに設置する。FM受信用のアンテナ端子が装備されているシステムステレオでは、通常付属されている簡易型のアンテナを取り付けて受信する。

（3）短波放送用

放送出力が比較的大きく、電波状態が安定している場合は、受信機内蔵のロッドアンテナで受信できる。海外放送などのように電波が弱い放送を聞く場合は、外付けのアンテナを用いる。本格的な受信アンテナは非常に大きなものになるが、小型で高性能なアンテナも考案されている。いずれにしても、中波放送やFM放送と違い、受信しようとする放送に応じた性能のアンテナを設置することが必要である。

4．FM補完放送（ワイドFM）

FM補完放送とは、AM放送局が行っている中波でのAM放送に加えて、難聴対策や災害対策のために、AM放送と同じ地域で超短波（VHF）の電波を使って補完的に行うFM放送のことである。従来から超短波の76MHz～90MHzの周波数帯で、外国波混信や地理的・地形的難聴の対策としてFM補完放送が一部の地域で行われていた。2012年の地上テレビ放送のデジタル化に伴い、終了した地上アナログ放送が使用していたV-Lowの周波数帯（90MHz～108MHz）の90MHz～94.9MHzの周波数帯をFM補完放送で利用できるようになった。これにより、既存のAM放送局が下記いずれかの理由による難聴対策または災害対策の必要性が認められる場合にFM補完放送の開局ができるようになり、全国的にワイドFMとも呼ばれるFM補完放送が行われるようになった。

① 都市型難聴対策

建築物による遮へいや鉄筋コンクリート壁などによる影響や、電気雑音による影響などによる難聴発生地域をFM放送で補完することにより対策

② 外国波混信対策

　外国波との混信による難聴発生地域を FM 放送で補完することにより対策

③ 地理的・地形的難聴対策

　地理的原因で生じる遮へいによる受信障害、または地理的原因による受信障害が発生する地域を FM 放送で補完することにより対策

④ 災害対策

　津波などの自然災害により AM 放送局が大きな被害を受け、放送継続が困難となる懸念がある地域で FM 放送により補完することにより対策

　ワイド FM（FM 補完放送）には、複数の都府県にまたがる広域放送と、ほぼ単一都道府県域に限定される県域放送がある。広域放送のワイド FM 放送局と周波数は、**表 7-3** のとおりである。90MHz ～ 94.9MHz の周波数帯で行われているワイド FM（FM 補完放送）を受信するには、ラジオに FM 受信機能があり、受信可能な周波数帯に 90MHz ～ 94.9MHz の帯域が含まれている必要がある。一般的に FM 受信機能を持つラジオで受信可能な周波数帯は、76MHz ～ 90MHz のものや 76MHz ～ 108MHz などのものがあり、76MHz ～ 90MHz の機器ではワイド FM は受信できない

表 7-3　ワイド FM（FM 補完放送）の広域放送

対象地域	放送局	周波数（MHz）
中京広域圏	東海ラジオ	92.9
	CBC ラジオ	93.7
関東広域圏	TBS ラジオ	90.5
	文化放送	91.6
	ニッポン放送	93.0
近畿広域圏	MBS ラジオ	90.6
	ラジオ大阪	91.9
	ABC ラジオ	93.3

が、76MHz ～ 108MHz の機器では受信が可能である。ワイド FM の周波数帯に対応したラジオは、「ワイド FM 対応モデル」などとして一般的になり、現在は数多くの機器が販売されている。また、ワイド FM の周波数帯に対応している FM 受信機能を搭載したシステムステレオやメモリーオーディオプレーヤーでも、同様にワイド FM を聴くことができる。

5.　インターネットラジオ

　インターネットラジオは、インターネットを通じて既存のラジオ放送をほぼ同時に配信するラジオ配信サービスで、過去に放送された番組を聴くことが可能なサービスも行われている。インターネット接続環境が整っていれば、パソコンなどを利用してラジオ放送をノイズの少ない音で聴くことができる。ただし、ストリーミング形式による配信のためダウンロードはできない。主なインターネットラジオとして、NHK のラジオ放送を提供する「らじる★らじる」と民放のラジオ放送を主体として提供する「radiko（ラジコ）」がある。

（1）らじる★らじる

　NHK が提供しているラジオ配信サービスの「らじる★らじる」は、日本国内が配信対象で、ラジオ放送の電波が弱い山間部や、混信妨害がある地域などにおける難聴取状況の改善を目的としている。このラジオ配信サービスでは、NHK ラジオ第 1 と NHK-FM の放送では、聴取している地域以外の放送局が放送している番組も聴くことができる。また、ラジオで放送中の番組のほかにも、「聞き逃しサービス」として、過去に放送された一部の番組の配信サービスも行われている。

(2) radiko（ラジコ）

　民放のラジオ番組を主体に提供するラジオ配信サービスの「radiko（ラジコ）」は、都市部の高層ビルによるラジオ放送の受信妨害や車やモーターなどが発生する雑音による難聴取状況の改善、および新たなリスナーを開拓しラジオ放送の楽しみを伝えることを目的としている。このラジオ配信サービスは、基本的に各放送局の放送エリアに準じており、地域によって聴くことのできる放送局が異なる。エリア（地域）判定は、パソコンの場合にはインターネットとの接続状況、スマートフォンなどでは GPS の位置情報などを利用しており、原則としてその地域でこのサービスに参加しているラジオ局の放送を聴くことができる。また、配信エリアの領域を超えて各ラジオ局の放送を全国どこからでも聴くことのできる、「エリアフリー」が有料サービス（登録初月は無料）として提供されている。過去1週間に限り、いつでもあとから番組を聴くことのできる「タイムフリー」の聴取サービス（一部対応しない番組もある）、お気に入りの番組を友達などに SNS（ソーシャルネットワーキングサービス）を通じて知らせて共有できる「シェアラジオ」のサービスも行われている。

　また、radiko では、民放に加え、2019年4月から NHK ラジオ第1および NHK-FM の配信サービスが開始されている。

(3) 聴取方法

　「らじる★らじる」および「radiko」共に、パソコンの場合には、それぞれのラジオ配信サービスのホームページにアクセスして聴くことができる。スマートフォンやタブレットでは、それぞれのラジオ配信サービスの専用アプリをインストールして聴くことができる。また、インターネットラジオを聴く機能を備えた各種オーディオ機器でも聴くことが可能である。

7.6　ポータブルオーディオプレーヤー

　ポータブルオーディオは、過去にはカセット、CD、MD などを再生する機器が主であった。これらに代わり、インターネットからダウンロードした音楽データや CD ドライブからパソコンに取り込んだ音楽データを持ち歩いて聴くオーディオプレーヤーが普及した。音楽データの記録には、機器に内蔵するフラッシュメモリーやメモリーカードを用いる機器がほとんどである。また、音楽だけではなく比較的大きな画面を搭載しパソコンや BD/HDD レコーダーなどに保存した動画を屋外などに持ち出して楽しめる機器や、ハイレゾ音源を保存して、好きな場所で気軽に楽しめる機器も販売されている。ここでは、ポータブルオーディオプレーヤーの概要について説明する。

図 7-29　ポータブルオーディオ
　　　　　プレーヤーの例

1.　記録容量

　音楽データの記録は、機器により内蔵するフラッシュメモリーとメモリーカードの併用タイプ、メモリーカードのみ使用できるタイプなどがある。いずれも、過去に使われていた HDDなどと違いモーターやヘッドなどの機械的な構造を持たないため、衝撃に強いという特徴があ

る。容量としては、内蔵タイプの場合8GB～256GB程度のものがある。メモリーカードタイプの場合は、使用するメモリーの容量の選択が可能で、差し替えて使うことができる。また、内蔵のフラッシュメモリーを用いる機器では、実際に音楽を記録できる容量は、メモリーの一部がシステム関係に使われるため、一般的に公称値より数%少なくなる。

2.　音楽ファイル形式

　音楽データは圧縮して記録されることが一般的で、ファイル形式は各種あり、圧縮率もさまざまである。代表的なものとしては、MP3、AAC、ATRAC、WMA、FLACなどがある。ファイル形式によるが、一般的にパソコンに取り込むときに64kbps、128kbps、256kbpsのように転送レート（ビットレート）を選択できるようになっている。転送レートが大きいほど音質は良くなるが、音楽データのファイルサイズが大きくなり、収録可能な時間（曲数）が少なくなる。ファイル形式の違いは圧縮技術の違いであり、音質の比較は単純にはできない。また、再生するには、ポータブルオーディオプレーヤーもそれぞれのファイル形式に対応している必要がある。

3.　可逆圧縮と非可逆圧縮

　音楽データの圧縮記録方式として、可逆圧縮と非可逆圧縮がある。それぞれの概要について説明する。

（1）可逆圧縮

　可逆圧縮は、ロスレス（Lossless）圧縮とも呼ばれる。データの欠落が全く起こらず、理論上、この方法で圧縮されたデータを復号すると圧縮前のデータに復元できる。音楽ファイル形式では、FLAC、ALAC、WMA Lossless、ATRAC Advanced Losslessなどがある。

（2）非可逆圧縮

　非可逆圧縮は、不可逆圧縮とも呼ばれる。データは、データ量を少なくするなどの目的や制約に応じて欠落や改変されるため、圧縮されたデータを復号しても圧縮前のデータに復元することはできない。音楽ファイル形式では、MP3、AAC、WMA、ATRACなどがある。

4.　収録可能時間

　収録可能時間は、前述のように転送レートにより異なる。例えば、8GBのプレーヤーでは、転送レート128kbpsで約130時間、256kbpsで約65時間の記録ができる。16GBのプレーヤーの場合では、転送レート128kbpsで約260時間となり、1曲の演奏時間を4分として換算すると、約4000曲の収録ができる。

5.　音楽収録方法

　ポータブルオーディオに音楽コンテンツを取り込むには、図7-30に示すように、インターネットの音楽サイトからのダウンロードや、音楽CDを読み込んでパソコンのHDDなどにファイルを作りUSB端子を用いて転送する方法が一般的である。また、HDDとLAN端子を搭載したシステムステレオでは、パソコンを使わずに同様のことができる。メモリーカードスロットを搭載し、メモリーカードに転送できるシステムステレオもある。

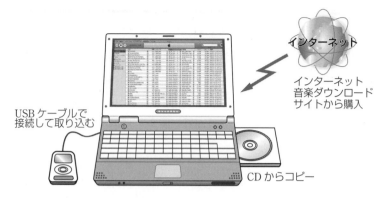

USBケーブルで
接続して取り込む

インターネット

インターネット
音楽ダウンロード
サイトから購入

CDからコピー

図7-30 音楽コンテンツの取り込み方法の例

6. ポッドキャスト（Podcast）

　ラジオ局が提供している音声コンテンツを楽しむ仕組みに、ポッドキャストがある。ポッドキャストに対応したオーディオプレーヤーの転送ソフトに、ラジオ局のWeb上のアドレスを登録することで、音声コンテンツが更新されるたびに自動的に受信しダウンロードされる。ポッドキャスト番組では、音楽、音声ブログ、ニュース、天気予報、英語のレッスンなどさまざまな番組が配信されており、ダウンロードされたコンテンツはいつでも好きなときに聴くことができる。

7. リニアPCMレコーダー

　音楽演奏の録音や野外録音などを目的とした、非圧縮のリニアPCMで高音質デジタル録音が可能な小型の高音質録音機を「リニアPCMレコーダー」と呼んでいる。リニアPCM録音は、音声を圧縮せずに記録する方式で、原理的には音質を損なわずに音声を記録することが可能なため、より原音に近い忠実な再生ができる。録音モードには、「リニアPCM 192kHz/24bit」などがある。この192kHzは標本化周波数を表し、1秒間にアナログ信号をデジタル信号に変換する回数を示す値である。また、24bitは量子化ビット数を表し、アナログ信号からデジタル信号に変換する際に、デジタル信号で音の大きさを何段階の数値で表現するのかを示す値である。いずれも数値が大きいほど、マイクロホンで集音された原音に近い録音が可能になる。最近では、2.8224MHzなどの高速サンプリングで1bitの0または1のパルス波の密度で記録するデルタシグマ変調方式のDSD（Direct Stream Digital）による録音に対応した機器もある。

**図7-31 リニアPCM
レコーダーの例**

　また、リニアPCMレコーダー以外にもリニアPCM対応のICレコーダーも販売されている。従来のICレコーダーは、限られたメモリー容量で長時間の会話を記録することが主な目的で、MP3形式などにより音声データを数分の1から数10分の1に圧縮して録音していた。そのため高音質の録音には向いていなかったが、リニアPCMによる録音機能を利用することにより、手軽に高音質な録音ができる。

7.7　音楽ストリーミング配信サービス

　インターネットの高速化に伴い、さまざまな音楽をストリーミングにより各種の機器で聴くことができる音楽配信サービスが行われるようになった。これらのサービスには、音楽データの伝送ビットレートを非可逆圧縮により比較的抑えたものや、音質を重視した可逆圧縮（ロスレス）による配信サービスなどがある。最近では、さらに高音質を追及するため、ハイレゾ音源を可逆圧縮により配信するサービスもある。

1.　主な音楽配信サービス

　音楽配信サービスでは、各運営会社がそれぞれのサービスと楽曲を提供している。通常、一定期間の無料お試し期間があり、その後、有料サービスになる場合が多い。表7-4は、主な音楽配信サービスの概要を示したものである。この表にあるオンデマンド型とは、好みの楽曲を選曲してストリーミングにより聴くことのできるサービスである。ラジオ型とは、音楽放送と同様のもので、音楽配信サービス側が選定した楽曲をストリーミングにより連続して聴くことができるサービスである。オフライン再生とは、機器に楽曲を一時的に保存可能なサービスで、この機能により機器をインターネットに接続しなくても楽曲を聴くことができる。ただし、オフライン再生で保存できる楽曲については、通常は保存容量や保存期間などの制限がある。これらの音楽ストリーミング配信サービスは、一般的に、パソコンや専用アプリをインストールしたスマートフォンやタブレットなどで利用できる。また、OSとしてAndroidを搭載したポータブルオーディオプレーヤーで、同様に専用アプリをインストールして聴くことができるものがある。また、スマートスピーカーでも、音声指示により対応する音楽ストリーミング配信サービスの音楽を聴くことができる。

表7-4　主な音楽ストリーミング配信サービス

サービス名	Spotify	AWA	LINE MUSIC	Amazon Music Unlimited	Apple Music	Google Play Music
ビットレート	24kbps〜320kbps（デスクトップ、スマーフォンなど）128kbps/256kbps（Webプレーヤー）	96kbps/128kbps/320kbps	64kbps/192kbps/320kbps自動判別機能あり	48kbps/192kbps/256kbps自動判別機能あり	256kbps	低、中、高の選択可能で、最大320kbps
オンデマンド型（ストリーミング）	対応	対応	対応	対応	対応	対応
ラジオ型（ストリーミング）	対応	対応	非対応	対応	対応	対応
オフライン再生（一時保存）	対応	対応	対応	対応	対応	対応

2.　ロスレス音楽ストリーミング配信サービス

　音質を重視した可逆圧縮（ロスレス）による配信するサービスやハイレゾ音源を可逆圧縮により配信するサービスには、次のようなものがある。

（1）Deezer HiFi

　Deezer HiFiでは、可逆圧縮の音声符号化方式であるFLACを用いて、標本化周波数44.1

kHz、量子化ビット数 16bit で音楽のストリーミング配信を行っている。標本化周波数、量子化ビット数が CD と同じため、CD と同等の音質で音楽を楽しめる。ストリーミング時のビットレートは 1411kbps で、音源の再生には Deezer HiFi のロスレス配信サービスに対応する機器が必要である。

（2）Amazon Music HD

　Amazon Music HD では、CD と同等の音質の標本化周波数 44.1kHz、量子化ビット数 16bit での音楽ストリーミング配信などに加え、標本化周波が 192kHz、量子化ビット数 24bit などのハイレゾ音源による音楽ストリーミング配信が行われている。音源の再生には、配信されるそれぞれの音源に対応する機器が必要である。

（3）Apple Music

　Apple Music では、非可逆圧縮による音楽ストリーミング配信に加え、CD と同等の音質の標本化周波数 44.1kHz、量子化ビット数 16bit、および 48kHz、24bit での音楽ストリーミング配信が行われている。これらに加え、可逆圧縮の音声符号化方式である ALAC（Apple Lossless Audio Codec）を使用して標本化周波が 192kHz、量子化ビット数 24bit などのハイレゾ音源による音楽ストリーミング配信が行われている。音源の再生には、配信されるそれぞれの音源に対応する機器が必要である。

 **360 Reality Audio**

　360 Reality Audio は、オブジェクトベースの空間音響技術を利用して音楽などを再生する新しい技術である。2ch のステレオ、5.1ch や 7.1ch などのサラウンドではそれぞれのスピーカーの位置、聴く人の位置などによって音の感じ方が変わってしまうが、360 Reality Audio では音を「発生する座標の位置と移動するベクトル」の情報として記録し、再生時にその情報に基づいてそれぞれの音を適切な場所に配置して再生する。これにより、**図 7-E** のようにボーカル、それぞれの楽器などが空間に定位し、演奏会場にいるような臨場感や音に包み込まれるような体験を楽しむことができる。

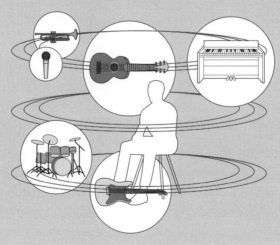

図 7-E　360 Reality Audio のイメージ

（1）フォーマット規格

　360 Reality Audio は、国際標準であるフォーマット規格の MPEG-H 3D Audio に準拠している。また、360 Reality Audio では、空間に定位させる音の数となるオブジェクト数とストリーミングする際のビットレートをレベル1からレベル3の3段階に設定している（表7-A参照）。

表 7-A　オブジェクト数とビットレートの関係

	オブジェクト数	ビットレート
レベル1	10	640bps
レベル2	16	1024bps
レベル3	24	1536bps

（2）音源の配信サービス

　360 Reality Audio による音楽は、Amazon Music HD、Deezer、nugs.net などでストリーミング配信されている。

（3）再生方法

　再生方法は次に示すとおりであるが、配信サービスにより対応している方法が異なる。したがって、利用する前に、配信サービスがどの再生方法に対応しているのか確認しておく必要がある。

① スピーカーでの再生

　360 Reality Audio デコーダーを搭載した専用スピーカーが販売されている。準備として、スマートフォンと専用スピーカーを同じ無線 LAN のネットワークに接続し、スマートフォンには 360 Reality Audio の音源配信サービスの専用アプリをインストールしておく。音楽を聴くには、図7-Fのように、専用アプリ上で楽曲を選択し、キャストアイコンをタップして再生する。

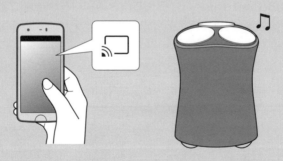

図7-F　360 Reality Audio スピーカーでの再生

② ヘッドホンでの再生

　スマートフォンに 360 Reality Audio の音源配信サービスの専用アプリをインストールしておく。ヘッドホンをスマートフォンに接続して、専用アプリで楽曲を再生して聴くことができる。

　また、360 Reality Audio ヘッドホンもあり、この場合には、スマートフォンに個人最適化用の専用アプリをインストール後、図7-Gのように使用者の耳の画像を撮影す

る。さらに、使用する 360 Reality Audio ヘッドホンを選択することにより、個人の耳の形やヘッドホンの特性に合わせた最適化情報が得られる。この情報を 360 Reality Audio の音源配信サービスの専用アプリに登録することで、個人最適化された状態で360 Reality Audio の楽曲を聴くことができる。

③ ポータブルオーディオプレーヤーでの再生

　360 Reakity Audio に対応したポータブルオーディオプレーヤーも販売されている。この場合には、ポータブルオーディオプレーヤーに搭載されている専用アプリとスマートフォンにインストールした個人最適化用の専用アプリを使用する。②と同様にスマートフォンで使用者の耳の画像を撮影し、最適化された情報をポータブルオーディオプレーヤーに登録する。これにより、個人最適化された状態で 360 Reality Audio の楽曲を聴くことができる。

図 7-G　使用者の耳の画像撮影

7.8　ヘッドホン

　ヘッドホンは、ポータブルオーディオプレーヤー、スマートフォン、システムステレオなどと接続し音楽などを聴く機器で、ドライバーユニットの種類、構造、形状の違いによりさまざまなヘッドホンがある。ここでは、それぞれの種類と特徴について説明する。

1.　ドライバーユニット

　ドライバーユニットは、入力された音声信号を振動に変えて音を発生させる部分で、ヘッドホンの構成部品のなかで最も重要な部品である。主にダイナミック型とバランスド・アーマチュア型がある。

（1）ダイナミック型

　一般のステレオなどに使われるスピーカーと同じ構造で、磁石が作る磁界の中でボイスコイルに電流が流れることにより、ボイスコイル部に取り付けた振動板を振動させる方式である（**図7-32**参照）。ヘッドホンのドライバーユニットとしては、最も一般的なドライバーユニットである。

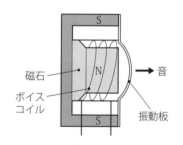

図 7-32　ダイナミック型の例

（2）バランスド・アーマチュア型

　磁石に取り付けた固定コイルに電流を流し、磁石の吸引力を変化させて鉄片の振動を細い棒（ドライブロッド）で振動板に伝えて振動させる

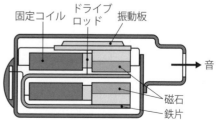

図 7-33　バランスド・アーマチュア型の例

方式である（図 7-33 参照）。ダイナミック型と比較するとより小型で繊細な音を再生できるのが特徴であるが、反面振動系を固く支持する必要があるため周波数帯域が狭くなる傾向がある。高級タイプでは、低域用、中域用、高域用など専用ドライバーユニットに分けて、周波数特性や音の繊細さを向上させているものもある。

2.　構造

　ヘッドホンの構造により、外部の音が聞こえやすい開放型と外部の音を遮断する密閉型がある。

（1）開放型（オープンエア型）

　ドライバーが装着される駆動部分の背面が開放されているヘッドホンで、密閉型に比較して軽量なものが多い。一般的に音がこもらないため聴き疲れしにくいが、遮音性が低く音漏れしやすい。自宅で気軽に音楽を聴く場合などに適している。

（2）密閉型（クローズド型）

　ドライバーが装着される駆動部分の背面を密閉したヘッドホンである。遮音性が高いため、公共の場で利用する場合や音楽を集中して聴きたい場合など、外部の音を遮断することを重視する場合に用いられることが多い。

3.　形状

　ヘッドホンを耳または頭部に装着するため、各種の構造および形状が考案されている。主な形状のヘッドホンについて説明する。

（1）インナーイヤー型

　耳の中に入れて使用するタイプ。一般的に耳の形状に合うように設計されているため装着感が良いが、このタイプには音漏れのある開放型が多い（図 7-34 参照）。

図 7-34　インナーイヤー型の例

（2）カナル型

　耳の穴にインナーイヤー型よりも深く差し込んで使用するタイプのヘッドホン。構造上密閉型が多く遮音性能が比較的良好なため、電車の中など騒音のやや大きい場所でも音楽などが聴きやすい。メーカーによっては、カナル型もインナーイヤー型と呼んでいる場合がある（図7-35 参照）。

図 7-35　カナル型の例

（3）オーバーヘッド型

　ヘッドバンドを頭の上にのせるように装着するタイプ。主に室内で使用するヘッドホンに用いられるが、ポータブル用途を意識した比較的小型でコードが短いものもある（図 7-36 参照）。

図 7-36　オーバーヘッド型の例

（4）ネックバンド型

バンドを首の後ろ側の位置にして装着するタイプ。オーバーヘッド型のようにヘッドバンドが頭部を押さえないため、装着しても髪型の崩れを気にする必要がなく帽子をかぶることもできる（**図7-37**参照）。

図7-37　ネックバンド型の例

4.　ヘッドホン端子

（1）種類

ヘッドホンの端子（ヘッドホンプラグ）には、その用途に応じてさまざまな種類のものがある。主なヘッドホン端子を示したものが、**表7-5**である。極数の違いにより用途が異なり、3極の場合にはステレオ音声の再生、4極の場合にはステレオ音声の再生に加えリモコンの操作やマイクロホンなどの機能を利用できる。また、5極の場合には、ステレオ音声の再生に加えノイズキャンセリング機能などを利用できる。ヘッドホン端子の極数は、**図7-38**のとおり、構造の要素となる部位であるチップ、リングおよびスリーブの合計の数を表している。

表7-5　主なヘッドホン端子

種　類	外径	極数	構造(先端より)	主な用途
マイクロプラグ	2.5mm	3	T、R、S	ステレオ再生
ミニプラグ	3.5mm	3	T、R、S	ステレオ再生
		4	T、R、R、S	ステレオ再生とリモコンまたはマイク
		5	T、R、R、R、S	ステレオ再生とノイズキャンセリング
ヘッドホン用バランス接続コネクタ	4.4mm	5	T、R、R、R、S	バランス接続
標準プラグ	6.35mm	3	T、R、S	ステレオ再生

T：チップ、R：リング、S：スリーブ

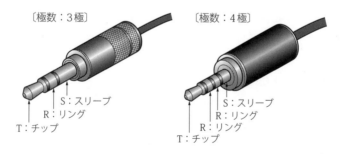

〔極数：3極〕　　　〔極数：4極〕
S：スリーブ　R：リング　T：チップ

図7-38　ヘッドホン端子の構造例

（2）バランス接続用のヘッドホン端子

ハイレゾ音源に対応したポータブルオーディオプレーヤーやDAC搭載ヘッドホンアンプなどの機器が数多く販売されるようになり、高音質を追及するためにバランス接続に対応した機器やヘッドホンも販売されるようになった。バランス接続に対応したヘッドホンは、**図7-39**のように一般的なアンバランス接続と異なり、左右（L/R）の音声信号伝送路を分離して別々

にしている。そのため、バランス接続に対応したポータブルオーディオプレーヤーなどの機器と組み合わせて利用することで、左右の音声信号のクロストークの低減に効果があるといわれている。

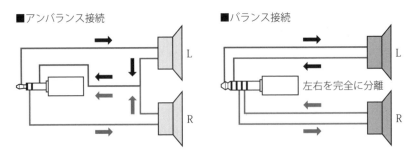

図7-39 アンバランス接続とバランス接続の違い

　バランス接続を用いたポータブルオーディオプレーヤー、DAC内蔵ヘッドホンアンプやヘッドホンなどでは、各メーカーがそれぞれ独自の接続方法の機器を販売しており、互換性がなかった。そのため、一般社団法人電子情報技術産業協会（JEITA）が2016年に、4.4mmの外径でバランス接続に対応した「ヘッドホン用バランス接続コネクタ」の規格を制定し統一化が図られた。**図7-40**は、この規格に対応した4.4mm径のヘッドホン端子のイメージ図で、この端子を搭載したヘッドホンおよび機器が販売されている。

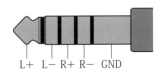

図7-40　4.4mmヘッドホン用バランス接続コネクタ

5. リケーブル

　ヘッドホンには、**図7-41**のようにドライバーユニットが取り付けられている駆動部分から接続ケーブルを取り外すことのできるタイプがある。このタイプのヘッドホンで、音質を好みに合わせるなどの目的で接続ケーブルを取り替えて別のケーブルに変更することを「リケーブル」などという。本来は、ケーブルの断線時にケーブルだけを交換することでドライバーユニットが装着される駆動部分を長く使い続けられるのが目的であったが、最近ではケーブルを取り替えることで好みの音質に調整

図7-41　リケーブル対応ヘッドホンの例

することが主な目的となってきている。この背景には、ハイレゾ音源など高音質で再生できる環境が整ってきたことがあるといえる。リケーブルに利用されるケーブルはさまざまなものがあるが、ケーブルの素材として利用される代表的なものは以下のとおりである。

　① 銀

　　銀は、一般的に使用される銅よりも電気抵抗が低いため、電気信号のロスを少なくすることができる。より高い純度の銀ほど、電気信号のロスは少なくなる。

② 無酸素銅（OFC：Oxygen-Free Copper）

　無酸素銅は、一般的に銅に含まれる酸化物などの不純物を可能な限り除去して純度を高めた銅で、純度は 99.95％以上などがある。

③ 銀コート銅

　銀コート銅は、無酸素銅などの表面を銀でコーティングしたものである。音声信号の電流は周波数が高いほど、導体の表面近くを流れる「表皮効果」および銀の電気抵抗が低い特性を利用し、周波数の高い音声信号のロスを少なくすることを目的としている。

　ケーブルの接続端子として、ドライバーユニットが装着される駆動部分側の端子と再生機器側の端子の 2 か所があるが、それぞれ各種の端子が利用されている。

① ドライバーユニットが装着される駆動部分側の端子

　MMCX（Micro Miniature Coaxial）端子を主流として、2 ピン端子や 3 ピン端子など各メーカーが独自の端子などを採用している。

② 再生機器側の端子

　ミニプラグ（外形 3.5mm）や 4.4mm 径のヘッドホン用バランス接続コネクタなど各メーカーが各種の端子を採用している。

　このようにケーブルには素材、端子などによりさまざまな種類がある。リケーブルを行う際には、以下の点を考慮してケーブルを選択することが必要である。
- 音質の好みや、どのような音質に変化させたいのか
- ドライバーユニットが装着される駆動部分側の端子と再生機器側の端子のタイプ
- ケーブルの太さ、硬さ、長さ

6.　ノイズキャンセリング機能

　ノイズキャンセリング機能は、一般的にヘッドホンに取り付けられた小型のノイズ検出用マイクロホンで周囲の騒音を集音し、その騒音の位相を反転させたキャンセリング信号を作り音

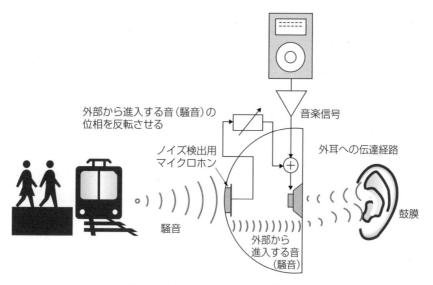

図 7-42　ノイズキャンセリング機能の原理

楽信号に加えることで、騒音をキャンセルする機能である（**図7-42**、**図7-43**参照）。この機能により、電車や飛行機の中などで、周囲の騒音の影響を小さくして音楽などを楽しむことができる。ノイズキャンセリング機能には、フィードバック方式とフィードフォワードの2種類がある。また、機器によっては両方の方式を採用しているハイブリッド方式のものもある。

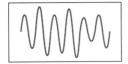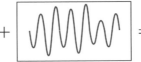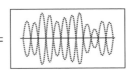

騒音の波形
ヘッドホンに取り付けられたマイクで周囲の騒音を拾う

騒音を逆にした波形
騒音を打ち消す逆の波形（キャンセル信号）

合成して消えた波形
騒音と打ち消す逆の波形を重ねることで互いに打ち消し合い騒音が低減される

図7-43　ノイズキャンセリングの原理

（1）フィードバック方式

　フィードバック方式は、**図7-44**のように検出マイクロホンをヘッドホン内部の耳元に近い位置に取り付けている。より耳元に近い位置で騒音を集音することで、ノイズキャンセリングの精度を高めることを意図した方式である。動作は、検出マイクロホンが集音した騒音の信号からノイズキャンセリング回路（NC回路）がリアルタイムでキャンセリング信号を作り出し、音楽信号に加えてドライバーユニットから再生している。

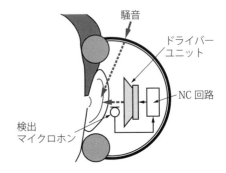

図7-44　フィードバック方式

（2）フィードフォワード方式

　フィードフォワード方式は、**図7-45**のように検出マイクロホンをヘッドホンの外部に取り付けている。この方式で高度な技術を取り入れたものとして、次のような方式がある。検出マイクロホンが集音した騒音の信号をノイズキャンセリング回路で解析し、騒音が鼓膜に到達したときにどのような音になるかを推定する。その推定結果から、騒音が最小になるキャンセリング信号を作り出し、音楽信号に加えてドライバーユニットで再生する。

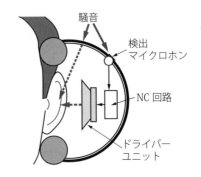

図7-45　フィードフォワード方式

（3）ハイブリッド方式

　ハイブリッドタイプは、フィードバック方式とフィードフォワード方式の両方式を採用し、複合化させてノイズキャンセリング効果を最大化するよう意図した方式である。

7.　ワイヤレスヘッドホン（ワイヤレスイヤホン）

　ヘッドホンには、再生機器とヘッドホンをケーブルで接続するタイプのほかに、再生機器とヘッドホンを無線で接続し、音楽などを聴くことができるタイプもある。無線伝送の方式には

いくつかの種類があるが、現在使われている方式は、多くの機器でBluetoothが利用されている。図7-46は、Bluetoothヘッドホン（イヤホン）の一例である。オーバーヘッド型、左右のヘッドホンユニットをコードで接続している一体型のタイプ、左右でそれぞれのイヤホンユニットを構成する左右独立型イヤホンなどのタイプがある。

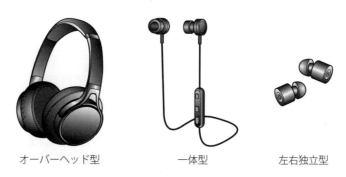

オーバーヘッド型　　　　　一体型　　　　　左右独立型

図7-46　Bluetoothヘッドホン（イヤホン）の例

　無線伝送でBluetoothを利用する場合には、メモリーオーディオプレーヤーなどの再生機器とワイヤレスヘッドホン共に、BluetoothのプロファイルであるA2DP（Advanced Audio Distribution Profile）に対応している必要があり、再生時には両機器のペアリングを行う必要がある。このA2DPのプロファイルでは、標準の音声圧縮方式であるSBC（SubBand Codec）のほかに、より高音質な音楽再生を意図したaptX、aptX HDやLDAC、映像と音声のずれを最小限に抑えるために低遅延化を図ったaptX LL、接続安定性の向上を図ったaptX Adaptiveなどの音声圧縮方式も用いられている。これらの音声圧縮方式により再生を行うには、双方の機器が利用する音声圧縮方式に対応している必要がある。なお、片方または両方の機器が対応していない場合には、標準の音声圧縮方式であるSBCによる再生になる。

8.　オートキャリブレーション機能

　Bluetoothを利用するオーバーヘッド型のワイヤレスヘッドホンのなかには、最適な音を再生するためのオートキャリブレーション機能を搭載しているものがある。このオートキャリブレーション機能は、次のようなものである。ヘッドホン本体のボタンを押すと、オートキャリブレーション機能が作動し、ヘッドホンに内蔵されている補正回路で測定音により耳の形状をスキャニングする。そして、耳の形状に合わせて自動的に音響特性を補正し最適な音の再生状態をセットアップする。それぞれ自分の耳の形状に応じた、最適な音で音楽などを楽しむことができるようになる機能である。

9.　左右独立型イヤホン

　図7-46の右側の左右独立型イヤホンでは、音声データの無線による送信にBluetoothやNFMI（Near Field Magnetic Induction）を利用している。

（1）Bluetoothによる送信

　Bluetoothを利用した音声データの送信方式には、片側接続と左右独立接続による2方式がある。

1）片側接続による送信

　片側接続による送信では、**図7-47**のように、スマートフォンなどの再生機器からまず片側（この例では右側）のイヤホンにBluetoothを使って左右の音声データを送信し、このイヤホンからもう一方のイヤホンにさらにBluetoothを使って音声データを送信している。この方式では、片側のイヤホンからもう一方のイヤホンにBluetoothで音声データを送信する際に、Bluetoothで使われている2.4GHz帯の電波が人体（頭部）の水分などに吸収され減衰し、さらに電波干渉を受けたりするため、音声が途切れてしまうことがある。また、この方

図7-47　Bluetoothによる送信の例

式では、片側（この例では右側）のイヤホンが再生機器からの左右の音声データの受信、もう一方のイヤホンへの音声データの送信を同時に行っているため、片側のバッテリーがより消耗する傾向がある。

2）左右独立接続による送信（左右同時伝送）

　左右独立接続による送信（左右同時伝送）は、さらに2つの方式に区分される。

① 再生機から左右の音を分離して送信する方式

　この方式では、**図7-48**のように、スマートフォンなどの再生機器と左右のイヤホンとをそれぞれ別々のBluetooth接続により、左のイヤホンには左の音声データ、右のイヤホンには右の音声データを送信している。この方式では、Bluetoothで使われている2.4GHz帯の電波が人体（頭部）の水分などに吸収されることがないため、片側接続に比べて音途切れが発生しにくい。また、この方式では、左右それぞれのヘッ

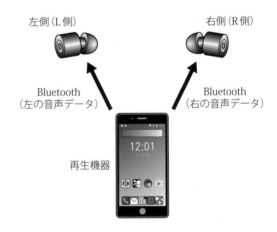

図7-48　再生機から左右の音を分離して送信する方式

ドホンが左または右の音声を受信するため、片側のバッテリーがより消耗することもない。ただし、この方式で音声データを送信するためには、再生機器と左右独立型イヤホンの両方がこの方式に対応している必要がある。

② 再生機から左右両方の音を送信する方式

　この方式では、**図7-49**のように、スマートフォンなどの再生機器から左右のイヤホンに左右両方の音声データを分離せずに送信している。左右の音の分離はイヤホン側で行い、左のイヤホンで左の音声のみを再生、右のイヤホンで右の音声のみを再生している。この方式は、イヤホンのみがこの方式に対応していれば、再生機器から音声データの送信ができるの

が特徴である。

（2）BluetoothとNFMIによる送信

　Bluetoothを利用した片側接続の音途切れを改善するために利用される技術として、NXPセミコンダクターズが開発した近距離磁気誘導技術のNFMIがある。この方式では、**図7-50**のように、再生機器からまず片側（この例では右側）のイヤホンにBluetoothを使って左右の音声データを送信し、このイヤホンからもう一方のイヤホンにNFMIを使って音声データを送信する。一般的にBluetoothなどの無線通信は電波を空間に放射して通信を行うが、NFMIでは磁気誘導技術を利用して無線通信を行っている。また、NFMIの周波数帯は約10MHzで磁気を利用するため、2.4GHz帯を使用するBluetoothに比べて干渉を受けにくく、また人体（頭部）の水分により吸収されにくい。そのため、一般的にBluetoothによる片側接続よりも音途切れが少なく良好な接続状態が得られる。NFMIは、電波による通信に比べて到達距離が短く1m程度であるが、左右の耳に取り付けるイヤホン間の通信では特に問題にならない。

図7-49　再生機から左右両方の音を送信する方式

図7-50　BluetoothとNFMIによる送信の例

7.9　ハイレゾオーディオ（ハイレゾリューションオーディオ）

　音響技術の進歩、記録媒体の大容量化やインターネットの高速化に伴いデータ量の大きな音楽データの配信や保存が行えるようになり、オーディオの音源としてハイレゾリューション音源（以下、ハイレゾ音源）が利用できるようになった。ハイレゾオーディオについては、急速に市場で拡大してきたためその定義があいまいであったが、一般社団法人 電子情報技術産業協会（JEITA）から2014年に「ハイレゾオーディオの呼称について」の周知文書が発行された。これによると、ハイレゾオーディオと呼称をする場合は、CDスペックを超えるデジタルオーディオであることが望ましいと記述されている。ここでいうCDスペックとは、CDフォーマットで規定されている標本化周波数44.1kHz、量子化ビット数16bit、ならびにDATやDVDなどのフォーマットで使用されている標本化周波数48kHz、量子化ビット数16bitのデジタルオーディオを示している。リニアPCM換算で、標本化周波数と量子化ビット数の両方、またはいずれかがCDスペックを超えている場合にハイレゾオーディオに該当する。ただし、

いずれかが CD スペックを超えていても、もう一方が CD スペック未満の場合は、ハイレゾオーディオには該当しないと示されている。例えば、標本化周波数 48kHz、量子化ビット数 24bit の音源データはハイレゾオーディオに該当するが、標本化周波数 96kHz、量子化ビット数 12bit の音源データはハイレゾオーディオに該当しない。この項では、ハイレゾ音源、その入手方法、また再生機器や再生ソフトウエアなどについて説明する。

1.　ハイレゾ音源

　ハイレゾ音源とは、ハイレゾリューション＝高解像度（High Resolution）の音源という意味で、標本化周波数 192kHz、量子化ビット数 24bit などのように、前述のハイレゾオーディオの呼称の定義のとおり、CD スペックを上回るデータ量を持つ音源データをいう。例えば、標本化周波数 192kHz、量子化ビット数 24bit の非圧縮のハイレゾ音源データは、理論的に標本化周波数 44.1kHz、量子化ビット数 16bit の音楽用 CD（CD-DA）の約 6.5 倍のデータ量を持つ音源データである。ハイレゾ音源のファイル形式には、一般的に非圧縮の WAV（Waveform Audio Format）や AIFF（Audio Interchange File Format）、可逆圧縮の FLAC（Free Lossless Audio Codec）、ALAC（Apple Lossless Audio Codec）や WMA Lossless（Windows Media Audio Lossless）などが使用されている。これらハイレゾ音源のデジタルデータへの変換方式には、音声信号を一定時間ごとに標本化（サンプリング）し、定められたビット数で量子化し、符号化して記録する PCM（Pulse Code Modulation）の技術が用いられている。これとは別の方法のスーパーオーディオ CD にも採用されているデジタル記録方式として、2.8224MHz や 5.6448MHz などの高速サンプリングで 0 または 1 の 1bit デジタルデータに変換するデルタシグマ変調方式の DSD（Direct Stream Digital）がある。この DSD も、ハイレゾ音源と一般的に呼んでいる。次に、主なハイレゾ音源に使用されるファイル形式やデータの特徴などについて説明する。

(1)　WAV（Waveform Audio Format）

　WAV は、マイクロソフトと IBM により開発されたリニア PCM 方式の音源データのファイル形式である。通常は非圧縮で、FLAC などの圧縮ファイルに比べてファイルサイズが大きくなる。

(2)　FLAC（Free Lossless Audio Codec）

　FLAC は、通常は可逆圧縮方式の音声符号化方式で、ファイル形式も FLAC である。理論上音質の劣化がなく、再生の際にはデータをリアルタイムで展開してリニア PCM に戻しながら再生する仕組みである。同じ標本化周波数と量子化ビット数であれば WAV に比べてファイルサイズが約 2/3 と小さく、ダウンロードに要する時間が短く、ハードディスクに保存する際の容量も少なくて済む。また、ジャケット画像や曲情報などのデータをファイル内に記録しておくことが可能なため、楽曲の管理がしやすい。

(3)　DSD（Direct Stream Digital）

　DSD は、音声信号の大小を 0 または 1 の 1bit デジタルデータに変換するデルタシグマ変調を用いて記録する方式で、ファイル形式としては DSF（DSD Stream File）や DSDIFF（DSD Interchange File Format）などがある。例えば 2.8224MHz/1bit では、通常の CD の 64 倍のサンプリング周波数で、理論的には 100kHz をカバーする再生周波数範囲と可聴帯域内 120dB のダイナミックレンジが確保されている。最近では、2.8224MHz の 2 倍のサンプリング周

波数の 5.6448MHz/1bit や、4倍のサンプリング周波数の 11.2896MHz/1bit などの音源デー
タも利用されるようになってきている。

(4) MQA（Master Quality Authenticated）

　MQA は、2014 年に英国の Meridian Audio Limited が神経科学と音響心理学をベースに開
発した独自の音声符号化方式を採用したハイレゾ音源である。人間が自然界の音を認識するメ
カニズムを解析し、数マイクロ秒単位の時間軸で音楽再生のタイミングをコントロールしなが
ら符号化を行っている。また、カプセル化（Encapsulation）という技術を用いた「オーディ
オ折り紙（音楽の折り紙ともいう）」と呼ばれる独自方式により、高音質を保ちながら音源デー
タのファイルサイズを小さくできる音声符号化方式である。MQA は、標本化周波数が 44.1
kHz から 768kHz までのリニア PCM のマスター音源に対応しており、音声符号化された音
源データは、FLAC、WAV や ALAC など既存の形式のファイルに格納が可能である。MQA
音源のデコードには専用の機器やアプリケーションソフトが必要で、デコーダーの種類には
MQA フルレコーダー、MQA コアデコーダー（出力は 88.2kHz または 96kHz まで）、MQA
デコーダーと MQA レンダラーの組み合わせがある。また、リニア PCM 音源と互換性があり、
MQA 非対応の機器でデコードする場合には、音源データと機器の組み合わせによるが、リニ
ア PCM の 48kHz/24bit、44.1kHz/24bit や 44.1kHz/16bit などでデコードされ、再生が可
能である。

(5) MQA-CD

　MQA 音源をコンパクトディスクに収納した MQA-CD も販売されており、MQA に対応し
た CD プレーヤーであれば MQA のハイレゾ音源として再生できる。また、MQA に対応して
いない CD プレーヤーで再生した場合には、通常の CD（CD-DA）と同じ標本化周波数 44.1
kHz、量子化ビット数 16bit のリニア PCM の音源として再生できる。

(6) DXD（Digital eXtreme Definition）

　最近では、SACD を作成するときに使用されている DXD（PCM 352.8kHz/24bit）のハイ
レゾ音源も利用され始めている。

2. ハイレゾ音源の入手方法

　ハイレゾ音源の入手方法として一般的なのは、国内外の音楽ダウンロードサイトなどの配信
サービスから入手する方法である。現在これらの配信サービスは増加中であり、今後さらに増
えると予想される。主なハイレゾ音源の配信サービスとして、「e-onkyo music」、「mora」、
「Linn Records」、「OTOTOY」、「HDtracks」などがある。配信サービスで購入したハイレ
ゾ音源のダウンロードは、配信サイトによりダウンロードできる期間や回数などが異なるが、
大容量データためダウンロードに失敗する場合などにも考慮し、一般的に複数回のダウンロー
ドが可能となっている。また、音楽アーティストによっては、楽曲をハイレゾ音源で収録した
USB メモリーを販売しており、これも新しいハイレゾ音源の入手方法の 1 つとなっている。

3. ハイレゾオーディオシステム

　ハイレゾオーディオをシステム化して楽しむためには、構成機器としてハイレゾ音源をイン
ターネット経由で入手するパソコンなどの機器、またその音声データを保存しておく機器、再
生時にハイレゾ音源のデジタルデータをアナログ信号に変換するコンバーター機器、さらには

そのアナログ信号を音として再生するオーディオアンプやスピーカーなどの機器が必要である。
現在は、各社からさまざまな企画意図、使いやすさなどを考えて各種の機器が発売されている。
ここでは、主なシステムの機器接続の例、その概要について説明する。

(1) USB DAC を用いたシステム例（図 7-51 参照）

　USB DAC（USB Digital to Analog Converter）を用いた機器接続は、比較的シンプルな
システムとなる。パソコンに保存したハイレゾ音源をデジタルデータで USB DAC に伝送し、
USB DAC 内の DAC（Digital to Analog Converter）によりアナログのオーディオ信号へ変
換する。その出力をオーディオアンプに送り増幅して、スピーカーから音を出すシステムであ
る。パソコンと USB DAC が従来の CD プレーヤーのような音源ソースとして機能するシス
テムである。ハイレゾ音源の保存には、パソコンの HDD などが一般的に使われるが、外付け
USB HDD などをパソコンに接続し保存することも可能である。

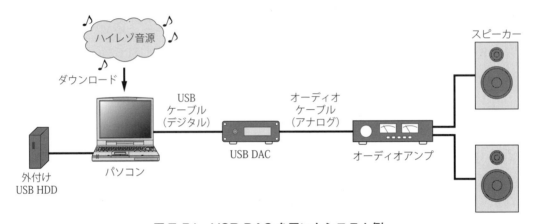

図 7-51　USB DAC を用いたシステム例

(2) DAC 内蔵ヘッドホンアンプを用いたシステム例（図 7-52 参照）

　前述の USB DAC にヘッドホンアンプを付加して音量調節もできるようにしたもので、DAC
内蔵ヘッドホンアンプから直接ヘッドホンで音を聴くことができるのが大きな特徴である。し
たがって、パソコン、DAC 内蔵ヘッドホンアンプ、ヘッドホンの 3 機器だけのシンプルなシ
ステム構成でハイレゾ音源の再生を楽しむことができる。また、DAC 内蔵ヘッドホンアンプ

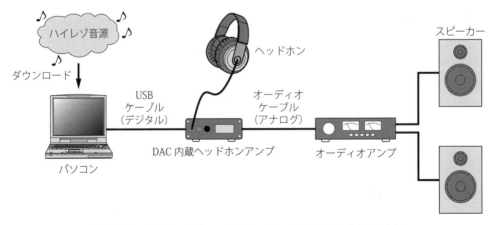

図 7-52　DAC 内蔵ヘッドホンアンプを用いたシステム例

には通常オーディオ出力端子も装備されているので、オーディオアンプおよびスピーカーに接続してハイレゾ音源を再生することもできる。DAC内蔵ヘッドホンアンプはUSB DACと機能が似ているので、前述のUSB DACと区別せず単にUSB DACと呼ばれる場合もある。

（3）DAC内蔵プリメインアンプを用いたシステム例（**図7-53**参照）

　DAC内蔵プリメインアンプは、USB DACがプリメインアンプに組み込まれているものである。接続としては、よりシンプルなものとなり、パソコンからUSB経由でハイレゾ音源のデジタルデータをDAC内蔵プリメインアンプに入力する方式となる。DAC内蔵プリメインアンプの機器内でアナログのオーディオ信号に変換し、増幅後にスピーカーなどへ出力して再生する。

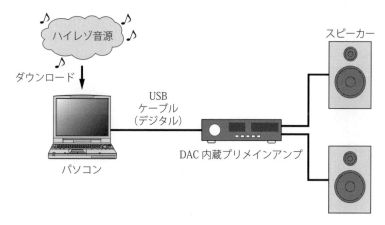

図7-53　DAC内蔵プリメインアンプを用いたシステム例

（4）ネットワークプレーヤーを用いたシステム例（**図7-54**参照）

　ネットワークプレーヤーはLAN端子を備えており、ネットワーク接続することでパソコンやNAS（Network Attached Storage）、インターネットにも接続が可能で、またUSB DACも内蔵している機器である。パソコンやNASなどに保存したハイレゾ音源は、通常LAN経

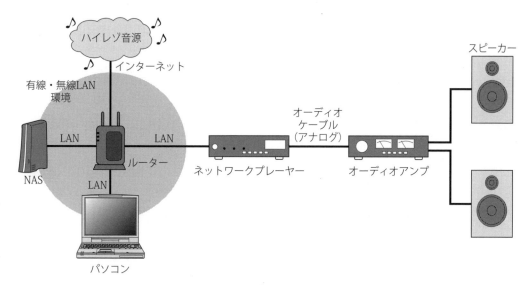

図7-54　ネットワークプレーヤーを用いたシステム例

由でネットワークプレーヤーに送り込まれる。また、スマートフォンに保存されている音楽データを無線 LAN を使って再生することやインターネットラジオを楽しめるものもある。いずれも有線 LAN や無線 LAN を使用するため、各機器が DLNA（Digital Living Network Alliance）に対応している必要がある。

（5）システムステレオと USB メモリーを用いた例（図 7-55 参照）

　ハイレゾ対応のシステムステレオと USB メモリーを用いて、手軽にハイレゾ音源を聴くことのできる例である。パソコンに保存したハイレゾ音源を USB メモリーに転送して保存する。この USB メモリーをハイレゾ対応のシステムステレオの USB 端子に挿入し、ハイレゾ音源を再生して聴くことができる。

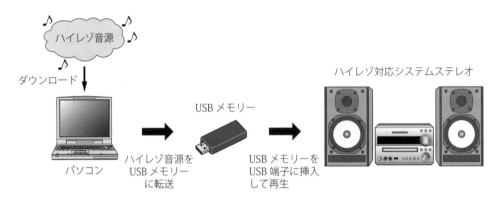

図 7-55　システムステレオと USB メモリーを用いた例

（6）ハイレゾ対応のポータブルオーディオプレーヤーを用いた接続例（図 7-56 参照）

　ハイレゾ対応のポータブルオーディオプレーヤーにハイレゾ音源を保存して、手軽に持ち歩いて好きな場所で再生して楽しむことができるシステムである。ハイレゾ音源の再生は、メモリーカードを使用する方式、これに加えて内蔵メモリーを使用する方式など機器により異なっている。メモリーカードを使用する方式では、あらかじめパソコンなどを使ってハイレゾ音源を保存した microSDHC メモリーカードや microSDXC メモリーカードなどを装着して再生する。また、内蔵メモリーを使用する方式では、パソコンに専用アプリケーションソフトをインストールし、ダウンロードなどで入手したハイレゾ音源をハイレゾ対応のポータブルオーディ

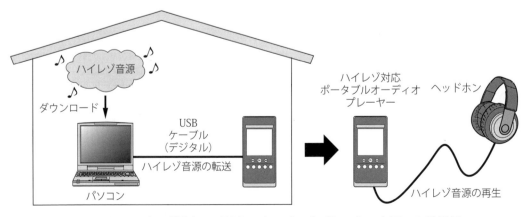

図 7-56　ハイレゾ対応のデジタルオーディオプレーヤーを用いた接続例

オプレーヤーの内蔵メモリーに転送して保存して再生する。

　以上が主なシステムの例であるが、ほかにも各社からさまざまなハイレゾオーディオ機器が企画、販売されている。また、それぞれの機器により利用できるハイレゾ音源のフォーマットやファイル形式が異なり、取り扱えるファイル形式であっても利用できる音源データの最大の標本化周波数、最大の量子化ビット数が機器により異なる場合がある。詳しい内容については、機器の仕様を確認する必要がある。

4.　ハイレゾ音源の再生用ソフトウエア

　パソコンの USB 端子からハイレゾ音源をデジタルデータで出力して USB DAC などの機器に伝送するには、専用のドライバーや再生用のソフトウエアが必要である。専用ドライバーは、パソコンの USB 端子から使用する USB DAC などの機器へ信号を送出するために必要となる。専用ドライバーは使用する各機器のメーカーが提供しており、メーカーのホームページから専用ドライバーをパソコンにインストールして使用する。一部の機器では、専用のドライバーを必要としないものもある。さらに、ハイレゾ音源を再生するために必要な再生用のソフトウエアは、USB DAC などの各機器のメーカーが提供しているものや、汎用的に広く使用される再生用ソフトウエアなどがある。いずれの場合も、パソコンにインストールして適切なセッティングを行い使用する。汎用的に使用される再生用ソフトウエアには無償や有償のものがあるが、主なものとして、「foobar2000」、「PlayPcmWin」、「HQPlayer」などがある。ハイレゾ音源の再生用ソフトウエアも、ハイレゾオーディオ機器と同じように利用できるハイレゾ音源のフォーマットやファイル形式が異なる。また、利用できるファイル形式であっても利用可能な音源データの最大の標本化周波数、最大の量子化ビット数が異なるので、詳しい内容は各再生用ソフトウエアの仕様を確認して使用する必要がある。

5.　ハイレゾ対応のアナログ機器

　ハイレゾ音源の特性を十分に発揮させて再生するには、USB DAC などで変換したアナログのオーディオ信号を増幅するオーディオアンプ、またその出力を音として再生するスピーカーやヘッドホンもハイレゾに対応した機器を使用する必要がある。音楽用 CD（CD-DA）の標本化周波数は 44.1kHz のため、原理的に標本化周波数の半分の値である約 22.05kHz までの周波数までしか高音域は再現できないが、ハイレゾ音源は標本化周波数が高いため、例えば 192kHz を使用しているハイレゾ音源では、原理的に標本化周波数の半分の値である 96kHz まで高音域の再生が可能である。したがって、従来の高音域の再生性能が 20kHz 程度のオーディオアンプ、スピーカーやヘッドホンでは、ハイレゾ音源の特性を十分に生かしきれないことになる。

（1）ハイレゾ対応機器の定義

　一般社団法人 日本オーディオ協会では、オーディオアンプ、スピーカーおよびヘッドホンなどアナログ系のハイレゾ対応機器の定義を以下のように定めている。

　①高音再生性能は、40kHz 以上が可能であること。

　②各メーカーの評価基準に基づき、聴感評価を行い「ハイレゾ」に相応しい商品と最終的に判断されていること。

このハイレゾ対応機器の定義に適応した機器が、現在数多く販売されている。例えば、オーディオアンプでは低音から高音再生性能が 10Hz～100kHz±3dB（8Ω時）、スピーカーでは 45Hz～50kHz またヘッドホンでは 4Hz～100kHz などの性能を持った機器などがある。

（2）バランス伝送対応機器

ハイレゾ音源の再生など高音質を追求するオーディオアンプ、ネットワークプレーヤーあるいはスーパーオーディオ CD プレーヤーなどでは、アナログ信号接続端子に XLR 端子を装備してバランス伝送を行い、アナログ信号への外来ノイズの影響を抑え、高音質な再生を意図した機器が増えている。

6.　CD リッピング

CD リッピングとは、音楽 CD の CD-DA（Compact Disc Digital Audio）規格のデータを WAV、AIFF や FLAC などのデジタル音源データとして保存することをいう。私的使用に限り音楽 CD のコピーは著作権保護法で認められているので、パソコンなどで専用のリッピング用ソフトウエアを使い、パソコンや NAS などに音源データのライブラリーを作ることができる。これらのライブラリーは、前述のネットワークプレーヤーを用いたシステムなどの音源として、ハイレゾ音源と同様に CD プレーヤーで再生することなく、再生用ソフトウエアを使って再生できる。

一口メモ　音源のアップスケーリング（アップコンバート）

音源データには、既に説明してきたように非圧縮、可逆圧縮や非可逆圧縮などの種類がある。音源のアップスケーリング技術は、データ量の少ない非可逆圧縮音源で失われてしまう高音域や微小な音、また非圧縮や可逆圧縮音源でも標本化周波数が低いことにより失われる高音域、量子化ビット数が小さいことにより失われる微小な音を補完してハイレゾ音源相当の音源にするものである。この音源のアップスケーリングには、大きく 3 つの技術が用いられている。

① 標本化周波数の拡張

1 番目は、標本化周波数の拡張である。例えば、CD 音源は標本化周波数が 44.1kHz のため、理論的に標本化周波数の半分の約 22kHz までしか高音の周波数は再現できないが、これを標本化数端数 192kHz まで拡張すると理論的には約 96kHz までの高音の周波数が再現可能になる。

② 量子化ビット数の拡張

2 番目は、量子化ビット数の拡張である。例えば、量子化ビット数が 16bit の音源を 24bit に拡張することによりダイナミックレンジが広がり、さらに階調を大幅に多く表現できるようになるため、微小な音から大音量まできめ細かく再生できるようになる。

③ 音源補完の推論技術

3 番目は、これらの拡張を適切に行うための音源補完の推論技術である。この音源補完の推論技術は、通常さまざまなジャンルの音楽、さらにさまざまな音源データとハイレゾ音源の比較などにより、適切な音源補完の推論方法を開発し、推論エンジンとして

音源の補完の最適化に利用する。

　これらの技術を用いた音源のアップスケーリング機能は、現在各種のハイレゾオーディオ機器に搭載されている。また、この音源のアップスケーリングとは別の方法として、各種の音源データを高性能なデジタルサウンドプロセッサーを用いて 5.6448kHz/1bit の DSD に拡張して再生する方式もあり、この方式も一部のハイレゾオーディオ機器に搭載されている。

7.　DAC 内蔵ポータブルヘッドホンアンプ

　ハイレゾ音源やハイレゾ非対応の音源も含め、より高音質の音楽などを屋外で楽しむための機器として、各種の DAC 内蔵ポータブルヘッドホンアンプが販売されている。DAC 内蔵ポータブルヘッドホンアンプの一般的な接続例を図 7-57 に示す。使い方としては、大きく図中①～③に示す 3 種類の方法がある。

① アナログ信号

　アナログのオーディオ信号を入力して再生する方法は、ポータブルオーディオプレーヤーやスマートフォンからのアナログのオーディオ信号をヘッドホンアンプに内蔵されたアンプで増幅し、ヘッドホンで聴く方法である。通常ポータブルヘッドホンアンプの増幅回路は音楽専用に設計されたもので、より高音質での再生が期待できる。

② デジタル信号（A）

　デジタルのオーディオ信号を使用する方法で、ハイレゾ音源やハイレゾ非対応のデジタルのオーディオ信号をポータブルオーディオプレーヤーやスマートフォンなどから入力する。ヘッドホンアンプでは、内蔵の DAC でデジタル信号をアナログ信号に変換し、さらに内蔵のアンプで増幅しヘッドホンに出力する。このとき、デジタルのオーディオ信号がハイレゾ非対応の音源の場合、音源アップスケーリング機能でデジタル信号を拡張補完して、ハイレゾ相当に高音質化する機能を持った機器などもある。ただしこの接続は、ポータブルオー

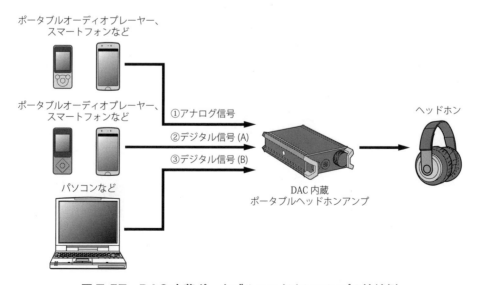

図 7-57　DAC 内蔵ポータブルヘッドホンアンプの接続例

ディオプレーヤーやスマートフォンがデジタルのオーディオ信号を出力できる機器の場合のみに限られる。また、機器によってポータブルヘッドホンアンプ側の接続できる端子が異なるので、どの端子に接続可能か機器の仕様を確認する必要がある。

③ デジタル信号（B）

　デジタルのオーディオ信号を使用する方法で、パソコンからハイレゾ音源などを入力する方法である。この方法は、宅内においてハイレゾ音源で音楽を楽しむ場合の USB DAC 内蔵ヘッドホンアンプを使用する方法とほぼ同じである。パソコンとポータブルヘッドホンアンプとの接続は USB ケーブルでの接続となり、本来のポータブル機器としての使い方とはやや異なる方法であるが、このような使い方も可能である。

7.10 スマートスピーカー（AI スピーカー）

　AI（Artificial Intelligence）や音声認識の技術発展、インターネットの高速化などを背景に、インテリジェント化された機器としてスマートスピーカーが販売されている。ここでは、AIの概要とスマートスピーカーについて説明する。

1. AI とは

　AI（Artificial Intelligence）は今や日常的に使われる言葉となり、社会のさまざまな課題の解決や新しい価値の創造などを実現する技術として大きな注目を集めている。AI は、人間の知的な活動の一部をソフトウエア化した技術で、学習、認識・理解、予測・推論、最適化などを実現するものである。図 7-58 は、AI の概念図である。目的に応じたさまざまな情報を AIが認識し、予測、最適化して付加価値を持った情報として出力（Output）する。この過程（プロセス）に基づいてディープラーニングなどによる学習が繰り返し行われることで AI の知性レベルが向上し、より精度の高い付価値情報を出力できるようになる。この AI 技術は、画像や映像の認識、言語や意味の理解、膨大な情報から適切な情報の検索など、さまざまな用途に利用され始めている。家電製品への AI の応用例としては、以下のようなものがある。

　①スマートフォンに「この近くでおいしいレストランを教えて？」などと音声で問いかけると、音声による返答と適切な画像情報を提供してくれる。

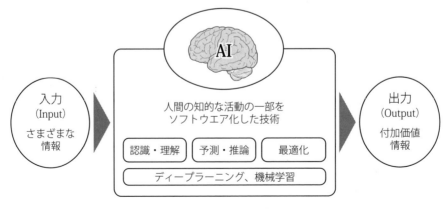

図 7-58　AI の概念図

②テレビが使用者の視聴履歴を分析して、おすすめの番組などを音声により教えてくれる。

③犬型のロボットが相手の対応などを学習して、それぞれの相手により行動や反応を変えていく。

2.　スマートスピーカー

　図7-59は、Google Home、Amazon Echo や Clova Wave などのスマートスピーカーの例である。機器により機能は異なるが、基本的なスマートスピーカーの機能イメージは、図7-60のとおりである。音声により、スマートスピーカーとの日常的な会話、質問に対する応答としてニュースや天気など情報の提供のほか、音声会話形式で各種の機能を利用することができる。また音楽配信サービスと連動して、曲名などを音声により伝えると該当する音楽などを聴くことなどができる。さらに、家庭内の家電機器と連携して機器をコントロールすることも可能である。

図7-59　スマートスピーカーの例

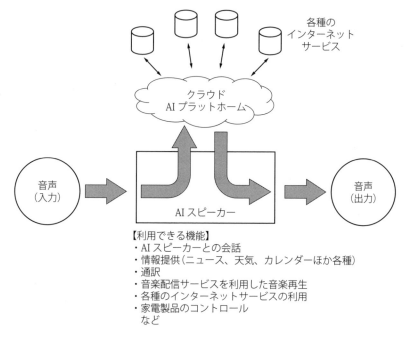

図7-60　スマートスピーカーの機能イメージ

3.　スマートディスプレイ

　図7-61のようなディスプレイを搭載したスマートスピーカーであるスマートディスプレイも、販売されている。スマートスピーカーは音声により情報が提供されるが、スマートディスプレイは音声に加え、さまざまな情報や映像コンテンツなどを表示できる機器である。したがって、音声に加え視覚による情報の把握が可能なため、より多くの情報や適切な情報を得ることができる。また、カメラやマイクロホンを搭載した機器もあり、スマートフォンの専用アプリを使ってスマートディスプレイを設置した場所にいる人とのビデオ・音声通話、設置した場所の状況を遠隔地から確認できるといったネットワークカメラと同様の使い方なども可能である。

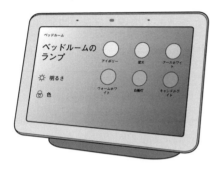

図7-61　スマートディスプレイの例

この章でのポイント *!!*

ホームシアターを構成するための各種 AV（Audio Visual）機器や音楽など
を楽しむための各種オーディオ機器、音楽ストリーミング配信サービス、ハイ
レゾ音源やハイレゾオーディオ、AI やスマートスピーカーについても説明し
ています。よく理解しておきましょう。

キーポイントは

- ホームシアター、プロジェクター、システムステレオ
- ラジオ、メモリーオーディオプレーヤー、リニア PCM レコーダー、ヘッド
ホン
- 音楽ストリーミング配信サービス、360 Reality Audio
- ハイレゾ音源、ハイレゾオーディオ
- AI とスマートスピーカー

について、機器・システムの概要、サービスの概要、機能や特徴など

キーワードは

- 5.1ch サラウンド、7.1ch サラウンド、ドルビーアトモス、DTS：X、Auro-
3D、液晶プロジェクター、LCOS プロジェクター、DLP プロジェクター、
超短焦点プロジェクター、モバイルプロジェクター、ANSI ルーメン、台形
ひずみ補正、レンズシフト機能
- dB、インピーダンス、SN 比、出力音圧レベル、ダイナミックレンジ、チャ
ンネルセパレーション、周波数特性、高調波ひずみ率、実効感度、ワウ・フ
ラッター、CD-DA、スーパーオーディオ CD、デジタルアンプ、フルデジ
タルスピーカー
- 中波放送、短波放送、FM 放送、インターネットラジオ、FM 補完放送（ワ
イド FM)
- ダイナミック型、バランスド・アーマチュア型、リケーブル、左右独立型イ
ヤホン、NFMI、ノイズキャンセリング機能、フィードバック方式、フィー
ドフォワード方式
- ハイレゾ音源、非圧縮、可逆圧縮、非可逆圧縮、リニア PCM、DSD、WAV、
FLAC、MQA、MQA-CD、USB DAC
- AI、スマートスピーカー、スマートディスプレイ

8章 AV機器の接続・設定

　映像や音声、デジタルデータなどを伝送するために使用される端子やケーブルには、さまざまな種類がある。この章では、各種AV機器を接続する際に使用される代表的な端子とその概要、接続方法や留意点などについて説明する。

8.1 映像端子と音声端子

　映像信号や音声信号を伝送するための各種の接続端子と流れる信号について説明する。

1. アナログ映像端子

(1) 映像端子（コンポジット端子）

　輝度信号（Y）と色信号（C）、同期信号を合成した映像信号（コンポジット信号）が伝送される。映像録画・再生機器のアナログ映像信号を接続する端子で、黄、白、赤のうち黄色の端子がこれにあたる（**図8-1**参照）。端子をピン端子、またはRCA端子とも呼ぶ。

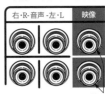

図8-1　映像端子

(2) S映像端子

　S映像端子（**図8-2**参照）に接続するケーブルでは、1本のケーブルの中で輝度信号と色信号が分離されて伝送される。また、アスペクト情報などを伝える識別信号も同時に伝送できる。

　① S1映像端子

　　4：3画面の場合はそのままで、スクイーズ画面（16：9の映像を横方向に圧縮して4：3にした縦長の映像）のとき、ワイド画面いっぱいに引き伸ばして映す。

図8-2　S映像端子

　② S2映像端子

　　4：3画面の場合はそのままで、映画サイズの番組や、市販のDVDソフトなどがレターボックスの場合は「ズーム」に、スクイーズの場合は「フル」のワイド画面に映す。

(3) コンポーネント端子

　端子は緑、青、赤の3色で構成されている（**図8-3**参照）。3本のコードが1本のケーブルにま

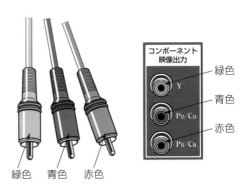

図8-3　コンポーネント端子

とめられている。この端子に流れる信号はコンポーネント信号と呼ばれるもので、緑が輝度信号（Y）、青が青色差信号（Pb/Cb）、赤が赤色差信号（Pr/Cr）のアナログ映像信号である。

（4）D端子

Y/Pb/Pb（Y/Cb/Cr）のコンポーネント信号と基本的には同じ信号が伝送される。コンポーネント端子との違いは、アスペクト比の切り替え、順次走査や飛越走査の区別などの制御信号も伝送されることである。D端子（図8-4参照）には端子を流れる映像信号フォーマットの違いにより、表8-1のような5つの区分がある。AACSの規定により、2011年以降に発売されたBDプレーヤーやBD/HDDレコーダーで再生すると、D端子からの映像出力は標準画質（480i）に制限されるようになった。アナログ信号によるハイビジョン伝送なので、高精細の映像がコピーされる可能性があり、それを防止するためである。さらに2014年以降に出荷されたBDプレーヤーやBD/HDDレコーダーからは、BDソフト再生時のアナログ映像出力が禁止された。このため、BDプレーヤーBD/HDDレコーダーは、ほとんどの機器がD端子などアナログ映像の出力端子を搭載していない。

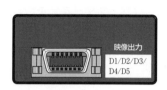

図8-4　D端子

表8-1　D端子の区分

表　示	対応映像フォーマット
D1	480i
D2	480i、480p
D3	480i、480p、1080i
D4	480i、480p、1080i、720p
D5	480i、480p、1080i、720p、1080p

（5）BNC端子

主に業務用向けテレビ放送用モニターなどでは、コンポーネント端子などにピン端子でなく、容易に外れない構造のBNC端子（図8-5参照）を使用している機器がある。

図8-5　BNC端子

（6）D-Sub15pin端子（DE-15/Mini D-sub15）

R（赤）、G（緑）、B（青）それぞれのアナログ映像信号と水平および垂直同期信号が伝送される。パソコンに広く採用されているアナログ映像信号用の端子で、VGA端子と呼ばれることもある。パソコンとディスプレイやプロジェクター、パソコンとテレビとの接続に使用されることが多い。3列に15ピンが配列され、コネクターが外れないようにネジで固定できるようになっている（図8-6参照）。

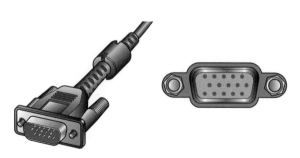

図8-6　D-Sub15pin端子

2.　デジタルおよびアナログ映像端子

(1) DVI 端子

　DVI（Digital Visual Interface）は、コンピューター関連メーカーのコンソーシアムである DDWG（Digital Display Working Group）が、パソコンとディスプレイ（PC モニター）やプロジェクターなどを接続して映像信号を伝送するために策定した規格である。伝送可能な映像信号は、D-Sub 15pin での伝送と同じアナログ映像信号、およびデジタル映像信号となるが、端子の形状とピン配置によって伝送できる映像信号が異なっている。伝送できる信号は、下記のとおり大きく3つに区分されており、それぞれの端子のピン配置は**図8-7**のようになっている。

- DVI-I（デジタルおよびアナログ映像信号の兼用）
- DVI-D（デジタル映像信号用）
- DVI-A（アナログ映像信号用）

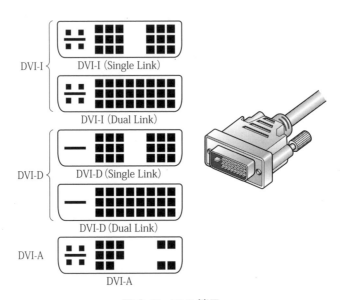

図8-7　DVI 端子

　さらに、デジタル映像信号が伝送可能な DVI-I と DVI-D は、Single Link と Dual Link に区分される。それぞれで伝送できる映像信号の解像度は、最大で Single Link が水平1920×垂直1200、Dual Link が水平3840×垂直2400である。したがって、フルハイビジョン映像信号の伝送は Single Link 対応の機器やケーブルで可能だが、4K 解像度の映像信号の伝送には Dual Link に対応した機器やケーブルが必要になる。

3.　アナログ音声端子

(1) 音声端子

　端子の色は、赤（右）と白（左）が一般的である。映像端子と同じく、ピン端子または RCA 端子とも呼ばれる（**図8-8**参照）。

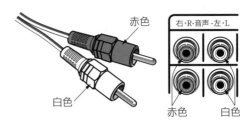

図8-8　音声端子

4. デジタル音声端子

　デジタル音声端子には、デジタル音声信号を電気信号として伝送する場合に使用する同軸タイプと光信号に変換して伝送する場合に使用する光タイプの2種類がある。どちらのタイプも5.1chサラウンドに対応するドルビーサラウンドやDTSの音声信号を伝送できるが、7.1chサラウンドの音声信号の伝送には対応していない。

（1）同軸タイプ

　端子の形状は、アナログ用ピン端子と同じである（**図8-9**参照）。

（2）光タイプ

　電気信号を光信号に変換して伝送する端子である。特徴は、光による伝送のため電気的なノイズの影響を受けないことである。コネクターには、角型とミニ型がある（**図8-10**参照）。ミニ型は丸型とも呼ばれている。

図8-9　同軸タイプ

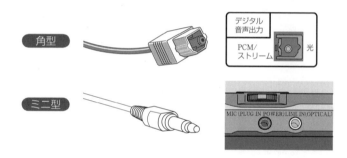

図8-10　光タイプ

5. 3ピンタイプのXLR端子とバランス伝送

　本来マイクロフォンなど、外来ノイズの影響を受けやすい微小信号の長距離伝送などに使われる端子である。最近ではハイレゾオーディオ機器など、高級オーディオ機器のアナログ音声信号の入出力端子としても使用されている。

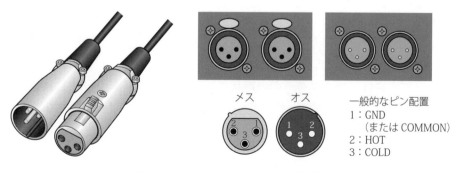

図8-11　3ピンタイプのXLR端子

　XLR端子を用いた伝送方法であるバランス伝送では、HOT（正位相側）とCOLD（逆位相側）、およびGND線によるバランス接続（平衡接続）を行い、伝送中に外来ノイズが加わった場合でも、その影響を打ち消して伝送を行うことができる。図8-12は、XLR端子とケーブルを使用したバランス伝送の基本原理を信号の流れで示したものである。出力側機器および入力側機器に内蔵されているバランス回路（平衡回路）の動作により、XLRケーブルでの伝送中に外来ノイズが加わった場合でも、その影響を入力側機器で打ち消すことができる。

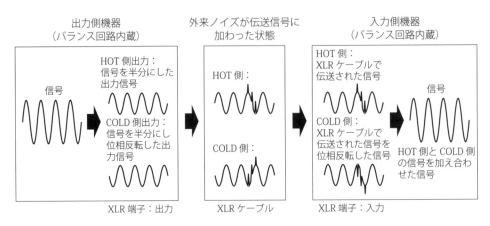

図8-12　バランス伝送の原理

8.2　映像・音声複合端子

1. HDMI端子（High Definition Multimedia Interface 端子）

　パソコンとモニターを接続するインターフェース規格のDVIを発展させた規格で、ケーブル1本で映像と音声信号をデジタル信号で伝送できる。HDMI規格には各種の機能が規定されており、例えば、ドルビーデジタルやDTSの音声伝送、機器間の制御機能などがある。サラウンドのデジタルデータを圧縮したまま伝送する（ビットストリーム伝送）にも対応し、複雑なマルチチャンネルの音声接続をケーブル1本で済ませることができる。ただし、多くの機能はオプション規格として規定されているため、機器がそれぞれのオプション機能に対応しているかどうかを確認する必要がある。

図8-13　HDMI端子

（1）コネクターの種類

　HDMIケーブルには、コネクター部の形状の違いにより、標準（Type A）、HDMIミニ（Type C）、HDMIマイクロ（Type D）がある（図8-14参照）。ほかにも、車載機器用のコネクターとしてType Eが規定されている。

（2）HDMI接続による機器間のコントロール（CEC）

　HDMIのバージョン1.2a以降から機器間の制御も可能になった。HDMIコントロールと呼ばれるCEC（Consumer Electronics Control）規格に対応している場合、リモコンを使ってHDMI端子で接続されたテレビ、BD/HDDレコーダーやAVアンプなどの機器間操作ができる。例えば、BD/HDDレコーダーのリモコンでBD/HDDレコーダーの電源を入れるとテレ

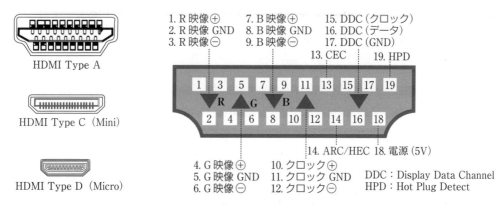

図 8-14　HDMI 端子の種類とピン配列

ビの電源も入るワンタッチプレイ、テレビのリモコンでテレビの電源を切ると BD/HDD レコーダーの電源も切れるシステムスタンバイなど、各機器を連携させた操作ができる。

(3) ARC（Audio Return Channel）

　テレビの音声を AV アンプに接続したスピーカーで聴く場合、従来はテレビと AV アンプを光デジタルケーブルで接続して音声信号を伝送する必要があった。HDMI のバージョン 1.4 以降で規定された ARC により、テレビの ARC 対応の HDMI 入力端子から音声信号を出力して伝送し、AV アンプの ARC 対応の HDMI 出力端子へ入力が可能になった。これにより、双方の機器が ARC に対応している場合、ARC に対応した HDMI ケーブル 1 本で接続が可能になり、光デジタルケーブルは不要である。ただし、双方の機器の ARC に対応した HDMI 端子に HDMI ケーブルを接続しないとこの機能が働かないので注意が必要である。

(4) HDMI イーサネットチャンネル（HEC）

　HDMI のバージョン 1.4 以降で規定されたもので、HDMI ケーブルの接続により HDMI 機器間をイーサネット接続できる。HDMI イーサネットチャンネルに双方の機器とケーブルが対応していることが必要である。

(5) サラウンド音声の伝送

　HDMI 1.1 から 5.1ch サラウンドに対応するドルビーデジタルや DTS のサラウンド音声の伝送に対応、さらに HDMI 1.3 から 7.1ch サラウンドに対応するドルビー True HD、DTS-HD のサラウンド音声などの伝送に対応している。

(6) リップシンク

　HDMI 1.3 からリップシンク機能が追加されている。リップシンクとは唇の動きと音声の同期のことを意味しており、唇の動きと音声がずれている状態をリップシンクがずれていると表現する。テレビは通常、映像処理時間が音声処理時間よりも長いため、テレビ内で音声処理を遅延させてリップシンクを合わせている。しかし、テレビの音声を AV アンプで聴く場合はリップシンクを合わせるのが難しく、AV アンプから聴こえる音がテレビの映像より先行して聴こえる場合がある。このようなタイミングのずれを補正してリップシンクを合わせるための機能である（図 8-15 参照）。

　なお、HDMI 1.4 以降の ARC 対応の機種同士では音声信号が HDMI ケーブルで伝送されるため、光デジタルケーブルを接続しなくてもリップシンク機能が働く。また、HDMI 2.0 ではダイナミック自動リップシンク機能が追加された。映像信号処理と音声信号処理が異なる機器

で行われる場合においても、自動で再生するコンテンツの情報を検出してビデオストリームとオーディオストリームを同期させる仕組みとなっている。

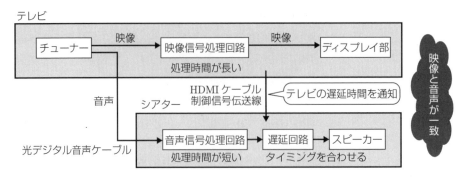

図 8-15　リップシンクの原理

（7）HDR 映像の伝送

HDMI 2.0a の規格から HDR10 の Static HDR、HDMI 2.0b の規格から Static HDR に加えドルビービジョンや HDR10+ などの Dynamic HDR の HDR 映像の伝送が可能となった。Ultra HD Blu-ray の HDR 映像を再生できる BD プレーヤーや BD/HDD レコーダー、また HDR に対応した 4K テレビなどは、再生可能な HDR 映像に応じ、これらの規格またはそれ以降の規格に対応している必要がある。

（8）3D パススルー

3D 対応デジタルテレビと 3D 対応の BD/HDD レコーダーを AV アンプを介して接続する場合は、AV アンプが 3D パススルーに対応している必要がある。

（9）HDMI 2.1

8K 映像の伝送などに対応するため、2017 年 11 月に HDMI 2.1 が規格化された。HDMI 2.0 からの主な変更点は、**表8-2** のとおりである。

表 8-2　HDMI 2.1 の主な変更点

項　目	HDMI 2.0	HDMI 2.1
最大伝送速度 （帯域幅）	18Gbps	48Gbps
伝送可能な 最大解像度の映像信号	4K/60fps（8bit、4：4：4）	4K/120fps（12bit、4：4：4） 8K/60fps（8bit、4：2：2） 8K/60fps（12bit、4：2：0）
最大色深度(R、G、B 3色合計)	48bit（4K）	48bit（8K）
HDRの対応	非対応	StaticおよびDynamic HDR
ARCのオブジェクトベース オーディオへの対応	非対応	対応（eARC）
ゲームモード Variable Refresh Rate	非対応	対応

1）最大伝送速度（帯域幅）

最大伝送速度（帯域幅）は、48Gbps に高められた。HDMI 2.0 ではクロックを分離した 3 データレーン（3 つのデータ伝送路）で伝送を行っていたが、HDMI 2.1 では伝送データにクロックを重畳させる方式に変更し、4 データレーンに拡張を行っている。

2）映像信号の伝送

　映像信号の伝送は、8K 映像信号の伝送が可能になった。最大伝送速度が 48Gbps に高められたことで、非圧縮の信号で 8K/60fps（8bit、4：2：2）や 8K/60fps（12bit、4：2：0）などの映像信号の伝送が可能である。また、ビデオインターフェースの圧縮規格である DSC1.3（Display Stream Compression 1.3）を使用することで、8K/120fps（8bit、4：4：4）や 8K/120fps（12bit、4：2：2）などの映像信号の伝送が可能である。

3）HDR への対応

　HDR 方式への対応は Static HDR だけではなく、ドルビービジョンや HDR10＋ などの Dynamic HDR にも対応している。Dynamic HDR 方式では、最大輝度レベルを理論上、映像のフレーム単位で設定できる。したがって、明るいシーンでも暗いシーンでも、色深度の bit 数を最大に利用した輝度の階調表現が可能になる。

4）eARC

　機能名が eARC（enhanced Audio Return Channel）となり、オブジェクトベースのサラウンドオーディオ、最大 32ch までの非圧縮オーディオにも対応している。これにより、ドルビーアトモスや DTS：X などのオブジェクトベースのサラウンド音声の伝送が可能になった。

5）VRR

　新しい機能として、VRR（Variable Refresh Rate）が追加された。このモードは、テレビなどのディスプレイ機器にニュースなどは 30fps、動きの速いスポーツ中継などは 120fps、動きのあまりない天気予報の天気図は 10fps などといった可変のフレームレート対応を可能とする機能である。例えば、動きの速いゲームなどで VVR を利用すると動画の遅延減少、画像のフリーズやちらつきなどを抑制できる。

（10）ケーブルの種類

　ケーブルの種類は、スタンダードタイプとハイスピードタイプの 2 つに大きく区分される。スタンダードタイプはスタンダードスピード HDMI ケーブルの 1 種類で、720p や 1080i の映像信号の伝送が可能である。ハイスピードタイプは、**表8-3** のとおり、ハイスピード HDMI ケーブル、プレミアムハイスピード HDMI ケーブルおよびウルトラハイスピード HDMI ケーブルの 3 種類がある。

表 8-3　HDMI ケーブルの比較

タイプ	伝送速度（必須）	伝送可能な映像信号（例）	HDR映像伝送
ハイスピード HDMIケーブル	10.2Gbps	下記を伝送できるものがある 4K/60p/4：2：0/24bit（色深度8bit） 4K/24p（30p）/4：4：4/24bit 4K/24p（30p）/4：2：2/30bit	伝送できる ものがある
プレミアムハイスピード HDMIケーブル	18Gbps	下記の伝送が必須 4K/60p/4：4：4/24bit（色深度8bit） 4K/60p/4：2：2/36bit 4K/24p（30p）/4：4：4/36bit	対応
ウルトラハイスピード HDMIケーブル	48Gbps	下記の伝送が可能 4K/120p/4：4：4/36bit（色深度12bit） 8K/60p/4：2：2/24bit 8K/60p/4：2：0/36bit	対応

　それぞれで、伝送速度、伝送可能な映像信号、HDR 映像伝送について仕様が異なっている。ハイスピード HDMI ケーブルの伝送速度は 10.2Gbps が必須であるが、市販されているハイスピード HDMI ケーブルのなかには、18Gbps の伝送速度にも対応しているものがある。プレミアム HDMI ケーブルは 18Gbps の伝送速度にすべて対応しており、HDMI 2.0a 以降の規格に準拠した 4K/60p の HDR 映像などの伝送が可能である。HDR に対応した Ultra HD Blu-ray の映像ソフトを BD プレーヤーや BD/HDD レコーダーで再生して HDR 対応の 4K テレビで視聴する場合は、18Gbps 対応のハイスピード HDMI ケーブルやプレミアムハイスピード HDMI ケーブル以上の HDMI ケーブルを使用する必要がある。詳しくは、機器の取扱説明書やメーカーのホームページなどで確認することが必要である。ウルトラハイスピード HDMI ケーブルは 48Gbps の伝送速度に対応しており、HDMI 2.1 に準拠した 4K/120p や 8K/60p の映像などの伝送が可能である。ウルトラハイスピード HDMI ケーブルは、4K/120p に対応したゲームを行う際に、HDMI2.1 に対応したゲーム機器とテレビとの接続などに使用されている。

　また、HEC に対応したケーブルには、図8-16 のように「with ETHERNET」の表示がある。

図 8-16　HEC に対応した HDMI ケーブルの表示

2.　DisplayPort 端子

　DisplayPort は、パソコン関連の映像表示機器などに関する規格を策定している業界団体である VESA（Video Electronics Standards Association）が、パソコンとディスプレイやプロジェクターなどを接続してデジタル映像信号などを伝送するために策定した規格である。主に映像信号のインターフェースについて規定された規格で、オプション規格としてデジタル音声信号やデータ伝送なども可能となっている。そのため、音声信号の伝送については、機器によって対応していないものがある。伝送される信号は、HDMI のように RGB それぞれの映像信号とクロックを別々に伝送する方式ではなく、映像や音声などのデジタル信号を Transfer Unit という細かな IP パケットに分割し、伝送先の機器へシリアル伝送する方式である。

（1）コネクターの種類

　コネクターの種類には、大小 2 種類のコネクターがある。1 つは、標準型の DisplayPort コネクターで、プッシュボタン式のワンタッチ着脱が可能な抜け防止機能が装備されているものもある。もう 1 つは、Mini DisplayPort コネクターで、標準型よりも小型の形状のコネクターである（図8-17 参照）。

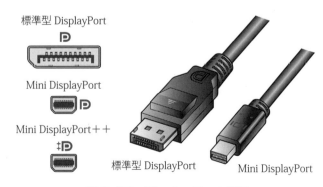

図 8-17　DisplayPort 端子

（2）映像信号の伝送

　DisplayPort は、伝送可能な映像信号の高解像度化を図ってきており、Version1.1 では 4K 解像度で 30fps の映像信号、Version1.2 では 4K 解像度で 60fps の映像信号の伝送が可能である。Version1.3 では、5K 解像度（横 5120×縦 2880 画素）で 60fps の映像信号の伝送も可能となっている。さらに DisplayPort 1.4 と呼ばれる Version1.4 では、ビデオインターフェースの圧縮規格である DSC1.2（Display Stream Compression 1.2）を採用し、データ量を約 1/3 に圧縮している。これにより 8K 解像度で 60fps の HDR（High Dynamic Range）の映像信号、4K 解像度で 120fps の HDR の映像信号の伝送も可能である。さらに、2019 年に発表された DisplayPort 2.0 では、非圧縮データの場合には 10K 解像度（横 10240×縦 4320 画素）で 60fps の映像信号の伝送、DSC1.2 による圧縮データの場合には 16K 解像度（横 15360×縦 8460 画素）で 60fps の映像信号の伝送が可能である。

（3）音声信号の伝送

　音声信号については、伝送する場合 16bit のリニア PCM（32/44.1/48kHz）対応が必須で、オプション規格としてドルビー True HD や DTS HD の伝送も可能となっている。さらに、Version1.4 では、32 チャンネルまでのサラウンド音声信号の伝送も可能となっている。

（4）シングルモードとデュアルモード

　Version1.2 以降の DisplayPort には、シングルモードとデュアルモードの 2 種類がある。DisplayPort のロゴマークの横に＋＋の標記のある（**図 8-17** 参照）端子が、デュアルモードの DisplayPort 端子で、DVI および HDMI のデジタル信号出力にも対応していることを示している。パッシブタイプと呼ばれる変換アダプターで、DVI または HDMI 入力を備えた機器に映像信号などを伝送できる。一方、通常のシングルモードの DisplayPort は、DVI および HDMI のデジタル信号出力に対応していないため、DVI および HDMI のデジタル信号への変換にアクティブタイプの変換アダプターが必要になる。

3.　HDCP（High-bandwidth Digital Content Protection）

　HDCP は、HDMI 端子、DisplayPort 端子や DVI 端子接続でデジタル信号を送受信する場合、デジタルコンテンツが不正にコピーされるのを防止する暗号化を用いた著作権保護技術である。例えば、BD/HDD レコーダーと DVI 機器（モニターやプロジェクター）を接続したときに、DVI 機器が HDCP に対応していない場合には著作権保護されたコンテンツは表示できない。4K 映像で著作権保護されたコンテンツを HDMI 端子、DisplayPort 端子や DVI 端子を用いて送受信する場合、著作権保護のため使用機器が HDCP2.2 以降の規格に対応している必要がある。なお、最近の 4K テレビなどの HDMI 端子で HDCP2.3 に対応したものがあるが、HDCP2.3 と HDCP2.2 の違いは映像や音声信号を出力する機器の映像コンテンツに対するセキュリティの運用が強化されたもので、機能面での違いはない。

4.　EDID（Extended Display Identification Data）

　EDID は、ディスプレイの機種名や解像度などの設定値をパソコンにディスプレイの ID として伝えるためのデータ形式の規格である。パソコンやディスプレイの電源を入れたとき、またはコネクターを接続したときにディスプレイの ID を読み取ることで、最適な解像度で表示できる。

5.　MHL（Mobile High-definition Link）

　MHL は、米国の Silicon Image が開発し、サムソン、ソニー、東芝、ノキアの5社が設立した MHL コンソーシアムによる携帯機器向けの映像伝送用のインターフェース規格である。スマートフォンやタブレットなどのモバイル機器から、MHL ケーブル1本で大画面テレビなどに映像や音声を出力し視聴できる。MHL ケーブルは、モバイル機器との接続側が USB Micro-B、テレビ側が HDMI Type A のコネクターである。MHL3.0 の仕様では、映像については4K解像度で 30fps まで、音声については 7.1ch サラウンド（ドルビー True HD、DTS-HD）までの伝送が可能である。また、HDCP2.2 による著作権保護にも対応しているので、コピープロテクトのかかったデジタルデータの映像も伝送できる。さらに HDMI のように、接続機器間での電源の ON/OFF 制御などの連携やテレビのリモコンで接続した機器の操作なども可能である。一例として、図8-18 のような接続により、スマートフォンから映像、音声をテレビに伝送して視聴ができる。また、スマートフォンとテレビを接続して視聴中に、USB と同様にスマートフォンに電力の供給が可能である。MHL3.0 に対応したテレビなどの機器であれば、最大で 10W の電力供給ができるため、動画再生の途中でスマートフォンがバッテリー切れを起こすような心配は少なくなる。

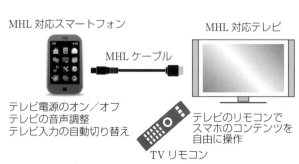

図8-18　MHL による接続例

6.　superMHL

　MHL コンソーシアムは、2015 年に MHL の次世代規格である superMHL を制定した。今までの MHL との主な違いは表8-4 のとおりで、伝送可能な映像信号は 8K 解像度/120fps まで、音声は 7.1ch サラウンド（Dolby TrueHD、DTS-HD）に加え、オブジェクトベースの Dolby Atmos や DTS：X なども伝送可能である。コネクターの形状は、新たなリバーシブルの superMHL 端子で 32 ピンのコネクターである。8K テレビなどと各種モバイル機器との接続も考慮した規格である。superMHL では、8K/120fps までの伝送が可能であるが、8K/120fps では輝度・色差信号は 4：2：0 となっており HDR 映像は非対応である。HDR 映像の伝送については、8K/60fps での伝送になる。また、superMHL においても DSC1.2 によるデータ量の圧縮により、8K/120fps での HDR 映像信号の伝送が可能である。

表8-4　MHL の仕様（規格）

仕様（規格）	映像 （最大の解像度/ フレームレート）	音声 7.1chサラウンド （Dolby TrueHD、 DTS-HD）	音声 オブジェクトベース サラウンド （Dolby Atmos DTS:X）	最大供給電力	著作権保護 （HDCP）
MHL1.0	1080/60fps	−	−	2.5W	HDCP1.4
MHL2.0	1080/60fps	−	−	7.5W	HDCP1.4
MHL3.0	4K/30fps	○	−	10W	HDCP2.2
superMHL	8K/120fps	○	○	40W	HDCP2.2

7.　i.LINK端子（IEEE1394端子）

　ケーブル1本で映像・音声信号をデジタル信号で伝送できる。ディスプレイ側のリモコンで
i.LINK機器操作画面を表示して、機器を操作することが可能である。端子形状には4ピンと
6ピンのタイプがある。6ピンのうち2ピンは電源端子である（**図8-19**参照）。接続する際に
は、機器間の信号フォーマットの整合がとれていないと正常に動作しない。例えば、デジタル
ビデオ（DV信号）とD-VHS（MPEG2-TS信号）は信号の種類が異なるため、接続してもそ
れぞれの機器同士は互いに認識しない。**表8-5**に、i.LINK信号フォーマット別（TS、DV/
HDV）の主な商品の例を示す。

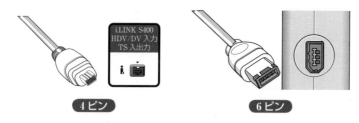

図8-19　i.LINK端子

表8-5　i.LINK端子の信号フォーマット別商品例

	信号フォーマット	商品例
i.LINK端子	TS	デジタル放送チューナー
		デジタルテレビ
		BD/HDDレコーダー
		D-VHS
	DV/HDV	デジタルビデオカメラ（DV/HDV方式）
		デジタルビデオレコーダー（DV/HDV方式）

8.3　接続端子・映像信号の種類と画質の関係

　BD/HDDレコーダーとテレビを接続した場合の例で、映像信号の種類と画質の関係を説明
する。**図8-20**は、BDやHDDで再生された映像信号がいろいろなタイプの信号に変換され、
それぞれの端子を通ってテレビに表示されるまでをイメージした図である。同じ映像の場合、
それぞれの端子を通って再生された画質は、一般的に次の順で高画質になる。

　　◆HDMI端子＞コンポーネント端子＝D端子＞S端子＞コンポジット端子

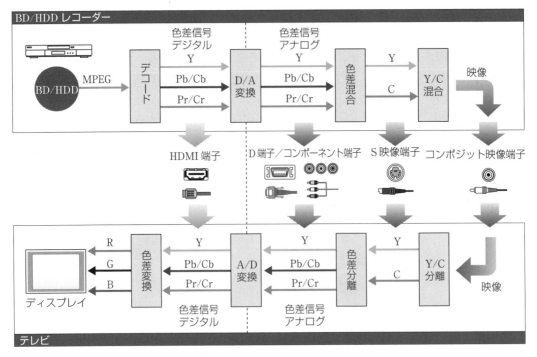

図8-20　映像信号の種類と画質の関係

8.4　テレビの接続端子

テレビの主な接続端子（図8-21参照）について、下記に記述する。

① アンテナ端子

　地上デジタル放送、BS/110度CSデジタル放送のアンテナからのケーブルを接続する。

② 映像端子

　アナログのコンポジット信号を接続する端子である。ピン端子やRCA端子とも呼ばれる。黄、白、赤のうち黄色の端子がこれに該当する。コンポジット信号とは輝度信号と色信号が混合されたものである。

③ 音声端子

　アナログの音声信号を接続する端子である。モノラル信号の場合は、左（L）に接続する。（左/モノ）と一般的には表示されている。

④ S映像端子

　S映像端子を流れるアナログ信号は、輝度信号と色信号が分離されている。そのため、輝度信号と色信号の十渉による色のにじみが軽減される。旧式のビデオテープデッキ、DVDプレーヤーなどで接続できるものがある。

⑤ コンポーネント映像端子

　端子は緑、青、赤の3色で構成されている。この端子の信号はアナログ信号で、緑は輝度信号（Y）、青は青色差信号（Pb/Cb）、赤は赤色差信号（Pr/Cr）のコンポーネント映像信号が流れる。

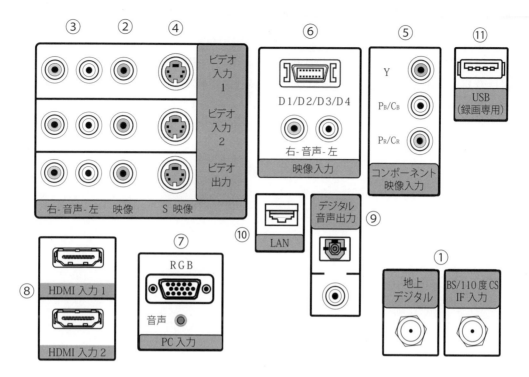

図8-21　テレビ背面の接続端子例

⑥ D 端子

　この端子を流れる信号は、コンポーネント映像端子の場合と同じアナログの輝度信号と2種類の色差信号で、3本のケーブルを1つにまとめたものである。4：3と16：9のアスペクト比切り替えなどができるよう、識別信号も伝送される。

⑦ PC 入力端子

　パソコン用の入力端子で、ミニ D-sub 15 ディスプレイケーブルを使って、パソコンのD-sub 出力端子に接続する。伝送される信号は、アナログの RGB 信号である。

⑧ HDMI 入力端子

　HDMI はパソコンとモニターを接続するインターフェース規格の DVI を発展させた規格である。HDMI は、ケーブル1本で映像・音声信号をデジタル信号で伝送できるため、原理的に、画質や音声の劣化がない。BD/HDD レコーダーや AV アンプ、パソコンの HDMI出力端子と接続する。MHL に対応している場合には「MHL3.0」、ARC や eARC に対応している場合には「ARC 対応や ARC/eARC 対応」などの表示がある。また、HDMI2.1 に対応する端子にも「HDMI2.1」などの表示がある。

⑨ デジタル音声出力端子

　デジタル音声の出力端子。AV アンプやホームシアター機器などの、光デジタルまたは同軸（コアキシャル）デジタル音声入力端子に接続する。

⑩ LAN 端子

　LAN ケーブルを使用してルーターなどと接続するイーサネット端子である。インターネットやテレビで利用できる動画配信サービスなどを使う場合、またパソコンやネットワーク機器に保存した写真や映像、音楽などを視聴する場合に接続する。

⑪ USB 端子

　USB 端子は用途により機能の異なる 2 種類の端子があるので、接続時に注意が必要である。端子部に「録画専用」や「HDD 録画端子」などの表示がされている USB 端子は、外付けの USB HDD を接続できる端子である。特別な表示のない USB 端子は、デジタルカメラなどを接続できるが、USB HDD を接続して録画はできない。また、メディアストリーミング端末などの電源用として利用するために、供給可能な電力を「5V 900mA MAX」などと表示している USB 端子もある。

▐ この章でのポイント *!!*

各種 AV 機器を接続して利用するための代表的な接続端子、設定や操作および留意点などについて説明しています。また、各家庭で中心となる映像機器であるテレビの接続端子ついて説明しています。よく理解しておきましょう。

キーポイントは
- 映像端子、音声端子と伝送信号
- 影像・音声復号端子と伝送信号
- テレビの接続端子

キーワードは
- アナログ映像端子、S 映像端子、コンポーネント端子、D 端子、D-Sub15pin 端子、DVI 端子（DVI-I、DVI-D、DVI-A）、アナログ音声端子、デジタル音声端子、XLR 端子、バランス伝送、i.LINK 端子、HDMI 端子、HDMI 2.1、DisplayPort 端子、HDCP、HDCP2.2、EDID、MHL、superMHL
- CEC、ARC、eARC、HEC、リップシンク
- アンテナ端子、PC 入力端子、LAN 端子、USB 端子

9章 ドライブレコーダーと ナビゲーションシステム

　車に搭載される機器として、最近ではドライブレコーダーが注目を集めている。また、正確な位置情報を知るために使用されるナビゲーションシステムも、車だけでなく、スマートフォンやデジタルカメラなど、さまざまな機器に搭載されるようになった。この章では、ドライブレコーダーとナビゲーションシステムについて概要を説明する。

9.1　ドライブレコーダー

　ドライブレコーダーは、一般的に、自動車に搭載し走行中の映像を記録するための撮影機器である。用途は交通事故や交通トラブル発生時の状況記録だけではなく、ドライブ時の映像記録やインターネットのSNS（ソーシャルネットワーキングサービス）などに投稿するための映像撮影など、さまざまな用途に利用できる機器である。ドライブレコーダーは、一般的に100度以上の水平画角を持つ広角カメラ、映像を見るためのディスプレイ、加速度センサーなどを装備し、microSDHCメモリーカードなどの記録メディアに動画などを記録できる機器である（図9-1参照）。動画記録が基本的な機能であるが、それ以外にも各種機能を装備したドライブレコーダーがある。

図9-1　ドライブレコーダーの例

1.　動画記録
　動画を記録する方法には、図9-2のように常時録画、手動記録、イベント記録などがある。動画記録に使用される映像符号化方式は、MPEG4 AVC/H.264が一般的で、MPEG-H HEVC/H.265（HEVC）を使用しているものもある。また、トンネルの前後のなど、明るい場所と暗い場所が連続して続く場合、画面の一部が真っ白（白飛び）または真っ黒（黒つぶれ）になってしまうケースがある。これを解消するために、HDR（High Dynamic Range）やWDR（Wide Dynamic Range）の機能を登載したドライブレコーダーもある。

（1）常時録画
　ドライブレコーダーの通常の動画記録は常時録画で、車のエンジンをかける（ガソリンエンジン車の場合）と自動で録画を開始し、エンジンを切ると録画を停止する。撮影された映像は機器に装着したmicroSDHCメモリーカードなどに記録されるが、使用するmicroSDHCメモリーカードの容量に空きがなくなった場合には、古いファイルから自動で上書きし、記録を続ける方式である。1つのファイルの録画時間は、一般的に、用途に合わせてあとから確認しやすいように、1分間、3分間、5分間や10分間などに設定できる。図9-2 (a) の常時録画は、録画時間1分間で1ファイルを作成する場合の例である。

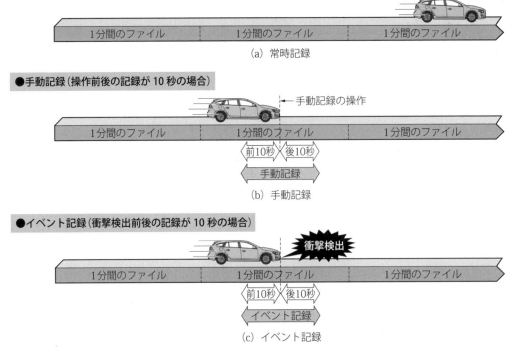

図9-2　ドライブレコーダーの記録方法の種類

(2) 手動記録

　常時録画が行われている際に、何らかの理由により動画を記録したい場合、「RECボタン」を押すなどの操作をして手動で動画を記録する機能である。図9-2 (b) のようにRECボタンを押す操作により、その前後の動画が記録される。この例では、操作前後の記録時間が10秒間の例である。手動記録により記録される画像は、常時記録とは別のフォルダーに保存されるので、自動的に上書きされることはない。また、手動記録の操作前後の記録時間は機器により異なるが、記録時間を変更できる機器もある。

(3) イベント記録

　イベント記録（イベント録画ともいう）は、図9-2 (c) のように車が大きな衝撃を受けた場合や急ブレーキ、急ハンドルなどの操作があったときに、ドライブレコーダーに搭載されている加速度センサーなどが衝撃を検出し、自動的に動画を記録する機能である。衝撃を検出した前後の動画を記録し、常時記録とは別のフォルダーに保存する。したがって、自動的に上書きされることはない。また、イベント記録の前後の記録時間は機器により異なるが、記録時間を変更できる機器もある。

(4) 駐車時記録

　バッテリーが内蔵されているドライブレコーダーに搭載される機能である。加速度センサーによる車への衝撃や赤外線センサーにより人物などを感知した際に、感知の前後の動画を自動的に記録する機能である。

(5) 画素数

　過去、多くの機器の画素数は水平 640×垂直 480 で総画素数 30 万画素程度であったが、この場合、状況にもよるが、車のナンバープレートを正確に読み取るのは難しかった。現在のドライブレコーダーは解像度が高くなり、水平 1920×垂直 1080 のフルハイビジョンの画素数を備える機器も多く、より詳細な映像情報を把握できるようになった。また、より高画質の撮影が可能な水平 3840×垂直 2160 の 4K の画素数を備える機器も販売されている。

2.　静止画の記録

　記録モードの切り替えにより、前述の手動記録を動画ではなく、静止画に変更できる機能である。静止画の記録に設定した場合、撮影したいときに、「REC ボタン」を押すなどの操作により、静止画を記録し保存することができる。静止画の記録に利用される圧縮方式とファイル形式は、一般的に JPEG が用いられている。

3.　動画と静止画の確認

　記録された動画や静止画は、ドライブレコーダーのディスプレイで確認することができ、また記録メディアの microSDHC メモリーカードを取り外し、パソコンなどを使って見ることも可能である。

4.　位置情報記録

　ドライブレコーダーに GPS 機能を搭載し、車の位置情報を記録できる機能である。図9-3 の例では、専用のアプリケーションソフトを使いパソコンの画面に記録された位置情報と動画記録のデータを連携させて表示できる。

実際の記録映像

記録映像にリンクした地図表示

図 9-3　位置情報記録の例

5.　音声記録

　動画の記録の際にドライブレコーダーの搭載されたマイクロホンにより、音声も同時にできる機能である。一般的に、音声記録の ON/OFF が可能である。

6. 運転者支援機能

ドライブレコーダーが撮影する映像を利用して運転者を支援する機能である。主な運転者支援機能には、以下のようなものがある。

① 前方衝突警告

前方の車との距離を検出し、安全な距離が保たれていない場合に警告音で運転者に知らせる。

② 車線逸脱警告

車が走行している車線からはみ出してしまった場合に、警告音で運転者に知らせる。

③ 発進遅れ警告

信号などで車が停止時に、青信号に変わり前方の車が発進したあと、自分の車の発進遅れを検出したときに警告音で運転者に知らせる。

9.2　ナビゲーションシステム

ナビゲーションシステムは、現在位置の把握後、DVD-ROM、機器に内蔵する HDD やメモリーなどに書き込まれた地図と照合し、音声や画面表示で目的地までの道案内をするものである。

1. 種類

ナビゲーションシステムを登載した機器には、下記に示すようにさまざまな種類がある。

① 車載型

車のダッシュボードに内蔵、またはダッシュボードの上に据え付けるタイプ。

② ポータブル型

カーナビ本体を取り外せるタイプで、多くの機種がダッシュボードの上にカーナビ本体を設置するタイプ。

③ 簡易型（PND：Personal Navigation Device）

小型の液晶モニター、記憶媒体にフラッシュメモリーや、メモリーカードを使用して機能を簡易化したタイプ。自転車やバイクに取り付けることや歩行中に使うことを考慮した機器もある。

④ スマートフォン、タブレットやデジタルカメラ

スマートフォン、タブレットやデジタルカメラに GPS 機能を搭載し位置情報を利用した各種のサービス、デジタルカメラで撮った写真に位置情報を書き込みできる機能を持った機器もある。

2. 現在位置の把握方法

位置の把握方法は、GPS ※などの人工衛星（高度約 20200km）からの信号を利用する方法で、理論上は最低 3 機、実用上は最低 4 機の衛星からの信号が必要である。また、この衛星は

※：GPS（Global Positioning System）は、米国政府が開発し、米国国防総省によって管理されている衛星を使った測位システム。高度約 20200km の軌道上に衛星があり、現在は 31 機を使って地球全域をカバーしている。

静止衛星ではないため、信号を受信することができる衛星の数は、時間とともに変化している。測位の精度向上のため、GPSとともに各国で開発された測位システムであるガリレオ（Galileo）やグロナス（GLONASS）、日本の「みちびき」などが併せて利用されている。ガリレオは欧州が構築を進めてきた18機の衛星を使用した測位システムで、グロナスはロシア政府が管理する24機の衛星を使用した測位システムで全世界をカバーしている。また、みちびきは日本政府が管理する衛星測位システムである。

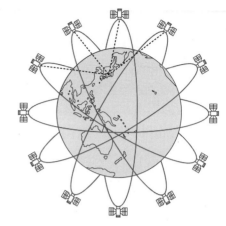

図 9-4　GPS 衛星

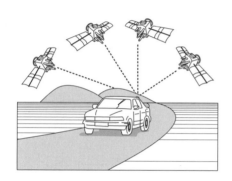

図 9-5　GPS 衛星からの受信

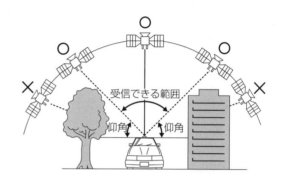

図 9-6　受信できる範囲

準天頂衛星システム「みちびき」

　準天頂衛星システム（みちびき）は、日本のほぼ天頂（真上）を通る準天頂軌道の衛星、日本から静止したように見える静止軌道の衛星、さらに現在運用中の GPS 衛星を組み合わせて衛星測位を行い、より正確で安定的な位置情報を得ることを目的とした衛星測位システムである。

　カーナビなどの GPS 機能は理論上最低 3 機の測位衛星からの信号を必要とするが、現在の GPS 衛星から送られてくる時刻情報の正確性の関係から、正しく位置を測定するためには 4 機の衛星から信号を受信する必要がある。さらに、より正確に安定した位置測定のためには、8 機以上の衛星が必要とされている。GPS 衛星は地球全体に配置されているが、地球の裏側に位置して利用できない衛星もあるため、一度におおむね 6 機程度しか利用することができない。それを補うために、国立研究開発法人 宇宙航空研究開発機構（JAXA）は、2010 年にみちびき初号機を打ち上げた。その後も 2017 年度に 2 号機から 4 号機を打ち上げ、2018 年 11 月から 4 機体制での衛星測位システムの運用が開始された。みちびき 4 機体制では、日本で常に 3 機を利用することができるようになり、GPS 衛星の 6 機と加えると、常に 8 機以上の衛星を利用して正確で安定的な位置測定を行うことができる。

最近では、カーナビをはじめスマートフォンやタブレットなど、みちびきに対応したいろいろな製品が販売されるようになった。みちびき4機体制においても、山間部や都心部の高層ビル街などでは利用できる衛星数が減ることから、位置測定が安定しない場合がある。このため、将来的には2023年度をめどとして7機体制とする計画である。

3.　構成

ナビゲーションシステムは、主に以下のブロックから構成されている（**図9-7**参照）。

① 現在地計算部

　人工衛星からの信号を受信し、現在地を計算する。

② 地図（CD、DVD、HDD、メモリー）読み取り部

　CDやDVDやHDD、メモリーに納められている地図情報を読み取る。

③ 計算部

- 現在地計算部からの計算値と地図読み取り部からの地図情報を照合し、表示データを作る。
- 目的地までのルートを作る。
- 目的地までの案内音声や案内表示を作る。

④ 表示部

　現在地や地図を表示する（**図9-8**参照）。

⑤ 音声出力部

　目的地までの道順を案内するための音声を出力する（音声機能を備えていない機器もある）。

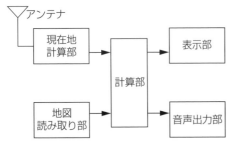

図9-7　システムの構成

図9-8　表示例

4.　性能

　現在地の誤差が大きいと正確な道案内をすることはできない。GPSなどを利用した測位では、衛星からの電波による計測の誤差は数m程度である。これより大きな誤差が生じることもあるが、主な要因は下記のとおりである。

① 衛星の配置

　衛星の配置が直線に近いと誤差が大きい。

② ナビゲーションシステムの受信機の性能

③ 電波を遮断する障害物（ビル、山など）の有無

- 電波を受信できる衛星の数

・アンテナ上部に障害物がある場合
④ 路面、ビル、山等から反射した電波の受信
⑤ 本体に記憶されている衛星の軌道情報の有無
⑥ 地図の誤差

5. 現在地の誤差補正手段

　多くの製品では、自立航法装置を併用することで現在地誤差を小さくしている。自立航法装置は、車の向きを変えたときに発生する角速度変化を検出し、相対的な車の方向変化を計算する技術を利用するもので、ジャイロセンサーや相対的な位置変化を検出する車速センサーや加速度センサーが使われている。この機能は、**図9-9** のような GPS 衛星の電波が届かない場合に、より正確な現在位置把握をするために有効である。

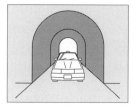 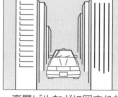  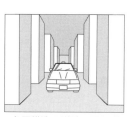

・トンネルの中やビル内の　・高層ビルなどに囲まれた　・高い樹木に囲まれた　・多層構造の道路の下など
　駐車場　　　　　　　　　　場所　　　　　　　　　　場所

図9-9　受信できない場所

6. 付加機能

　ナビゲーションシステム機器に搭載される一般的な付加機能について説明する。

(1) VICS (Vehicle Information and Communication System)

　一般財団法人 道路交通情報通信システムセンター（VICS センター）で編集、処理された渋滞や交通規制等の道路交通情報をリアルタイムに送信し、文字や図形で表示するシステムである。

① 情報の伝送形態
　・広域情報：FM 電波に重畳させて伝送する。
　・進行方向情報：幹線道路などに設置された光や電波のビーコン送信機から伝送する。
② 情報提供エリア
　全国の主要な高速道路、有料道路や一般道で提供されている。

(2) 電話番号検索

　電話番号を入力することにより、特定した場所を検索する機能である。例えば、NTT 発行のタウンページに掲載されている店舗や公共施設などの場所を検索できる。

(3) 住所検索

　住所を入力することにより、特定した場所を検索する機能である（図9-10 参照）。

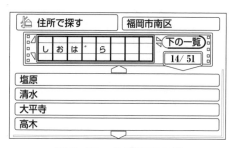

図9-10　住所検索の例

7．スマートフォンのナビゲーションシステム

　スマートフォンに搭載されている GPS 機能などを利用し、位置測定やナビゲーションを行える各種アプリケーションが提供されている。これらのナビゲーション用アプリケーションにはさまざまな種類があり、地図上に自分の位置を表示するだけの簡単なものから、本格的なカーナビゲーションシステムのような最適なルート案内、各種のスポット情報、交差点立体レーン情報、パーキングエリア情報などの提供、さらには音声案内を提供するものまである。車載型のナビゲーションシステムは、主に車の中で操作するものであるが、スマートフォンであれば車に乗る前に目的地や経由地をセットしておき、立ち寄りたい場所や観光スポットなどを事前確認したりする使い方が可能である。また、電車などでの移動においても自分の位置確認や駅構内の情報、さらには周辺のお店やスポット情報などを活用した使い方もでき、用途の幅が大きく広がっている。

この章でのポイント !!

ドライブレコーダーの動画の記録や各種の機能、ナビゲーションシステムの種類、仕組み、基本機能や付加機能などについて説明しています。よく理解しておきましょう。

キーポイントは
- ドライブレコーダーの動画記録の方法、各種の機能
- ナビゲーションシステムの種類、仕組み、機能
- スマートフォンを利用したナビゲーションシステム

キーワードは
- 常時記録、手動記録、イベント記録、位置情報記録、運転者支援機能
- GPS、ガリレオ、グロナス、準天頂衛星システム、みちびき、ジャイロセンサー、加速度センサー、VICS

10章 パソコン

パソコンに搭載される OS（Operating System）は、メモリーやハードディスク、周辺機器のハードウエアの管理、ユーザーが使用するプログラムの基本的な動作など、コンピューターの基本操作をコントロールしているソフトウエアである。家庭用の多くのパソコンの OS は Windows で、ほかにも macOS などがあるが、ここでは、一般的な Windows を搭載するパソコンについて説明する。パソコンは、心臓部とも頭脳部ともいわれる CPU（Central Processing Unit）の動作周波数が高くなるとともに OS も進化し、高速での処理が行えるようになってきている。また、近年では複数個のプロセッサーを持つマルチコア（2個のデュアルコア、4個のクアッドコアや8個のオクタコアなど）が主流で、複数のハードウエア、アプリケーションを並行して同時に動かすことも可能となり、快適な動作環境を実現してきている。この章では、パソコンおよび周辺機器について概要を説明する。

10.1 仕組み

図 10-1 に、パソコン内部の仕組みを示す。CPU、メモリーなどは、それぞれマザーボードと呼ばれる基板上の各ソケットやスロットに接続されている。また、ハードディスクドライブ（HDD）、ソリッドステートドライブ（SSD）や CD/DVD/BD ドライブなどもマザーボー

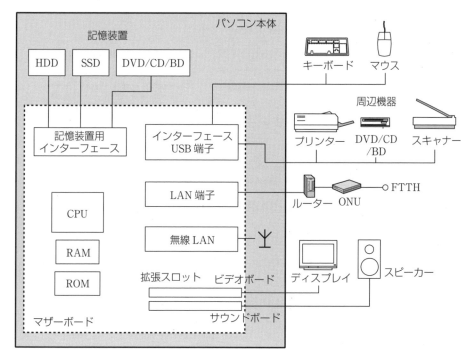

図 10-1　パソコンの仕組み

ド上のインターフェースコネクターに接続されている。これらが内蔵されたパソコン本体に、ディスプレイやキーボード、マウス、プリンターなどの入出力装置や周辺機器が接続される。

1.　CPU

　中央演算処理装置と呼ばれ、パソコンの性能を左右する重要な部品である。CPU は、命令に従ってデータを処理するものである。インテルや AMD のさまざまな CPU が使用されているが、基本的な命令は統一されているため、どの CPU を利用していても同じアプリケーションを動作させることができる。

（1）クロック

　CPU の演算処理に使われるタイミング信号をクロックと呼び、クロックが 1 秒間に何回発生するのかを表す数値がクロック周波数である。クロック周波数の数値が大きいほど、1 秒間に処理できる演算処理の計算回数が増えるため、演算処理速度が高速になる。

（2）コアとスレッド

　CPU 内で演算処理を行う部分をコアと呼び、現在は、複数個のプロセッサーを持つマルチコア CPU（2 個をデュアルコア、4 個をクアッドコア、6 個をヘキサコア、8 個をオクタコアと呼ぶ）もパソコンに多く使われている。また、同時に演算処理できる作業単位のことをスレッドと呼び、現在、パソコンに使われている CPU では、1 個のコアで複数のスレッドを同時に演算処理できるものも一般的になっている。**図 10-2** は、CPU 内のコア数とスレッド数の例を示したものである。1 コア、1 スレッドの場合には、演算処理の作業は 1 つずつ順番に実施される。1 コア、2 スレッドの場合には、1 つのコアで 2 つの演算処理の作業を同時に実施できる。このように CPU 内のコア数やスレッド数が増えることにより、同時に実施できる演算作業の数が増えるため、一般的に CPU 全体の演算処理の効率が高くなる。

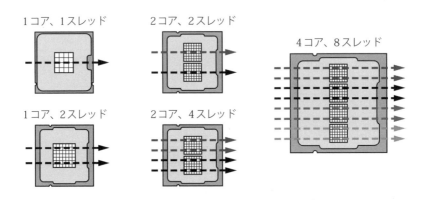

1 コア、1 スレッド　　2 コア、2 スレッド　　4 コア、8 スレッド

1 コア、2 スレッド　　2 コア、4 スレッド

図 10-2　CPU 内のコア数とスレッド数

2.　メモリー

（1）ROM（Read Only Memory、ロム）

　読み出し専用メモリーのことで、パソコンに電源が投入されたときに最初に CPU が実行するプログラムや、そのパソコンを動作させる基本的なプログラム（BIOS※という）が記録さ

※：BIOS（Basic Input Output System、バイオス）。コンピューターのディスプレイ、キーボード、CD、プリンターなどの基本的な入出力制御プログラムの集まりである。BIOS を ROM としてパソコンに組み込むことで、ハードウエアの機種による違いをソフトウエアで補うことができる。

れている。通常は書き換えができず、不揮発性メモリーのため、電源を切っても（シャットダウンしても）その内容は保持される。

（2）RAM（Random Access Memory、ラム）

　実行するアプリケーションソフトのプログラムや作成中のデータを一時的に保存することや、CPU が処理中のデータを保持するために利用される書き換え可能なメモリーである。一般的に揮発性メモリーのため、電源を切ると内容は保持されず失われてしまう。数多くのプログラムを同時に起動したり、大きな画像データなどを扱ったりする場合は、メモリーの容量が大きいほど快適に動作させることができる。最近のパソコンでは、一般的に 4GB（ギガバイト）から 16GB 程度のメモリーが搭載されているが、購入後の増設も可能である。ただし、使用機器により使用できるメモリーが異なり、OS の種類やマザーボードによって容量の制限があるため、増設時には注意が必要である。また、画像表示に専用で利用されるメモリーを VRAM（ビデオ RAM）またはビデオメモリーなどと呼ぶ。これと区別するために、基本となるメモリーをメインメモリーと呼んでいる。

図 10-3　RAM

（3）キャッシュメモリー（Cache Memory）

　高速、高性能化された CPU の性能を十分に生かすために利用される、高速の読み出しおよび高速の書き込みができるメモリーである。キャッシュメモリーには、1 次キャッシュ（L1キャッシュ）、2 次キャッシュ（L2 キャッシュ）、3 次キャッシュ（L3 キャッシュ）があり、1 次キャッシュが最も高速の読み出しと書き込みが可能で、2 次キャッシュがその次、3 次キャッシュがさらにその次という順番になる。いずれも、メインメモリーより高速動作が可能である。一般的に、1 次キャッシュは CPU 内部に内蔵、2 次キャッシュは CPU 内蔵と外部に配置されているタイプの 2 種類があり、3 次キャッシュは外部に配置されている。CPU のマルチコア化に伴い、シングルコアのときの容量である数 100KB から比べて 3MB～12MB に増加しているが、メインメモリーと比較すると容量は小さい。

3.　記録装置

（1）HDD（Hard Disk Drive、ハードディスクドライブ）

　アルミニウム合金や硬質ガラスの表面に磁性体をコーティングしたディスクにデータを磁気記録し、データを読み書きする装置である。ディスクや内部のメカ機構を保護するために金属などのケースに収納されている。数百 GB～数 TB（テラバイト）の大量のデータが記録できる。Windows などの OS やアプリケーションソフトは、この HDD に記録される。また、HDD には内蔵タイプのほか

図 10-4　HDD

に、パソコンの USB 端子に外部記憶装置として増設できる外付け USB HDD や LAN 接続に対応した HDD もある。LAN 接続できるネットワーク対応 HDD は、NAS（Network Attached Storage）とも呼ばれている。

（2）SSD（Solid State Drive、ソリッドステートドライブ）

HDD に置き換わるものとして使用されている、半導体記憶素子であるフラッシュメモリーを使用した記憶装置である。HDD と異なりモーターやアームなどの機構部品がないため、ランダムアクセス時の読み込み性能に優れ、OS やアプリケーションソフトウエアの起動の時間短縮や各種処理の高速化などの特徴がある。また、耐衝撃性が高い。SSD の短所としては、HDD に比べて記憶容量あたりの単価が高いことと、書き換え回数に上限があることである。また、SSD と HDD を組み合わせたハイブリッドドライブと呼ばれる機器もある。

（3）CD/DVD/BD ドライブ

パソコンに標準で搭載されているドライブは、CD と DVD の両方に対応できるタイプが一般的である。パソコンのアプリケーションソフトは CD-ROM または DVD-ROM に書き込まれている場合が多く、このドライブに CD/DVD-ROM をセットし、アプリケーションソフトを指定の手順に従ってインストールする。記録可能なドライブの場合は、書き込みソフトを用いて写真、音楽、動画などの各種データを記録することができる。また、BD ドライブを搭載したパソコンもあり、CD/DVD よりさらに大容量のデータ記録や再生に対応している。これら CD/DVD/BD ドライブには、USB 端子を使って外付けできるタイプもある。

4.　入出力装置

（1）キーボード

文字入力や命令を行うための装置である。現在デスクトップパソコン用のキーボードとして利用されるものは、109 個のキーを持つ 109 キーボードが標準である。また、ノートパソコンなど外形寸法に制約のあるものではキー数を減らし、逆にアプリケーションなどをすぐ起動できる「ワンタッチボタン」を備えたものなどもある。

（2）マウス

画面表示されたカーソルを動かしたり、左右のボタンで選択や決定などを行ったりする装置である。初期のマウスは、マウスの移動に合わせ底部にあるボールの回転を検出していた。現在は、ボールの代わりにレーザー光や LED を利用した光学タイプや、ケーブルがなく扱いやすい無線タイプのマウスが主流となっている。ノートパソコンなどでは、持ち運びを考慮して、トラックボールやタッチパッドを搭載してマウスの代用を図っているものが一般的である。マウスの上部にある「左ボタン」は「決定」を行うときに使うボタンで、「右ボタン」は「メニュー一覧」を表示するときに使うボタンである。「メニュー一覧」から、1 つの命令を選び「左ボタン」で「決定」することができる。

（3）ディスプレイ

パソコンの重要な画像出力機器であるディスプレイは、薄型・軽量、消費電力の少なさから、エッジ配置型 LED バックライト方式の液晶パネルを利用したタイプが主流となっている。

（4）プリンター

プリンターは高解像度化、印字速度の高速化など大きな進歩を遂げている。現在は、高解像度が実現できるインクジェット方式のプリンターと高速印刷が可能なレーザー方式が主流と

なっている。印字解像度は、1 インチ（2.54cm）に何個の点を印刷できるかを dpi（dots per inch）という単位で表したもので、数値が大きいほど高画質な印刷ができる。

（5）スキャナー

　スキャナーは、写真や絵などの印刷物をパソコンにデジタルデータとして取り込むための装置である。原稿の読み取り解像度は、ppi（pixel per inch）で表され、数値の大きいほうが高解像度となる。また、プリンターにスキャナー機能を搭載した複合機種も多くある。

図 10-5　スキャナー

10.2　ソフトウエア

　パソコン本体そのものや、モニター、プリンターなどの周辺装置をハードウエアと呼ぶのに対し、パソコンを動かすためのプログラムはソフトウエアと呼ばれている。

1.　アプリケーションソフト

　ハードウエアの制御などを行う OS 以外のソフトウエアをアプリケーションソフトと呼んでいる。ワープロ、表計算、データベース、プレゼンテーション、メール・ソフトなどのほか、財務会計や給与計算、顧客管理などのビジネス向けのソフト、画像管理・処理ソフトやゲームソフトなどもあり、その種類は多岐にわたっている。また、これらの具体的な業務を行うためのソフトウエアのほか、ファイル圧縮やウイルス対策ソフトなどのユーティリティと呼ばれるアプリケーションソフトもある。

2.　ファームウエア（Firmware）

　ハードウエアの基本的な制御を行うために機器に組み込まれたソフトウエアのことである。パソコンに搭載されている IC（Integrated Circuit、集積回路）に組み込まれており、あまり変更が加えられないことから、ハードウエアとソフトウエアの中間的なものとしてファームウエアと呼ばれている。パソコンの BIOS もファームウエアの一種である。

10.3　タブレットと Ultrabook

　パソコンはデスクトップ型、ノート型に大きく分類されるが、スマートフォンの普及に影響され、多様な目的に対応する小型、高性能で使いやすいタブレットや Ultrabook と呼ばれるパソコンなどの機器もある。

1.　タブレット

　タブレット（Tablet）は、7 インチから 13 インチ程度のタッチパネル式のディスプレイと通信機能を備えた平板状の携帯可能な情報端末のことをいう。名称としては、「タブレット PC」や「タブレット端末」などと呼ばれる場合もある。通信機能によるネットワークサービスの利用を主な目的としたもので、機器が装備している基本機能は、スマートフォンに類似している

といえる。一部の商品には、回転方式やスライド方式でキーボードを装備したものやキーボードの取り外しが可能なものなど、ノート型パソコンとタブレットの両方の用途を兼ね備えた複合タイプの機器もある。インターネットに接続して無線通信を行う方式として、無線 LAN を用いる機器と、無線 LAN に加え 3G や 4G などの通信回線も利用できる機器がある。タブレットの OS（プラットフォーム）としては、現在は iPadOS、Android、Windows が主なもので、それぞれ各種の製品が販売されている。タブレットの入力は主にタッチパネルで行うが、スマートフォンよりも画面が大きいので、操作性が良いのが特徴である。また、通信機能と Web ブラウザーを標準搭載しているため、インターネットに接続して気軽に情報を検索し利用するのに便利である。そのほかにも電子メールの送受信、内蔵カメラでの写真や動画撮影、音楽や映像コンテンツの再生など各種のアプリといわれるアプリケーションソフトが搭載されている。タブレットは、アプリをダウンロードして使用者が使いたい機能の追加が簡単に行えるため、使用者自身で機能をカスタマイズできるものも大きな特徴である。アプリには、エンターテイメント、SNS（ソーシャルネットワーキングサービス）、ミュージック、電子ブック、ゲーム、ナビゲーション、ニュース、教育など、さまざまなジャンルのものがあり、それぞれ多種多様なアプリが開発されている。

2.　Ultrabook（ウルトラブック）

2011 年ごろから販売されているノート型 PC の「ウルトラブック」は、小型・軽量で高性能を打ち出したパソコンである。インテルが第 3 世代の Ultrabook として定義している主な要件は、以下のとおりである。

①CPU は、第 4 世代の Core i シリーズプロセッサーの U シリーズ・Y シリーズを搭載。

②本体の厚みは、上限が 23mm 以下。

③バッテリーの駆動時間は、動画（HD 画質）で連続再生 6 時間以上および Windows のアイドル状態維持で 9 時間以上。

④通信は、Wi-Fi が必須。

⑤入出力端子は、USB3.0 または Thunderbolt 端子の搭載が必須。

⑥ディスプレイは、タッチパネル式のディスプレイ。

⑦音声認識機能の搭載。

なお、第 4 世代以降の Ultrabook に関する要件は、要件の複雑さなどの理由から、一般には公表されていない。

この章でのポイント *!!*

パソコンの内部の仕組み、主要構成デバイスや周辺機器などについて説明しています。よく理解しておきましょう。

キーポイントは

・パソコンの仕組み、周辺機器
・タブレットとウルトラブックの概要

キーワードは

・CPU、コア、スレッド、ROM、RAM、キャッシュメモリー、HDD、SSD、CD/DVD/BD ドライブ、キーボード、マウス、ディスプレイ、プリンター、スキャナー、アプリケーションソフト、ファームウエア
・タブレット、ウルトラブック

11章 プリンター

家庭用プリンターには、インクジェット方式、熱昇華転写方式やレーザープリンターなどの種類がある。主に使われているインクジェット方式は、一般的な文書印刷を主な用途としたものから、高精細な写真画質を目的としたものまで、さまざまな種類のプリンターで採用されている。熱昇華転写方式は、もともと業務用の高品質プリンターに使われていたが、家庭でサービスサイズのように比較的小さい写真をプリントするためのプリンターで採用されている。プリントを行う方法も、USB などのケーブルで接続して行う方法に加え、ネットワーク（有線LAN、無線 LAN など）、メモリーカードを挿入してダイレクトに印刷する方法などが用いられている。また、最近の家庭用プリンターは、プリント機能のほかにコピー機能、スキャナー機能、ファックス機能など各種の機能が搭載されているものが一般的となった。ほかにも、2次元の平面ではなく 3 次元の空間に構造物を造形する 3D プリンターもあり、各種の機器が販売されている。

11.1 インクジェット方式プリンター

インクジェット方式は、インクの粒子を紙に吹き付け印刷を行うプリンターで、家庭用のプリンターとして最も普及している方式である。インクの吹き付けは、圧電素子によりインクを吐出する方式、インクに熱を加えて生じる気泡によってインクを吐出する方式などがある。インクの粒子は、1pl～3pl（ピコリットル：1pl は 1 リットルの 1 兆分の 1）と超微細で、横×縦で 5760dpi×1440dpi や 9600dpi×2400dpi（dots per inch：1 インチあたりの点の数）の高精細で点を印刷することができる。この点が複数個集まって、1 画素ごとの画像と色を表現している。

1. 色表現

色の表現は、一般の印刷と同様で、基本的に減法混色（減色法）で使用するシアン（青緑）、マゼンタ（赤紫）、イエロー（黄）の 3 原色と黒のインクを用い、さまざまな色を表現する（図 11-1 参照）。複雑な色を表現するには、各色のインク粒子の割合を変えることにより行う。高画質な製品では、微妙な色を再現するために 3 原色と黒以外の色も加えた 6 色～10 色など、多くの色のインクを用いるものもある。

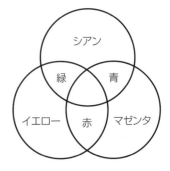

**図 11-1　減法混色（減色法）に
よるプリンターの色表現**

2. 階調

画像の最も明るい部分から、最も暗い部分までの濃度変化を階調という。プリンターの階調は、フィルム写真のように連続階調ではなく、濃度を階段状に変化させている。これは、擬似階調と呼ばれ、階段の段数を表す数字が大きいほど変化が滑らかになり、より自然な画像が表現できる（**図11-2**参照）。

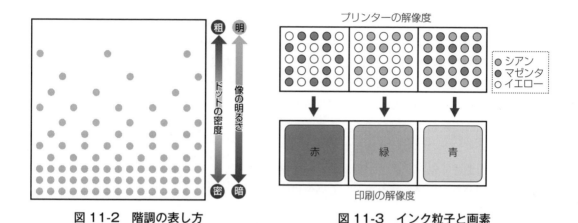

図11-2　階調の表し方　　　　図11-3　インク粒子と画素

3. 解像度

インクジェット方式のプリンターは、**図11-3**のように複数個のインク粒子（ドット）で1画素を表現している。したがって、プリンターがドットを打つ密度を示す印刷解像度（dpi）に比べ、実際に印刷紙上に印刷される画素数の密度は小さくなってしまう。一般的に印刷解像度が1440dpiのプリンターの場合、印刷される画素数の密度は1/3～1/4となり、実際の画像解像度は400画素/インチ程度である。通常のプリンターでは、印刷用紙上の画像解像度の設定は、「きれい」または「標準」、「スーパーファイン」または「ファイン」などで設定が行えるようになっている。また、高解像度の「きれい」や「スーパーファイン」などの設定をした場合には、dpi値が大きくなり多くのドットを打つため、印刷にかかる時間が長くなる。

4. 特徴

インクジェットプリンターには、次のような特徴がある。

①写真画質の高性能タイプから文章用の簡易なタイプまで、多くの種類がそろっている。

②用紙の種類は、写真画質の高性能タイプから普通紙や葉書まで、幅広く選ぶことができる。

③印刷サイズは、A4までのものが一般的だが、ポスターなどにも使用されるA3ノビまで対応しているものもある。

④パソコンを使わずに、デジタルカメラと直接USBケーブルで接続することや、メモリーカードスロットを搭載しメモリーカードのデータを直接プリントできるタイプも多い。

⑤バッテリーで使用でき、場所を選ばず使えるものもある。

⑥無線LANに対応し、複数のパソコンから無線LAN接続でプリントできる機種もある。

⑦スキャナー機能やコピー機能などを搭載した多機能のプリンターも、一般的になっている。

11.2　顔料インクと染料インク

1.　インクの特徴

　顔料インクは水に溶けない色材を使用しており、紙に浸透せず表面にインクの粒子が残る。色の分子の結び付きが強いので、色あせしにくく耐光性、耐水性、耐オゾン性に優れる。水にぬれてもあまりにじまない。一方、染料インクは水に溶ける色材を使用しており、紙に浸透しやすい特性がある。そのため印刷表面は滑らかで、光沢紙で光沢感を出す場合のように、紙の表面の質感を生かした印刷に向いている。また、鮮やかな発色を特徴としている。なお、染料インクは用紙をぬらすと、紙に浸透しているインクがにじむことがあるので注意が必要である。一般的に顔料インクのほうが保存時の安定性が良いとされるが、写真プリントなどの印刷物の保存性は、光や外気の影響あるいは印刷用紙との組み合わせによって変わる。保存性を良くするためには、どちらのインクで印刷した場合でも、できるだけ光や外気を避けて保存するのが望ましい。印刷物を展示する場合も、額に入れるなどして外気に触れないようにするのが望ましい。

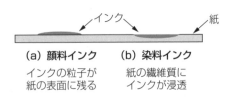

(a) 顔料インク　　(b) 染料インク
インクの粒子が　　紙の繊維質に
紙の表面に残る　　インクが浸透

図11-4　顔料インクと染料インク

2.　使用期限

　インクは溶剤に色素を分散または溶解させたもので、色素が顔料の場合は溶剤中に粒として存在し、染料の場合は溶解している。インクには製造後一定の使用期限を設けてあり、使用期限を過ぎると固まってノズルが目詰まりし、プリント不良の原因となることがある。また、ノズルの目詰まりを防ぐ方法として、ノズルクリーニングや定期的に印刷をすることが有効である。

3.　インクの補充

　インクには、「故障の原因となるので、インクの補充は絶対に行わないでください。」などと記載されている。プリンターのヘッドは、1pl～3pl（ピコリットル）と極めて微細なインク粒を正確に吐出する高精度な構造になっているので、最良の印画状態と製品性能を保つため、使用するインクはメーカー純正のものが望ましい。

11.3　熱昇華転写方式プリンター

　この方式は、インクフィルムの背面から多数の発熱素子を並べたサーマルヘッドで加熱することにより、インクフィルムのインクが昇華※して印画紙に転写される仕組みである（図11-5参照）。

※：昇華は、固体が直接気体になる現象のことである。熱昇華転写方式プリンターでは、サーマルヘッドでインクフィルムを加熱し、昇華したインクを印画紙に転写している。

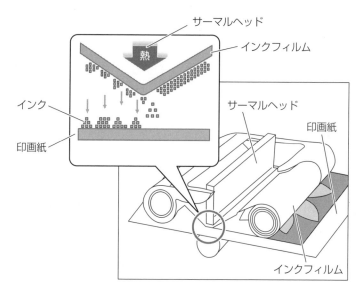

図 11-5　熱昇華転写方式プリンターの仕組み

1.　色表現

　用紙に、イエロー、マゼンタ、シアンのインクを重ね合わせ、その印画紙から反射してくる光で色の違いを表現している。例えば、青色を表現するときには、**図 11-6** に示すようにマゼンタのインクを転写し、その上からシアンのインクを重ねて転写する。この場合には、白色光の中の赤色がシアンのインクに吸収され、シアンのインクを透過した緑色と青色のうち、緑色がマゼンタのインクにより吸収される。これにより、青色の光だけが紙面で反射してくるため青色として目に映る。

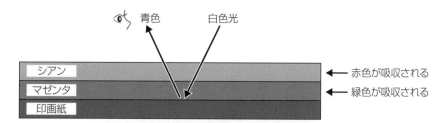

図 11-6　青色の発色の仕組み

2.　解像度

　この方式の解像度はサーマルヘッド上に並ぶ発熱体の数により決定され、300dpi 程度が一般的である。

3.　階調

　図 11-7 に示すように、サーマルヘッドの発熱素子の熱量を 256 段階に変化させて、それぞれの色に階調を設定している。3色を合わせ、約 1677 万 7 千色を表現できるプリンターが一般的である。

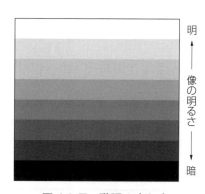

図 11-7　階調の表し方

11.4　レーザープリンター

　レーザープリンターは、レーザーを露光用の光源として利用するプリンターで、高速な印刷ができることから、主にオフィス（業務用）で使用されている。現在は、小型の機種も販売され、家庭で使用できる機種も数多く販売されるようになってきている。レーザープリンターには、黒トナーのみで印刷を行うモノクロレーザープリンターと、シアン、マゼンタ、イエローと黒の合計4色のトナーを使って印刷を行うカラーレーザープリンターがある。

1.　動作原理

（1）モノクロレーザープリンター

　図11-8は、モノクロレーザープリンターの基本的な構造と印刷のプロセスを示したものである。印刷のプロセスは、下記の5ステップにより行われる。

① 帯電

　感光ドラムの表面全体に、均一にマイナス（またはプラス）の静電気を帯びさせ、帯電させる。

② 露光

　印刷する文字や画像のデータを基に、レーザー光を感光ドラムに照射し、表面に印刷する文字や画像を描く。このとき、レーザー光が照射された部分は静電気がなくなる。

③ 現像

　マイナス（またはプラス）の静電気を帯びた黒トナーを感光ドラムに近づけ、静電気のない部分だけに黒トナーを付着させる。

④ 転写

　感光ドラムの表面に用紙を密着させ、用紙の裏面からプラス電荷（またはマイナス電荷）を与え、感光ドラム上の黒トナーを用紙に転写させる。

⑤ 定着

　黒トナーが転写された用紙に加熱と加圧を行い、黒トナーを用紙に定着させる。熱と圧力

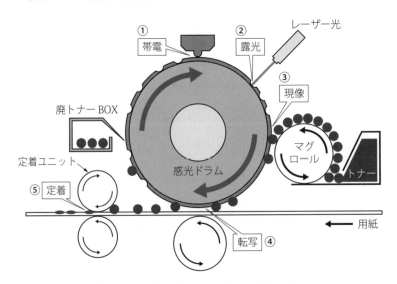

図11-8　モノクロレーザープリンター

を加える方式以外にも、光を当てて黒トナーを融着し、定着させる方法もある。

（2）カラーレーザープリンター

図11-9は、中間転写ベルトを用いた中間転写方式のカラーレーザープリンターの基本的な構造と印刷のプロセスの一例を示したものである。この方式では、イエロー（Y）、マゼンタ（M）、シアン（C）と黒（B）の4色の印刷文字や画像のデータを基に、それぞれ順番に中間転写ベルトの表面に露光、現像し、そのあと、4色のトナーの転写を一度で行い、定着させてカラー印刷を行っている。

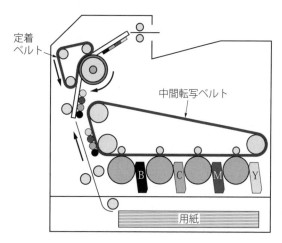

図 11-9　カラーレーザープリンター

2. 解像度

一般的に、印刷解像度が600dpiの機種が多い。高解像度が可能な機種では、1200dpiの印刷解像度のものもある。

3. 階調

レーザープリンターでは、現像時の感光ドラム表面のトナーは、付着しているかいないかの2値となる。したがって、印刷された用紙表面の画素の1つひとつは、トナーがある画素とない画素となる。中間的な濃さなど、階調表現をする場合は、プリンター自体が印刷データの階調を基に、トナーを付着させる画素と付着させない画素を作り、それらを適切に配置して表現している。この方式により、例えば、モノクロプリンターでは黒と白以外の灰色も表現できる。

一口メモ　LEDプリンター

LEDプリンターは、レーザープリンターと同様の仕組みを持つプリンターで、露光にレーザー光ではなくLED（Light Emitting Diode）の光を使用するプリンターである。一般的に、レーザープリンターはレーザー光源を走査させて露光するが、LEDプリンターは一列に並んだ複数個のLEDによって露光する。LEDを固定できるため、可動部品を削減して小型化、また動作音を小さくできる特徴がある。

11.5　印刷の方法

プリンターを用いた各種の画像や資料などの印刷方法には、さまざまな方法がある。プリンターと接続する機器、接続および印刷方法について説明する。

1.　パソコンからの印刷

　パソコンとプリンターを接続して、パソコンに保存されている画像や資料、また閲覧しているホームページなどを印刷する方法は、**表11-1**のようにLAN環境と接続形態の組み合わせにより、一般的に4種類の方法がある。LAN環境がある場合とない場合、また接続方法を無線にするのか有線にするのかにより、方法が異なってくる。プリンターを含む機器を使用する場所がどのような環境か、使用する機器がどのような機能を備えているかを確認して最適な方法を選択する。また、いずれの場合も、使用するプリンターの専用ドライバーやアプリケーションソフトウエアなどをパソコンにインストールし、プリンターとの接続設定などをする必要がある。

表11-1　パソコンからの印刷

環境	接続形態	接続方法
LAN環境がある	無線	無線LAN接続 
	有線	有線によるLAN接続 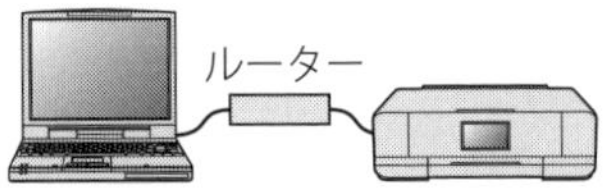
LAN環境がない（LAN環境がある場合でも可）	無線	Wi-Fi Directによる接続 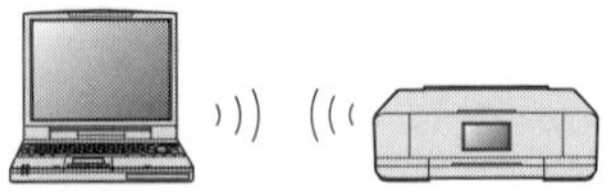
	有線	USBケーブルによる接続 

2.　タブレットやスマートフォンからの印刷

　タブレットやスマートフォンとプリンターを接続して保存されている画像や写真などを印刷する方法には、**表11-2**のように無線LANまたはWi-Fi Directで接続して印刷する方法がある。これらの方法では、印刷に使うプリンター用の専用アプリをタブレットやスマートフォ

表11-2　タブレットやスマートフォンからの印刷

接続形態	接続方法
無線LAN	無線LAN接続 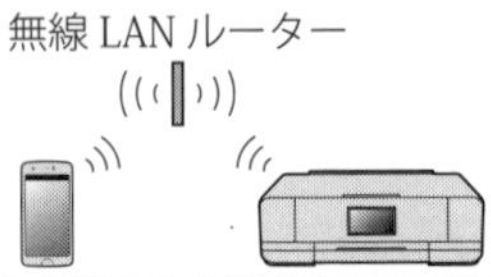
Wi-Fi Direct	Wi-Fi Directによる接続 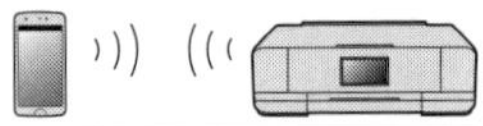

ンにインストールし、プリンターとの接続設定などを行う必要がある。

3.　デジタルカメラからの印刷

　パソコンなどを使わずに、デジタルカメラに保存されている写真などを直接プリンターと接続して印刷する方法について説明する。

（1）メモリーカードをプリンターに挿入する方法

　図11-10のように、メモリーカードスロットを備えたプリンターに、メモリーカードを挿入してプリントする。プリンターの操作ボタンを用いて、プリントする写真、枚数、プリントサイズ、用紙の種類などを選んでプリントできる。また、液晶モニターで確認しながら画像の明るさや色調補正などができる機器もある。

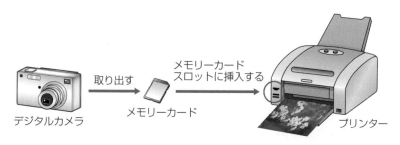

図 11-10　メモリーカードをプリンターに挿入する方法

（2）PictBridge（USB）（ピクトブリッジ USB）による方法

　図11-11のように、デジタルカメラとプリンターを USB ケーブルで接続する。デジタルカメラの液晶モニターで確認しながら操作ボタンを用いて、プリントする写真、枚数、プリントサイズ、用紙の種類などを選んでプリントできる。この方式の統一規格名称

図 11-11　PictBridge（USB）による方法

は、PictBridge（USB）などと呼ばれている。

（3）PictBridge（無線 LAN）（ピクトブリッジ無線 LAN）による方法

　Wi-Fi 機能を内蔵したデジタルカメラとプリンターの両方が PictBridge（無線 LAN）に対応していれば、図11-12のように Wi-Fi Direct や無線 LAN を使って接続し、印刷ができる。

図 11-12　PictBridge（無線 LAN）による方法

この PictBridge（無線 LAN）は、DPS over IP とも呼ばれている。この方法では、PictBridge（USB）と同様にカメラの液晶モニターで確認しながら操作ボタンにより、プリントする写真、枚数、プリントサイズ、用紙の種類などを選んでプリントができる。また、接続ケーブルが不要で、デジタルカメラからメモリーカードを抜き差ししたり、パソコンを立ち上げたりせずにプリントができる。

11.6　3D プリンター

　これまで説明してきたプリンターは、2 次元の平面に印刷をする機器についてであったが、ここからは 3 次元の空間に構造物を造形する 3D プリンターについて説明する。従来、物体の造形方法として、材料を切ったり、曲げたり、接合したりして形を作る方法や、削ることにより形を作る切削加工、また金型に樹脂を流し込んで形を作る射出成形などの方法が用いられてきた。3D プリンターによる造形方法は、これらの方法とは大きく異なり、3D データを基に薄い層を積み上げるようにして形を作る積層造形法を用いている。したがって、3D プリンターを積層造形装置という場合もある。

1.　熱溶解積層方式（FDM/FFF）の 3D プリンター

　3D プリンターの造形方法には、光造形方式、粉末焼結方式やインクジェット方式など、さまざまな方式がある。造形できるものの大きさ、寸法精度、使用できる材料、装置の価格、特徴など、それぞれの方法で違いがある。現在、業務用ではなく一般の個人向けに販売されている装置は熱溶解積層方式が主流となっているので、この方式のプリンターについて概要を説明する。

（1）積層造形の方法

　熱で溶ける樹脂を順番に 1 層ずつ積み上げて積層造形を行う。材料となる樹脂をヘッドの高温ヒーターで溶かし、溶けた樹脂を造形するステージ上の場所だけに吐出させる。樹脂は冷えることにより固まって硬化し、第 1 層の構造物が造形される。第 1 層が完成後、ステージを

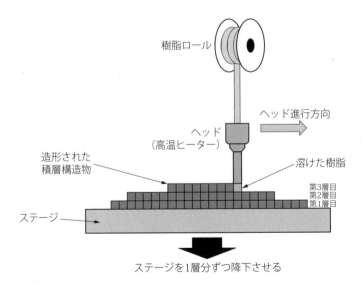

図 11-13　熱溶解積層方式

1層分降下させ、第1層と同じようにステージ上の固めたい部分だけに樹脂を吐出し、冷やして固めて第2層を作る。第3層以降も同様な方法で順番に積層造形していく。**図11-13**は、第3層を造形しているイメージを表したものである。

（2）最大造形サイズ

最大造形サイズは機種によって異なるが、一般向けの小型の3Dプリンターで高さ×幅×奥行きが、それぞれ100mm程度、やや大きな3Dプリンターで高さ×幅×奥行きが、それぞれ250mm程度である。

（3）樹脂材料

樹脂材料は、ABS樹脂やPLA樹脂などを使用する機種が多い。PLA樹脂は、ABS樹脂よりも低温で溶解し、ABS樹脂に比べて収縮も少ないため、ステージから造形物が剥がれるトラブルが生じにくい。強度はABS樹脂のほうが高いとされているが、PLA樹脂も強度が弱いわけではなく、小さな造形物であれば大きな違いはない。ただしPLA樹脂は高温には弱いので、例えば熱湯がかかるような用途などには不向きである。

（4）積層ピッチ

1層分の厚みを積層ピッチという。積層ピッチは、0.05mm ～ 0.5mm に設定できる機種が多い。積層ピッチと造形時間には関連性があり、積層ピッチが0.5mm なら、高さ50mm の物体を造形するには、50÷0.5で100層を積み重ねることになる。同じ高さ50mm の物体を造形する場合に、積層ピッチが0.05mm なら1000層積み重ねる必要がある。基本的に、積層ピッチは細かいほうが積層段差を小さくできるので、より精密な造形が可能になるが、逆に造形時間は長くなる。

（5）3Dデータのインターフェース

造形を行うには3Dデータが必要になるが、この3Dデータを3Dプリンターに取り込む方法として2つの方式がある。1つは、パソコンと接続して行う方式で、通常USBケーブルで接続する機種が多い。もう1つは、USBメモリーなどを3DプリンターのUSB端子に挿入し、画面を見ながらタッチパネルで操作する方式である。また、両方の方式を搭載した機種もある。

2.　造形の手順

造形の手順は、**図11-14**のように大きく5ステップに区分できる。各ステップで行う内容について概要を説明する。

（1）3Dデータの作成

3Dプリンターを使って造形するには、最初に3Dデータを用意する必要がある。3Dデータは、3次元形状を表現するデータを保存するファイルフォーマットとして、一般的にSTL（Standard Triangulated Language）形式で作成されることが多い。3Dデータ作成の方法は大きく分けて3つある。1つは、3D CAD（Computer Aided Design）ソフトウエアや3D CG（Computer Graphics）ソフトウエアを使って、3Dモデリングを行う方法で、各種のソフトウエ

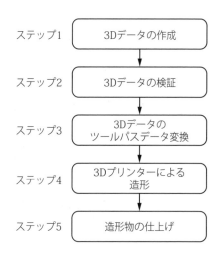

ステップ1	3Dデータの作成
ステップ2	3Dデータの検証
ステップ3	3Dデータの ツールパスデータ変換
ステップ4	3Dプリンターによる 造形
ステップ5	造形物の仕上げ

図11-14　造形の手順（5ステップ）

アが利用可能である。2番目の方法は、3Dデータ共有サイトなどから3Dデータをダウンロードする方法であるが、造形したいものの3Dデータが公開されているとは限らないので、造形対象については制約がある。3番目の方法は、3Dスキャナーを使用して対象物の3Dデータを作成する方法で、最近はハンディタイプの各種3Dスキャナーが販売されている。ただし、対象物の正確な3Dデータを得るには、スキャン後に3Dモデリングソフトウエアで修正する作業が必要となる。また、3Dプリンターに3Dスキャナー機能を搭載した複合機もある。大きな構造物はスキャニングできないが、3Dプリンターのワークエリアに収納できる大きさの構造部を3Dでスキャニングして3Dデータを作成することが可能である。

(2) 3Dデータの検証

　作成したSTL形式の3Dデータが不具合なく3Dプリンターで造形できるか検証するのが、この3Dデータ検証のステップである。検証には、3Dチェックソフトウエアを使用する。このソフトウエアは業務用向けの高価なものが多いが、個人で使用可能な「MoNoGon」などもある。3Dデータ作成後すぐに造形するのではなく、このような3Dデータチェックソフトウエアで検証することで、造形時に意図どおりのものが作成できないなどの失敗を防ぐことができる。

(3) 3Dデータのツールパスデータ変換

　3Dデータは3次元形状を表現したデータであるが、これを積層の1層ずつにスライスして3Dプリンターのヘッドを動かす経路データ（パスデータ）に変換するのが、3Dデータのツールパスデータ変換のステップである。この変換にも、専用のソフトウエアが必要となる。一般的に、データ変換時に1層の積層ピッチや造形物の固定部分（サポート部）の有無、造形密度などを設定することができる。

(4) 3Dプリンターによる造形

　パソコンと3DプリンターをUSB接続して造形を行う機種では、パソコン側で専用の3Dプリンター制御ソフトウエアを動作させて造形を行う。機種によっては、この専用3Dプリンター制御ソフトウエアにツールパスデータ変換機能も盛り込まれているものもある。また、USBメモリーなどを挿入できる3Dプリンターでは、ツールパスデータをUSBメモリーなどから読み込ませて、3Dプリンターの画面を見ながらタッチパネルで操作して造形を行う。

(5) 造形物の仕上げ

　熱溶解積層方式では、ステージの上に造形物が作成されるため、造形物を固定するための固定部分（サポート部）も作成される。造形後は、この固定部分を切除し造形物のみにすることが必要である。また、積層により生じる造形物の表面の段差が目立つのであれば、表面を磨くかパテで埋めるなどの仕上げをすることも必要である。

3.　3D造形サービス

　3Dプリンターで造形を行う方法として、3Dプリンターによる造形サービスを利用する方法がある。この造形サービスについては、現在各種のサービスが提供されている。この方法では、造形手順の第1ステップの「3Dデータの作成」を自分で行い、そのあとのステップを3D造形サービスに依頼し造形物を作成してもらうなど、各種のサービス形態がある。この3D造形サービスを利用することにより、3Dプリンターを所有しなくても3D造形が行える。また、造形物に合わせて、寸法精度、造形物の大きさ、材料などを適切に選択できるなどの利点がある。

この章でのポイント *!!*

インクジェット方式をはじめとする各種プリンターの仕組みと特徴、またインクジェット方式のプリンターに使用されるインクの種類と特徴などについて説明しています。また、3D プリンターについて、3D 造形の手順などについても説明しています。よく理解しておきましょう。

キーポイントは

- インクジェット方式、熱転写型プリンターおよびレーザープリンターの仕組みと特徴
- インクジェット方式のインクの種類と特徴
- パソコン、スマートフォンやデジタルカメラなどからの印刷
- 3D プリンター、3D 造形の手順

キーワードは

- 階調、解像度、dpi、サーマルヘッド、トナー
- 顔料インク、染料インク
- PictBridge（USB）、PictBridge（無線 LAN）、Wi-Fi Direct による接続
- 3D プリンター、積層造形法、熱溶解積層方式（FDM/FFF）、3D データ（STL 形式）、3D スキャナー

12章 電話

電話は1876年にグラハム・ベルによって発明され、その利便性から世界的に普及し、社会生活における必需品になった。日本国内では、1890年に初めて電話サービスが開始された。当初は手動式交換接続のアナログ方式であったが、その後1927年に電話交換接続は自動に、さらに1970年にはデジタル交換式になった。そして、1985年には通信事業が民営化され、多種多様な電話機や各種のサービスが提供され始め、2020年には5G（第5世代移動通信システム）の商用サービスが開始された。電話機の持つ基本機能は、電話をかける（発信）、受ける（受信）、話す（通話）の3つであるが、携帯電話やスマートフォンには通信機能も備わっており、インターネットなどを通じて各種のデータの伝送ができる。特にスマートフォンは、さまざまなアプリを利用して機能を拡張できるため、外出先からでもメールや動画配信など、さまざまなサービスの利用が可能になり、利便性が飛躍的に向上している。

12.1 電話回線

固定電話の電話回線には、ダイヤル回線とプッシュ回線の2種類がある。ダイヤル回線はパルス回線、プッシュ回線はトーン回線またはPB回線ともいわれる。

1. ダイヤル回線

ダイヤル回線は、回転ダイヤルを回してパルスを発生させる「回転型」、ボタンを押してパルスを発生させる「ボタン型」の電話機で使われている。回転型では、ダイヤルがプツプツという音とともに元に戻るときに、選んだ数字と同じ数のパルス信号を送る。ボタン型では、数字ボタンを押すと、それと同じ数のパルス信号を送る。つまり、ダイヤル「1」は1回、ダイヤル「2」は2回のパルス信号を送る。ただし、ダイヤル「0」では10回パルス信号を送る。1秒に10回のパルスを出すのが10PPS（Pulse Per Second）方式、20回のパルスを出すのが20PPS方式である。したがって、数字の「0」を送るのに10PPS方式では1秒、20PPS方式では0.5秒かかる（**図12-1**参照）。

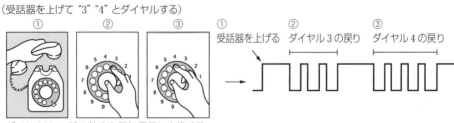

図12-1　ダイヤル回線とパルスの発生

2.　プッシュ回線

この回線では 2 つの周波数を用い、ダイヤルの数字ごとに組み合わせた信号音（ピッポッ音）を送出する。これを DTMF（Dual Tone Multi Frequency）信号という。単にトーン信号とも呼ばれる（図12-2 参照）。トーン信号を送出する時間は、ダイヤル回線方式より速い。またこの回線では、「＊」や「＃」のボタンを用いて、下記のような通称プッシュホンサービスという機能が利用できる。

①外出先から留守番電話機へリモコン操作
②チケット予約
③預金残高照会など

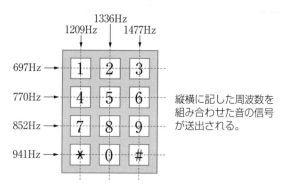

図 12-2　DTMF の仕組み

縦横に記した周波数を組み合わせた音の信号が送出される。

3.　回線の設定

（1）自動設定

接続する電話回線の種類に応じて、電話機側で 10PPS、20PPS、PB のいずれかに回線設定をすることが必要である。これが正しく行われないと、着信はできるが発信ができない。現在の電話機は、受話器と本体、本体と回線をそれぞれモジュラーケーブルで接続したあとに電源に接続すると、自動的に回線設定を行う仕組みになっている。先に電源に接続すると、回線設定が正しく行われないので、その場合は最初から接続をやり直す必要がある。

（2）手動設定

接続する電話回線の種類が分かっている場合には、上記の自動設定でなく、手動設定で 10PPS、20PPS や PB に設定することも可能である。

4.　ISDN（Integrated Services Digital Network）

ISDN とは、デジタル通信の国際標準規格であり、世界共通の名称である。日本語では「サービス総合デジタル網」と呼ばれ、静止画や音声、動画、コンピューター間の通信などをアナログ通信網より高速に送受信できるデジタル通信網のことを表す。アナログ通信網は音声通信を基本としてきたが、非音声通信も 1 つの通信網で総合的にできるようにしたものが ISDN である。しかし、アナログ電話回線で高速、常時接続、定額料金のインターネット接続の可能な ADSL の普及、さらに CATV や FTTH（光回線）も含めたブロードバンドインターネット接続による IP 電話への移行が増加したため、個人での ISDN 加入者は減少している。また、NTT 東日本と NTT 西日本は、2025 年をめどに一般加入の電話回線網を IP ネットワークによる電話回線網（NGN：Next Generation Network）に移行する方針で、各種の取り組みを進めている。

12.2　家庭用電話機

1.　種類

家庭用電話機を分類すると、次の5種類に分けられる。

(1)　単独電話機

(2)　留守番電話機

(3)　デジタルコードレス電話機

(4)　ホームテレホン

(5)　ファクシミリ電話機

2.　特徴

家庭用電話機のそれぞれの特徴は、次のとおりである。

(1)　単独電話機

通信回線は1回線であり、相手との通話を目的としたシンプルな機能を基本に、短縮ダイヤルや保留機能などを持っている。

(2)　留守番電話機

単独電話機に留守録音機能を搭載したもので、半導体メモリーに記録するものが一般的である。外部から指示信号を送ることにより、留守録音で記録された用件を聞くことができる。留守番転送を設定しておけば留守録音を、1件ごとにあらかじめ登録した短縮指定先に知らせる機能を持つものもある。

(3)　デジタルコードレス電話機

デジタル方式のコードレス電話機として、1995年にPHSを家庭モードとして使用した商品が発売された。その後、第2世代小電力データ通信システムと呼ばれる2.4GHz帯を使用したデジタルコードレス電話機へと進化し、デジタル化が急速に進展した。2.4GHz帯を使用したデジタル方式は、親機と子機の通話に2400MHz～2483.5MHzを使用している。デジタル方式の規格には、周波数間隔やチャンネル数に関する規定がないため、メーカーが独自に周波数間隔やチャンネル数を設定している。現在では、2.4GHz帯のデジタルコードレス電話との互換性はないが、1.9GHz帯を用いたDECT (Digital Enhanced Cordless Telecommunications) 準拠方式のコードレス電話が一般的になった。2.4GHz帯のデジタルコードレス電話は、同じ周波数帯を使用する無線LANや電子レンジなどとの電波干渉により雑音が入ることや、音声がとぎれることがあったが、1.9GHz帯を用いたDECT準拠方式コードレス電話機では、一般的に、それらの機器からの影響を受けない。逆に、DECT準拠方式コードレス電話機の使用時に、110度CSデジタル放送の一部の局でブロックノイズや画面が映らないなどの症状が出ることがある。これは、110度CSデジタル放送のアンテナ伝送路にDECT準拠方式コードレス電話機の電波が混入しているケースで、このよう場合には、BS/CS110度デジタル放送の受信設備に対してシールド効果の高いCS・BSデジタル放送用の機器を使用することで、症状軽減が期待できる。

（4）ホームテレホン

　ホームテレホンは、家庭内の複数の電話機器、ドアホン、セキュリティ機器を含めてシステムとしてまとめたものである。特徴としては、外部との通信回線は2回線まで可能で、家庭内の電話端末機器を8セット程度まで接続できる。家庭内での電話機相互の呼び出し通話も可能になっている。

3.　IP電話

　IP電話は、インターネットで利用される通信プロトコルのIP（Internet Protocol）を利用した電話サービスである。通話音声をデジタルデータに変換し、パケット単位に分割してIPネットワーク上に送信し相手との通話を行う。一般加入電話のように距離に応じて料金が高くならず、同一事業者のIP電話同士の通話であれば無料になるケースが多い。初期のIP電話では、「050-」から始まる専用番号が付与されており、110番や119番などの緊急電話、0120（フリーダイヤル）などの付加サービスへの通話、停電時の通話などができなかった。しかし現在では、ケーブルTV回線や光ファイバー回線などを利用して、一般加入電話と同じように使用できるIP電話サービスが広く普及してきている。このようなIP電話サービスでは、一般加入電話と同じ市外局番から始まる番号での利用が可能で、通話品質も一般加入電話と同等の音声品質を実現している。ただし、停電時には緊急電話を含むすべての通話ができなくなる。現在、IP電話サービスには各種のサービスがあり、IP電話サービス利用時には事業者に詳細について確認する必要がある。

12.3　ファクシミリ

　電話回線を用いて文字や絵を送受信する機器で、1843年にアレキサンダー・ペインにより基本原理が考案された。1968年にITU（International Telecommunications Union、国際電気通信連合）による国際標準化によって、一般の電話回線に解放され普及した。また、ファクシミリの通信プロトコルはITU（国際電気通信連合）により標準化されているため、国内外を問わずファクシミリの通信が可能である。

1.　仕組み

　ファクシミリの基本動作は、**図12-3**に示すように、送信原稿の読み取り、信号処理、送信、受信、信号処理、印刷である。

2.　規格

　ファクシミリには、**表12-1**に示すようにITUにより定められた国際標準規格によりグループが設定されている。

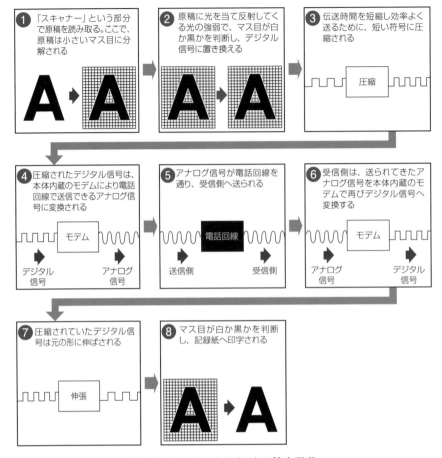

図12-3　ファクシミリの基本動作

表12-1　ファクシミリの規格

グループ	伝送時間（A4原稿1枚あたり）	回線種
G1	約60秒	アナログ
G2	約30秒	アナログ
G3	約20秒	アナログ
スーパーG3	数秒程度	アナログ
G4	数秒程度	デジタル注

注：G4はアナログ回線では接続できないので、デジタル回線で使用する

12.4　スマートフォンと通話・通信

　携帯電話サービスは、1979年に800MHz帯の電波を使用したアナログ方式により開始され、1993年にはデジタル方式が導入された。技術開発により進歩してきた順に、アナログ方式を第1世代、デジタル方式を第2世代、高速化されたデジタル方式を第3世代移動通信システムと呼ぶ。これらは、1G（1st Generation）、2G（2nd Generation）、3G（3rd Generation）ともいわれる。現在では、LTEやLTE-Advancedによる第4世代となる4G（4th Generation）

や第5世代となる5G（5th Generation）の通信サービスが行われている。ここでは、主にスマートフォンおよび通話、通信の概要について説明する。

1.　スマートフォンの特徴

　携帯電話にパソコンの機能を統合し、通話や通信機能のほかに各種機能をカスタマイズして柔軟に使用できるようにしたモバイル機器を、一般的にスマートフォンと呼んでいる。タッチパネル式の液晶ディスプレイや有機ELディスプレイを備え、入力は主にタッチパネルで行う。スマートフォンに使われているOSはAndroidとiOSが主流である。スマートフォンは、Webブラウザを内蔵しており、インターネットに接続して気軽に情報を検索し利用することができる。そのほかにも電子メールの送受信、内蔵カメラでの写真や動画撮影、音楽や映像コンテンツの再生、GPSなど各種の機能が内蔵されている。さらにワンセグやフルセグのテレビ受信、防水、おサイフケータイ、電子決済、4K動画撮影、ハイレゾ音源の再生など、特徴のある機能を搭載しているものもある。また、それぞれのOSに対応したアプリをダウンロードして使用者が使いたい機能を簡単に追加することが可能で、スマートフォンの機能を使用者がカスタマイズできるのが特徴である。アプリの代表的なものとしては、SNS（ソーシャルネットワーキングサービス）の1つである「Facebook」、メールや電話ができる「LINE」、短文を投稿できる情報サービスの「Twitter」、撮影した写真や動画を簡単に編集し投稿できる「Instagram」などがある。そのほかにも、エンターテイメント、動画・静止画、ミュージック、電子ブック、ゲーム、ナビゲーション、天気、ニュース、地図、電車の時刻表など、さまざまな利便性の高いアプリが開発されスマートフォンで利用されている。

2.　3G（第3世代移動通信システム）

　3G（第3世代移動通信システム）には、日欧が提案したW-CDMA方式と米国が提案したcdma2000方式の2種類があり、いずれもITUによりIMT-2000標準として制定された。日本国内では、両方式が採用されている。

（1）CDMA2000（Code Division Multiple Access 2000）

　CDMA2000の規格には、数種類の技術仕様がある。その中で、CDMA20001xは、最大通信速度144kbpsである。CDMA20001xEV-DOは、最大通信速度2.4Mbpsで、動画や音声などの通信に対応している。KDDI㈱が提供しているauの通信サービスで、この方式が採用されている。なお、4Gの普及および3G通信サービスの利用者数の減少などの理由により、2022年3月末でサービスを終了した。

（2）W-CDMA（Wideband Code Division Multiple Access）

　㈱NTTドコモやスウェーデンのEricsson社などが開発した、通信方式である。最大通信速度2Mbpsで、動画や音声などの通信に対応している。㈱NTTドコモおよびソフトバンク㈱の通信サービスで、この方式が採用されている。なお、㈱NTTドコモは2026年3月末で、ソフトバンク㈱は2024年1月下旬にサービスを終了する予定となっている。

3.　4G（第4世代移動通信システム）/LTE（Long Term Evolution）

　LTEは、3G（第3世代移動通信システム）の次の世代の携帯電話の通信方式の規格で、規格上は3.9Gであるが、一般的には4G（第4世代移動通信システム）として扱われている。

LTEの通信規格で最も高度な仕様では、理論上の最高通信速度が下り方向（基地局→端末）で100Mbps以上、上り方向（端末→基地局）で50Mbps以上である。

4. 4G（第4世代移動通信システム）/LTE-Advanced

LTE-Advancedとは、LTEと技術的な互換性を保ちながら、通信を高速化する通信規格である。最高速度の仕様では、理論上の最大通信速度が下り方向で3Gbps、上り方向で1.5Gbpsである。この高速化を実現する技術として、キャリアアグリゲーションやMIMO（Multiple Input Multiple Output）などが利用されている。また、LTE-Advancedに対応した基地局は、基本的にLTEによる通信も可能で、4Gが利用できるエリアの広がりとともに、より高速な通信サービスが可能になった。

（1）キャリアアグリゲーション

キャリアアグリゲーションとは、LTEで使用されている電波の周波数帯のうち、異なる複数の周波数帯をまとめて同時に使用することにより、通信の高速化を可能にする技術である。その仕組みについて、LTEで使用されている電波の800MHz帯と2.1GHz帯を例に、最大通信速度が75Mbpsの場合について説明する。キャリアアグリゲーションを使用しないLTEでは、**図12-4**のように800MHz帯および2.1GHz帯のどちらか一方の周波数帯を利用している。この場合の受信時の最大通信速度は75Mbpsである。これに対し、キャリアアグリゲーションを使用したLTE-Advancedでは、**図12-5**のように複数の周波数帯（この場合は、800MHz帯と2.1GHz帯の両方）を利用することにより、通信速度を向上させることができる。この場合の受信時の最大通信速度は、理論上、キャリアアグリゲーションを使用しない場合に比べ、2倍の150Mbpsになる。

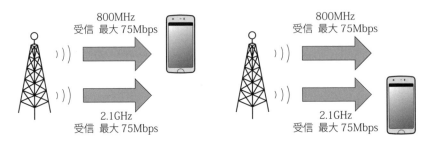

図12-4 キャリアアグリゲーションを使わないLTE

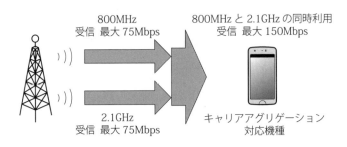

図12-5 キャリアアグリゲーションの例

（2）MIMO（Multiple Input Multiple Output）

MIMO（マイモ）とは、基地局とスマートフォンなどの端末で複数のアンテナによる複数の

通信経路使って同じ周波数帯で同時に通信することで、データ通信速度の高速化を可能にする技術である（図12-6参照）。LTE-Advancedでは、基地局と端末に各4本のアンテナ、または各8本のアンテナを使う方法が採用されている。これにより複数の通信経路を同時利用できるので、理論的に4本のアンテナの場合には、1本のアンテナに比べて4倍の通信速度で通信が可能になる。1本のアンテナによる最大通信速度を75Mbpsとすると、4本のアンテナを使う場合の最大通信速度は、理論的に4倍の300Mbpsになる。LTE-Advancedでは、キャリアアグリゲーションやMIMOなどの技術を組み合わせて、通信の高速化を実現している。

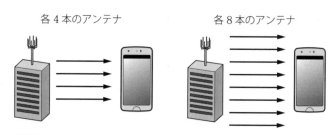

図12-6　MIMOの例

5.　携帯電話の接続の仕組み

　携帯電話やスマートフォンは、一定の頻度で基地局から位置情報を受信し、機器の位置を常に登録している。携帯電話から携帯電話への接続は、位置登録エリアの交換局を経由し、通話する相手側の基地局から相手側携帯電話を呼び出して行われる。携帯電話やスマートフォンからNTT固定電話への接続は、位置登録エリアの交換局から、複数交換局を接続する中継基地である関門局を経由し、固定電話を呼び出して行われる（図12-7参照）。

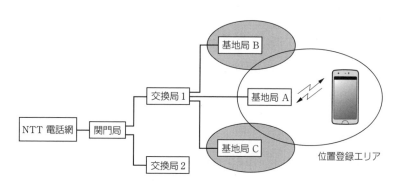

図12-7　携帯電話の接続の仕組み

6.　周波数帯とバンド

　携帯電話やスマートフォンなどで使用される電波の周波数帯は、携帯電話の通信方法などの規格標準化を行っている3GPP（3rd Generation Partnership Project）の「ST 36.101」の技術仕様で規定されている。この規定では、4G（3.9GのLTEも含む）で使用される周波数帯をバンドとして定めており、各国でそれぞれの移動体通信事業者がその国の事情に応じてそれぞれのバンドを利用している。日本における各移動体事業者が使用している4Gの周波数帯とバン

ドは、表12-2のとおりである。また、3Gの周波数帯とバンドは、表12-3のとおりである。

表12-2　4G（3.9GのLTEも含む）の周波数帯とバンド

周波数帯 / 移動体通信事業者	700MHz帯	800MHz帯		900MHz帯	1.5GHz帯		1.7GHz帯	2.1GHz帯 (2.0GHz帯)
	バンド28	バンド18/26	バンド19	バンド8	バンド11	バンド21	バンド3	バンド1
NTTドコモ	○		○			○	○	○
KDDI（au）	○	○			○		○	○
ソフトバンク（Y!mobile含む）	○			○			○	○
楽天モバイル							○	

表12-3　3Gの周波数帯とバンド

周波数帯 / 移動体通信事業者	800MHz帯		900MHz帯	1.7GHz帯	2.1GHz帯 (2.0GHz帯)
	バンドクラス0	バンド6/19	バンド8	バンドクラス6	バンド1
NTTドコモ		○			○
KDDI（au）	○			○	
ソフトバンク（Y!mobile含む）			○		○

7. SIMカード（Subscriber Identity Module カード）

(1) SIMカードとは

　3G以降の携帯電話やスマートフォンには、一般的にSIMカードと呼ばれる抜き差し可能なICカードが使われている。正確には、3GのW-CDMAで使われるのがUSIMカード、またCDMA2000で使われるのがR-SIMカードで、両者を合わせてUIM（User Identity Module）カードとなっている。また、各移動体通信事業者により呼び方も異なっている。ただし、一般的にはSIMカードと呼ばれているので、この参考書でもSIMカードを用いる。SIMカードには、SIMカードに付与された固有番号、携帯電話番号や契約者を識別する情報などが保存されている。機種変更を行う場合、以前は携帯端末に直接契約情報を書き込む方式であったが、SIMカードを差し替える方式になったことにより、機種変更も容易にでき、また、複数の携帯端末を使い分けたりすることもできるようになった。便利な反面、SIMカードを紛失した場合や盗難にあった場合などは、他の携帯電話やスマートフォンで使用できてしまうことから、あらかじめPINコード※の設定を行ってSIMカードのセキュリティを保つことができるようになっている。SIMカードのサイズの種類は、図12-8のように携帯端末の小型化に合わせ、大きさの異なる標準SIMカード（15mm×25mm）、microSIMカード（12mm×15mm）およびnanoSIMカード（8.8mm×12.3mm）の3種類がある。なお、標準SIMカードはminiSIMカードと呼ばれることもある。

※：PINコードは、SIMカードに設定する暗証番号のこと。「PIN1コード」と「PIN2コード」の2種類がある。

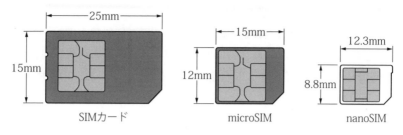

図 12-8 SIM カードの種類

（2）データ通信 SIM と音声通話 SIM

　SIM カードには、大きく分けてデータ通信 SIM と音声通話 SIM の 2 種類がある。データ通信 SIM は、データ通信専用の SIM で、主にインターネットなどに接続してデータの受信・送信を行う SIM カードである。このデータ通信 SIM には、SMS（Short Message Service）を利用できる SMS 付きデータ通信 SIM もある。音声通話 SIM は、IP によるデータ通信に加え音声通話もできる SIM カードで、080、090、070 で始まる携帯電話番号を持つ SIM カードである。

（3）SIM ロックと SIM フリー

　スマートフォンなどの携帯端末には、SIM ロック携帯端末と SIM フリー（SIM ロックフリー）携帯端末の 2 種類がある。基本的に SIM ロック携帯端末とは、契約した特定の移動体通信事業者の SIM カードしか利用できない携帯端末のことをいう。ただし、この特定の移動体通信事業者の無線通信インフラを借り受けて使用している MVNO（仮想移動体通信事業者）の SIM カードも利用が可能である。逆に SIM フリー携帯端末とは、特定の移動体通信事業者の SIM カードに限定された状態ではない携帯端末のことをいう。

8. eSIM（embedded Subscriber Identity Module）

　eSIM は、スマートフォンなどの機器本体に組み込まれる SIM である。SIM カードは情報が書き込まれたものをスマートフォンに装着して使用するが、eSIM はインターネットなどの通信を使用して eSIM の情報を書き換えできるのが大きな特徴である。これにより、使用状況に応じて通信サービスなどを提供する通信事業者を変更したり、海外で現地の通信事業者と短期契約して通信サービスを利用したりできる。現在では eSIM を登載するスマートフォンも増加し、eSIM を利用する各種のサービスが今後さらに広がると推察される。

9. プラチナバンド

　携帯電話やスマートフォンは、各種の周波数帯の電波を利用している。過去から主に使用されてきた周波数帯の 1.5GHz ～ 2.1GHz 帯に比べ、それよりも低い UHF（極超短波）の 700MHz ～ 900MHz 帯のことを一般的にプラチナバンドと呼んでいる。プラチナバンドの 700MHz ～ 900MHz 帯の電波は、1.5GHz を超える電波に比較して、コンクリート壁を透過しやすく、また障害物を回り込む性質が強いといった特徴がある。これらの特徴から、ビルの内部、建物などが障害物になっていて電波が届きにくかった場所でも、1.5GHz ～ 2.1GHz 帯を利用する場合に比較して電波が届きやすく、つながりやすくなるといわれている。そのため、利用価値が高いということから、プラチナバンドと呼ばれるようになった。プラチナバンドの 800MHz

帯、900MHz帯での3Gや4Gなどの通信サービスが行われている。700MHz帯は、FPU（Field Pickup Unit、放送事業者が移動中継に使用する可搬型無線中継システム）やラジオマイクなどで使用されているため、これらの機器が使用する周波数帯の移行、また携帯電話用に700MHz帯を使用した場合に発生する可能性がある地上デジタル放送の受信障害対応のため、地域ごとに順次700MHz帯のプラチナバンドの利用が進められている。

10.　VoLTE

　VoLTEとはVoice over LTEの略で、データ通信用に開発されたLTEを利用し、音声をデータ（IPパケット）化して通話を行う、主にスマートフォン向けに行われているサービスである。通話時の音声周波数帯域が、第3世代（3G）の約300Hz～3.4kHzに比べて約50Hz～7kHzと広く、高音域までクリアで聞き取りやすく高音質な通話が可能である。このVoLTEによる高音質な通話を行うためには、両方のスマートフォンがVoLTEに対応していることが必要である。

11.　VoLTE（HD＋）

　NTTドコモなどでは、VoLTEよりもさらに通話時の音声周波数帯域の広い音声通話サービスであるVoLTE（HD＋）のサービスを実施している。3G（第3世代）、VoLTEおよびVoLTE（HD＋）では、それぞれ音声データ符号化プログラムが異なっている。VoLTEは、3G（第3世代）のAMR-NB（Adaptive Multi-Rate Narrow Band）より高音質なAMRWB（AMR Wide Band）を採用しているが、VoLTE（HD＋）では、さらに高音質のEVS（Enhanced Voice Service）を採用している。これにより、VoLTE（HD＋）では通話時の

音声周波数帯域が**図12-9**のように、約50Hz～14.4kHzとVoLTEに比べて2倍以上に拡大している。VoLTE（HD＋）は通話時の伝送データ量は増えるが、より自然な肉声に近い音質で通話できる。なお、VoLTE（HD＋）を利用した音声通話を行うためには、両方のスマートフォンがVoLTE（HD＋）に対応している必要がある。また、一般的に異なる通信事業者のVoLTE（HD＋）対応スマートフォンとは、VoLTE（HD＋）による音声通話を行うことができない。

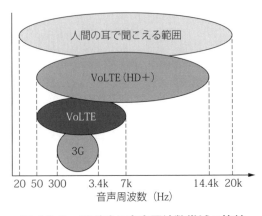

図12-9　通話時の音声周波数帯域の比較

12.　MVNOとMNO

　仮想移動体通信事業者は、MVNO（Mobile Virtual Network Operator）とも呼ばれ、携帯電話やスマートフォンなどの無線通信インフラ（無線通信回線設備）を移動体通信事業者から借り受けて、音声通信やデータ通信のサービスを提供する事業者のことをいう。また、MVNOに無線通信インフラを提供する事業者である移動体通信事業者は、MNO（Mobile Network Operator）と呼ばれ、㈱NTTドコモ、ソフトバンク㈱やKDDI㈱などがこれに該

当する。

13.　MVNOと通信サービス

　MVNOが提供する通信サービスは、当初データ通信サービスが主体であったが、データ通信に加え音声通話を含めた各種の契約プランが提供されるようになり、ショートメッセージサービス（SMS）などを利用できる契約プランなどもある。基本のデータ通信の契約プランは、通信容量の上限が1GB/月程度から20GB/月や無制限など、さまざまな契約プランがある。このMVNOの通信サービスを利用するには、希望するMVNOとサービスプランの契約をしてSIMカードを入手するとともに、このSIMカードを装着して利用できるSIMフリーのスマートフォンなどを入手することが必要である。なお、MVNOの通信インフラで使われる各種周波数帯域や方式の違いにより、SIMフリーのスマートフォンであっても利用できない場合がある。また、SIMロックされたスマートフォンでも、MVNOが使用する通信インフラによっては使用が可能なため、契約前に使用できる機器について確認しておく必要がある。

14.　デュアルSIMスマートフォン

　一般的なスマートフォンではSIMカードを1枚装着するが、SIMカードを同時に2枚装着できるデュアルSIMスマートフォンが販売されている（**図12-10**参照）。また、1枚のSIMカードを本体に装着し、別のSIMは本体内蔵のeSIMを使うデュアルSIMスマートフォンもある。このデュアルSIMスマートフォンは、データ通信用SIMと音声通話SIMの2つのSIMを利用することや、MNOやMVNOが提供する各種のデータ通信や通話サービスを組み合わせて利用できる。

　デュアルSIMスマートフォンには4種類の方式がある。それぞれ特徴が異なるので、使い方に合わせ適切な機種とデータ通信や通話サービスを選択する必要がある。以下は、2枚のSIMカードを装着するデュアルSIMスマートフォンを例に、4種類の方式についての説明である。

2枚の
SIMカード

図12-10　デュアルSIMスマートフォンの例

(1) DSSS（Dual SIM Single Standby、デュアルSIMシングルスタンバイ）
　特　徴：スマートフォンに装着した2枚のSIMカードのうち、どちらか片方のSIMを有効にすることができる方式である。したがって、有効にしているSIMの電話番号でのみ電話を受けることや、データ通信が可能である。
　注意点：利用するSIMを手動で切り替えなければならず、有効になっていない片方のSIMは電話の着信を受けることもデータ通信もできない。別のSIMを利用したい場合には、その都度切り替えが必要である。

(2) DSDS（Dual SIM Dual Standby、デュアルSIMデュアルスタンバイ）
　特　徴：前述のDSSS方式のように手動でSIMを切り替える必要がなく、どちらのSIMの電話番号に電話の着信があっても電話を受けることが可能である。また、片方のSIMでデータ通信を行っている間に、もう片方のSIMで電話の着信を受けること

ができる。

注意点：片方の SIM で通話を行っている間は、もう片方の SIM カードでデータ通信することはできない。また、2つの SIM で同時に通話することはできない。4G を使用できるのはどちらか一方の SIM のみで、もう片方は 3G となる。

(3) DSDV（Dual SIM Dual VoLTE、デュアル SIM デュアル VoLTE）

特　徴：DSSS 方式のように手動で SIM を切り替える必要がなく、どちらの SIM の電話番号に電話の着信があっても電話を受けることが可能である。また、片方の SIM でデータ通信を行っている間に、もう片方の SIM で電話の着信を受けることができる。DSDS とは異なり、両方の SIM が 4G で使用可能である。

注意点：片方の SIM で通話を行っている間は、もう片方の SIM カードでデータ通信することはできない。また、2つの SIM で同時に通話することはできない。

(4) DSDA（Dual SIM Dual Active、デュアル SIM デュアルアクティブ）

特　徴：DSSS 方式のように手動で SIM を切り替える必要がなく、どちらの SIM の電話番号に電話の着信があっても電話を受けることが可能である。また、片方の SIM で通話しながら、もう片方の SIM でデータ通信を行うこともできる。

注意点：2つの SIM で同時に通話することはできない。

一口メモ　IoT および M2M 向け電話番号「020」

　電気通信事業者の㈱ NTT ドコモ、ソフトバンク㈱および KDDI ㈱は、2017年10月から IoT 機器や M2M（Machine to Machine）向けの電話番号として「020」で始まる11桁の電話番号の提供を開始した。この「020」で始まる電話番号は IoT 機器同士などのデータ通信用途に特化した電話番号で、約8000万の電話番号が割り当てられた。しかし、IoT 機器の普及拡大に伴い使用可能な番号が枯渇する見通しとなったため、新たに「020-0」で始まる14桁の番号が割り当てられることになり、2021年12月より提供が開始された。これにより約100億の電話番号が IoT 機器の普及に対応して利用できるようになった。

15.　5G（第5世代移動通信システム）

　あらゆるものが通信ネットワークにつながる IoT（Internet of Things）の活用や機器間接続といわれる M2M などによる通信端末の飛躍的な増加、また 4K 映像や 8K 映像に代表される通信ネットワークを使って提供されるコンテンツの高画質化や高音質化などによって通信データ量の大幅な増加が見込まれている。また、遠隔医療のように遠く離れて設置された機器をタイムラグ（遅延）なく操作を可能にする要求などの増加も予想される。この状況に対応するため、次世代の移動通信システムとして、さらに技術を進化させた 5G の商用サービスが 2020年から開始された。

（1）主要な性能要素

5G の主要な性能要素は、以下のとおりである。

① 超高速（データ伝送速度の高速化）

LTE に比較して、100 倍程度のデータ伝送速度を使用者が体感できること。すなわち、最大データ伝送速度 10Gbps 以上の実現

② 超低遅延（低遅延化）

M2M や拡張現実（AR：Augmented Reality）などに用いられるリアルタイム制御などのために、ほぼ体感的に遅延時間ゼロともいえる、遅延時間 1msec 以下の実現

③ 多数同時接続（多数端末の同時接続）

通信端末の増加に対応し、LTE と比較して 100 倍以上の同時接続と通信の安定性確保の実現

④ 大容量化

LTE に比較して、同一面積あたりで 1000 倍以上の通信システム容量の大容量化

⑤ 低コスト・省電力化

低コスト化を図るとともに環境に配慮し、高い性能でありながら省電力化した移動体通信システムの実現

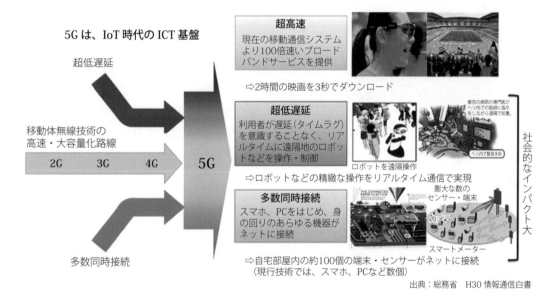

図 12-11　5G の概要

（2）5G の周波数帯

図 12-12 は、2019 年に各移動体通信事業者に対して割り当てられた 5G の周波数帯である。各移動体通信事業者は、それぞれ割り当てられた周波数帯を使用して 5G を利用できるエリアの拡大を進めている。それに加え、4G で使用している周波数帯の一部を 5G に転用することで、5G 利用エリアの拡大を加速させている通信事業者もある。

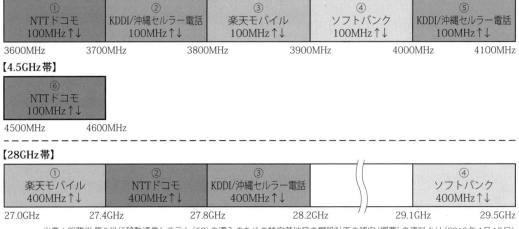

【3.7GHz帯】

① NTTドコモ 100MHz↑↓	② KDDI/沖縄セルラー電話 100MHz↑↓	③ 楽天モバイル 100MHz↑↓	④ ソフトバンク 100MHz↑↓	⑤ KDDI/沖縄セルラー電話 100MHz↑↓
3600MHz	3700MHz	3800MHz	3900MHz	4000MHz	4100MHz

【4.5GHz帯】

⑥ NTTドコモ 100MHz↑↓
4500MHz	4600MHz

【28GHz帯】

① 楽天モバイル 400MHz↑↓	② NTTドコモ 400MHz↑↓	③ KDDI/沖縄セルラー電話 400MHz↑↓		④ ソフトバンク 400MHz↑↓
27.0GHz	27.4GHz	27.8GHz	28.2GHz	29.1GHz	29.5GHz

出典：総務省 第5世代移動通信システム（5G）の導入のための特定基地局の開設計画の認定（概要）の資料より（2019年4月10日）

図 12-12　5G の周波数帯の割り当て

(3) 5G の段階的展開

　図 12-13 は、5G に関するこれまでの動き、今後の段階的な展開を予想したものである。2019 年秋から商用サービスに先駆けたプレサービス、2020 年から NSA（Non-Standalone）によるサービスが開始された。。2023 年ごろからは 5G によるネットワークだけで通信が行える SA（Standalone）によるサービスが始まると想定されていたが、スマートフォン対応 5G SA のサービスを 2022 年 8 月より提供を開始した。5G が始まった初期段階では、主に周波数帯は 3.7GHz 帯と 4.5GHz 帯が利用され、一部で 28GHz 帯の利用も行われている。また、現在の拡充段階では 4G で使用している周波数帯が 5G でも利用可能になり、今後 5G を利用できる地域が急速に国内全土に広がると想定されている。

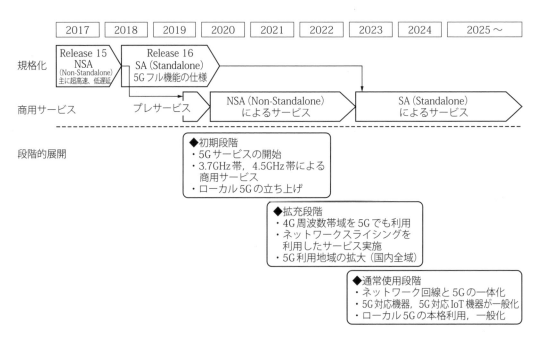

図 12-13　5G の段階的展開

（4）NSA（Non-Standalone）とSA（Standalone）の違い

　前述のように、5GにはNSAとSAによるサービスがある。**図12-14**は、NSAとSAの違いを概念的に示したものである。NSAは、スマートフォンなどの端末機器の位置登録に使用される制御信号などを4G基地局と4Gコアネットワークを使用して通信し、データを5G基地局と4Gコアネットワークを主に使用して通信する方式である。NSAには、データ通信の高速化のため、5G基地局と4G基地局を併用してデータを通信する方式もある。一方、SAは、制御信号とデータの両方を5G基地局と5Gコアネットワークで通信する方式である。

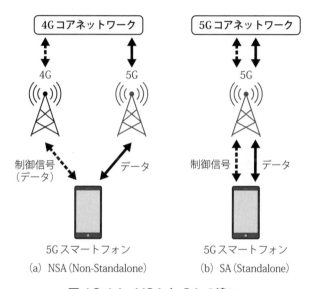

(a)　NSA（Non-Standalone）　　　(b)　SA（Standalone）

図12-14　NSAとSAの違い

（5）5Gを利用したサービス

　5Gの商用サービスの開始により通信速度は高まり、大容量データの通信もストレスなく行えるようになった。さらに、5Gの主要な性能要素である超高速、超低遅延、多数同時接続などの特色を生かし、さまざまなサービスの実証や具現化の取り組みが進められている。いくつかの例を紹介する。

1）高画質の映像コンテンツやハイレゾ音楽のストリーミング配信

　4K映像コンテンツのストリーミング配信は各種実施されているが、5Gの超高速という特徴を生かして、さらに高画質の8K映像コンテンツのストリーミング配信サービスも行われるようになる。また、ケーブルテレビが4K映像や8K映像コンテンツを送信するために、5Gを使った配信に置き換わる可能性もある。音楽の分野では、高音質のハイレゾ音源を使った音楽のストリーミング配信サービスも5G端末機器の普及に伴い、さらに拡大すると考えられる。

2）マルチアングル映像の配信

　音楽ライブやスポーツの中継において、5Gの超高速の特徴を生かしたマルチアングル映像の配信が行われるようになる。マルチアングル映像配信は、複数のカメラによる異なる視点から撮影された映像を同時に配信し、スマートフォンやタブレットに表示された複数アングルの画面から、自分の好みの映像を選んで見ることができる。**図12-15**は、音楽ライブのマルチアングル映像配信の画面イメージで、画面からお気に入りのアーチストの動きや好

みのアングルを選んで見ることができるため、ライブ会場で実際に見ているような没入感を体験できる。

3）自由視点映像の配信

図12-16は、スポーツ中継の自由視点映像の配信イメージである。図12-16の左図のように、スタジアム内に設置された多数のカメラで撮影された映像を高速処理により3Dモデル化して自由視点映像として5Gのネットワークを使い配信する。

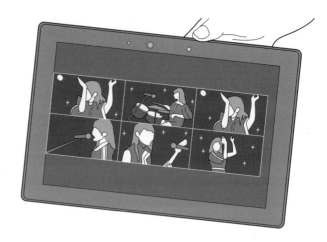

図12-15　マルチアングル映像の例

配信された映像は、図12-16の右図のようにスマートフォンやタブレットの画面で視点を自由に変えたり、映像を回転、拡大、縮小させたりできるため、これまでのスポーツ中継では味わえなかった新しい体験が実現される。自由視点の映像配信には多量のデータ伝送が必要なため、5Gの特徴である超高速が生かされる。

図12-16　自由視点映像の例

4）遠隔診療

5Gの低遅延と超高速という特徴を生かして、専門医の診療を離れた場所にいる患者が受けられるサービスである。図12-17のように、5Gによる通信とテレビ会議システムを利用して、専門医は離れた場所の患者とテレビ会議システムを使ってリアルタイムでコミュニケーションをとることができる。さらに、専門医は医療機器から送られる高精細映像や各種データをリアルタイムで確認できるため、患者は専門医が離れた場所にいるにもかかわらず、より適切な診察や診断を受けることができる。

5）感覚共有による旅行や在宅勤務

5Gの超高速や超低遅延という特徴を活用し、図12-18のように離れた場所にいるロボットと操縦者とが感覚を共有できる技術も実用化の段階に入っている。この技術により、操縦者は離れた場所に行かなくても、ロボットが見たり、聞いたり、触れたりしたものを同じように体験できる。この技術の応用により、例えば、遠く離れた場所への旅行も家にいながら

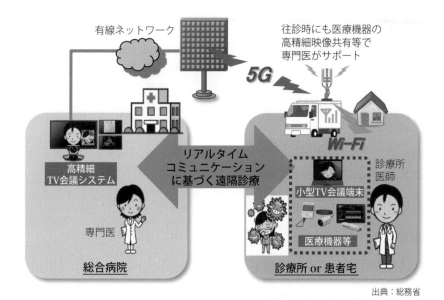

図 12-17　遠隔診療

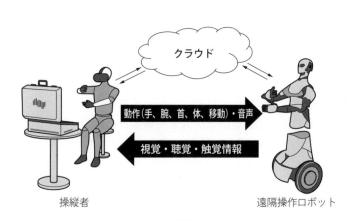

図 12-18　感覚共有の技術

体験できるようになる。ロボットやセンサー技術がさらに進化すると、将来は家から職場の
ロボットを操作する在宅勤務も可能になると考えられる。

6）離れた場所にいる人と音楽セッション

5Gの特徴である超低遅延という特徴を生かし、図12-19のように離れた場所にいる人
と音楽セッションを楽しむことも可能になると想定される。演奏器材を同場所に運んだりす
る必要もなく、気軽に音楽セッションや楽器演奏などの練習ができるようになる。

図 12-19　離れた場所にいる人と音楽セッション

16. ローカル5G

ローカル5Gは、企業や団体、個人などが限定されたエリアで、周波数の割り当てを受けて自ら運用できる5Gシステムといわれる。5G（第5世代移動通信システム）は4社の移動体通信事業者が免許を取得して日本全体で事業運営しているが、これに対してローカル5Gは、一般の企業や団体、個人などが免許を取得して所有する土地や建物内などの限られたエリアで運用できる通信システムである。

総務省では、ローカル5Gを導入目的に照らし合わせ、地域や産業の個別のニーズに応じて地域の企業や自治体などのさまざまな主体が、自らの建物内や敷地内などでスポット的に柔軟に構築できる5Gシステムと定義している。また、総務省では他の通信システムと比較した特徴として、以下の点を挙げている。

①携帯事業者の5Gサービスと異なり、

- 携帯事業者によるエリア展開が遅れる地域において5Gシステムを先行して構築が可能である。
- 使用用途に応じて必要となる性能を柔軟に設定することが可能である。
- 他の場所の通信障害や災害などの影響を受けにくい。

② Wi-Fiと比較して、無線局免許に基づく安定的な利用が可能である。

（1）ローカル5Gの利用形態

ローカル5Gの利用形態のイメージを示したものが、図12-20である。ローカル5Gは、所有する土地や建物内で、それらの所有者が自ら通信システムを構築することを基本としている。また、土地や建物の所有者から依頼を受けたシステムインテグレーターなどの事業者が、依頼を受けた範囲内で免許を取得して通信システムを構築することが可能である。これらのローカル5Gの利用形態を自己土地利用という。また、他者の土地や建物でローカル5Gを利用する他者土地利用も可能であるが、自己土地利用が優先されるため、自己土地利用での通信システム

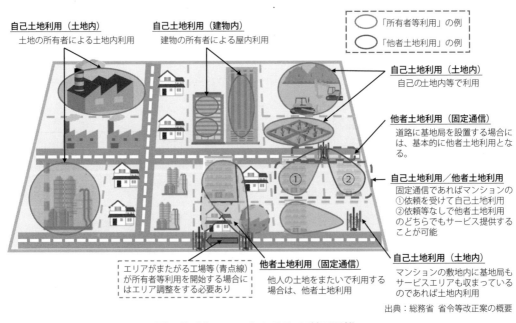

出典：総務省 省令等改正案の概要

図12-20　ローカル5Gの利用形態

が構築されていない場所に限られる。また、他者土地利用では、受信端末が移動しない固定通信に限られている。

（2）ローカル5Gの通信システム

現在、ローカル5Gは図12-21のようなNSAによる通信システム構成で、将来は、5Gの技術だけで通信システムが構築されるSA（Standalone）に移行すると考えられる。

（3）ローカル5Gの周波数帯

ローカル5Gに割り当てられる周波数帯は、図12-22に示す4.5GHz帯の4.6GHz～4.9GHzと28GHz帯の28.2GHz～29.1GHzである。

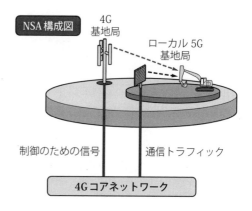

図12-21　ローカル5Gの通信システム

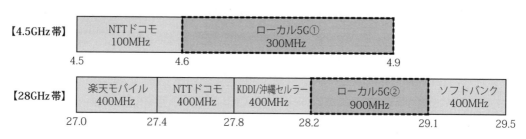

図12-22　ローカル5Gの周波数帯

（4）免許の取得と電波使用料

免許の申請は、無線局免許手続規則に基づき行う。また、ローカル5Gの運用者は第三級陸上特殊無線技士の資格が必要で、空中線電力が100Wを超える場合には第一種級陸上特殊無線技士の資格が必要である。また、使用する基地局と受信端末の数に応じた電波使用料の支払いが必要になる。

（5）ローカル5Gの利用したサービス

ローカル5Gを利用した通信システムの構築や運用はスタートしたばかりのため、ローカル5Gを利用するさまざまなサービスが本格的に利用できるのはこれからである。ローカル5Gを利用したサービスとして、図12-23のようにケーブルテレビ、遠隔診療、高画質の4Kや8K映像によるエンターテイメント、建設現場での遠隔作業、スマートファクトリーなど、さまざまなものが構想され、実証実験などが行われている。

1）ケーブルテレビ、インターネット接続サービスでの利用

ケーブル事業者やインターネット接続サービス事業者が使用する光ファイバーにローカル5Gの基地局を接続し、集合住宅など限られたエリアでローカル5Gを使って通信を行う取り組みが進みつつある。具体的なインターネット接続サービスのローカル5G利用例を示したものが、図12-24である。この例では、これまでのように集合住宅の各戸へ有線配線する必要がなくなるため、配線工事が不要となり、各戸ではWi-Fiや有線LAN接続によりスマートフォン、パソコン、ネット対応テレビなどで高速のインターネットの利用ができる。

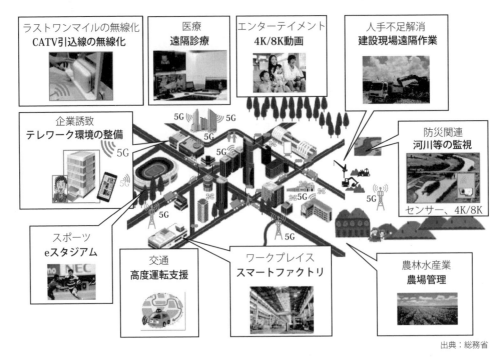

図 12-23　ローカル 5G の利用イメージ

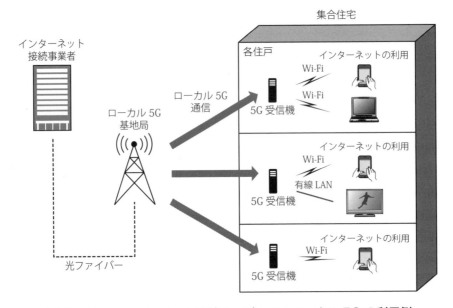

図 12-24　インターネット接続サービスでのローカル 5G の利用例

2）スマートファクトリーとその応用

　生産現場である製造事業所でのローカル 5G の利用イメージが**図 12-25**である。さまざまな場所に設置したネットワークカメラの映像、各種センサーや IoT 機器からのデータをローカル 5G により収集し、AI を利用して集中コントロールすることで、AR や VR による遠隔作業支援、遠隔ロボット制御、製造機器や無人搬送車（AGV）の遠隔制御などを行うスマートファクトリーの構築を狙いとしている。

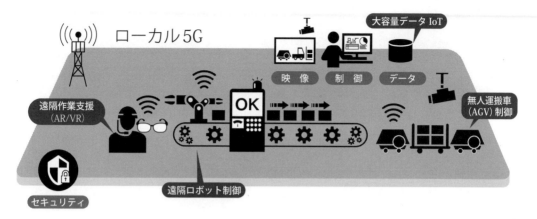

図 12-25　スマートファクトリーのイメージ

　このシステムは当初は製造事業所に展開されるが、将来、ローカル 5G、IoT および AI を利用したシステムを集合住宅や戸建て住宅などに応用して展開することが考えられる。ネットワークカメラや各種センサーの情報を基に暮らす人の生活パターンを AI が学習し、日常生活に合わせた快適な照明や空調のコントロール、窓のカーテンの開け閉めや風呂のお湯はりなどの自動操作、さらには日常的な音声会話を基に、さまざまな機器を操作してくれるアシスタント機能も備えたシステムになり得る可能性がある。

 折りたたみスマートフォン

　７インチ〜８インチ程度のフレキシブルな有機 EL ディスプレイを使用し、画面を折り曲げて閉じたり、開いたりして使えるスマートフォンが商品化されている。折り曲げ構造には、図 12-A のようにフレキシブルディスプレイを外側にして折り曲げるタイプ、図 12-B のように内側にして折り曲げるタイプなどがある。内側に折り曲げるタイプは、折り曲げて閉じたときに使用するサブのディスプレイが外側に搭載されている。これらのスマートフォンの特徴は、次のとおりである。
　①ディスプレイを開いたときに、大きな画面で映像を見ることができる。
　②大画面を利用して複数のアプリを同時に表示して利用できる。
　③１台の機器でスマートフォンとタブレットの両方の使い方ができる。

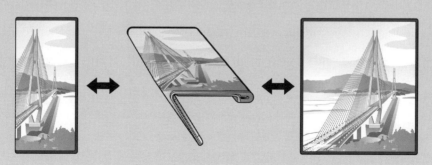

図 12-A　折りたたみスマートフォン-1

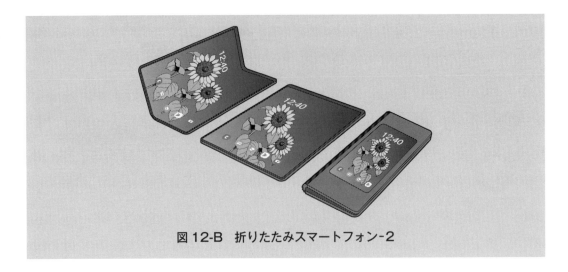

図 12-B　折りたたみスマートフォン-2

12.5　スマートフォンの機能など

1.　無線通信機能

　スマートフォンには、3G や 4G などの通信以外にも目的に合わせ各種の無線通信機能を備えたものがある。

（1）無線 LAN

　家庭内の無線 LAN 環境のなかで、ルーターを介してインターネットに接続することや、公衆無線 LAN アクセスポイントを経由してインターネットに接続できる。FTTH などの高速通信回線に接続できる環境では、高速でインターネットを使って各種のサービスを利用できる。

（2）Wi-Fi Direct

　Wi-Fi Direct 接続は、ルーターを介さず機器同士を直接接続する方式である。例えば、Wi-Fi Direct に対応したデジタルカメラと接続し、デジタルカメラのシャッターを切る操作をスマートフォンから行うことや、デジタルカメラに記録されている写真をスマートフォンに伝送することなどができる。

（3）Bluetooth

　Bluetooth に対応したスマートフォン用のステレオヘッドセット（ワイヤレスマイクロホン）やハンズフリーキットなどと、無線接続して通話や操作ができる。また、Bluetooth 対応のワイヤレスヘッドホンで音楽を聴くことや、Bluetooth 対応のワイヤレスキーボードを接続して文字入力などもできる。

（4）NFC

　近距離無線通信である NFC（Near Field Communication）に対応した機器にかざすように近づけるだけで、Bluetooth 接続（ペアリング）などができる。これにより、例えば NFC を使ってスマートフォンとペアリングしたワイヤレススピーカーに、音楽データを Bluetooth で伝送して簡単に音楽を楽しめる。

2. スマートフォンを使ったテザリング機能

スマートフォンを使ったテザリング（Tethering）とは、スマートフォンをアクセスポイントとして使用し、パソコン、タブレットやゲーム機などをスマートフォン経由でインターネットに接続する方法である（**図12-26**参照）。親機となるスマートフォンと、子機となるパソコン、タブレット、ゲーム機などとの間は、機器によるが、Wi-Fi（無線LAN）、Bluetoothや有線のUSBなどで接続できる。また、スマートフォンは、4Gや3Gなどを用いてインターネットとの接続を行う。無線LANや公衆無線LANが利用できない場所でパソコンなどを使う場合、過去にはデータ通信カードやモバイルWi-Fiルーターなどの機器が必要だったが、スマートフォンのテザリング機能を使用することにより、これらの機器を持ち運ばなくてもインターネット接続が可能になった。ただし、移動体通信事業者や使用するスマートフォンの機器によって、通話を行うとテザリングの接続が切断される場合や機能が一部使えなくなる場合がある。

図12-26 テザリング機能のイメージ

3. モバイルFeliCa

FeliCaはソニー㈱が開発した非接触ICカード技術で、13.56MHzの周波数を利用する通信距離10cm程度の近距離無線通信技術である。プリペイド型の電子マネーカードによるサービスなどで利用されているが、このFeliCaの技術をスマートフォンなどでも利用できるようにしたものがモバイルFeliCaである。モバイルFeliCaを利用した機能としては、「おサイフケータイ」や「Apple Pay」などがある。主な利用法として、次のようなものがある。

（1）スマートフォンによる電子決済

各種のサービスが展開されているが、プリペイド型やクレジットカードなどを利用した後払い型の方式がある。複数のサービスを登録できるので、用途による使い分けなども可能である。また、プリペイド方式の場合には、スマートフォンで残高の確認やチャージが直接できるため、電子マネーカードに比べて利便性が高くなっている。また、プリペイドに対応したクレジットカード情報を登録しておくことにより、後払い方式の支払いも行える。

図12-27 スマートフォンによる電子決済

（2）交通系IC乗車券の機能拡張

交通系IC乗車券の「Suica」の機能を拡張した「モバイルSuica」などがある。この機能では、交通系ICカードと同様に電子改札による電車の乗降、定期券や乗車券などの購入、電子決済、残高照会やチャージなどが行える。

（3）そのほかの利用方法

モバイル FeliCa のそのほかの利用として、セキュリティが必要な場所への入退出管理、イベントでの入場管理や航空機への搭乗管理などへの利用も進んでいる。

一口メモ　使用時の注意

独立行政法人 製品評価技術基盤機構（NITE）によると、スマートフォンやタブレットと周辺機器などで発熱や発煙、発火などの事故が 2010 年度から 2014 年度までの 5 年間に 200 件以上発生していると公表されている。機器の取り扱いに関連する事故としては、
① 充電用コネクター部に力を加えたため、コネクターが変形して内部で接触状態となり、スパークが生じ、コネクター樹脂が焼損。
② 充電用コネクターに液体（汗や飲料水等）が付着していたため、コネクター内部でショートして異常発熱し、スマートフォンおよび周辺を焼損。
③ AC アダプターの電源プラグとタップの隙間に金属等の異物（ネックレス、コインなど）が入り込んだため、電源プラグ刃間がショートし、スパークが生じて焦げた。
④ 携帯電話を犬がかんだことにより電池パックが変形したため、内部の電極がショートして、異常発熱が生じ破裂して、火災に至った。
などの事故が発生している。NITE では、事故の防止策として、「充電用コネクターにホコリや水分、金属等の異物が入らないようにする」、「充電用コネクターを無理に力を入れて挿入しない」、「スマホ等を落としたり、衝撃を加えない」など、また機器の充電前にコネクターの変形や水濡れがないことを確認するなどの注意喚起を行っている。

12.6　スマートハウスとの連携

HEMS（Home Energy Management System は 15 章参照）では、住まいにおける電力使用量、また買電や売電の状態などを把握し統合的に管理しているが、その状態を監視するモニタリング、さらに各種の電気機器などを操作するコントローラーの役割をスマートフォンやタブレットなどのモバイル機器で行うことが可能となってきている。メーカーが指定する HEMS 専用のアプリをインストールしたスマートフォンやタブレットを使用して、住まいの中の無線 LAN や外出先からも通信回線などを通じて HEMS コントローラーやクラウドサーバーなどを介して各種のモニタリングや機器操作などを行うことができる。

1.　電力に関するモニタリング

太陽光発電を活用しているスマートハウスでは、太陽光発電による発電量やその売電・買電状況、家全体の電気使用量や電気料金の実績などがモニタリングできるようになっている。

（1）太陽光発電の発電量や電気事業者との売電・買電状況、電気料金の実績

図 12-28 の左の図は、現在の太陽光発電の売電状況をモニタリングする画面の例である。これにより、住宅に設置された太陽光発電等による発電量、電力使用量や電気事業者との売電・買電、自給率など、現在の電力状況を把握できる。また、図 12-28 の右の図のように、

家全体の電気使用量や電気料金の実績、分岐回路別（家電機器別）の電気料金が分かる。

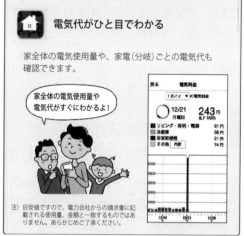

図12-28　電力に関するモニタリングの例

2.　機器の使用状況把握と操作

　メーカーが指定するアプリをインストールしたスマートフォンやタブレットから、住まいの中の電気機器などの使用状況の把握、また、それらの機器を離れた場所や外出先から遠隔操作することができる仕組みが普及しつつある。図12-29に、遠隔操作の例を示す。

出典：パナソニック㈱

図12-29　機器の遠隔操作の例

（1）機器の使用状況の確認と遠隔操作

　HEMS 関連機器をスマートフォンやタブレットの画面から選択して、遠隔操作することができるようになってきている。例えば、外出先からエアコン運転の ON/OFF や運転モードの切り替え、温度設定なども、スマートフォンやタブレットの画面を見ながら操作することができる。例えば、照明やエアコンなどの電源を OFF し忘れた場合でも、外出先から遠隔操作により運転を停止することができる。ほかにも、電動窓シャッターの開閉操作、風呂のお湯はり操作なども可能になっている。

12.7　ウェアラブル端末

　ウェアラブル端末とは、一般的に各種のセンサーや GPS 機能、および情報通信機能などを搭載し、身につけて利用できる小型・軽量の機器のことをいう。多くの端末がスマートフォンとの連携が可能で、各種の新しい機能が搭載されている。各企業がウェアラブル端末の研究、開発、実用化を進め、各種の機器が市販されている。ウェアラブル端末については明確な製品区分はないが、主なものとして健康を指向したヘルスモニタリング用のリストバンド型端末、情報の入出力が行える腕時計型端末、さらには映像の表示が行える眼鏡型端末などがある。各機器について概要を説明する。

1.　リストバンド型端末（ヘルスモニタリング、アクティビティートラッカー）

　ヘルスモニタリング端末として一般的なのが、腕に装着するリストバンド型のウェアラブル端末で、現在は各種のリストバンド型端末が販売されている。これらの端末は機器によって異なるが、センサーとして、心拍計、GPS、ジャイロセンサー、加速度センサーなどが搭載されている。各種のセンサーからのデータを基に、心拍数、歩数、移動距離、消費カロリー、睡眠時間などの情報が得られ、スマートフォンに記録して確認できる。これらのデータにより日々の行動パターンや睡眠時間の状態などを分析して、各個人の健康管理や生活改善に役立たせる使い方ができる端末である（図 12-30 参照）。名称として、活動量計やアクティビティートラッカーなどと呼ばれることもある。

センサーが内蔵されているユニット

図 12-30　リストバンド型端末の例

2.　腕時計型端末

　ウオッチ型とも呼ばれる腕時計型のウェアラブル端末は、スマートフォンとの同期連携により各種の機能を簡単に操作できることを主眼とし、情報の入出力機能を持った端末が多い。この腕時計型端末として、各種の機器が販売されている。スマートフォンと同期連携する機能は、メールやメッセージの通知と返信、電話の通話が主なものである。これらの同期連携により、スマートフォンをかばんの中から取り出すことなく利用することができるのが大きなメリット

となる。腕時計型なので本来の機能である時計はもちろんであるが、機器によっては音楽を聴いたり、動画を視聴したりすることもできる。またセンサーとして、心拍計、ジャイロセンサー、加速度センサーなどを装備した機器もあり、ヘルスモニタリング端末と同様に心拍数、歩数、移動時間、消費カロリーなどをスマートフォンに記録し状況を確認できる。これにより、ヘルスモニタリング端末と同様に各個人の健康管理や生活改善に役立たせる使い方ができる。端末を購入後、アプリの追加や削除が可能なものもあり、このタイプの機器はアプリにより必要な機能を選択してカスタマイズできる。端末の操作も各メーカーがそれぞれ工夫を凝らしており、例えば端末のボタン操作やディスプレイのタッチによる操作以外に、音声入力により機器の操作や各種の検索ができるものや、腕を上げたり下げたりすることで、操作ができるものもある。また、通常はスマートフォンを介してインターネットなどの通信回線に接続するが、腕時計型端末から直接 Wi-Fi Direct で接続できるものもある。この機能により、例えばヘルスモニタリング情報をクラウドサーバーに蓄積して、そのデータを分析して健康チェックを行うサービスなども行われている（図 12-31、図 12-32 参照）。

図 12-31　腕時計型端末の例 1

図 12-32　腕時計型端末の例 2

3.　眼鏡型端末（映像表示端末）

（1）眼鏡型端末の例 1

フレーム部分に小型カメラや小型の画面を装備した眼鏡型の映像表示端末である（図 12-33 参照）。音声、まばたき、頭の動きなどで機器の操作指示が可能で、例えばまばたきで写真のシャッターを切るなどの設定ができるものもある。また、見ている文字を翻訳するなどの機能が装備されているものもある。

図 12-33　眼鏡型端末の例 1

（2）眼鏡型端末の例 2

フレームに小型画面を装備し、拡張現実（AR：Augmented Reality）を視野上に表示する眼鏡型の映像表示端末が販売されている。人が現実に見ている視認中の対象物から視線をそらせることなく、小型画面の情報を確認できる方式が採用されており、拡張現実情報が見やすい特徴がある。拡張現実の表示の一例として、テレビでサッカーの試合を見ているときに、それまでの試合経過や選手のプロフィールなどの付加情報を現実の試合の画面に連動させて表示すること、テレビで映画を見ているときに字幕を付加情報として表示して連動させるなどの使い

方がある。また、この端末は産業用の用途にも活用が始まっている。例えば、ドローンの操縦時の撮影映像と機器の状態確認、製造現場での組み立て順序の作業指示、警備現場でのリアルタイム情報の入手や問題発生時の対応指示、倉庫での物品ピックアップ時の保管場所情報の提供による作業支援などに活用されている（図12-34参照）。

図 12-34　眼鏡型端末の例 2

　これらのウェアラブル端末の製品開発が進んできた背景には、各種のセンサー技術、得られた情報の計算・推論技術、各種の無線通信技術、さらには端末の操作をする際のユーザーインターフェースの向上などの環境が整ってきたことが挙げられる。ウェアラブル端末は、現時点では各企業がさまざまな意図により各種の端末を開発し、商品化している。

この章でのポイント !!

電話回線の種類や仕組み、家庭で使用されている電話機の種類と特徴、ファクシミリについても説明しています。スマートフォンについては、世代ごとの通信方式や特徴、機器の各種機能またスマートハウスとの連携などについても説明しています。また、スマートフォンと連携して活用される各種のウェアラブル端末についても説明しています。よく理解しておきましょう。

キーポイントは

- 電話回線の種類と仕組み
- 家庭用電話機、ファクシミリの種類、仕組み、特徴
- スマートフォンの通話方式、周波数帯とバンド、主な機能
- スマートハウスとの連携
- ウェアラブル端末の種類と特徴

キーワードは

- ダイヤル回線、プッシュ回線、ISDN
- DECT 準拠方式、IP 電話、ITU
- 3G、4G、5G、ローカル 5G、LTE、LTE-Advanced、キャリアアグリゲーション、MIMO、SIM カード、SIM ロック、SIM フリー、eSIM、プラチナバンド、VoLTE、VoLTE（HD＋）、MVNO、MNO、デュアル SIM
- Wi-Fi Direct、Bluetooth、NFC、テザリング、モバイル FeliCa、遠隔操作
- ヘルスモニタリング、アクティビティートラッカー、腕時計型端末

13章 インターネット・AVネットワーク

インターネットに接続する方法は、光ファイバーケーブルを用いた FTTH による高速通信が、現在では主流になった。また、IP電話サービスや動画などの大容量データの伝送を行う動画配信サービスなども一般的になっている。この章では、インターネットと家庭内を中心としたAVネットワークについて、基本的な内容を説明する。

13.1 FTTH（Fiber To The Home）

1. 概要

FTTH は、光ファイバー（Fiber）ケーブルを家庭まで（To The Home）敷設して高速通信を行う方式で、FTTH（Fiber To The Home）と呼ばれる。通信経路のほとんどが光ケーブルで構成され、各地区の通信設備センターから地中に埋められている管路を通って地上に引き出され（この地点を「き線点」と呼ぶ）、「電柱」「クロージャー」へと接続される。「クロージャー」では多芯の光ケーブルを1本1本に分岐して分配している。家庭内では、光信号を電気信号に変換する「ONU」（Optical Network Unit、光回線終端装置）を経由し、LAN（Local Area Network）ケーブルでルーターへ、そしてさらにパソコンなどと接続される（図13-1 参照）。ONU は、光信号を電気信号に変換する機能、その逆の電気信号を光信号に変換する機能などを備えた機器である。最近では、ONU とルーターが一体となった機器が一般的になっている。光ケーブルのメリットは、電話線のような漏話がなく、また長距離になるほど信号が減衰する ADSL に比べて減衰がほとんどないことである。また、各種機器から発生する電気的なノイズなどの影響を受けない。光ケーブルを何本束ねても雑音を拾うことがほとんどなく、安定な通信が可能なことが大きな特徴である。

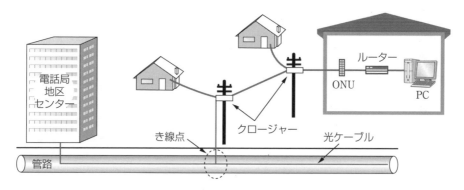

図 13-1　FTTH 概念図

2. 伝送速度

　この方式では、一般的に上りと下りの速度が変わることはなく、最大伝送速度200Mbps〜10Gbps（ベストエフォート[1]）程度で、各種のサービスが提供されている。ただし、回線を複数のユーザーで共有すると、実際の速度は10Gbpsよりも低くなる場合がある。

3. マンションや集合住宅などの対応

　マンションや集合住宅でFTTHを利用する場合、各住戸に光ケーブルを引き込む光配線方式以外に、VDSL（Very high bit rate Digital Subscriber Line）方式やLAN配線方式がある。VDSL方式は、**図13-2**のようにマンションの共用部分まで光ケーブルを引き込み、さらにVDSL集合装置を経由して各住戸へは既存の電話線で接続する。200m以内なら100Mbps（ベストエフォート）の上り/下りが可能なものもある。VDSL方式はxDSL技術の1つで、電話回線（メタルケーブル）を使い数百m〜1km程度の近距離で10Mbps〜100Mbps（下り）程度の伝送を行える。LAN配線方式は、**図13-3**のように集合型ONUを用いてマンション内をLANケーブルで接続する方式である。

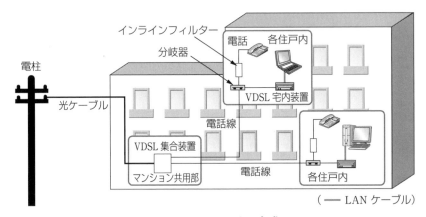

図13-2　VDSL方式

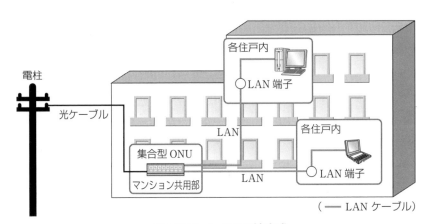

図13-3　LAN配線方式

※1：ベストエフォートは、直訳すると「最善の努力」。ユーザーが利用するインターネットの速度に関し、上限値は定められているが、通信環境や同時接続するユーザー数などにより大幅に変動する場合に使用される。

13.2 CATV（ケーブルテレビ）によるインターネット接続

1. 概要

　戸建て住宅でケーブルテレビサービスによるインターネット接続を利用する場合、一般的に、図13-4のように同軸ケーブルを住宅に引き込み各機器と接続する方法、図13-5のように光

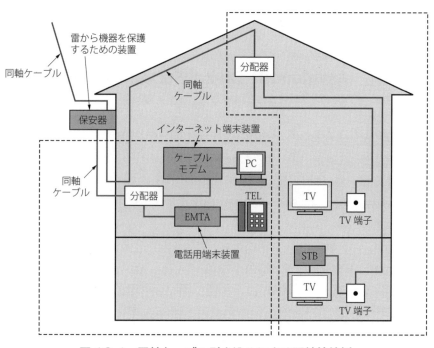

図 13-4　同軸ケーブル引き込みによる配線接続例

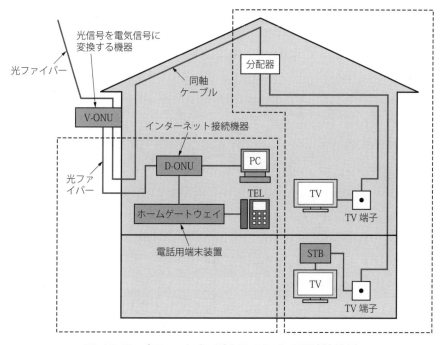

図 13-5　光ファイバー引き込みによる配線接続例

ファイバーを引き込み各機器と配線接続する2種類の方法がある。それぞれの方法により、配線接続に使用する機器は異なっている。

2. 伝送速度

　ケーブルテレビ事業者によるインターネットサービスにはさまざまな契約内容があるので、目的に応じて契約内容を確認する必要がある。また、伝送速度のスピードもサービスの種類によりまちまちであるが、各種新規サービスが実用化され、速度は継続的に速くなってきている。

13.3　ADSL（Asymmetric Digital Subscriber Line）

1. 概要

　電話回線（メタルケーブル）を利用したデジタル高速通信規格の総称をxDSL（x Digital Subscriber Line）と呼ぶ。その中で、「上り（送信）」と「下り（受信）」のデータ伝送速度が異なる通信方式は、ADSL（Asymmetric、非対称）と呼ばれている。この非対称性は、インターネットを利用する場合に、一般的に送信データよりも受信データのほうが圧倒的に多いという実態に適している。電話回線での音声通信では4kHzまでの帯域が使われているが、ADSLは音声通信で使用していない26kHz以上の広い周波数帯域を利用している（**図13-6**参照）。

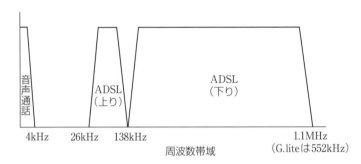

図13-6　ADSL方式の一例

2. 伝送速度

　サービス開始当初、ADSLは下りでも1.5Mbps程度であったが、その後使用する周波数帯域が拡大され、下り速度は50Mbps、上り速度は12Mbps程度のサービスが一般的である（**表13-1**参照）。ただし、この速度は常に保証されるわけではなく、使用者宅からNTTの収容局までの距離が遠くなるほど遅くなる特性を持っている。このため伝送速度は、50Mbps（ベストエフォート）などのような表現が使われ、最良の条件における理論上の最高速度であることを表している。**図13-7**に、基本的な接続例を示す。

表13-1　伝送速度の比較（下り：理論値）

伝送速度の比較 （下り：理論値）伝送方式	伝送速度	速度の比較
アナログモデム	56kbps	1倍
ISDN	64kbps	1.1倍
ADSL	50Mbps	893倍

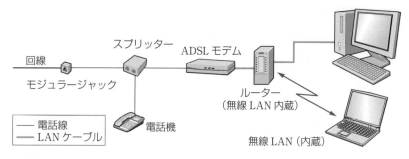

図 13-7　ADSL の基本的な接続例

　現在、NTT 東日本と NTT 西日本は、2025 年をめどに一般加入の電話回線網を IP ネットワークによる電話回線網である次世代ネットワーク（NGN：Next Generation Network）に移行する方針を掲げ、各種の取り組みを進めている。これにより、電話回線を利用した ADSL は、光ファイバーケーブルを用いた FTTH などに急速に置き換わっている。

13.4　インターネットとの接続とサービス

　インターネットは、全世界的にネットワークを相互に接続して構成した巨大な情報通信のネットワークのことを示している。インターネットへ接続するためには、一般的にインターネットサービスプロバイダー（Internet Service Provider、以下、ISP またはプロバイダー）と契約する必要がある。ISP の多くは、自社の設備としてウェブ（Web）サーバーやメールサーバーなどを用意している。Web サーバーとはホームページを閲覧するためのコンピューターやソフトウエアのことで、メールサーバーは電子メールを配送、保管するためのコンピューターやソフトウエアのことである。

1.　IP アドレスと DHCP

（1）IP（Internet Protocol）アドレス

　インターネットなどで、コンピューターなどのネットワーク機器 1 台 1 台を識別するために割り当てられた、住所のような番号を IP アドレスと呼んでいる。最も普及している IPv4 のIP アドレスは、4 つの番号をドット（.）で区切って表され、1 つの番号は 0 ～ 255 のいずれかになる（例えば「192.xxx.xxx.xxx.」のように表される）。インターネットに接続するルーターなどには、それぞれ固有の IP アドレスが割り振られており、これは世界で唯一の番号で、グローバル IP アドレスと呼ばれる。また、社内や家庭内など LAN 環境でのみ有効な IP アドレスをプライベート IP アドレス、またはローカル IP アドレスと呼んでいる。

（2）DHCP（Dynamic Host Configuration Protocol）

　DHCP は、インターネットに接続するネットワーク機器に、DHCP サーバーから IP アドレスなど必要な情報を自動的に割り当てるプロトコルである。IPv4 に対応したネットワーク環境では、家庭などの LAN（ローカルエリアネットワーク）に使われるルーターがこの DHCPサーバーの機能を備えている。例えば、パソコンの「TCP/IP」設定で「IP アドレスを自動的に取得する」にすることで、ルーターの DHCP サーバー機能により自動的に IP アドレスが付与される。このとき付与される IP アドレスは、一般的に「192.168.」で始まる IP アドレスが

割り当てられる。テレビや BD/HDD レコーダーなどのインターネットに接続できる機器は、通常 IP アドレスを自動取得する設定になっている。したがって、ルーターの DHCP サーバー機能を使うと、ネットワークの設定に詳しくないユーザーでも簡単にインターネットに接続できる。

2.　リンクローカルアドレス

IPv4 に対応したネットワーク環境では、AV 機器をインターネットに接続する場合、一般的に、IP アドレスは DHCP サーバー（ルーター）により割り当てられる。機器をルーターに接続しないで、DLNA（Digital Living Network Alliance）を利用するのにテレビと BD/HDD レコーダーを 1 対 1 でネットワーク接続するような場合は、機器の機能である APIPA（Automatic Private IP Addressing）で機器自ら自分自身に IP アドレスを付与し、相手機器と接続を行う。この機器自身に割り振るための IP アドレスは、「169.254.xxx.xxx」で始まる専用の IP アドレスが用いられ、リンクローカルアドレスと呼ばれる。

3.　IPv6（Internet Protocol Version 6）

インターネット上の住所にあたる IP アドレスは、従来 IPv4（Internet Protocol Version 4）に基づくルールで割り当てられてきた。IPv4 による IP アドレスは、32bit で約 43 億個の IP アドレスを割り当て可能であるが、すでに使用数が限界となってきている。そこで、新しい規格である IPv6 が制定された。IPv6 では、IP アドレスが 128bit に拡張され、約 43 億の 4 乗個という膨大な数の IP アドレスが設定できる。したがって、パソコンやその周辺機器に限らず、家電製品、携帯機器、自動車などのあらゆる機器がインターネットに接続する IoT（Internet of Things）環境においても、十分な数の IP アドレスが使用できるようになる。ただし、従来の IPv4 とは互換性がないため、プロバイダーから各ユーザーまで IPv6 に対応した環境を整備する必要がある。現在は、IPv4 と IPv6 の混在運用がされており、IPv6 への対応がネットワーク機器やプロバイダーなどで進められている。

4.　PPPoE（Point to Point Protocol over Ethernet）

PPPoE は、Ethernet で PPP 機能を利用するためのプロトコルである。インターネットを使用する場合、一般的にプロバイダーと接続するための契約をする。契約すると「ユーザー ID（ユーザー名）」と「パスワード」が設定され、インターネットへの接続と認証の際に使用される。このプロバイダーへの接続時に、ユーザー ID とパスワードを伝達し認証する PPP 機能として PPPoE が利用されている。複数のパソコンやインターネットへの接続機器を使用する場合、ルーターの接続設定を最初に行ってルーターにユーザー ID、パスワードを登録しておき、その後のインターネット接続時に常に PPPoE 機能が働くよう設定しておく。これにより、パソコンなどで毎回ユーザー ID やパスワードを入力することなく、インターネットへの接続を行うことができるようになる。

5.　ホームページの検索

多くの個人、企業や団体などがいろいろな情報をホームページに掲載している。知りたい情報は、パソコンに搭載しているウェブ（Web）ブラウザである「Internet Explorer（IE）」、

「Microsoft Edge」、「Google Chrome」や「Firefox」などを使うことで、閲覧や入手ができる。また、知りたい内容に関するホームページを検索するための代表的な検索エンジンとしてGoogle や Yahoo！JAPAN などがある。検索されたホームページに示される「https://www.aeha.or.jp/」などといった文字列は URL（Uniform Resource Locator）で、ホームページの「アドレス」とも呼ばれている。

6.　電子メール

　電子メールは、はがきや手紙の代わりとなるインターネットを使った仕組みで、電話と違い相手が不在でも用件をメールで送付でき、また相手も自分の都合の良いときに読むことや返事を出すことができる便利な機能である。さらに、各種のデータ、写真や動画などを添付ファイルとして送付することも可能である。電子メールの方式には、SMTP（Simple Mail Transfer Protocol）サーバーと POP3（Post Office Protocol Version3）サーバーを利用してメールの送受信を行う方式、メールをサーバーに置いたまま読み書きを行う IMAP（Internet Message Access Protocol）方式、および Web 上でメールを読み書きする HTTP（Hyper-Text Transfer Protocol）方式などがある。この HTTP 方式は、メーラーと呼ばれるメールソフトを使わずに、Web サイトを利用して電子メールを使う方法で、インターネットに接続できる機器やインターネットカフェなどのパソコンでもメールを読み書きできるのが特徴である。Microsoft の「Outlook.com」、ヤフーの「Yahoo！メール」、Google の「Gmail」などがあり、これらは Web メールと呼ばれている。ここでは、家庭内のパソコンで使われる一般的な電子メールである、SMTP サーバーと POP3 サーバーを利用した方式について説明する。図 13-8 は、電子メールの送信・受信の仕組みを示している。まず、左側のパソコン A から右側のパソコン B へ、メールを送る場合の流れを説明する。パソコンにインストールされている、Outlook などのメーラーと呼ばれる電子メールの送受信や管理するためのアプリケーションソフトを利用する。メーラーでメールを送信する指示を出すと、メーラーが SMTP サーバーへメールを送信する。この SMTP サーバーは、郵便局のポストおよび郵便局が相手の郵便受けまで届けてくれるのと同じ役割をしている。メールを受け取った SMTP サーバーは、DNS（Domain Name

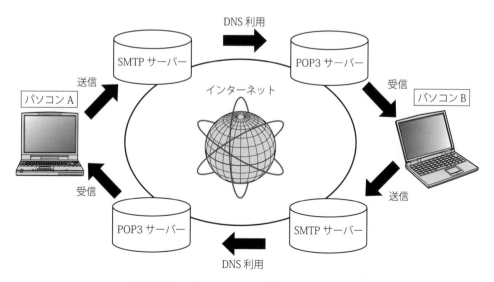

図 13-8　電子メールの送信・受信の仕組み

System）を利用して、メールの宛先アドレスからそのアドレス宛のPOP3サーバーをインターネット上で見つけ出し、メールを送付する。POP3サーバーは、自分の家の郵便受けと同じ役割をしている。パソコンBでメールソフトを立ち上げ、メール受信の指示を出すことにより、POP3サーバーから自分のメールをパソコンにダウンロードする。このような一連の流れにより、パソコンAからのメールがパソコンBへ届く仕組みとなっている。逆に、右側のパソコンBから左側のパソコンAへメールを送信する場合も同じ一連の流れによりメールが送られている。

7. IPv6 インターネット接続

　IPv4のネットワーク環境におけるインターネット接続は、一般的にPPPoE機能を利用して契約しているISPとユーザーIDとパスワードを使い接続認証を行い接続する仕組みである。一方、IPv6のネットワーク環境においてインターネット接続する主な方法として、NTTの次世代ネットワークであるNGN（Next Generation Network）を利用する場合、IPv6 IPoE[2]（ネイティブ方式）およびIPv6 PPPoE（トンネル方式）がある。

(1) IPv6 IPoE（ネイティブ方式）

　図13-9（a）のように、この方式では、ユーザーIDとパスワードを使用せずにISPが指定したVNE（Virtual Network Enabler）と呼ばれるネイティブ接続事業者とNGN網を介して直接接続し、さらにIPv6インターネットとの接続を行う。これは、IPv6インターネット接続として、現在主流になりつつある方式である。

(2) IPv6 PPPoE（トンネル方式）

　この方式は図13-9（b）に示されるもので、ISPとの接続のためにユーザーIDとパスワードを使用して接続認証を行う。そのため、NGN網を通過させるためにPPPoEトンネルを利用する処理が必要になる。この方式では、NGN網の網終端装置の利用者が多い時間帯には混

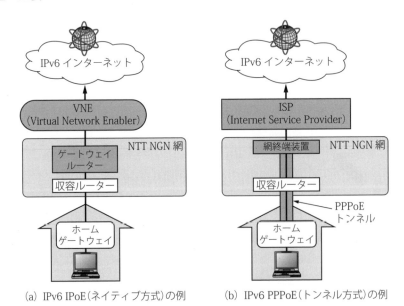

　　（a）IPv6 IPoE（ネイティブ方式）の例　　　（b）IPv6 PPPoE（トンネル方式）の例

図13-9　IPv6 インターネット接続

※2：IPoEはIP over Ethernetの略で、イーサネット上でIP方式の通信を行うことを意味する言葉である。

雑するため、通信速度が低下してしまう場合がある。

(3) IPv4 over IPv6

IPv6 のネットワーク環境で IPv6 インターネットとの接続を行った場合、IPv4 のみに対応している Web サイトは閲覧できなくなってしまう。現在は、IPv6 に対応する Web サイトが増加してきているものの、まだ多くは IPv4 のみに対応する Web サイトである。したがって、現在は IPv6 インターネットへの移行が行われている過渡期のため、IPv4 と IPv6 の両方に対応させてインターネットに接続する必要がある。そのための接続方式として主流になりつつあるのが、IPv4 over IPv6 である。この方式では、**図 13-10** のように IPv6 通信には IPv6 IPoE（ネイティブ方式）を使用している。一方、IPv4 通信では、カプセル化の技術により IPv4 形式の通信パケットを IPv6 形式の通信パケットに変換し、IPv4 over IPv6 トンネルを使って NGN 網を通過させている。

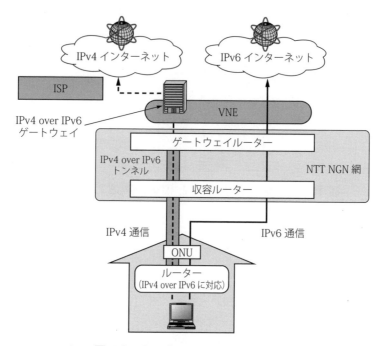

図 13-10 IPv4 over IPv6 の例

さらに VNE の IPv4 over IPv6 ゲートウェイで、IPv6 形式から IPv4 形式に通信パケットを変換し、IPv4 インターネットとの接続を行う。この方式で使用する家庭内 LAN 用のルーターは、IPv4 over IPv6 に対応したものが必要である。また、IPv4 over IPv6 は、このサービスを提供している事業者により「v6 プラス」、「IPv6 IPoE ＋ IPv4 over IPv6」や「transix」などとも呼ばれている。

(4) IPv4 PPPoE と IPv6 IPoE の併用

IPv4 と IPv6 の両方に対応させてインターネットに接続する方式として、IPv4 PPPoE と IPv6 IPoE の併用もある。この方式では**図 13-11** のように、IPv6 通信に IPv6 IPoE（ネイティブ方式）を使用し、IPv4 通信には従来の PPPoE による IPv4 インターネット接続を使用している。したがって、IPv4 インターネットへの接続は ISP 経由となるため、従来と同様にユーザー ID とパスワードを使い接続認証を行う仕組みである。また、IPv4 ネットワーク接続

は従来と同じ方式のため、NGN網の網終端装置の利用者が多い時間帯には、通信速度が低下してしまう場合がある。この方式で使用する家庭内LAN用のルーターは、IPv6とIPv4の両方に対応したものが必要である。

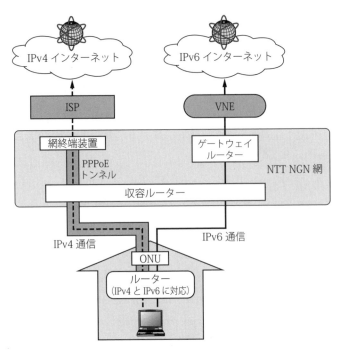

図13-11　IPv4 PPPoEとIPv6 IPoEの併用の例

一口メモ　NOTICE

　総務省と国立研究開発法人 情報通信研究機構（NICT）は、インターネットサービスプロバイダー（ISP）と連携し、サイバー攻撃に悪用されるおそれのあるIoT機器の調査および当該機器の利用者への注意喚起を行うNOTICE（National Operation Towards IoT Clean Environment）と呼ばれる取り組みを2019年2月から実施している。

　背景は、あらゆるものがインターネットなどのネットワークに接続されるIoT時代が到来し、IoT機器に対するサイバーセキュリティの確保が重要な課題であること、またセンサーやネットワークカメラなどのIoT機器は、機器の性能が限定されている、管理が行き届きにくい、ライフサイクルが長いなど、サイバー攻撃に狙われやすい特徴を持っているなどの理由によるものである。対象となる機器は、グローバルIPアドレス（IPv4）によりインターネット上で外部からアクセスできるIoT機器で、ルーター、ネットワークカメラ、センサーなどである。ただし、携帯電話回線で使用するスマートフォンや無線LANルーターに接続して使用するパソコンなどは、一部の例外を除いて調査対象となっていない。

　実施概要は図13-Aのとおりで、以下の手順で行われている。

　①NICTがインターネット上のIoT機器に、容易に推測されるパスワードなど使用して

　サイバー攻撃のおそれのある機器を特定する。

②該当する機器情報を NICT に参加する ISP に連絡する。

③ ISP が該当する機器の利用者を特定し、注意喚起を実施する。

　機器の使用者は、注意喚起を受け取った場合、該当する機器の取扱説明書などを参照し、第三者に推測されないパスワードへの変更や、提供されているファームウエアのアップデート（セキュリティパッチの摘要）などを行う必要がある。また、この取り組みの実施状況については、調査が実施された IP アドレス数、このうち ID・パスワード入力可能であったものの数、マルウエアに感染しているなど ISP に対する通知対象となったものの数などを総務省が適宜公表している。

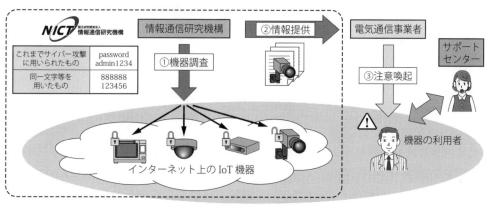

出典：総務省 IoT 機器調査及び利用者への注意喚起の取組「NOTICE」の実施資料より（2019年2月1日）

図 13-A　NOTICE の実施概要

13.5　ルーター

1.　主な機能

　家庭内で使用されるルーターは、主に外部のネットワークであるインターネットと家庭内の LAN などの異なるネットワークを中継するために用いられる機器である。通常、インターネットにパソコンなどのネットワーク機器を接続する場合、**図 13-12** のようにルーターを設置しない場合には、1 回線で 1 台のネットワーク機器しか接続することができない。しかし、ルーターを設置することで LAN 内の複数のネットワーク機器をインターネットに接続できる（**図 13-13** 参照）。

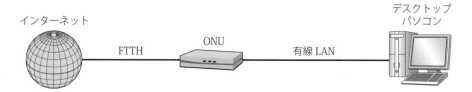

図 13-12　ルーターを設置しない場合

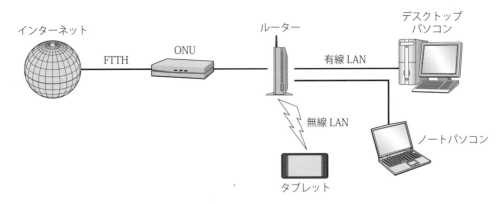

図13-13 ルーターを設置した場合

　ルーターの主な役割は、ネットワークの経路情報を集積し、最適な経路で通信を行う「ルーティング」で、ルーターは下記の機能などを備えている。

（1）DHCPサーバー機能

　ルーターには、インターネットと接続するために、プロバイダーから割り振られたグローバルIPアドレスが設定されている。これとは別に、IPv4に対応したネットワーク環境で、ルーターに接続されたネットワーク機器にルーターが自動的にプライベートIPアドレスを割り当てる機能をDHCPサーバー機能という。プライベートIPアドレスは、一般的に「192.168.」で始まるIPアドレスが割り当てられる。この機能を使うことで、LAN内の機器はルーターを介してインターネットに接続することができるようになる。

（2）PPPoE機能

　PPPoE機能は、すでに説明したとおりEthernetでPPP機能を利用するためのプロトコルである。IPv4に対応したネットワーク環境では、このPPPoE機能を利用して、プロバイダーへのユーザーIDやパスワードの情報を送信し接続を確立している。

（3）NAT機能/NAPT機能

　NAT（Network Address Translation）は、IPv4に対応した2つのネットワーク（例えば、インターネットと家庭内のLAN）の特定のアドレス同士を対応づけ、データに含まれるIPアドレスを転送時に自動的に変換して、片方のネットワークにある機器からもう一方のネットワークの機器へアクセスできるようにする機能である。また、NAPT（Network Address Port Translation）は、それぞれのネットワーク機器内のソフトウエアが使用するポート番号も含めて変換を行い、インターネットと家庭内の複数のネットワーク機器との間でデータ転送できる機能である。この機能は、IPマスカレードと呼ばれることもある。

2.　マルチSSID機能

　無線LANに対応したルーターには、プライマリ、セカンダリといった複数のSSIDを持ち、それぞれに異なる暗号化方式を設定できるものがある。例えば、プライマリSSIDの暗号化方式は一般家庭で用いられる強固な暗号化方式といわれるAESを利用したWPA2-PSK（AES）に設定して、通常はプライマリ側を使用する。セカンダリ側は、セキュリティレベルの低いWEPなどの暗号化方式に設定し、WEPの暗号化方式にしか対応していない旧型のゲーム機などを使用するときだけ利用するといった使い方ができる。

3.　SSIDステルス機能

　SSIDステルス機能とは、無線LANを利用する際のセキュリティレベルを高めるための機能で、ルーターが発信する電波にSSIDの情報を含めないようにする機能である。この機能を有効にすると、パソコンなどの機器側のアクセスポイント表示に、このルーターのSSIDが表示されなくなり、あたかもルーターが存在していないような状態を作り出すことができる。これにより、ルーターのSSIDを知っている人のみ接続が可能となり、セキュリティを高めることができる。

4.　MACアドレスフィルタリング機能

　無線LANに対応したルーターには、MACアドレスフィルタリング機能を搭載したものがある。MACアドレスフィルタリング機能は、特定のMACアドレスの機器しか接続できないようにする機能である。ルーターに接続したい機器固有のMACアドレスを登録することで、アクセス制限を行うことができる。

5.　ビームフォーミング機能

　ビームフォーミングは、送信側機器から送信する複数の電波の電力と位相を受信側の機器の位置に応じて制御することにより、受信側機器の場所での電波の強さを高め、通信品質を向上させる技術である。通常のルーターは電波をどの方向へも同じ出力で発信するが、ビームフォーミング機能に対応したルーターは、スマートフォンなどの受信側機器での電波の強度が高くなるよう制御が行われている。このビームフォーミング機能は、無線LANのIEEE802.11nのオプション規格として定義されている技術で、IEEE802.11acでは標準規格として採用されている。ビームフォーミングを利用するには、ルーターと受信側機器の双方がビームフォーミングに対応している必要がある。

フォーカス｜4Gや5Gを利用するルーター

　ルーターは、有線でFTTHなどの回線に接続して使用するが、無線で4Gや5Gの通信回線に接続できるルーターも利用できるようになってきている。4Gや5Gを利用するルーターは、宅内に有線回線を引き込む工事などをせずに、電源に接続するだけで使用できる手軽さが特徴である。モバイルルーターとは異なりバッテリーは搭載せず、据え置き用の機器である。通信SIMを入手してルーターに装着して使用するタイプ、通信サービスの契約を行い登録した住所で使用するタイプなどがある。図13-Bは、5Gを利用できるルーターの例で、無線LANで下り方向の最大通信速度が1201Mbps（規格値）に対応するルーターなどがある。

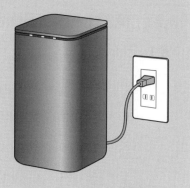

図13-B　5Gを利用する
ルーターの例

13.6　LAN（Local Area Network）

1.　概要

　家庭内で複数のパソコンやインターネット接続機器を接続し、ネットワーク環境を構築する方法として、一般的にLAN（Local Area Network）が用いられる。家庭内のLANでは、機器同士を接続する方法として、有線で接続する有線LANと無線で接続する無線LANの2つの方式がある。

2.　家庭内LANの例

　光ファイバー（FTTH）を用いてインターネットに接続し、家庭内LANを構築する方法の一例を図13-14に示す。ONU（Optical Network Unit）は、光ファイバーで伝送されてきた光信号を電気信号に変換する機能、および電気信号を光信号に変化して送り出す機能などを備えた機器である。また、ルーターは、インターネットと家庭内のLANのネットワークを中継する機器である。最近では、ONUとルーターが一体となった機器もある。

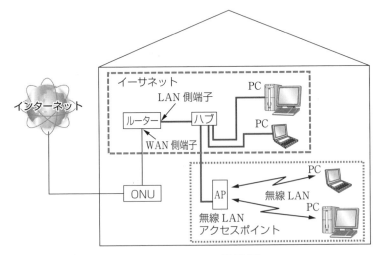

図13-14　LAN接続例

13.7　有線LAN、Ethernet（イーサネット）

1.　概要

　イーサネット（IEEE[3] 802.3）は、ネットワークの規格の1つで、家庭内LANの有線LANで最も使用されている技術規格である。各種の規格がIEEE802.3シリーズとして規定されている。イーサネットには、100BASE-TX、1000BASE-Tや1000BASE-TX、そのほかに、さらに高速通信が可能な10GBASE-Tなどの規格がある。1000BASE-T規格の「1000」は、伝送速度1000Mbps（1Gbps）を示している。また「-T」は、2本の銅線をより合わせたツイストペアケーブルを用いて各ペアケーブルで送信・受信を切り替える方式であることを示して

※3：IEEE（Institute of Electrical and Electronic Engineers）は、米国に本部がある電気および電子技術に関する標準化を行う組織。

いる。1000BASE-TX規格は、伝送速度が1000Mbps（1Gbps）である。また「-TX」は、ツイストの各ペアケーブルで送信と受信を固定して行う方式であることを示している。

2. LANケーブルの種類

イーサネットを利用した家庭内LANで使われるLANケーブルには、**表13-2**のとおり各種のものがある。契約したインターネット回線の最大通信速度を基にして、家庭内に敷設するLANケーブルは、適切なカテゴリーのものを選択する必要がある。例えば、最大通信速度が1GbpsのFTTH回線によるネットワークサービスを契約して利用する場合、家庭内の配線に通信速度1Gbpsに対応したカテゴリー5eまたはカテゴリー6以上のLANケーブルを使用することで、ネットワークサービスの最大通信速度に対応できる。最大通信速度が10GbpsのFTTH回線によるネットワークサービスを契約している場合には、ネットワークサービスの最大通信速度に対応するため、カテゴリー6A以上のLANケーブルを使用するのが適切である。LANケーブルには、カテゴリー以外にもストレートケーブルとクロスケーブルの2種がある。**図13-15**は、それぞれのケーブルを用いた接続の例である。以前は、パソコンとハブなどを接続する場合にはストレートケーブルを使用し、パソコン同士などを接続する場合にはクロスケーブルを使用する必要があった。最近では、ほとんどの機器にストレートとクロスの判別機能（Auto MDI/MDI-X）が搭載されているので、機器とケーブルを見極めて接続する必要はほとんどなくなった。なお、通信できる最大の長さは、カテゴリー7までのLANケーブルが100m、カテゴリー8が30mである。

表13-2 LANケーブルの種類

LANケーブルの種類	CAT5 カテゴリー5	CAT5e カテゴリー5e	CAT6 カテゴリー6	CAT6A カテゴリー6A	CAT7 カテゴリー7	CAT8 カテゴリー8
通信速度	100Mbps	1Gbps	1Gbps	10Gbps	10Gbps	40Gbps
適合規格	10BASE-T 100BASE-TX （一部に 1000BASE-Tに対応したものもある）	10BASE-T 100BASE-TX 1000BASE-T	10BASE-T 100BASE-TX 1000BASE-T 1000BASE-TX	10BASE-T 100BASE-TX 1000BASE-T 1000BASE-TX 10GBASE-T	10BASE-T 100BASE-TX 1000BASE-T 1000BASE-TX 10GBASE-T	10BASE-T 100BASE-TX 1000BASE-T 1000BASE-TX 10GBASE-T 40GBASE-T
伝送帯域	100MHz	100MHz	250MHz	500MHz	600MHz	2000MHz

図13-15 パソコン同士の接続例

3. 電力供給

PoE（Power over Ethernet）は、LANケーブルを使用して電力供給を行う技術である。この技術を利用することにより、例えば、高いところに設置されたネットワークカメラなどへ電力供給用の電源コードを引き回すことなく、電力供給とデータ伝送の両方をLANケーブル

1本で行うことができる。PoE の規格は、**表13-3** のとおり現在まで IEEE802.3af/at/bt が策定されてきた。さらに規格の区分として、Type1 ～ Type4 および Class0 ～ Class8 を設定し、詳細内容を分かりやすくしている。

表13-3　PoE 規格の概要

項　目	IEEE802.3af（PoE）				IEEE802.3at（PoE+）	IEEE802.3bt（PoE++）			
	Type1				Type2	Type3		Type4	
	Class0	Class1	Class2	Class3	Class4	Class5	Class6	Class7	Class8
給電機器最大電力	15.4W	4W	7W	15.4W	30W	45W	60W	75W	90W
受電機器最大電力	12.95W	3.84W	6.49W	12.95W	25.5W	40W	51W	62W	71W
電力供給対数	2対				2対	4対			
給電方式	Alternative A または Alternative B				同左	Alternative A と Alternative B の両方を使用			
ケーブル	CAT3以上				CAT5e以上	CAT5e以上			
利用が期待できるアプリケーション	・IEEE802.11n対応無線LANアクセスポイント（WAP） ・ネットワークカメラ ・IPフォン ・RFIDリーダ				・IEEE802.11ac対応WAP ・パンチルトズーム（PTZ）カメラ ・ビデオIPフォン ・LEDディスプレイ ・ドアロック	・次世代WAP ・高度なPTZカメラ（曇り止めヒーター機能付き等） ・LED照明 ・デジタルサイネージ ・高解像度大画面ディスプレイ ・ノートPC			

※Alternative A は、LAN ケーブルの1と2ピン、3と6ピンの2対で給電を行う方式
※Alternative B は、LAN ケーブルの4と5ピン、7と8ピンの2対で給電を行う方式

（1）最大電力

　給電側機器から供給できる最大供給電力は、Type1 で 15.4W、Type2 で 30W、Type3 で 60W、Type4 で 90W である。また、受電側機器で受電できる最大受電電力は、Type1 で 13W、Type2 で 25.5W、Type3 で 51W、Type4 で 71W である。給電と受電に関しては下位互換性がとられており、例えば、給電側機器が Type4 で受電側機器が Type2 に対応する場合には、最大供給電力は 25.5W に制限される。

（2）給電方式

　Type1 と Type2 では、Alternative A と Alternative B のどちらか片方の方式で給電される。IEEE802.3af Type1 では、LAN ケーブルのピンアサイン No.1-2 と No.3-6 の2つの対（ペア）を使って電源供給を行うタイプ（Alternative A）と、No.4-5 と No.7-8 の2つの対（ペア）を使うタイプ（Alternative B）のどちらか片方の方式でのみ給電が可能である。また、Type3 と Type4 では両方式を使用して給電される。一般的に受電側の機器は両方式に対応しているため、給電側機器が Alternative A と Alternative B のどちらの方式であっても給電が可能である。

（3）LAN ケーブル

　PoE に対応した給電側と受電側の機器間の接続に使用する LAN ケーブルは、Type1 での接続の場合にはカテゴリー3以上、また Type2 ～ Type4 での接続の場合にはカテゴリー 5e 以上を使用する必要がある。なお、給電側の機器は接続された機器が PoE に対応した機器ではない場合には電力供給を行わず、機器の故障防止や安全性を確保している。

13.8 MACアドレス

　MAC アドレスとは、通信やネットワーク上でネットワーク機器を識別するために物理的に割り当てられた識別番号で、機器の製造段階で付与されるものである。MACアドレスは、2 桁の 16 進数が 6 つ並んだもので、48 ビット（bit）となる識別番号である。最初の 24bit が製造者（メーカー）の識別番号、後半の 24bit が各製造者が機器 1 台ごとに割り当てた番号になっている。機器がイーサネット上で通信を行う場合、通信する側の機器が個々の機器の MAC アドレスを識別し、指定した機器を特定したあと、直接その機器と通信を行う。また、単一の機器で複数の通信方式やネットワーク機能を持っているものは、それぞれに MAC アドレスが割り当てられるため、複数の MAC アドレスを持っている。例えば、有線 LAN と無線 LAN の機能を持つパソコンであれば、有線 LAN と無線 LAN の 2 つの MAC アドレスが割り当てられている。

13.9 無線 LAN（IEEE802.11）

1. 概要

　無線 LAN を備えたパソコン、タブレット、テレビや BD/HDD レコーダーなどの AV 機器が急速に普及し、家庭内で無線 LAN を使用するのが一般的になった。代表的な無線 LAN の規格として IEEE802.11a/b/g/n/ac などがあり、それぞれ**表 13-4** のように規格が定められている。新規格ほど最大伝送速度が速くなり、より高速化されていることが分かる。2.4GHz 帯を使用する IEEE802.11b/g などは、5GHz 帯を使用する方式に比べて壁などの障害物があっても電波が減衰しにくい特徴がある。ただし、2.4GHz 帯を使用しているため、電子レンジや2.4GHz 帯を使用するデジタルコードレス電話などの影響を受けて通信速度が低下してしまう場合がある。IEEE802.11a/g/n/ac では、1 チャンネルの帯域幅の中に複数のサブキャリアを使って通信の高速化を図る OFDM（Orthogonal Frequency Division Multiplexing、直交周波数分割多重）方式が採用されている。また、無線 LAN は、家庭内 LAN 以外にも、駅、空港や飲食店など公共の場所での「公衆無線 LAN サービス」などで広く利用されている。

表 13-4　無線 LAN の規格

規格	周波数帯	最大伝送速度（規格値）	ストリーム数	チャンネル帯域幅	規格策定年	世代別名称
IEEE802.11a	5GHz	54Mbps	1	20MHz	1999 年	未定義
IEEE802.11b	2.4GHz	11Mbps	1	22MHz	1999 年	未定義
IEEE802.11g	2.4GHz	54Mbps	1	20MHz	2003 年	未定義
IEEE802.11n	2.4GHz/5GHz	600Mbps（4ストリーム時）	1〜4	20/40MHz	2009 年	Wi-Fi 4
IEEE802.11ac	5GHz	6.933Gbps（8ストリーム時）	1〜8	20/40MHz 80/160MHz	2014 年	Wi-Fi 5
IEEE802.11ax	2.4GHz/5GHz	9.6078Gbps（8ストリーム時）	1〜8	20/40MHz 80/160MHz	2021 年	Wi-Fi 6
IEEE802.11ax	2.4GHz/5GHz 6GHz	9.6078Gbps（8ストリーム時）	1〜8	20/40MHz 80/160MHz	2022 年	Wi-Fi 6E

　無線LANの基本的な接続例を**図13-16**に示す。この図の例では、親機と呼ばれる無線LANルーターを介して、パソコン同士の通信を行うことや、パソコンから無線LANルーターとONUを経由してインターネットとの接続を行っている。無線による通信可能な距離は、見通し距離で50m程度である。

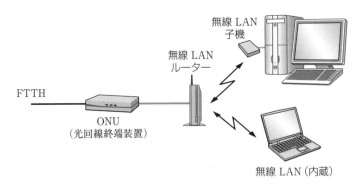

無線LAN
子機

無線LAN
ルーター

FTTH

ONU
（光回線終端装置）

無線LAN（内蔵）

図13-16　無線LAN基本構成

2.　IEEE802.11n

　IEEE802.11nは、2.4GHz/5GHzの2つの周波数帯を使用できる。それぞれの周波数帯でチャンネルボンディングにより帯域幅を40MHzまで拡大し、複数のアンテナを使い伝送路を複数設けるMIMO（Multiple Input Multiple Output、マイモ）の技術を利用して通信を高速化している。最大伝送速度は、600Mbps（4ストリーム時の規格値）である。

3.　IEEE802.11ac

　IEEE802.11acは、5GHzの周波数帯を使用する無線LAN規格である。チャンネルボンディングにより帯域幅を160MHzにまで拡大し、MIMOをさらに発展させたMU-MIMO（Multi User-MIMO）の技術を利用することで、通信の高速化を実現している。最大伝送速度は、6.933Gbps（8ストリーム時の規格値）である。

4.　無線LANの高速伝送技術

　IEEE802.11n、acなどに利用されている主な無線LANの高速化技術について、概要を説明する。

（1）チャンネルボンディング（チャンネル帯域幅の拡大）

　チャンネルボンディングは、複数のチャンネルを結合して同時使用することにより帯域幅を拡大する技術で、これにより一度に伝送する情報を増やすことができる。例えばIEEE802.11nでは、1チャンネルの帯域幅20MHzを2チャンネル分結合して同時使用することで、40MHzに拡大し通信速度を2倍に高速化している。IEEE802.11acの規格では、8チャンネルを同時に使用することで、160MHzに拡大し高速化を実現している。

（2）MIMOによる空間多重伝送の拡張

　MIMO（Multiple Input Multiple Output、マイモ）は、無線LAN通信に複数の経路を利用する技術である。**図13-17**は、ルーターとパソコン間のMIMOによる通信イメージで、1ストリームの場合とMIMOによる3ストリームの場合を比較したものである。1ストリームの伝送速度に比べ、3ストリームの場合には理論的には3倍の通信速度で通信ができることに

なる。ただし、3 ストリームで利用するには、ルーター、パソコンともに 3 ストリームに対応した製品であることが必要である。IEEE802.11ac は、この MIMO をさらに発展させ、互いに干渉しない複数の信号波を送信し、ルーターとパソコンなどの複数の端末に同時に信号を送信できる MU-MIMO（Multi User-MIMO）と呼ばれる技術を利用しており、高速化に加え大容量データの伝送にも対応している。

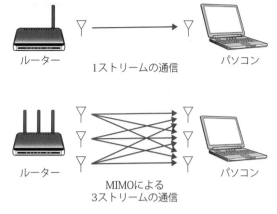

図 13-17　MIMO による通信イメージ

5.　IEEE802.11ax

（1）規格化

　無線 LAN は通信の高速化が進められてきているが、IEEE802.11ac よりもさらに通信の高速化を図った次世代の規格となる IEEE802.11ax の規格案である Draft 版が発行され、2021年 5 月に仕様の公表となった。IEEE802.11ax は、前出の表 13-4 のように通信に 2.4GHz 帯と 5GHz 帯を用い、最大伝送速度が 9.6078Gps（8 ストリーム時の規格値）である。

（2）高速化のための技術

　IEEE802.11ax では、通信の高速化のため、IEEE802.11ac などで使用されてきた MU-MIMO やビームフォーミングなどに加え、さらに技術的な改善が加えられている。

1）OFDMA の採用

　IEEE802.11ac などでは複数のサブキャリアを使って通信の高速化を図る OFDM を採用しているが、IEEE802.11ax では OFDM を拡張させた OFDMA（Orthogonal Frequency Division Multiple Access）を採用している。OFDM では、**図 13-18** のように、複数のサブキャリアを単一の無線 LAN 機器への通信に使用する。複数の無線 LAN 機器へ通信する場合、各機器への通信が順番に行われるため待ち時間が発生する。これに対して、OFDMAでは、**図 13-19** のように複数のサブキャリアを複数の無線 LAN 機器への通信に振り分けて使用できるため、複数の無線 LAN 機器に同時に通信を行い待ち時間がない。さらに、各機器への通信データ量に応じた適切なサブキャリア数の制御も可能である。このことから、

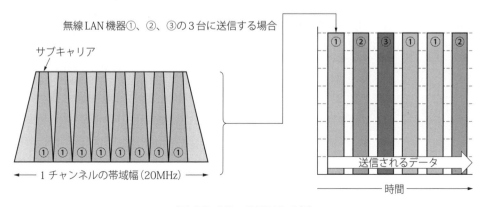

図 13-18　OFDM の例

OFDMAはOFDMに比べて各無線LAN機器に対する通信効率が向上していることが分かる。

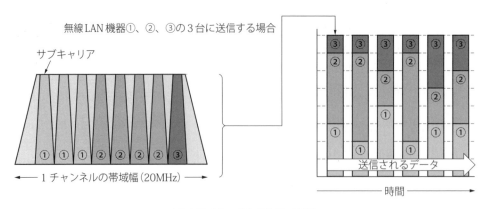

図13-19 OFDMAの例

2）1024QAMの採用

　無線LANでは、デジタル信号の多くのビット数（bit数）を一度に送信するため、変調方式としてQAM（Quadrature Amplitude Modulation、直交振幅変調）が採用されている。IEEE802.11acでは256QAMが使用されており、一度に8bitのデジタルデータの送信が可能である。IEEE802.11axでは、さらに高速化のため、変調方式の多値化を用いる1024QAMを使用し、一度に10bitのデジタルデータの送信が可能になっている。

（3）機器への採用

　無線LAN機能を搭載した機器で、IEEE802.11axの規格に対応した無線LANルーターやスマートフォン、パソコンなどが販売されている。無線通信の高速化に向けて、機器への搭載も急速に進んでいくものと考えられる。

6．Wi-Fi（ワイファイ）

　無線LANが使用されるようになった当初は、メーカーが異なる機種では互換性がなく、通信できないなどの問題があった。現在は、無線LAN関連製品の製造・販売する企業の業界団体であるWi-Fi Allianceが、機器同士の接続認証テストを行って互換性を確認するなどの取り組みを行っている。互換性を認証されたIEEE802.11に対応する機器には、**図13-20**のような「Wi-Fi」ロゴマークを表示することができる。

図13-20 Wi-Fiロゴマーク

7．無線LAN機器の呼称

　2018年10月、Wi-Fi Allianceは、無線LAN機器などがどの規格に対応しているのか分かりやすくするため、無線LAN規格の世代ごとに「Wi-Fi 4」、「Wi-Fi 5」、「Wi-Fi 6」のように数字が上がっていく名称ルールのガイドラインを策定した。これは、1999年から無線LANの規格がIEEE802.11b、11a、11g、11n、11acの順で規格化され、複雑化して分かりにくくなったためである。ガイドラインでは、無線LAN機器がどの規格に対応するのかを次のよう

に示すよう決められている。

①機器が対応する最新の無線 LAN 規格が IEEE802.11ax の場合　⇒　Wi-Fi 6
②機器が対応する最新の無線 LAN 規格が IEEE802.11ac の場合　⇒　Wi-Fi 5
③機器が対応する最新の無線 LAN 規格が IEEE802.11n の場合　⇒　Wi-Fi 4

　上記①〜③において、機器が最新の無線 LAN 規格以外の規格に対応していてもかまわない。例えば、①に示す「Wi-Fi 6」の機器の場合、対応する最新の無線 LAN 規格は IEEE802.11ax であるが、それ以外の IEEE802.11b、11a、11g、11n、11ac に対応していても、「Wi-Fi 6」と表示される。同様に、②に示す「Wi-Fi 5」の機器の場合、対応する最新の無線 LAN 規格は IEEE802.11ac であるが、それ以外の IEEE802.11b、11a、11g、11n に対応していても、「Wi-Fi 5」と表示される。

　次に登場する規格は順番に従って Wi-Fi 7 と思われたが、Wi-Fi 6E という規格（表13-4参照）となった。Wi-Fi 6E の末尾の "E" は拡張（EXTEND）を意味し、文字どおり Wi-Fi 6 の拡張版である。最大通信速度や接続可能台数などは Wi-Fi 6 と同じであるが、大きな違いは新たに 6GHz 帯を利用することである。つまり、基本性能に変更はなく、利用周波数帯を増やしたことで Wi-Fi 6 の拡張版という位置づけになっている。Wi-Fi 6E が使用する 6GHz 帯の利用について、日本では 2021 年 4 月から周波数割当を管轄する総務省で検討が開始された。総務省では法整備を進め、2022 年 9 月に公布された省令により、ようやく国内でも Wi-Fi での 6GHz 帯の利用が可能になった。

　規格の標準化団体でもある IEEE（米国電気電子学会）では、IEEE802.11be（Wi-Fi 7）の規格策定も進められており、2024 年の策定が予定されている。利用周波数帯は、Wi-Fi 6E と同じく 2.4GHz、5GHz、6GHz の 3 つの帯域を用いる。6GHz 帯における最大帯域幅は、320 MHz と Wi-Fi 6E の倍を想定。最大伝送速度は 30Gbps 以上で、Wi-Fi 6 の 9.6Gbps から 3 倍以上の速度が想定され、さらに低遅延性や低ジッター性（＝安定性）も向上するようである。

8.　WPS（Wi-Fi Protected Setup）、AOSS（AirStation One-Touch Secure System）、「らくらく無線スタート」

　無線 LAN 対応機器と無線アクセスポイントとの接続設定を簡単に行える仕組みで、難しい設定が不要で、セキュリティの確保も可能である。これらの方式は、無線アクセスポイントとなる機器のボタンを押すなどして簡単に無線接続設定が行えるが、それぞれ仕組みが異なるため互換性はない。したがって、使用する機器がどの設定方式に対応しているか確認が必要である。多くの機種が対応している WPS の設定方式には、プッシュボタン方式、機器の固有番号を入力する PIN コード方式および NFC 方式などがある。また AOSS の設定方式では、より簡単に設定ができる AOSS2 が実用化されている。この方式は、スマートフォンやタブレットからルーターとインターネット回線の設定ができるのが特徴である。過去に行われていた付属 CD-ROM からパソコンにソフトウエアをインストールする作業や、英数字の羅列である暗号化キーなどを間違えないように入力する必要はなく、設定を簡単に行うことができる。

9.　モバイル Wi-Fi ルーター

　インターネット接続機能を備えた、持ち運び可能な無線 LAN ルーターである。携帯電話で使われる 3G や 4G などの通信回線を利用して、無線 LAN や公衆無線 LAN サービスを利用で

きない場所でも、パソコンやタブレット、あるいはゲーム機器などをモバイルWi-Fiルーターを経由してインターネットに接続できる。

10.　セキュリティ

　無線LANは電波を用いているため、ノイズに強く安定な通信ができるように、スペクトラム拡散通信（SS）方式や地上デジタル放送に用いられているOFDM（直交周波数分割多重方式）が採用されている。電波を用いて通信を行っているため、電波が建物の外まで伝搬しているケースがあり、セキュリティ対策を施さないと通信内容を他人に傍受されたり、重要情報が漏えいする危険性がある。したがって、他人に傍受されないようにするための機器のセキュリティ機能や適切な設定が重要になる。セキュリティの基本は、「ユーザー認証」と「機器間の接続認証／暗号化方式」の適切な設定で、それぞれについて表13-5、表13-6で説明する。

　IEEE802.11では、当初WEP（Wired Equivalent Privacy）の暗号化技術が採用されたが、脆弱性が認められたため、さらにセキュリティを強化した規格であるWPA（TKIP）、WPA2（AES）などが策定された。さらに、2018年に新たなセキュリティ規格としてWPA3が発表

表13-5　ユーザー認証

ユーザー認証	概要
SSID^注	接続先のLANアクセスポイントを指定するID。パソコンとアクセスポイントの文字列を同じにすることで、同じSSIDを設定したパソコンだけが無線LANアクセスポイントと接続できる
MACアドレスフィルタリング	パソコンのMACアドレスを無線LANアクセスポイントへ登録すると、登録されたパソコンだけが接続できる

注：Service Set Identifier の略

表13-6　機器間の接続認証／暗号化方式

機器間の接続認証暗号化方式	概要
WEP	WEP：Wired Equivalent Privacy WEPは、無線LANアクセスポイントとパソコンなどのネットワーク機器の双方に同じ文字列（暗号鍵）を設定する「共通鍵暗号方式」を採用した暗号化方式である。 暗号鍵によりネットワーク機器と無線LANアクセスポイントの接続認証を行い、通信中のデータも暗号鍵により暗号化している。ただし、暗号鍵は常に同じものが使用されているので、暗号鍵が解読された場合は継続的に通信を傍受されてしまう危険性がある。
WPA（TKIP） WPA2（TKIP） も設定可	WPA（TKIP）：Wi-Fi Protected Access（Temporal Key Integrity Protocol） WPAは、Wi-Fi Allianceが定めた無線LANに用いられるセキュリティ仕様であり、WEPの脆弱性が指摘されたため開発された。WPA（TKIP）では、「共通鍵」に加えてTKIPと呼ばれる暗号化方式が採用された。TKIPはPSK（Pre Shared Key）と呼ばれる事前共有鍵を基に、一定時間ごと、あるいはパケットごとに暗号鍵を変更することで、WEPより暗号化方式として強化されている。
WPA2（AES） WPA（AES） も設定可	WPA2（AES）：Wi-Fi Protected Access 2（Advanced Encryption Standard） WPA2は、Wi-Fi Allianceが定めた無線LANに用いられるセキュリティ仕様で、WPAを拡張した仕様である。WPA2（AES）で採用された暗号化方式のAESは、暗号技術を根本的見直したもので、TKIPよりさらに暗号化方式として強化されている。
WPA3-Personal （主に個人や家庭向け）	WPA3-Personal：Wi-Fi Protected Access 3-Personal WPA3-Personalは、無線アクセスポイントとネットワーク機器間の接続認証にSAE（Simultaneous Authentication of Equals）と呼ばれる新方式を採用している。
WPA3-Enterprise （主に企業や組織向け）	WPA3-Enterprise：Wi-Fi Protected Access 3-Enterprise WPA3-Enterpriseは、WPA3-Personalの機能に加え、通信時の暗号化方式として192bitのCNSA（Commercial National Security Algorithm）を選択することも可能となっている。

された。この規格は、2017年に発覚したWPA2の機器間接続の脆弱性「KRACKs」を踏まえて策定されたもので、主に個人や家庭向けのWPA3-Personalと企業や組織向けのWPA3-Enterpriseの2種類がある。

 **メッシュネットワーク**

家庭内LANなどで無線LANルーターの電波が届かない場合、中継機を設置して無線LANを使用できるようにする方法がある。このような方法に加え、最近では、個々のネットワークを連携させて広い範囲で無線LANを使用できるようにするメッシュネットワークと呼ばれる方式も利用されるようになってきている。

（1）親機と中継機によるネットワーク

この方式は、**図13-C**のようにインターネットに接続されている無線LANルーターの親機と中継機を接続し、さらに中継機と個々のネットワーク機器を接続することで、無線LANを使用できる範囲を拡大するものである。ただし、この方式には次のようなデメリットがある。

①中継機は親機側からみると、ネットワーク機器の1つという位置づけとなる。したがって、図13-Cのように中継機を含め3台のネットワーク機器が接続されている場合には、それぞれの通信に使用できる帯域幅は3分の1になるため、中継機からその先のネットワーク機器間の通信で速度低下が起きることがある。

②親機と中継機のSSIDが異なる場合、親機に接続されているネットワーク機器を中継機の近くに移動して電波状態が良好になっても、引き続き親機との接続が継続されてしまう。このような場合に、中継機のSSIDを使用して中継機との接続を行う必要がある。

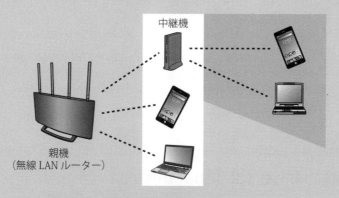

中継機

親機
（無線LANルーター）

図13-C　親機と中継機によるネットワーク

（2）メッシュネットワーク

親機と中継機によるネットワークのデメリットを解消する方法として、家庭内LANでメッシュネットワークを利用する方法がある。**図13-D**は、メッシュネットワークの1つであるGoogle Nest Wifiの例である。このメッシュネットワークでは、ONUなどと接続されているインターネットにつながる「メインWifiポイント」に加え複数の「Wifiポ

イント」を設置して利用する。この方式のメリットには、次のようなものがある。

① 「Wifiポイント」が相互に接続されているため、ネットワーク機器との通信経路は常に最速の経路が選択される。

②ネットワーク機器を移動した場合、別の「Wifiポイント」への接続切り替えは、最速の経路選択とあわせて自動で行われる。

③ 「メインWifiポイント」以外の「Wifiポイント」の無線LAN機能に不具合が発生しても、他の「Wifiポイント」との接続により通信を行うことができる。

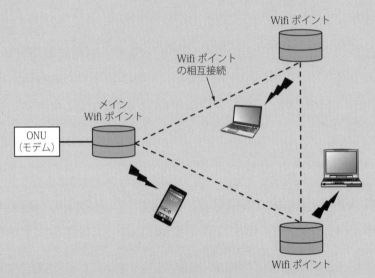

図13-D　Google Nest Wifiのメッシュネットワーク

(3) Wi-Fi CERTIFIED EasyMesh

　メッシュネットワークはGoogle Wifiのように同じメーカーの機器でのみ構築が可能であったが、Wi-Fi Allianceでは異なるメーカーの機器でもメッシュネットワークを構築できる製品を認証するプログラムであるWi-Fi CERTIFIED EasyMeshを2018年に策定した。この認証プログラムは「Wi-Fi Alliance Multi-AP Technical Specification」に基づくもので、この規格に適合した異なるメーカーの製品によりメッシュネットワークを構築できるようになる。

13.10　USB（Universal Serial Bus）

1.　概要

　USBは、パソコンとさまざまな周辺機器など、機器と機器を接続するための汎用シリアルインターフェースの規格である。インテルを中心に、Microsoftなどが仕様を策定した。USBハブを用いることで、ツリー構造の接続により最大127台までの接続が可能である。また、ホットプラグ機能（本体の電源を入れたまま、接続端子を抜き差しできること）などの手軽さにより急速に普及した。図13-21に示すように、USBハブを用いた場合、多くのUSB対応の周辺機器をそのまま接続することができる。

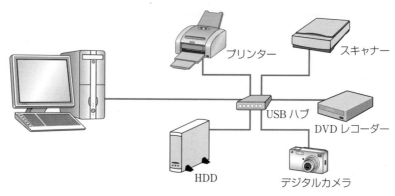

図 13-21　USB 接続の例

2.　USB の仕様

表13-7は、USB の各バージョンの最大転送速度（理論値）と対応するコネクターの種類を示したものである。2019年2月にUSB3.1とUSB3.2の仕様について、下記の名称変更が行われ整理された。

①USB3.0とUSB3.1 Gen1は、USB3.2 Gen1に変更

②USB3.1 Gen2は、USB3.2 Gen2に変更

③USB3.2は、USB3.2 Gen2×2に変更

2019年9月に仕様が公表されたUSB4は、Type-Cコネクターを使用した2レーン動作により最大転送速度（理論値）が40Gbpsとなり、映像信号とデータの同時転送が可能である。また、USB4は、USB2.0、USB3.2およびThunderbolt 3との後方互換性が確保されている。

表 13-7　USB の仕様と最大転送速度

仕様	最大転送速度(理論値)	対応するコネクター
USB1.1	12Mbps	Standard-A、Standard-B、Micro-B
USB2.0	480Mbps	Standard-A、Standard-B、Micro-B
USB3.2 Gen1 （USB3.0、 USB3.1 Gen1）	5Gbps	Standard-A、Standard-B、Micro-B、Type-C
USB3.2 Gen2 （USB3.1 Gen2）	10Gbps	Standard-A、Standard-B、Micro-B、Type-C
USB3.2 Gen2×2 （USB3.2）	20Gbps	Type-C
USB4	40Gbps	Type-C

3.　USB3.2 Gen1 および Gen2 の互換性

USB3.2 Gen1およびGen2（以降USB3.2と記述）では高速転送が行えるようになり、コネクター形状が以前のUSB2.0と異なっている。ピンの数は、標準で5本増え9本、USB OTG[4]対応のオプションでは計10本になった。ピン形状が工夫され従来のUSB1.1やUSB2.0対応のStandard-A、Standard-B、Micro-Bとの後方互換性も確保される。USB3.2

※4：OTG：On-the-Goの略。USB OTGに対応している機器同士、もしくは片方が対応していれば、パソコンをホストとして介さずに、機器同士を接続することで、直接データのやり取りができる。

の各仕様に対応したパソコンや外付けUSB HDDなど周辺機器をUSB3.2の各仕様に対応したケーブルで接続することにより、USB3.2の各仕様による高速転送が行える。

(1) Standard-A

Standard-A（**図13-22**参照）は、パソコンなどのホスト側の端子として主に用いられている。このコネクターの端子は、USB2.0まで信号線が4本であったが、USB3.2からさらに5本が追加された。USB2.0と共通部分の端子形状は、物理形状が同じであるため互換性が確保されている。また、Standard-AタイプのUSB3.2のコネクターは内側が青色のものが一般的で、USB2.0のコネクターと区別しやすくなっている。

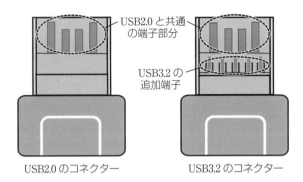

図13-22　Standard-A

(2) Standard-B

Standard-B（**図13-23**参照）は、プリンターなどパソコン周辺機器などデバイス側の端子として主に用いられている。このコネクターの端子は、Standard-Aと同様にUSB2.0まで信号線が4本で、USB3.2からさらに5本が追加されている。ケーブル先端のプラグ形状が今までのものと比べて大きいので、USB2.0のStandard-Bの機器側コネクターにUSB3.2のケーブルを接続することはできない（USB3.2のコネクターとUSB2.0のケーブルの接続は可能）。

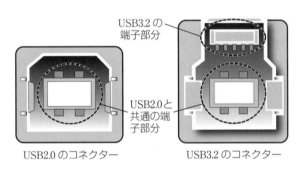

図13-23　Standard-B

(3) Micro-B

Micro-B（**図13-24**参照）は、既存のUSB2.0の端子の横に新たな端子が追加されている。ケーブル先端のプラグ形状が今までのものと異なるので、USB2.0のMicro-Bの機器側コネクターにUSB3.2のケーブルを接続することはできない（USB3.2のコネクターとUSB2.0のケーブルの接続は可能）。

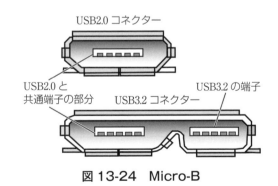

図13-24　Micro-B

4. USB Type-Cコネクター

USB Type-Cコネクターの仕様は、2014年に策定された。従来のUSBのコネクターは、OTG以外のUSB1.1と2.0対応のものが4端子、USB3.2対応のものが9端子であったが、このType-Cコネクターは片面12端子の両面タイプで、両面で合計24端子を備える小型で

薄型の新しい形状の USB コネクターである。
幅と高さは、約 8.25mm ×約 2.4mm の大き
さで、USB3.2 対応の Micro-B コネクターよ
り幅が少し小さいサイズである（**図 13-25**
参照）。

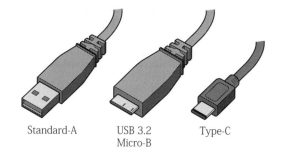

Standard-A　USB 3.2　Type-C
　　　　　　Micro-B

図 13-25　USB Type-C コネクター

　Type-C コネクターは、上下を逆にして挿
入しても接続できるリバーシブル構造なので、
従来のコネクターのように間違えて逆に差し
込もうとしてしまうようなこともなく、使い
勝手が向上している。ただし、従来の Standard-A、Standard-B や Micro-B のコネクターと
は互換性がないので接続はできない。

（1）Alt Mode（Alternate Mode）

　また、24 端子の一部の端子を利用して DisplayPort など、他の規格に対応した信号の伝送
も可能な Alt Mode が規定されている。この Alt Mode には、以下の 3 つがある。

　① DisplayPort Alt Mode

　　DisplayPort1.3 以降の規格の信号伝送に対応する

　② MHL Alt Mode

　　MHL3.0 および SuperMHL の規格の信号伝送に対応する

　③ HDMI Alt Mode

　　HDMI 1.4b の規格の信号伝送に対応する

　これらの Alt Mode を利用することにより、それぞ
れの Alt Mode に対応した USB Type-C 端子を搭載
する機器同士を Alt Mode に対応した USB-Type C
ケーブルを使うことで、USB 規格ではない信号の伝送
ができる。例えば、DisplayPort Alt Mode に対応し
た USB Type-C 端子には、**図 13-26** のロゴマークが
記載されており、DisplayPort の規格による信号伝送
も可能なことが分かる。

**図 13-26　DisplayPort Alt
Mode の端子例**

DisplayPort Alt Mode による機器間の接続および伝送は、例として**図 13-27** のようになる。

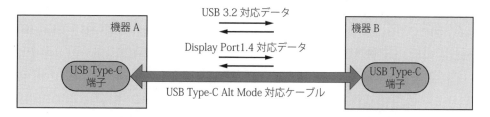

図 13-27　DisplayPort Alt Mode による機器間伝送の例

　また、変換ケーブルを利用することにより DisplayPort Alt Mode に対応した USB Type-C
端子を搭載した機器から、DisplayPort 端子を搭載した機器への信号伝送も可能である。Apple
の MacBook などに搭載されている Thunderbolt 端子も、Thunderbolt 3 以降の規格から

USB Type-C端子を採用し互換性が確保されている。

5.　USBマスストレージクラス

　USBマスストレージクラスは、USBによりパソコンと外付けUSB HDDなどの記憶装置（ドライブ）を接続してデータを伝送するときに適用される規格である。この規格に対応した記憶装置であれば、専用のドライバーやアプリケーションソフトなどをパソコンにインストールして使用しなくても、保存されているデータのホルダーを直接開いて簡単にデータのやり取りをすることができる。このUSBマスストレージクラスは、外付けUSB HDDやUSBメモリーなどの記憶装置が本来の対応機器であるが、これらの機器以外のデジタルカメラやモリーオーディオプレーヤーなどでも、このUSBマスストレージクラスに対応している機器があり、各種データの伝送を簡単に行うことができる。例えばデジタルカメラであれば、アプリケーションソフトを使わなくても、デジタルカメラ内に保存されている写真をパソコンのディスプレイに表示、さらにパソコンに内蔵されているHDDにコピーすることやプリンターで印刷などができる。

6.　USB Power Delivery

　従来のUSB規格では、可能な電力供給はUSB2.0までの規格が5Vで0.5A（2.5W）、またUSB3.2以降の規格が5Vで0.9A（4.5W）、Battery Charge仕様に対応している場合でも5Vで1.5A（7.5W）となっていた。その後、DC電源（直流電源）で動作するUSB接続機器の増加や大電力化が進んできたため、より大きな電力供給を行えるUSB Power Deliveryの仕様が規定された。

（1）仕様の概要

　このPower Deliveryの仕様では、従来の電力供給方式に加え、**表13-8**のとおりRivision1.0では5Vで2A（10W）、20Vで3A（60W）や20Vで5A（100W）などの大電力が供給できる。また、Rivision2.0/3.0ではパワールール（Power Rules）の仕様が決められた。パワールールには、**表13-9**に示す標準仕様である固定出力

表13-8　USB Power Delivery Rivision1.0

パワープロファイル	電圧値と電流値（例）	最大供給電力
1	5V 2A	10W
2	5V 2A、12V 1.5A	18W
3	5V 2A、12V 3A	36W
4	5V 2A、12V 3A、20V 3A	60W
5	5V 2A、12V 5A、20V 5A	100W

表13-9　パワールール（固定出力電圧）の概要

出力側の電力 （PDP：Power Delivery Power） ※出力側の機器に記載された電力表記	電流値			
	5V 固定	9V 固定	15V 固定	20V 固定
15Wまで	最大3A	—	—	—
15Wを超えて27Wまで	最大3A	最大3A	—	—
27Wを超えて45Wまで	最大3A	最大3A	最大3A	—
45Wを超えて60Wまで	最大3A	最大3A	最大3A	最大3A
60Wを超えて100Wまで	最大3A	最大3A	最大3A	最大5A

電圧のパワールールに加え、オプション仕様となる受電側の機器の要求に応じて出力電圧を可変できるプログラマブル電源に対応するパワールールなどもある。各パワープロファイルやパワールールに基づいて、機器に供給される電圧値や電流値は、Power Delivery に対応した機器であれば内蔵されたパワーコントローラーによって接続時にお互いに認識されるため、適切な電圧値および電流値で電力供給ができる。いずれの電圧、電流条件でも、Power Delivery に対応する適切な USB ケーブルが必要となる。ケーブルの種類には、電圧値 20V で 3A までの電流値に対応するものや 5A までの電流値に対応するものなどがある。なお、片方の機器がPower Delivery に対応していない場合には、従来の 5V で 0.5A（USB2.0 まで）または 0.9A（USB3.2 以降）での電力供給になる。

（2）実際の使用例

　従来の 5V で 0.5A（USB2.0）または 0.9A（USB3.2）の電力供給は、ホスト側の機器からデバイス側の機器への一方向のみであったが、Power Delivery の仕様ではデバイス側の機器からホスト側の機器への電力供給も可能である。例えば、デバイス側のテレビからホスト側のパソコンに電力供給を行いながら、パソコンからテレビへ映像データを伝送することもできる。Power Delivery を利用した電力供給とデータ伝送の接続例を**図 13-28** に示す。

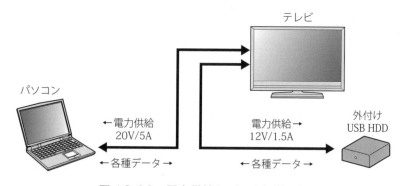

図 13-28　電力供給とデータ転送の例

　図の例では、テレビから、パソコンと外付け USB HDD に電力供給を行いながら、互いに各種のデータを伝送できることを示している。各種の機器間で、この Power Delivery を利用するメリットとして、DC 電源（直流電源）で動作する機器の AC アダプターの削減、各機器へのバッテリー充電時間の短縮、機器同士の外部配線の削減などである。

7.　Quick Charge

　Quick Charge は、米国の Qualcomm が策定した USB 端子を備えた AC アダプターなどからスマートフォンなどへ、USB ケーブルにより急速充電を行うための規格である。**表 13-10** は、Quick Charge の規格一覧である。スマートフォンなどに搭載される Qualcomm 製チップセットの Snapdragon の型番により、対応する規格が異なっている。また、それぞれの規格に対応するスマートフォンなどで急速充電を行うには、その規格に対応した AC アダプターなどとともに使用する必要がある。

表 13-10　Quick Charge の規格

規格	電圧値	供給電流値	最大供給電力
Quick Charge 1.0	5V	2A	10W
Quick Charge 2.0	5V/9V/12V	1.67A、2A、3A	18W
Quick Charge 3.0	3.6V〜20V (0.2V 刻み)	2.6A、4.6A	18W
Quick Charge 4 (USB Power Delivery にも対応)	3.6V〜20V (0.2V 刻み)	2.6A、4.6A	18W (Quick Charge 動作時) 27W (USB Power Delivery 動作時)
Quick Charge 5	3.3V〜20V	3A、5A (5A 以上)	100W 以上

(1) Quick Charge 1.0

　Quick Charge の最初の規格で、USB の標準的な規格電圧である 5V を使用するが、供給電流を 2A とし、急速充電を行う規格である。

(2) Quick Charge 2.0

　最大電流値を 3A までに拡大し、また電圧を 5V 以外に Class A では 9V と 12V を追加している。これらは、AC アダプター側で電圧を高くしてからスマートフォンなど端末側に送り、端末側で 4.2V 程度に電圧を下げバッテリーに充電することで、急速充電を可能にする方式である。

(3) Quick Charge 3.0

　2015 年に制定された規格で、電圧値を 3.6V 〜 20V の間で 0.2V 刻みで緻密な制御を行えるようになっている。

(4) Quick Charge 4 と Quick Charge 4＋

　Quick Charge 4 は、Quick Charge 3.0 以前の規格に加え USB Power Delivery にも対応し、USB Power Delivery 動作時の最大供給電力は 27W である。また、2 つの電力管理 IC と充電回路を使うことにより充電速度を高める Dual Charge の方式が採用されている。さらに、Quick Charge 4＋では、Dual Charge 方式に加え、Intelligent Thermal Balancing 機能を搭載し、これにより自律的に温度の低い充電回路を使用して温度を制御することで、より高速な充電を可能としている。

(5) Quick Change 5

　Quick Change 5 は、最大供給電力が 100W 以上で、Quick Change 4 から充電効率の 70％向上を図り、充電速度を 4 倍に高速化した規格である。また、Quick Change 4 以前の規格と USB Power Delivery にも対応している。

13.11　IEEE1394（i.LINK、アイリンク）

1.　概要

　IEEE1394 は、シリアル伝送方式のインターフェースの規格である。アップルから「FireWire」という名称で提案され、1995 年に IEEE1394 として承認された。日本では AV 機器に採用され、IEEE1394 に代わる言葉としてソニーが「i.LINK」という名称を考案した。「FireWire」と「IEEE1394」と「i.LINK」は、呼称は異なるが同一のインターフェース規格である。

2.　主な特徴

　従来は、伝送速度としては 100Mbps、200Mbps、400Mbps が定められていたが、2002年に IEEE で承認され、800Mbps、1.6Gbps、3.2Gbps の仕様が決められた（IEEE1394b）。主な変更点は、以下のとおりである。

　①光ファイバーを使って、800Mbps、1.6Gbps、3.2Gbps に対応。

　②光ファイバーを使って最大 100m までのケーブル長を実現。従来は最大 4.5m。

　③ 100BASE-TX などで使われているカテゴリー 5 のケーブルを用いることで伝送速度
　　100Mbps、最大ケーブル長 100m を実現。

　IEEE1394 の技術は、家庭用デジタルネットワークとして開発されてきたが、パソコン同士や周辺機器、AV 機器とのインターフェースとしても利用されている。ここでは、AV 機器の接続例について説明する。

3.　AV 機器での接続例

　AV 機器に IEEE1394 端子がある場合、BD/HDD レコーダーや CATV セットトップボックスを IEEE1394 ケーブルで接続すれば、双方向通信のため信号の流れ方によって入力／出力が切り替わり、CATV 番組の録画などができる。このため「入力端子」や「出力端子」の区別はない（**図 13-29**参照）。IEEE1394 では、複数の機器を数珠つなぎ（デイジー・チェーン）にして 1 列に接続することができる。

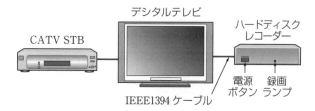

図 13-29　AV 機器での接続例

13.12　PLC（Power Line Communication）

　PLC（電力線通信）は、家庭内などに敷設された電力線を使い、PLC アダプターなどを電源コンセントに差し込んで利用し、双方向通信を実現するネットワークである。家庭内 LAN を構築する場合などに新たにケーブルを追加することなく、すでに敷設されている電力線を用いて通信が行えること、LAN ケーブルが敷設しにくい部屋間でのネットワーク構築に利用できる特徴がある。このような特徴を備えていることから、PLC は家庭内における各種データの伝送をはじめ、スマートグリッド（次世代送電網）、太陽光発電システムのモニタリング、照明の制御、充電中の電気自動車との通信など各種の用途に利用される通信方式である。PLC にはさまざまな方式があるが、互換性はない。代表的なものについて説明する。

1.　G3-PLC

　ITU-TG.9903 という国際規格に採用されているのが、G3-PLC である。G3-PLC は、最大300kbps という比較的低いデータ伝送速度ではあるが、高い耐雑音性を有している。

2.　IoT PLC

　IoT PLC は、IEEE1901a として承認され、DLNA ガイドラインの標準通信方式にも認定されている。変調方式には、Wavelet OFDM/PAM、暗号化技術には AES 128bit を採用して

いる。通信には、2MHz～28MHzの周波数が使われ、通信速度は最大240Mbps（HD-PLC Complete）である。IEEE802.11を無線LAN、IEEE802.3を有線LANというのに対して、IoT PLCはコンセントLANなどと呼ばれている。

3.　PLCの留意事項

　PLCでは電気ノイズやブレーカーの仕様、電力線の長さの影響や単相3線式のL1相L2相間などで、通信速度の低下が起きることや、条件によっては通信できない場合がある。また、雷サージやノイズフィルター付きテーブルタップ経由でも、同様に通信速度の低下や通信できない場合がある。ただし、PLC用のノイズフィルターであれば使用できる。PLCには親機・子機の関係があり、使用にあたっては親と子をペアリング（登録）させなければならないが、一部の機器を除きペアで販売しているので設定済みのものが多い。増設時はスイッチを子機側に設定しておき、親機とともにセットアップボタンを押すことで使用可能となる。図13-30は、PLCを使用した接続例である。

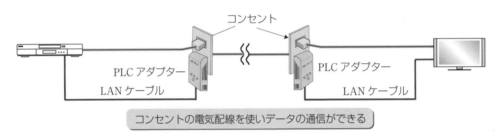

図13-30　PLCを使用した接続例

4.　同軸ケーブルを利用した応用例

　IoT PLCを応用した例として、テレビ用の同軸ケーブルを利用する方式がある。同軸ケーブル用モデムをテレビ用の同軸ケーブルに接続し、同軸ケーブルモデムにネットワーク機器を接続することにより、機器同士で通信ができる。この方式では、家庭内にすでに敷設されているテレビ用の同軸ケーブルを利用し、家庭内LANの構築が可能である。

13.13　Bluetooth（ブルートゥース）

1.　概要

　Bluetoothは、無線LANと同様に電波を使ってデータ通信を行う。通信の電波到達距離は、Class1（送信電力100mW）の仕様で最大100m、Class2（送信電力2.5mW）の仕様で最大10m、Class3（送信電力1mW）の仕様で最大1mである。伝送速度についても、当初は最大1Mbpsだったが、Bluetooth 2.0＋EDR（Enhanced Data Rate）の仕様により最大3Mbpsと向上し、さらにBluetooth 3.0で追加されたHS（High Speed）の仕様により最大伝送速度24Mbpsの高速化が実現している。通信の電波に2.4GHz帯を使用するため、電子レンジや2.4GHz帯を使用するデジタルコードレス電話や無線LANなど外部からの干渉による影響を受ける場合があるが、消費電力が小さく小型化しやすいというメリットがある。このメリットを生かして、パソコン、タブレット、スマートフォン、キーボード、マウス、ワイヤレスヘッ

ドホンなどの AV 情報機器、セキュリティシステムや無線 PAN（Personal Area Network）など、さまざまな機器で利用されている。

2. 周波数帯と最大伝送速度

無線通信に使用する周波数帯と最大伝送速度は、次のように定められている。

規格	周波数帯	最大伝送速度
Bluetooth1.1	2.4GHz	1Mbps
Bluetooth2.0＋EDR（Enhanced Data Rate）	2.4GHz	3Mbps
Bluetooth3.0＋HS（High Speed）	2.4GHz	24Mbps

3. Bluetooth プロファイルと使用用途

Bluetooth では、さまざまな機器間でデータを交換する際に、パソコンを介さずに直接機器同士がデータを転送するだけでなく、互いの機能を連携させて利用することもできる。そのための、機器固有の通信手順（プロトコル）を製品の機能ごとに標準化し、Bluetooth プロファイルとして規定している。Bluetooth 対応機器同士でも、さまざまな種類のプロファイルがあり、お互いに利用したい機能のプロファイルに双方の機器が対応していれば、その機能を利用できる。

（1）主なプロファイル

Bluetooth の主なプロファイルについて説明する。

1）A2DP（Advanced Audio Distribution Profile）

オーディオのためのプロファイルである。A2DP 対応のメモリーオーディオプレーヤーと、同じく A2DP 対応のワイヤレスヘッドホンやスピーカーなどの機器を接続して音楽を楽しむことができる。この A2DP のプロファイルでは、標準の音声圧縮方式である SBC（SubBand Codec）のほかに、より高音質な音楽再生を意図した aptX、aptX HD や LDAC、映像と音声のずれを最小限に抑えるために低遅延化を図った aptX LL、接続安定性の向上を図った aptX Adaptive などの音声圧縮方式も用いられている。これらの音声圧縮方式により再生を行うには、双方の機器が利用する音声圧縮方式に対応している必要がある。なお、片方または両方の機器が対応していない場合には、標準の音声圧縮方式である SBC による再生となる。

2）AVRCP（Audio/Video Remote Control Profile）

AV 機器のリモートコントロール用プロファイルで、例えばメモリーオーディオプレーヤーのリモート制御（早送りや巻き戻し、再生、停止など）を行うためのプロファイルである。A2DP と連携して使用することもできる。

3）HSP（Headset Profile）

ヘッドセットと、ほかの Bluetooth 対応機器とが通信できるようにするプロファイルである。

4）HFP（Hands-Free Profile）

ハンズフリーフォンを利用する際のプロファイルである。ハンズフリーフォンを使用して、携帯電話の発着信を行う場合などに必要なプロファイルである。

4.　SCMS-T（Serial Copy Management System-T）

　SCMS-Tとは、著作権保護としてコピー防止管理を行うSCMS（Serial Copy Management System）規格の派生規格である。この規格では、Bluetoothを使って地上デジタル放送やワンセグ放送のデジタル音声を伝送する場合、受信側と送信側の機器が著作権保護技術のSCMS-Tに対応していることが要件として定められている。したがって、ワンセグ放送の音声を聴くためには、送信側の機器であるスマートフォンや受信側の機器であるワイヤレスヘッドホンがSCMS-Tに対応している必要がある。また、家のBD/HDDレコーダーに録画した地上デジタル放送の番組をリモート視聴により外出先で音声を聴く場合も、同様に両方の機器がSCMS-Tに対応している必要がある。

5.　高音質再生のための音声圧縮方式LDAC™

　LDAC™は、ソニーが独自に開発したBluetoothを利用した高音質再生のための音声圧縮方式である。Bluetoothを利用したオーディオ信号の伝送には、プロファイルとしてA2DPが使用されているが、ハイレゾ音源の伝送はできなかった。例えば、標本化周波数96kHz、量子化ビット数24bitのハイレゾ音源は、これを一度CD（CD-DA）と同じ標本化周波数44.1kHz、量子化ビット数16bitにダウンコンバートしたのち、さらにSBC（SubBand Codec）方式によって非可逆圧縮が行われる。このため、従来のA2DPではハイレゾ音源の持つ本来の情報量で音楽などを楽しむことができなかった。SBCでは、データ量をビットレートでなくビットプール値で規定している。例えばビットプール値が53の場合、これをビットレートに換算すると328kbpsとなるが、SBCを使ったオーディオ伝送ではこの値が上限として使われることが一般的である。一方、ソニーが開発したLDACは、Bluetooth A2DPを使用しながらもSBCのようなダウンコンバートを必要とせず、ハイレゾ音源の標本化周波数と量子化ビット数を保持したままで非可逆圧縮を行う。さらに最大で990bpsというSBCに比べて約3倍という高いビットレートで伝送を行うことにより、従来のA2DPに比べて圧倒的な高音質再生が可能である。また無線環境に応じて、990kbps、660kbps、330kbpsのビットレートにて機器間の伝送を選択することができる仕様となっている。この技術を用いたポータブルオーディオプレーヤーやワイヤレススピーカーなどが販売されており、ポータブルオーディオプレーヤーに保存されたハイレゾ音源などをBluetooth接続でワイヤレススピーカーと接続し、より高音質で音楽などを楽しむことができる（図13-31参照）。

図13-31　LDACによる高音質再生の例

6.　Bluetooth4.0以降の仕様

（1）Bluetooth4.0

　Bluetooth 4.0では、Bluetooth Low Energy（BLE）とも呼ばれる低消費電力で動作する低消費電力モードが追加された。この低消費電力モードは、通信速度が最大1MbpsとBluetooth 3.0の24Mbpsに比べて低下しているが、通信速度を1Mbpsに下げ、短時間で通信を行ったあと待機状態にすることで、低消費電力を実現している。したがって、機器に内蔵されたボタ

ン電池１つで数か月から数年の駆動という低消費電力化が可能といわれている。これは、IoT（Internet of Things）機器などに組み込まれるセンサーなどとの通信も念頭に置いた仕様で、Bluetooth4.0 が家電だけではなく、今まで無線通信とは関係の薄かった幅広いジャンルの機器も対象にしていることを示している。また Bluetooth4.0 の種類には、低消費電力モードでのみ通信が可能な Bluetooth Smart、低消費電力モードに加え従来の Bluetooth 機器との通信も可能な Bluetooth Smart Ready（デュアルモード）の２種類がある。

（2）Bluetooth4.2

　Bluetooth4.2 では、主に３つの機能が強化されている。新たに強化された機能の１つが、Bluetooth4.1 の仕様から追加された IPv6 への対応である。新たなプロファイルである IPSP（Internet Protocol Support Profile）により、6LoWPAN（IPv6 over Low power Wireless Personal Area Networks）を介して、対応機器を直接インターネットに接続できる。２番目は、プライバシーとセキュリティの強化である。対応機器を守るプライバシー保護機能や、暗号方式である 128bit の AES に対応した。３番目は、Bluetooth Low Energy（BLE）仕様の伝送速度の向上である。伝送可能なパケットの容量を増大させ、これにより対応機器間の実使用上の伝送速度は、Bluetooth4.0 の Bluetooth Low Energy（BLE）仕様の約 2.5 倍に向上した。伝送速度とパケットの容量が増えたことで、送信エラーの発生を抑え消費電力を削減できるため、効率の高い無線伝送が可能である。

（3）Bluetooth5.0

　Bluetooth5.0 では、Bluetooth Low Energy（BLE）の通信モードを通信速度 2Mbps、1Mbps、500kbps と 125kbps の４種類とした。2Mbps と 1Mbps の通信モードでは、最大通信距離が 100m（送信電力 100mW 時）となるが、125kbps の通信モードではエラー訂正コードを追加し通信エラー耐性が向上したことにより、最大通信距離が 400m（送信電力 100mW 時）と従来比で４倍と拡大し、より長距離での通信が可能になった。

（4）Bluetooth5.1

　2019 年に発表された Bluetooth5.1 では、新しい機能として方向探知機能が追加された。今回追加された方向探知機能には、AoA（Angle of Arrival、到達角度）および AoD（Angle of Departure）という２つの方式が規定された。この方向探知機能の利用することで、例えば、紛失物を捜す場合、従来は Bluetooth の信号強度を測定して距離を判断していたが、これに方向を加えることができるため、より正確な位置を特定できる。位置測定精度は、従来メートル単位であったものが、センチメートル単位で特定できるとのことである。

（5）Bluetooth5.2

　2020 年に発表された Bluetooth5.2 では、Bluetooth LE Audio の新機能などが追加された。

 **Bluetooth LE Audio**

　Bluetooth LE Audio は、Bluetooth5.2 から盛り込まれた新しいオーディオに関する仕様である。これにより、従来の Bluetooth のオーディオ仕様は Classic Audio と呼ばれるようになった。Bluetooth LE Audio の新機能は、次の４つである。

（1）オーディオコーデックに LC3 を採用

　従来の Classic Audio では、標準のオーディオコーデック（音声符号化方式）として SBC を使用していたが、Bluetooth LE Audio では、新しく高音質で低消費電力が特徴の LC3（Low Complexity Communication Codec）を採用した。この LC3 では、ビットレートを 160kbps とした LC3 の場合でも、ビットレートを最大値の 345kbps とした SBC と同等の音質を実現できる。これにより、低いビットレートでも実用上十分な音質で送信できるため、機器のバッテリー消費の低減が期待できる。

（2）マルチストリームオーディオに対応

　マルチストリームオーディオは、スマートフォンなどから複数の Bluetooth 対応機器に音声データを同時に送信できる機能である。例えば、スマートフォンから左右独立型のイヤホンに音声データを Bluetooth により送信する場合、一般的にはスマートフォンからまず片側のイヤホンに左右の音声データを送信し、このイヤホンからもう一方のイヤホンに音声データを送信しているが、マルチストリームオーディオの機能を使うことにより、スマートフォンから左右独立型のイヤホンに同時に音声データを送信できる（図 13-E 参照）。また、5.1ch サラウンドの各スピーカーへの音声データ送信に応用できる。

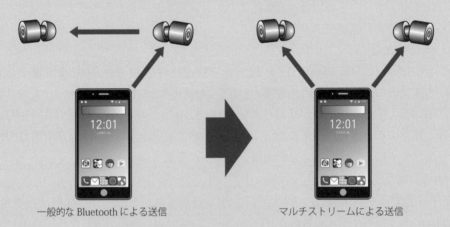

一般的な Bluetooth による送信　　　　　マルチストリームによる送信

図 13-E　マルチストリームの利用例

（3）ブロードキャストオーディオに対応

　ブロードキャストオーディオは、通信範囲内の Bluetooth LE Audio に対応するすべての機器に音声データを送信できる機能である。Bluetooth を利用して放送を行うような使い方ができる。例えば、映画や演劇などで言語ごとの音声を異なるチャンネルで配信し、受信側のユーザーが適切な言語を選択できるようになる。また、博物館の音声ガイドへの利用なども考えられる。

（4）補聴器に対応

　Bluetooth LE Audio は、補聴器の規格にも対応する。これにより、補聴器の基本機能である外部からの音の増幅だけではなく、スマートフォンから Bluetooth を使って送信される音声を補聴器で直接聞くことなどが可能になる。また、補聴器は左右分離型が一般的で、長時間装着して使用するため、前述のマルチストリームオーディオやオーディオコーデックの LC3 の低消費電力も補聴器への対応を容易にする要素になっている。

7. ZigBee

ZigBee[5] とは、ZigBee Alliance が仕様を定義している IEEE802.15.4 上で動作する無線通信プロトコルである。IEEE802.15.4 のことを ZigBee と呼ぶ人がいるが、これは正確な表現ではない。IEEE802.15.4 で定義された MAC 層上に ZigBee スタックが動作している場合のみ ZigBee と呼べる。

IEEE802.15.4 の MAC 層上で ZigBee スタックを使用せずに独自のスタックやそのほかのスタックを使用したり、IEEE802.15.4 を直接使用したりすることも可能だが、この場合は ZigBee とは呼べない。もちろん ZigBee のロゴも付けられない。IEEE の 802 グループはローカルネットワークや中規模のネットワークの運用と技術を担当しており、無線ネットワーク技術を扱っている 15 グループで IEEE802.15.4/ZigBee と IEEE802.15.1（Bluetooth）、は策定された。IEEE802.11（Wi-Fi）、IEEE802.15.1（Bluetooth）、IEEE802.15.4/ZigBee は競合する技術ではなく、IEEE でそれぞれ異なった目的のために規格化されたもので、お互いに共存できる仕様になっている。ZigBee は低消費電力である近距離無線通信規格で、メッシュ構成を組むことができ、1 つのネットワークで数百台のノードが存在する大規模なネットワークが構築可能である。1 つの ZigBee ネットワークには、最大で 65,536 個（アドレスで 0x000 ～ 0xFFFF）の ZigBee 端末を接続できる。消費電力を下げるために通信速度は低くおさえられており、センサーで取得したデータなど小さなデータ転送に向くため、スマートホームでの各種センサーのデータ転送で、今後期待されている「Matter」にも採用されている。

 ## スマートホームの拡大に期待される「Matter」

2021 年 5 月に ZigBee Alliance は、スマートホームに関係する機器の接続標準を目指す規格「Connected Home Over IP」を「Matter」として発表し、同時に団体名を CSA（Connectivity Standards Alliance）に変更した。

Matter は、IEEE が定めた LAN の通信規格である IEEE802.3 や無線 LAN 規格の IEEE802.11、低消費電力で Zigbee の基本となっている IEEE802.15.4 など、既存の接続技術で動き、低消費電力の Bluetooth 規格である Bluetooth Low Energy なども採用している。

CSA は、Matter の特徴として、メーカーサイドが採用するにあたってのロイヤリティーフリーによる導入の容易さ、異なるメーカーのデバイス間の連携および互換性、接続時の安定性と信頼性、高いセキュリティなどを挙げている。Matter には、Google、Apple、Amazon、Huawei といった有力な企業が多数参画しており、今後のスマートホーム関係機器間の通信規格の主流になる可能性がある。2022 年 10 月に Matter1.0 規格がリリースされた。初期段階の対応製品カテゴリーは、スマート電球などの照明器具、空調コントロール、スマートロック、テレビなどのメディアデバイスに限定されており、将来的にセキュリティカメラやロボット掃除機などのカテゴリーが追加される予定である。

※5：ZigBee の名前の由来は、ミツバチは蜜がとれる花を見つけた際に巣にサンプルを持ち帰り、尻をジグザグに振って花のある方向と距離を仲間に知らせる。この様子があたかも ZigBee が実現するセンサーネットワークをミツバチが巣を中心に花の間を飛び回り情報を伝達するように見えるところからきている。ZigBee（ジグビー）とは、Zigzag（ジグザグ）と Bee（ビー：ミツバチ）から作られた造語である。

| 図 13-F 「Matter」のロゴマーク | 図 13-G 「CSA」のロゴマーク |

13.14 LPWA（Low Power Wide Area）通信

1. 主なLPWA通信の方式

　あらゆるものをインターネットに接続して、各種の新しいサービスを作り出すためにIoTが脚光を浴びている。IoTによる各種のサービスを実施するには、各種の機器に搭載されたセンサーなどから定期的に情報を送信し把握することが必要になる。そのために通信速度があまり高くなくても、より低消費電力で長距離通信を行える通信方式が必要である。これらの通信方式はLPWAなどと呼ばれ、他の無線通信方式と比較した場合の位置づけは図13-32のようになる。

　LPWA通信には各種の方式があり、各推進団体や企業が利用を進めている。主なLPWAの通信方式を示したのが、表13-11である。各種の通信方式があるが、その中でも特徴的なものとして、携帯電話やスマートフォンなどで使われる通信規格のLTEを利用した方式のLTE Cat-M1やNB-IoTもある。

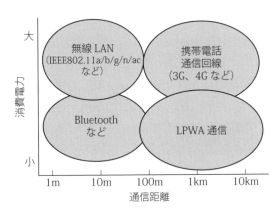

図 13-32　LPWA通信の位置づけイメージ

表 13-11　主なLPWA通信の方式

名称	Sigfox	LoRaWAN	Wi-Fi HaLow (IEEE802.11ah)	Wi-SUN	LTE Cat.M1	NB-IoT (LTE Cat.NB)
推進団体・企業	Sigfox	LoRa Alliance	Wi-Fi Alliance	Wi-Sun Alliance	3GPP	
無線局免許	不要				必要	
通信の周波数帯	920MHz帯				4G（LTE）の周波数帯	
最大通信速度	下り：600bps 上り：100bps	50kbps	150kbps	400kbps	下り：800kbps 上り：1Mbps	下り：21kbps 上り：62kbps
最大通信距離	50km程度	15km程度	1km程度	1km程度	11km程度	15km程度
仕様の公開	非公開	公開			公開	

　LPWAの通信方式を利用したさまざまなサービスが期待されるが、次のようなサービスの実用化が進められている。
　①商業施設、ビル、工場など設備や機器の管理およびリモートによる制御、作業オペレーションの最適化や効率化などのサービス
　②学校、病院、高齢者施設など子どもや高齢者家族などの見守り、スマートメーターと連携

したサービス

③河川、山、海など土砂災害、河川増水、波浪などの監視や災害対策

④道路、鉄道などの公共インフラ街灯や信号のメインテナンス管理、鉄道関連設備の予知保全などのサービス

⑤車、トラック、バスなど積み荷の管理、パーキングメーターの管理、物流や運行の管理および最適化などのサービス

⑥畑、牧場など水質、温湿度や土壌の管理、家畜のトラックキング、家畜のリモート監視・給餌などのサービス

2.　Wi-SUN（Wireless Smart Utility Network）

　Wi-SUN は、Wi-SUN アライアンスが IEEE802.15.4g 規格をベースにして策定した相互接続できる無線通信規格であり、日本では特定小電力無線と呼ばれる 920MHz 帯で使用される。920MHz 帯は、既存の無線との電波干渉を起こしにくく、低消費電力でありながら比較的長距離のデータ通信が可能な電波帯である。ZigBee や Bluetooth が使用する 2.4GHz 帯に比べて電波の回り込み特性に優れているため、壁や障害物がある場所でも安定した通信ができる。

　Wi-SUN の通信速度は数百 kbps 程度とそれほど速くはないが、複数の端末がバケツリレー式にデータを中継することにより遠隔地まで届けるマルチホップ通信に対応し、低消費電力であることが特徴である。これらの特性を生かして、スマートメーターに採用され、さらに電気、ガス、水道などのメーターに Wi-SUN 無線機能を搭載して情報収集するシステムの検討が進められている。

13.15　IoT とは

　IoT とは、あらゆるものをインターネットなどに接続して通信を行うことを意味する。IoT を活用することにより、実現できる事柄として大きく下記の 2 つがある。

1.　離れた場所の状態を知る

　図 13-33 のように、さまざまな機器やものに搭載された各種センサーなどの情報を、インターネットなどの通信手段を用いて送信することで、離れた場所の状態や離れた場所にある機器などの状態を把握できる。例えば、部屋の温度や湿度、ものの動き、人の存在、ドアの開閉などの状態を把握できる。

図 13-33　離れた場所の状態を知る

2. 離れた場所の状態を変える

図13-34のように、インターネットなどの通信手段を用いて、離れた場所のさまざまな機器などの状態を変えることができる。代表的な例として、エアコンや空気清浄機の遠隔操作などがあるが、鍵の開閉や窓シャッターの開閉など各種の用途で利用されている。

図13-34　離れた場所の状態を変える

3. IoTとAIの連携

このIoTの特徴を利用して、さらにIoTとAIを連携させた概念図が、図13-35である。連携させることで、離れた場所のさまざまな機器などから得られた環境、動きや位置などの情報を基に、AIが目的に合わせた最適解を提供することにより、機器などに対して自動遠隔操作を適切に行うことが可能になる。例えば、家の中では、設置された各種の機器やセンサーから得られた温度、湿度、明るさ、人の居場所、ドアの開閉状態、カーテンの開閉状態などのさまざまな情報を基に、それぞれの機器を自動遠隔操作して、暮らす人の生活に合わせた適切な住環境を提供できる。

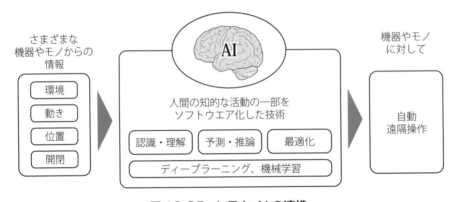

図13-35　IoTとAIの連携

13.16　DLNA（Digital Living Network Alliance）

1. 概要

DLNAは、メーカーを問わず、AV機器やパソコンなどをLANで接続し、動画、静止画や音楽などのコンテンツを相互利用する規格および技術の呼称として使われている。このDLNAのガイドラインに対応した機器同士を、LANケーブル、もしくは無線LANにより接続することで、映像・音声信号などをストリーミング伝送することができる。例えば、2階の部屋のテレビで、1階にあるBD/HDDレコーダーのHDDに録画したコンテンツを検索して視聴することができる。DLNAに対応した機器には、コンテンツを送り出すサーバー機器（DMS）とそれを表示や再生するプレーヤー機器（DMP）などがある。代表的なものとして、サーバー

機器には BD/HDD レコーダー、プレーヤー機器にはテレビがある。パソコンには、その両方の機能を備えるものもある。DLNA のガイドラインに適合し、認証試験に合格した製品には DLNA ロゴを表示できる。DLNA ガイドライン 1.0 では、動画では MPEG2、静止画では JPEG、音楽ではリニア PCM がフォーマットとして規定された。また、DLNA ガイドライン 1.5 から、スマートフォンなどモバイル機器からサーバー機器を操作して、サーバーのコンテンツを確認し、再生させたいコンテンツをテレビなどに表示させることもできるようになった。なお、録画したハイビジョン放送番組の映像コンテンツを LAN などのネットワークを介して視聴するためには、機器が著作権保護技術である DTCP-IP（Digital Transmission Content Protection over Internet Protocol）に対応していなければならない。DLNA 対応の BD/HDD レコーダーやテレビは、DTCP-IP に対応している機器が一般的であるが、DLNA 対応と記載されたパソコンやパソコン周辺機器には、DTCP-IP に対応していない場合もあるので注意が必要である。

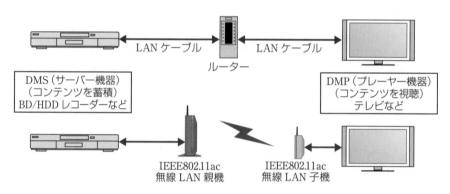

図 13-36　DLNA 接続例

2. DLNA の機能

DLNA 認証製品には、デバイスクラスという DLNA で規定された各種の機能が装備されている。以下に、基本となる機能および役割、主な機器について説明する。

(1) DMS（デジタルメディアサーバー）

DMS（Digital Media Server）は、コンテンツを管理し配信するサーバーの役割を果たす機能である。DMS に保存されているコンテンツは、ネットワークに接続している DMP や DMR にコンテンツを配信して再生できる。この機能を備えた機器として、コンテンツを保存する BD/HDD レコーダー、NAS（Network Attached Storage）、パソコンなどがある。

(2) DMP（デジタルメディアプレーヤー）

DMP（Digital Media Player）は、ネットワーク上の DMS を探し、DMS に保存されているコンテンツを検索して再生する機能である。この機能を備えた機器として、テレビ、オーディオ機器、ホームシアター、家庭用ゲーム機などがある。

(3) DMR（デジタルメディアレンダラー）

DMR（Digital Media Renderer）は、DMS から送信されたコンテンツをレンダリング（デジタル信号を再生できる信号に変換）し再生する機能である。DMP との相違点は、DMP は自分でコンテンツを探し再生指示できるのに対し、DMR は、送られてくるデジタル信号を再生信号に変換する単一の機能しかないことである。このため、DMR は DMS や DMC と連携

して使用される機能となる。この機能を備えた機器として、テレビ、オーディオ機器、ポータブルビデオモニターなどがある。

(4) DMC（デジタルメディアコントローラー）

DMC（Digital Media Controller）は、DLNA 機能を制御するリモートコントローラーである。例えば、DMC 機能が搭載されている携帯端末から、ネットワーク内の DMS（パソコンなど）の音楽コンテンツを指定し、それをネットワーク内のオーディオ機器に搭載された DMR に送信して再生できる。この機能を備えた機器として、携帯電話機、スマートフォン、Wi-Fi 対応デジタルカメラなどがある。

(5) DMPr（デジタルメディアプリンター）

DMPr（Digital Media Printer）は、ほかの DLNA の機能に付加することで、印刷機能を使用できるようにするものである。例えば、DMP に DMPr（印刷機能）を追加すると、DMP を操作して写真を印刷できる。DMPr は DMP 以外にも、ほかの DLNA 機能を搭載した製品にも組み込むことができる。

(6) モバイル環境でのデバイスクラス

DLNA の Version 1.5 から、モバイル環境でのデバイスクラスが追加された。スマートフォンやタブレットなどのモバイル端末向けには、各デバイスクラス名称の先頭に、M-DMS、M-DMP、M-DMC のように「M-」が付く。

3.　DTCP-IP

DTCP-IP は、東芝、日立製作所、インテル、パナソニック、ソニーの 5 社が設立したデジタルコンテンツの伝送に関する著作権保護技術規格の策定とライセンスを行っている団体である DTLA（Digital Transmission Licensing Administrator）により策定された規格である。DTCP-IP は、家庭内の有線・無線 LAN などのローカルエリアネットワーク内で、デジタル放送などの映像を伝送する際にコピーを防止するデジタルコンテンツ著作権保護技術の規格である。代表的な適用例としては、DLNA 対応機器でハイビジョン放送番組などの伝送を行う際の著作権保護技術として利用されている。DTCP＋は、2012 年に DTCP-IP 規格に追加された機能の呼称である。それ以前の DTCP-IP では、その適用が家庭内のローカルエリアネットワーク内に限られていたが、DTCP＋が追加されたことにより、ルーターを越える伝送が可能となった。外出先などの外部から、インターネットを介してローカルエリアネットワーク内に設置された機器の録画番組や受信しているハイビジョン放送番組の視聴を可能にする規格である。代表的な適用例としては、外出先から家の BD/HDD レコーダーやデジタルテレビを操作して、ハイビジョン放送の録画番組などのストリーミング視聴ができるリモート視聴の著作権保護技術として利用されている。

DTCP2

DTCP-IP の規格では、新 4K8K 衛星放送などの著作権保護された 4K 放送番組や 8K 放送番組を家庭内の LAN などを使って伝送できなかった。DTCP2 は、これらの放送番組を伝送できる新しい規格である。DTCP2 は、映像コンテンツや機器の鍵情報の暗号化に

128bit の AES を使用するなどして、映像コンテンツの保護を DTCP-IP に比べて強化している。

（1）DTCP2 の利用

　DLNA に DTCP2 を組み合わせれば、技術的に 4K 放送番組や 8K 放送番組を家庭内の LAN などを使い伝送できるが、DLNA ガイドラインを策定する組織が解散したため、現在は新たな DLNA のガイドライン化は難しくなっている。したがって、今後 DTCP2 を使用して 4K 放送番組や 8K 放送番組を家庭内の LAN などを使い伝送する方法として、送信側と受信側のそれぞれの機器に共通化された DTCP2 に対応する組み込みソフトなどを搭載し、機能を働かせる方法などが考えられる。この方法では、図 13-H のように家庭内 LAN を利用して、離れた部屋に設置されている 4K チューナー内蔵 BD/HDD レコーダーの HDD に保存されている 4K 放送番組などを 4K テレビで視聴できるようになる。また、4K チューナー内蔵の BD/HDD レコーダーから NAS に 4K 放送番組をダビングしたり、逆にムーブバックしたりできるようになる。

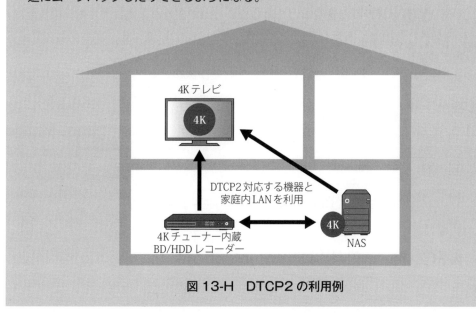

図 13-H　DTCP2 の利用例

4.　DLPA NAS

　DLPA NAS は、DLPA（Digital Life Promotion Association、一般社団法人 デジタルライフ推進協会）が、DLNA に準拠した AV 用途向けの NAS（Network Attached Storage）に対して規定したガイドラインである。また、このガイドラインに適合して認証された NAS を DLPA NAS と呼んでいる。DLPA NAS のガイドラインは、写真や音楽、動画、および著作権保護された映像（デジタル放送の番組など）の取り扱いに関し、NAS の機能が対応する範囲を規定している。現在は機能別に Level.1 から Level.3 のガイドラインがあり、さらにリモートアクセスガイドラインが規定されている。それぞれのガイドラインの概要は、次のとおりである。

（1）Level.1

　写真、音楽や動画ファイルの共有を行うことができる NAS 製品である。DLNA の Version

1.5 の DMS または M-DMS の認証を取得しており、他機器との接続保証された NAS 製品が該当する。

(2) Level.2

　Level.1 に加え、地上デジタル放送の番組などの著作権保護コンテンツを扱うために、ネットワークを通じて BD/HDD レコーダーなどからのネットワークダビングやムーブ、およびテレビなどへの配信に対応した NAS 製品である。

(3) Level.3

　Level.1 および Level.2 に加え、ネットワークを通じて BD/HDD レコーダーなどへの書き戻し機能を備えた NAS 製品である。

(4) DLPA リモートアクセスガイドライン 2.0

　地上デジタル放送の番組などの著作権保護コンテンツを保存した自宅の NAS などに、外出先からアクセスして視聴する機能について規定したガイドラインである。このガイドラインに適合した機器を使用することで、スマートフォンやタブレットなどにより、宅外から NAS に保存されている著作権保護された番組などを楽しむことができる。また、著作権保護技術は、DTCP-IP に追加された機能である DTCP ＋に準拠している。DLPA リモートアクセスガイドライン 2.0 対応商品によるリモート視聴のイメージを**図 13-37** に示す。

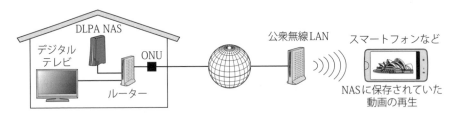

図 13-37　DLPA NAS によるリモート視聴の例

13.17　NFC（Near Field Communication）

1.　概要

　NFC は、「おサイフケータイ」や鉄道やバスなどで使われる交通系 IC カードなどの FeliCa と同様の技術に基づいた 13.56MHz の周波数を利用する通信距離 10cm 程度の近距離無線通信技術である。機器同士を「かざす」ように近づけたり、タッチしたりすることでデータ通信ができる。通信速度は 100kbps から 400kbps 程度であるが、かざす（タッチ）といった操作が直感的で素早く行えるため、機器の認証や、機能の切り替えスイッチなどとして利用されている。NFC の始まりは、ISO/IEC 18092（NFCIP-1）という国際標準規格で定められた通信技術の策定を機会に、NXP セミコンダクターズ、ノキアとソニーの 3 社が業界標準団体の NFC フォーラムを発足させ、その後、他社も参加して各種の活動を行っている。NFC フォーラムでは、NFCIP-1 の通信技術など、既存の非接触 IC カードとの互換性を検討のうえ実装仕様を策定している。また、これらの仕様を盛り込んだ NFC デバイスの認定プログラムの策定し、NFC の普及を推進してい

図 13-38　NFC のロゴマーク

る。NFC フォーラムの実装規格に適合した機器には、図 13-38 に示すようなロゴマークが表示されている。

2.　NFC 対応機器のデータ伝送

　NFC 対応の機器間で音楽データや画像などの容量の大きいデータを送受信する際に、ペアリングや接続認証だけを NFC で行い、実際のデータ伝送は、より高速で離れた場所からも無線通信できる Bluetooth や Wi-Fi Direct で行うことが可能である。このようにペアリングや接続認証だけを NFC で行い、データ伝送などを別の高速な通信規格に引き継ぐことをハンドオーバーと呼んでいる。

3.　NFC の使用例

　使い方の一例として、スマートフォンとワイヤレススピーカーの Bluetooth 接続のペアリングを NFC で簡単に行い、スマートフォンで再生している音楽をワイヤレススピーカーで聴くことなどができる。まず、スマートフォンの NFC と Bluetooth を利用可能な状態にしておく。このスマートフォンを、図 13-39 のようにワイヤレススピーカーにかざすこと（タッチ）により Bluetooth 接続のペアリングができ、その後は 10cm 以上離れた場所から Bluetooth による伝送により、スマートフォンで再生している音楽をワイヤレススピーカーで聴くことができる。

図 13-39　NFC の使用例

13.18　無線通信による映像などの再生

1.　Miracast（ミラキャスト）

　スマートフォンやタブレットから各種の映像コンテンツをテレビで再生する方法として、MHL（Mobile High-definition Link）を用いた有線接続による再生方法がある。それ以外に、無線通信によりワイヤレスで接続して再生する方法もある。Miracast は、Wi-Fi Alliance によって策定された無線通信による動画などの伝送技術である。アクセスポイントとなるルーターなどを経由せずに機器同士を直接接続できる Wi-Fi Direct を応用したもので（図 13-40 参照）、バージョン 1.0 の規格ではフルハイビジョンの映像および 5.1ch サラウンドまでの音声の伝送が可能である。さらに、バージョン 2.0 の規格から 4K 映像の伝送もオプションとして追加された。有線と違い機器同士をケーブルで接続する必要がない手軽さが特徴である。Miracast を使用するには、送信と受信側の機器が Miracast に対応している必要がある。

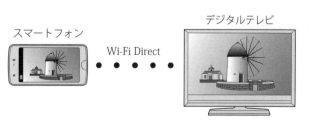

図 13-40　ミラキャストのイメージ

2.　AirPlay（エアプレイ）

AirPlayは、Appleが開発したの無線通信により映像などをテレビに映し出す技術である。AirPlayでは、iPhone、iPadなどからApple TV（第2世代以降）を経由して、フルハイビジョンテレビなどで動画コンテンツをストリーミング再生できる。また、iPhone、iPadなどの画面をリアルタイムで表示することもできる。AirPlayの機能を拡張したAirPlay 2では、AirPlay 2に対応する複数の機器に音楽などの音声データを同時に送信することが可能となった。これにより、複数の音楽再生機器で同期して音楽などを聴くことができる。また、AirPlay 2に対応したテレビもあり、このテレビでは、Apple TVを経由せずiPhone、iPadなどから動画コンテンツのストリーミング再生などができる。

13.19　クラウドサービス

1.　概要

クラウドサービスは、インターネットなどのネットワークを通じて利用者に提供されるサービスの1つである。AV機器に関連するクラウドサービスとして、サービス提供会社のサーバーにインターネットを通じて写真や動画などのデータを保存し、それらのデータを必要なときに閲覧できるサービスがある。従来は、写真、動画や各種のデータなどを個人のパソコンや各種の記録メディアなどに保存するのが一般的だったが、クラウドサービスでは、外出先や友達の家からスマートフォンやタブレットなどで、サーバーに保存されている写真や動画を見て楽しむといった使い方ができる。図13-41に、クラウドサービスのイメージを示す。クラウドサービスにはいろいろな種類のサービス形態があるが、一般的にはある程度の容量までのデータ保存は無料で、それを超えた場合に有料となるケースが多い。また、これらのサービスを利用しデータをアップロードするには、個人のアカウントの登録と各クラウドサービス専用のアプリを機器にインストールして利用するケースが多い。

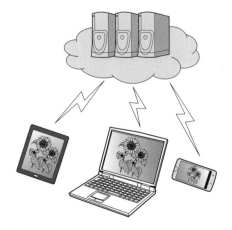

図13-41　クラウドサービスのイメージ

2.　サービスの例

各社が提供するクラウドサービスには、さまざまなものがある。各サービスは、扱えるデジタルデータの種類、保存容量、機能などがそれぞれ異なり、またそれぞれに特徴がある。ここでは、個人向けのサービスの主な具体例を紹介する。ただし、各サービスの内容は随時変更されているので、最新のサービス内容については、各サービスのホームページなどで確認する必要がある。

（1）PlayMemories Online（プレイメモリーズ オンライン）

ソニーが提供している写真・動画のクラウドサービスである。写真や動画をアップロードし、さまざまな機器で見ることに加えて、スマートフォンやパソコンにある写真が自動的にアップ

ロードされ、見やすく整理される「オールシンク機能」などの付加機能もある。保存できるデータは、撮影したオリジナルサイズの写真・動画については5GB（ギガバイト）まで無料で、長辺が1920ピクセル以下の写真については無制限、無料での保存が可能である。前述の「オールシンク機能」では、写真が自動的にこの長辺1920ピクセル幅にリサイズされるので、アップロードの容量に制限がなくなる。

(2) iCloud（アイクラウド）

　Appleが提供している音楽・写真、映像・書籍や文章などのデジタルデータのクラウドサービスである。これらのデータをアップロードして活用できるのに加え、独自の電子メールサービスや、連絡先の同期、位置情報サービスなどの付加機能もある。保存容量は5GBまで無料であるが、iTunesストアで購入した音楽、書籍などは5GBの制限容量にはカウントされず保存が可能である。

(3) OneDrive（ワンドライブ）

　Microsoftが提供している写真、動画をはじめドキュメントなど各種データを保存・活用できるクラウドサービスである。Windows 10のOSを搭載するパソコンだけでなく、Androidやi OSなどを搭載するスマートフォンなどに専用アプリであるMicrosoft OneDriveをインストールして利用できるため、各種の機器で利用が可能である。保存容量は、5GBまで無料である。

(4) Amazon Drive（アマゾンドライブ）

　Amazonが提供している写真、映像や文章などのデジタルデータのクラウドサービスである。保存容量は、5GBまで無料となっている。

(5) Google Drive（グーグルドライブ）

　Googleが提供している写真、映像や文章などのデジタルデータのクラウドサービスである。保存容量は、15GBまで無料となっている。

この章でのポイント *!!*

インターネットへの接続方法や、家庭内ネットワークを構築するために、知っておく必要がある各種の通信方式など重要な事柄について説明しています。また、機器を有線および無線で接続して映像や音楽を楽しむ方法、各種データの伝送方式や特徴、クラウドサービスなどについても説明しています。よく理解しておきましょう。

キーポイントは

- インターネット接続の種類と特徴、ルーターの機能
- 有線LAN（イーサネット）と無線LANの概要、規格、セキュリティ
- 各種通信方式の概要、規格、特徴
- クラウドサービス

キーワードは

- FTTH、ADSL、ONU、VDSL方式、LAN配線方式、CATV、IPアドレス、DHCP、リンクローカルアドレス、IPv4、IPv6、IPv6 IPoE、IPv6 PPPoE、NOTICE、PPPoE、SMTP、POP3、NAT/NAPT機能、マルチSSID、SSIDステルス機能、MACアドレスフィルタリング、ビームフォーミング
- モデム、Ethernet、IEEE802.3、TCP/IP、100BASE-TX、1000BASE-TX、LANケーブル（カテゴリー5e、6、6A）、MACアドレス、PoE、IEEE 802.11、MIMO、MU-MIMO、Wi-Fi、Wi-Fi 4〜6、WPS、AOSS、SSID、WEP、TKIP、WPA、AES
- USB、USB Type-C、USB Power Delivery、Quick Charge、IEEE1394（i.LINK）、PLC、Bluetooth、ZigBee、Matter、SCMS-T、LDAC、LPWA通信、IoT、DLNA、DTLA、DTCP-IP、DTCP2、DLPA NAS、NFC、Miracast、AirPlay、AirPlay 2

14章 電池

　小型のポータブルタイプの家電製品をはじめとして各種の機器に電池が使用されているが、電池の種類は図14-1に示すように、「化学電池」と「物理電池」に大別される。化学電池は、化学反応などで物質を電気エネルギーに変換するものをいう。一般的に、電池と呼ぶ場合には化学電池を示すことが多い。化学電池には、マンガン乾電池のように使い切ると（以下、放電）寿命が終わってしまう「一次電池」や充電式電池のように充電器でエネルギーを電池に蓄える（以下、充電）「二次電池」、補充が可能な正極/負極剤による化学反応で電気エネルギーを取り出す燃料電池がある。物理電池は、光エネルギーや熱エネルギーを利用するもので、太陽電池や熱起電力電池などがある。

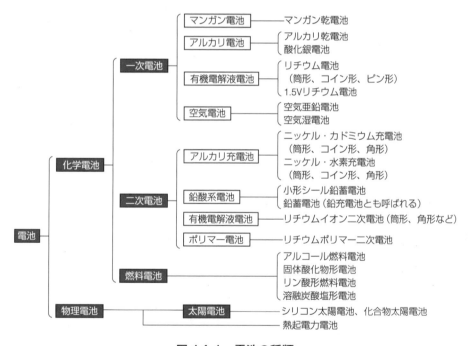

図 14-1　電池の種類

14.1　電池の電圧

　電池の電圧は、プラス極（正極）とマイナス極（負極）に使用する材料（活物質）と化学反応を起こさせる電解液に何を使用しているかによって決まる。例えば、マンガン乾電池やアルカリ乾電池の公称電圧は1.5Vである。二酸化マンガン・リチウム電池（リチウム電池）の公称電圧は3.0Vで、リチウムイオン二次電池は3.7Vである。ボタン形電池にはサイズが同じでも1.4V～3.0Vのものがあるので、使用時には機器に適合しているのかどうか注意する必要がある。

表 14-1　各種電池の公称電圧

一次電池		二次電池	
電池の分類	公称電圧	電池の分類	公称電圧
空気亜鉛電池	1.4V	ニッケル・カドミウム充電池	1.2V
マンガン電池	1.5V	ニッケル・水素充電池	1.2V
アルカリ電池	1.5V	鉛蓄電池	2.0V
酸化銀電池	1.55V	二酸化マンガン・リチウム二次電池	3.0V
二酸化マンガン・リチウム電池	3.0V	リチウムイオン二次電池	3.7V
塩化チオニル・リチウム電池	3.6V		

14.2　電池の容量

　図14-2は、代表的な電池のエネルギー（以下、容量）を比較したものである。マンガン乾電池とアルカリ乾電池の電圧は同じであるが、アルカリ乾電池のほうが容量は大きく長時間使用できる。また、電流も多く流すことができる。

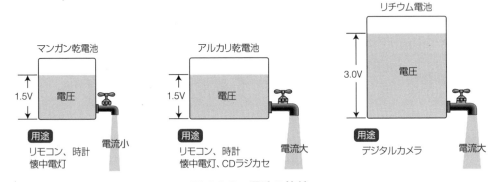

図 14-2　電池の比較

14.3　電池の極性と形状

　電池にはプラスとマイナスの極性が必ずあり、向きは機器の指示どおりに正しく入れるようにする。形状には、一般的な乾電池の円筒形、ボタン形、ボタン形でもさらに薄いコイン形などがある。角形は、メモリーオーディオプレーヤーや携帯電話などに使われており、サイズや形状が異なるものがある（図14-3参照）。

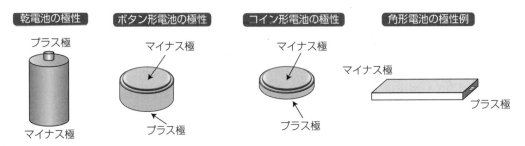

図 14-3　電池の極性と形状

2個以上の電池を入れる場合は、誤って1つだけ逆向きに入れると機器が正常に動かなくなるだけではなく、危険な状態になる場合もある。**図14-4**のように、逆向きの電池は、ほかの電池から充電されることとなり、プラス極とマイナス極をショートする以上に電流が流れ、液漏れしたり、発熱や破裂したりするおそれ

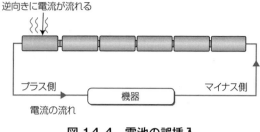

図14-4 電池の誤挿入

がある。機器によっては、電池を誤って逆向きに入れた場合、マイナス同士の電極が接触しないよう安全対策を施しているものもある。

14.4 電池の表示記号

電池の名称は、日本産業規格（JIS）で決められており、国際規格（IEC方式）と整合がとられている。JISの名称は1990年10月までに適用した形式命名法と、それ以降に適用する形式命名法が併用されている。

図14-5の方式1は1990年10月までに命名された電池、方式2は1990年10月以降に命名された電池である。図中に示す①〜④のシンボルの意味は下記である。

①直列につながっている電池の数

②電池の種類（表14-2の記号）

③電池の形状｛R：円形（円筒形、ボタン形、コイン形） F：角形、平形｝

④方式1の場合は連番や寸法で決められている。方式2の場合は寸法を表す。円筒形の場合、直径と厚さを表す。「/」で区切るものもある。

図14-5の方式1に表示された電池の記号「4LR44」は44番目に命名された電池で、ボタン形のアルカリ電池を4個直列に接続してパッケージしたもので、公称電圧は6Vである。方式2の「CR2032」は、直径20mm厚さ3.2mmの二酸化マンガン・リチウムボタン電池で、公称電圧は3.0Vである。なお、同じ仕様の電池が方式1と方式2で別々の名称になっていることがある。この場合には、対照表を参考にするとよい。新しい方式の電池については、この方式に合致しないものもある。現在、世界で使用されている電池の種類は30種類以上あるが、代表的な電池の種類と記号を**表14-2**に示しておく。

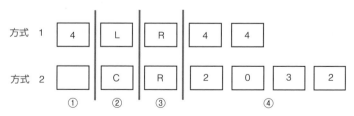

図14-5 電池の記号の読み方

表 14-2　各種電池の表示記号

一次電池		二次電池	
電池の分類	電気化学系記号	電池の分類	電気化学系記号
マンガン電池	表示なし	ニッケル・水素電池	H
アルカリ乾電池	L	ニッケル・カドミウム電池	K
二酸化マンガン・リチウム電池	C	リチウムイオン電池	IC
塩化チオニル・リチウム電池	E	鉛蓄電池	PB
酸化銀電池	S		
空気亜鉛電池	P		

　日常使用している円筒形乾電池の日本での通称と JIS（および国際規格の IEC）の形式および米国での呼称をそれぞれ比較すると、**表 14-3** のようになる。

表 14-3　日本の通称と JIS（IEC）、米国での呼称

日本の通称	JIS（IEC）	米国での呼称
単1	R20	D
単2	R14	C
単3	R6	AA
単4	R03	AAA
単5	R1	N

14.5　一次電池

　一次電池には、プラス極（正極）とマイナス極（負極）に使用する材料（活物質）や電解液の違いにより、マンガン乾電池、アルカリ乾電池、酸化銀電池、空気亜鉛電池、リチウム電池などの種類がある。使用することで内部の化学反応が進み、最終的には初期の電圧値に戻らなくなる。電池の性能は、一般的に放電曲線で示される。**図 14-6** に、それぞれの特性を示す。

1.　一次電池の使用推奨期限

　一次電池には**図 14-7** のように、使用推奨期限（月～年）が記されている。表示の場所は、電池本体（底面または側面）または最小包装単位で表示されており、ボタン形電池やリチウム電池の場合はパッケージに記載がある。**図 14-7** の例では、「記載してある 2023年9月までに使い始めれば JIS に定められた所定の性能が発揮できる」という意味で、期

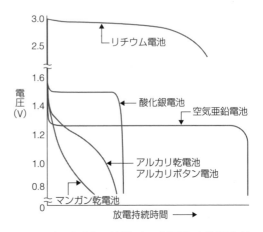

図 14-6　電池の特性（一次電池の放電曲線の特徴）

| 09 - 2023 | または | 09 - 23 |

図 14-7　一次電池の使用推奨期限の表示

限が過ぎたらすぐに電池として使えなくなることを意味するものではない。

2.　アルカリ乾電池

　アルカリ乾電池は、正式名をアルカリマンガン乾電池という。この電池は、マンガン乾電池と電圧、電池サイズに互換性があり、高容量で放電特性に優れている。**表14-4**に、アルカリ乾電池の仕様例を示す。アルカリ乾電池はマンガン乾電池よりも大きなパワーを持つので長持ちし、交換する頻度も少なくできる。したがって、使い終わって廃棄する量も減るため環境にも良い。アルカリ乾電池を微電流の時計などの機器に使用すると、持っている特性を生かせず、マンガン乾電池の寿命と大きな差が出ないこともある。

表14-4　アルカリ乾電池の仕様例

品名 (JIS)	公称電圧 (V)	寸法（mm）		質量 (g)	備考
		径	総高		
LR20	1.5	34.2	61.5	140.0	単1
LR14	1.5	26.2	50.0	71.0	単2
LR6	1.5	14.5	50.5	23.0	単3
LR03	1.5	10.5	44.5	10.7	単4
LR1	1.5	12.0	30.2	9.0	単5

3.　マンガン乾電池

　マンガン乾電池は、価格面から広い利用範囲がある。用途として時計やリモコン、小型ラジオなど弱い電流でも動作する機器や、懐中電灯、ドアチャイムなどの間欠使用する機器に向いている。使ったあとしばらく休ませると電圧が少し上昇するので、連続で使用するより長く使用できる（**図14-8**参照）。

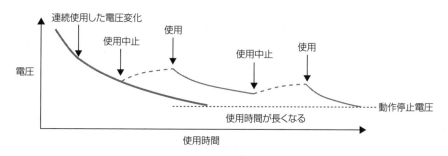

図14-8　間欠使用の電圧変化

　なお、この電池は使わずに置いておくだけで自然に放電してしまい、数年単位の保存には向かない面がある。**表14-5**に、マンガン乾電池の仕様例を示す。表14-5中の最下段に示した通称006Pは、電圧が9Vである。これは**図14-9**のように、内部で小さな電池を直列に6本接続して構成されている。円筒形の電池が接続されている場合には6R22、非円筒形（角形）の電池が接続されている場合は6F22となる。

マンガン乾電池とアルカリ乾電池は、内部の構成する材料が異なり放電特性も異なる。単独ではそれぞれ互換性があり使用できるが、放電特性や内部抵抗が異なるので混用して使用しない。図14-10のように、発熱や漏液が起こる危険がある。

表14-5　マンガン乾電池の仕様例

| 品名
(JIS) | 公称電圧
(V) | 寸法 (mm) | | 質量
(g) | 備考 |
		径	総高		
R20P	1.5	34.2	61.5	100	単1
R14P	1.5	26.2	50.0	50	単2
R6P	1.5	14.5	50.5	18	単3
R03	1.5	10.5	44.5	9	単4
R1	1.5	12.0	30.2	6.7	単5
6F22	9.0	幅17.4 長26.2	48.5	39	006P

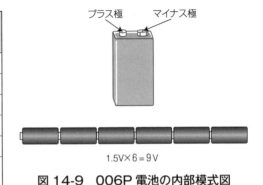

1.5V×6＝9V

図14-9　006P電池の内部模式図

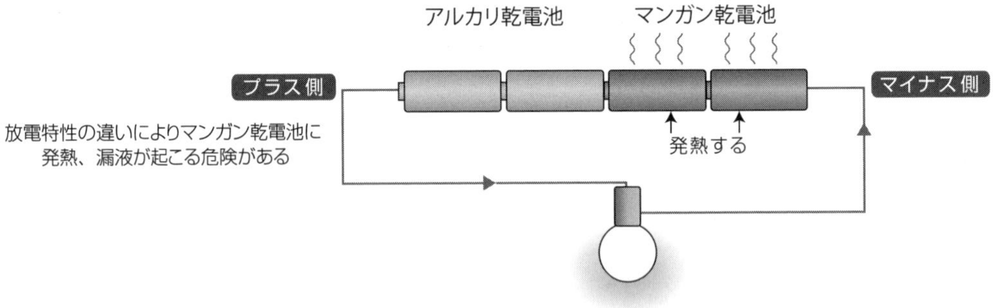

アルカリ乾電池　マンガン乾電池

プラス側　マイナス側

放電特性の違いによりマンガン乾電池に発熱、漏液が起こる危険がある

発熱する

図14-10　電池の混用による現象

4.　アルカリボタン電池

アルカリボタン電池は、公称電圧が1.5Vのボタン形電池である。玩具、小型ラジオ、体温計などに使用される。酸化銀電池と互換性があるが、機器が対応しているか確認が必要である。

5.　酸化銀電池

酸化銀電池は、公称電圧が1.55Vで平坦な放電電圧特性を持っており、電圧が安定しているのが特徴である。一般的にボタン形電池として、時計、カメラ、ゲーム、電卓などに使用されている。ボタン形酸化銀電池とアルカリボタン電池の対応を表14-6に示す。アルカリボタン電池が使える機器には、一般的に酸化銀電池が使えるが、機器により使用する電池の種類が指定されている場合もあるので、取扱説明書の指示に従う。

表14-6　酸化銀電池とアルカリボタン電池の対応

酸化銀電池 (1.55V)	アルカリボタン電池(1.5V)
SR41	LR41
SR43	LR43
SR44	LR44
SR54 (SR1130)	LR54 (LR1130)
SR55 (SR1120)	LR55 (LR1120)

図14-11は、酸化銀電池の放電特性を表したものである。時計はゲーム機より消費電流が少ないので、長時間使用することができる。

表 14-7　ボタン形酸化銀電池の仕様例

品名 (JIS)	公称電圧 (V)	公称容量 (mAh)	寸法 (mm)		質量 (g)
			径	総高	
SR55	1.55	45	11.6	2.05	0.9
SR54	1.55	72	11.6	3.05	1.4
SR43	1.55	125	11.6	4.20	1.9
SR44	1.55	180	11.6	5.40	2.3

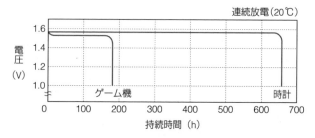

図 14-11　ボタン形酸化銀電池の放電特性例

6.　空気亜鉛電池

空気亜鉛電池は、ボタン形電池として主に補聴器で使用されている。空気亜鉛電池は、電池に空気穴が設けてあり、酸素を取り込むことで電気エネルギーを発生する。購入時はシールが穴に接着してあり、そのままではエネルギーを取り出せないようになっている。シールを剥がすと化学反応が始まり30秒から1分くらいで規定の電圧になる。一度反応が始まると電池の性質上、機器を使用していなくても放置しておくだけで少しずつ放電してしまう。この放電は再度シールを穴に貼っても完全には止まらない。

＜使用上の注意＞

①一度シールを剥がすと使わなくても放電してしまうので、使い始めるときにシールを剥がす。

②防水加工などの完全密閉型の機器は、酸素が供給できなくなるので、空気電池の性能が発揮できなくなる。

③低温下では、性能を十分に発揮できない場合がある。

④電池用電圧チェッカーなどでチェックしても電圧はほぼ一定のため、残容量がどの程度なのか分かりにくい。

⑤電解液にアルカリ水溶液を使用している。酸やアルカリは他の物質を溶かし分解するので、液漏れしたときは注意が必要である。

表14-8に、空気亜鉛電池の仕様例を示す。同じサイズの他のボタン形電池と比較すると公称容量は大きい。

表 14-8　ボタン形空気亜鉛電池の仕様例

品名 （JIS）	公称電圧 （V）	公称容量 （mAh）	寸法（mm）		質量 （g）
			径	総高	
PR536	1.4	60	5.8	3.6	0.3
PR41	1.4	125	7.9	3.6	0.6
PR48	1.4	230	7.9	5.4	0.8
PR44	1.4	540	11.6	5.4	1.8

7.　リチウム電池

　一次電池のリチウム電池は、二酸化マンガン・リチウム電池（CR）3.0V と塩化チオニル・リチウム電池（ER）3.6V などの種類がある。

（1）二酸化マンガン・リチウム電池

　一般的にリチウム電池と呼ばれる。この電池は高エネルギーで、製造から 10 年を経ても自然放電は 1/10 程度で長期保存性に優れている。またアルカリ乾電池やマンガン乾電池よりも使用できる温度範囲が広く、低温での使用にも向いている。ボタン形のサイズ表示の CR に続く数値は、直径と高さを表す。例えば「CR1616」のサイズは、直径が 16.0mm、高さは 1.6mm である（図 14-12 参照）。

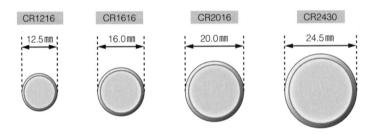

図 14-12　ボタン形二酸化マンガン・リチウム電池のサイズ表示

　表 14-9 に、二酸化マンガン・リチウム電池の仕様例を示す。CR123A は円筒形リチウム電池で、CR に続く数字はサイズを表してはいない。高エネルギー密度で容量が大きい。

表 14-9　二酸化マンガン・リチウム電池の仕様例

品名 （JIS）	公称電圧 （V）	公称容量 （mAh）	寸法（mm）		質量 （g）
			径	総高	
CR1216	3	25	12.5	1.6	0.7
CR1616	3	50	16.0	1.6	1.2
CR2016	3	90	20.0	1.6	1.9
CR2025	3	160	20.0	2.5	2.5
CR2032	3	220	20.0	3.2	3.1
CR2430	3	300	24.5	3.0	4.3
CR2450	3	560	24.5	5.0	6.2
CR123A	3	1400	17.0	34.5	17.0

塩化チオニル・リチウムイオン電池

機器への組み込み用の電池で、単品としては市販されていない。電圧は3.6Vである。二酸化マンガン・リチウム電池よりエネルギー密度が高く使用温度範囲も広い。長期信頼性も高いのでメモリーのバックアップ電源や、警報装置の電源として組み込まれている。円筒形で端子やコネクターが付いているものが多い。

8. 一次電池の使用上の注意

一次電池は、正しい取り扱いを行わない場合、危険な状態を引き起こす可能性もあるので、使用には下記の注意が必要である。

①一次電池は充電しない。また、使い終わった電池を火の中に入れない。

②電池の電極には、直接はんだ付けをしない。はんだ付け時の温度上昇でセパレーターが溶け、内部で短絡したり電解液が沸騰して破裂したりするおそれがある。

③電池の電圧は低いので、ちょっとした電極の汚れでも、接触不良の原因になる。スイッチを入れても機器が動作しないときは、電池の電極の接触部分を清掃する。

④直列使用の電池は、同一品種のものを全数同時に交換する。減っているものだけを交換すると、寿命が短くなったり、新品の電池から他の電池に逆に充電したり、漏液や破裂のおそれがある。

⑤機器に電池を入れるときは、前もって機器のスイッチを切っておく。誤って電池を逆に入れて、機器を故障させる場合もある。

⑥電池を短絡させない。特に容量の大きな電池は、発熱して破裂するおそれがある。

⑦分解しない。漏れた電解液が目に入ると、失明などの重大な障害が発生するおそれがある。また、リチウム電池の場合は、負極の金属リチウムや有機電解質がもとで、引火するおそれがある。

⑧長時間使用しない機器の電池は、外しておく。放電末期は漏液しやすい。

⑨電池の保管は、幼児や子どもの手の届かない場所にする。ボタン形電池などを誤って飲み込んだ場合には、直ちに医師と相談する。医師に相談できない場合は、公益財団法人 日本中毒情報センターの指示を受けるとよい。

 大阪中毒110番 072-727-2499（24時間年中無休受付）

 つくば中毒110番 029-852-9999（9：00～21：00）

 ホームページ URL https://www.j-poison-ic.jp

9. 公称容量

電池の容量は、ニッケル・カドミウム充電池、ニッケル・水素充電池など、二次電池以外あまり公表されていないが、放電電流（mA）×放電時間（h）＝容量（mAh）で表す。例えば、ニッケル・水素充電池などの二次電池に、1000mAhと記載があれば100mAの放電で10時間もつことになる。これは、1000mAh÷100mA＝10hで求められる。1000mAhの電池の消費電流を100mAから倍の200mAにすると5時間と短くなり、半分の50mAにすれば20

時間もつようになる。実使用では、電流が多くなるほど、使用時間が計算値より短くなる傾向がある。図14-13に、電流の違いによる概念を示す。

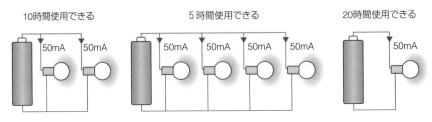

図14-13　電流の違いによる使用時間（1000mAhの場合）

14.6　二次電池

　二次電池は、充電・放電の繰り返しができる電池で、一般的に蓄電池または充電池（以下、充電池）と呼ばれており、使われているプラス極（正極）とマイナス極（負極）に使用する材料（活物質）や電解液の違いにより、ニッケル・カドミウム充電池、ニッケル・水素充電池、リチウムイオン二次電池などの種類がある。充電・放電を繰り返すことで内部の化学変化が進み、最終的には充電しても十分な充電ができなくなる。

1.　ニッケル・カドミウム充電池

　一般的に充電池は低温では性能を十分発揮できないが、ニッケル・カドミウム充電池は0℃以下の寒冷地での使用にも耐える。公称電圧は1.2Vとアルカリ乾電池やマンガン乾電池より若干低めのため、一部の機器では正常に動作しない場合がある。ニッケル・カドミウム充電池に含まれているカドミウムは、微量でも長期摂取すると人体に健康障害を及ぼすので、廃棄時はリサイクル協力店に相談するか、メーカーの案内に従うようにする。ニッケル・カドミウム充電池の出荷を中止したメーカーもあり、現在はニッケル・水素充電池にほぼ置き換わっている。

一口メモ　メモリー効果

　メモリー効果は、充電池を使い切らずに継ぎ足し充電を繰り返し行うことで、使用可能な容量が見かけ上、減ってしまうことをいう。メモリー効果が起きると電池を使い切っていないのに急激に電圧が低下して、正常な容量の電力が取り出せなくなり、使用時間が短くなる。この現象は、使用する機器で充電池を完全に使い切らないうちに、例えば機器の示す「電池残量」表示が少し減ったところで、満充電にしようと充電をすることで発生しやすくなる。この繰り返しにより、継ぎ足し充電を開始した残容量付近で急激に放電電圧の低下が起こるようになる。充電を開始した残容量を記憶しているように見えるので、メモリー効果という。ニッケル・カドミウム充電池とニッケル・水素充電池で起きる。最近では使用する機器の対応が進み、また、ニッケル・水素充電池では電池も改良され、メモリー効果は起きにくくなっている。メモリー効果が発生した電池は、機器が完全に動作し

なくなるまで使い切るか、ラジオなど他の機器でさらに放電させて使い切り、そのあとで充電することを2回〜3回繰り返すと回復する場合がある。何度か繰り返しても回復しない場合は、メモリー効果とは別の要因と考えられる。

図14-A　メモリー効果の発生状態

2. ニッケル・水素充電池

　ニッケル・カドミウム充電池のカドミウムの代わりに、水素を含んだ合金を使用したものがニッケル・水素充電池で、公称電圧は1.2Vである。ニッケル・カドミウム充電池と同じサイズで2倍近い容量がある。アルカリ乾電池やマンガン乾電池より公称電圧がやや低いため、一部の機器では正常に動作しない場合がある。また、水中ライトなど一部の機器では使用ができない。したがって、使用する場合には、機器の取扱説明書などで使用可能かどうかを確認する必要がある。また、ニッケル・カドミウム充電池とニッケル・水素充電池は、充電しておいても保存して時間がたつと使えないことが過去にはあった。これは、使用しなくても日数とともに容量が減少（自己放電）し、さらに保存する温度が高いほど減少する量が多くなるためである。現在は性能の向上により、長期保存しても容量があまり減らず、メモリー効果も発生しにくくなってきている。

3. リチウムイオン二次電池

　リチウムイオン二次電池には、機器に電池が内蔵されていて取り外しができないタイプとデジタルカメラ、ビデオカメラやノートPC用などで使用される取り外し可能なバッテリーパックのタイプがある。バッテリーパックは、内部に充放電の制御回路を備えている。単独のセル（電池1本）の公称電圧は3.7Vで、前に説明したニッケル・水素充電池の約3倍の電圧がある。リチウムイオン二次電池の種類には、液状の電解液を用いる液系タイプと、ポリマーに電解液を閉じ込めた、ゲル状の電解質を用いるポリマータイプの2種類がある。液系タイプは、円筒形や角型をしており外装が金属の缶でできているものが多い。ポリマータイプは、外装がアルミラミネートでできており、薄型化ができるのでスマートフォンやタブレットなどに使われている。リチウムイオン二次電池は、使い切らずに、頻繁に継ぎ足し充電してもメモリー効果は発生しないが、過充電や過放電により性能が低下することがある。過充電を防止するため、専用充電器を使用するなど、メーカーが指定する方法で充電する。長期保管する場合は、満充電や完全放電の状態ではなく、使用機器などで容量の半分程度になるように適度に放電させておくほうがよい。また、使用しない場合でも長期間、機器に装着しておくと、内蔵の時計やバックアップデータ保持のため、微少な電流が流れて容量が少しずつ低下する。完全に低下すると復帰させることができないことがあるので、長期保存をする場合には時々充電する必要がある。

4. 二次電池の使用上の注意

　二次電池には、エネルギー容量の比較的大きな電池、また可燃性物質が使用されている電池などがある。正しい取り扱いを行わない場合、危険な状態を引き起こす可能性もあるので、使用には下記の注意が必要である。

①電池、充電器および電池使用機器の説明書または注意書きをよく読み、その内容に従って取り扱う。また、説明書は必要なときに読めるよう大切に保管する。

②電池の充電・放電の温度は、電池の説明書または注意書きに記載してある範囲内とする。この温度範囲以外では電池が漏液・発熱したり、電池の寿命が短くなったり、性能の劣化につながる。

③電池を使用する前に点検し、さび・漏液など異常が見られた場合には使用しない。

④電池の充電は専用充電器を使用し、指定の充電条件を守る。指定の充電条件以外で充電すると、電池が発熱・発火・破損するおそれがある。

⑤電池を充電器や電池使用機器に入れるときは、電池端子の極性を確認する。

⑥使用する機器が指定されている電池の場合、指定機器以外の用途に使用すると、電池の破損や性能の劣化につながる。

⑦電池の保管は、幼児や子どもの手の届かない場所に置く。また、使用機器や充電器に入っている電池を触らせないように注意する。小型のボタン形電池などを誤って飲み込んだ場合には、直ちに医師と相談するか、「一次電池の使用上の注意事項」で説明した公益財団法人 日本中毒情報センターに電話をして指示を受ける。

⑧電池のプラス端子とマイナス端子を金属でショートすると大きな電流が流れ、発熱・発火に至ることがある。金属製のネックレスなどとバッグに一緒に入れて、持ち運んだり、保管したりしない。

⑨電池にくぎなどを刺したり、ハンマーでたたいたり、踏みつけたり直接はんだ付けしない。

⑩乾電池などの一次電池や、容量・種類・銘柄・充電・放電状態の異なる電池を混ぜて使用しない。

⑪放電後はすぐに充電しなければならない電池（鉛蓄電池）と、放電後は放置してもよい電池（ニッケル・カドミウム充電池やニッケル・水素充電池）があるので、保管時には各電池に合った状態にしておく。

⑫充電時に、所定の充電時間を越えても充電が完了しない場合は、充電をやめる。そのまま充電を続けると、電池が発熱・発火・破損するおそれがある。

⑬電池の使用や保管は、高温、多湿および直射日光を避ける。高温または直射日光が当たる場所での使用や保管により、電池の劣化・発熱・発火・破裂のおそれがある。

⑭電池から漏れた電解液が皮膚や衣服に付着した場合は、多量の水で洗い流す。液が目に入ったときは、障害を起こすおそれがあるので、きれいな水で十分に洗ったあと、眼科医と相談する。

⑮電池が漏液した場合や異臭がするときは、直ちに火気から遠ざける。漏液した電解液に引火し、発火・破損のおそれがある。

14.7 使用済みの電池の廃棄

　電池の回収は、環境保護のため、また再資源化の観点から行われている。主な電池の廃棄方法は、**表14-10**の「各種電池の廃棄方法」のとおりである。

表14-10　各種電池の廃棄方法

分類	種類	リサイクルの義務	廃棄方法
乾電池、リチウム一次電池	マンガン乾電池 アルカリ乾電池 リチウム一次電池	なし	電極をテープなどで絶縁 ⇩ 一般の不燃ゴミとして自治体の指示に従って廃棄する
ボタン電池	アルカリボタン電池 酸化銀電池 空気亜鉛電池	なし（自主回収）	電極をテープなどで絶縁（電池のショート防止） ⇩ 電器店などに設置されているボタン電池回収缶に入れる（投入口に入らない電池は対象外）
小型充電式電池	ニカド電池 ニッケル水素電池 リチウムイオン電池	あり（資源有効利用促進法）	端子部をテープなどで絶縁 ⇩ リサイクル協力店・協力自治体・リサイクル事業者等の回収拠点に設置されている小型充電式電池リサイクルBOXに入れる

1.　マンガン乾電池、アルカリ乾電池、リチウム一次電池

　各自治体によって、資源ごみ、不燃ごみ、有害・危険ごみなど、区分対象と廃棄方法が異なっているので、各自治体の指示に従って廃棄する。

2.　アルカリボタン形電池、酸化銀電池、空気亜鉛電池

　一般社団法人 電池工業会が「ボタン電池回収缶」を電気店、時計店、カメラ店などに設置しているので、その「ボタン電池回収缶」に廃棄する。破棄する前に、電池1個ずつセロハンテープなどで電池全体をカバーして絶縁し、電池同士の接触などによるショートを防止する必要がある。

3.　ニッケル・カドミウム充電池、ニッケル・水素充電池、リチウムイオン二次電池

　ニッケル・カドミウム充電池、ニッケル・水素充電池、リチウムイオン二次電池などの小型二次電池は、ニッケル、コバルトなどの希少な資源が使われている。2001年に施行された「資源の有効な利用の促進に関する法律」（資源有効利用促進法）に基づき、小型二次電池の回収・再資源化が義務付けられている。リサイクルボックスで回収可能な小型二次電池には、**図14-14**のようなリサイクルマーク（スリーアローマーク）の表示があり、一般社団法人 JBRC

（小型充電式電池のリサイクル活動を共同で行う団体）が電気売り場などに設置している図**14-15**の「小型充電式電池リサイクルBOX」に廃棄する。また、2018年7月から段ボール箱回収から金属缶回収へ移行し、2020年8月からは缶の内側に樹脂容器を入れて2重構造にすることで、回収時の発火事故を防いでいる。

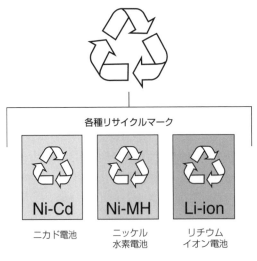

各種リサイクルマーク

Ni-Cd
ニカド電池

Ni-MH
ニッケル
水素電池

Li-ion
リチウム
イオン電池

図 14-14　小型二次電池　リサイクルマーク

図 14-15　小型充電式電池
リサイクル BOX

　BOX に入れる前に、プラス極とマイナス極をビニールテープなどで絶縁するなどして、電池のショート防止を施しておく必要がある。

14.8　太陽電池

1. 発電の原理

　太陽電池は、光の光エネルギーを電気エネルギーに変える電池である。太陽電池は、化学電池のように活物質や電解液などによる化学変化は利用せず、P型とN型の半導体の接合部に太陽などの光を当てることにより、電気が発生する物理電池である。太陽電池は、図**14-16**に示す性質の異なるP型とN型の半導体を接合させた構造になっている。光が当たると光のエネルギーにより電子と正孔が発生し、電子がN型半導体側に、正孔がP型半導体側に引き寄せられる。両半導体の間に負荷を接続すると電流が流れる。光が強い（光のエネルギーが大きい）ほど、太陽電池から多くの電気を取り出すことができる。

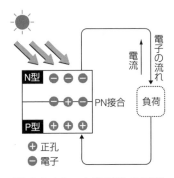

図 14-16　太陽電池の原理

2. 太陽電池の種類と特徴

　太陽電池の種類は、図**14-17**のように材料や構造などにより分類される。それぞれの太陽電池の特徴を表**14-11**に示す。

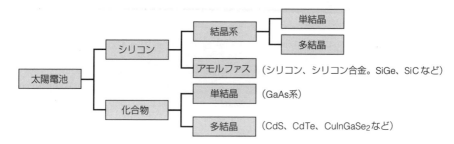

図 14-17 太陽電池の種類

表 14-11 太陽電池の特徴と用途

材料	変換効率	信頼性	特徴／主な用途
単結晶シリコン	◎	◎	・豊富な使用実績がある ・高価である
多結晶シリコン	○	◎	・大量生産に適している ・住宅用として現在の主流である
アモルファス	△	△	・蛍光灯下でも比較的よく作動する ・電卓用として多用されている ・生産効率がいいので研究が進められている
単結晶化合物 （GaAs系）	◎	◎	・変換効率が高い・信頼性が高い・高価である ・人工衛星に使用されている
多結晶化合物 （CdS、GdTe、CuInGaSe₂ほか）	△	△	・資源量が少ない ・変換効率は若干低いものの製造コストは比較的安定している

この章でのポイント !!

各種ポータブル機器の電源などとして利用される一次電池および二次電池の種類やそれぞれの特徴、また太陽光発電などに利用される太陽電池などについて説明しています。電池は種類によってそれぞれ扱い方も違うので、適切な扱い方についても説明しています。よく理解しておきましょう。

キーポイントは

・電池の種類とその特徴、使用上の注意

キーワードは

・化学電池、物理電池、一次電池、二次電池、マンガン乾電池、アルカリ乾電池、アルカリボタン電池、酸化銀電池、空気亜鉛電池、二酸化マンガン・リチウム電池、ニッケル・カドミウム充電池、メモリー効果、ニッケル・水素充電池、リチウムイオン二次電池、太陽電池

15章 電源

家庭内の各種機器に使われる電源について、またエネルギーを有効に利用するスマートハウスの概要について説明する。

15.1 電源

低圧での受電の場合、家庭用の電気は高圧配電線（6600V）で各家庭の近傍まで供給され、柱上トランス（変圧器）などにより100Vまたは200Vに降圧され引込線により供給される。

1. 引込線

引込線とは、図15-1のように電柱の柱上トランスから家の引込線取付点までの配線をいい、ここまでを一般送配電事業者（通常は電力会社と呼ばれている）が施工する。引込線取付点以降の配線は、電気工事店などに依頼して配線工事をする。また、家庭で使用される電力量を計測する電力量計（スマートメーターなど）は、引込線取付点から屋内分電盤までの配線の途中に、一般送配電事業者によって取り付けられる。配線工事は、登録電気事業者の電気工事士資格保有者により、電気設備技術基準（電気設備に関する技術基準を定める省令）に従って工事することが法律で義務付けられている。

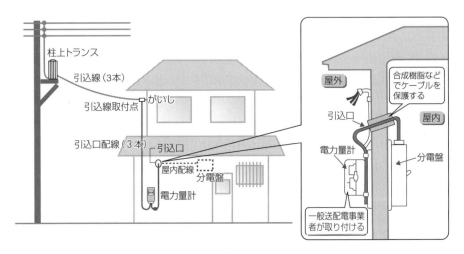

図15-1　電柱から住宅への引込線

2. 引込線の種類と電圧

引込線には、2本の電線で引き込む単相2線式と、3本の電線で引き込む単相3線式とがある。単相2線式は、通常「単二」と呼ばれる。図15-2のように、2本の電線のうちの1本が接地（アース）され、単相100Vのみが供給される。単相3線式は、通常「単三」と呼ばれる。

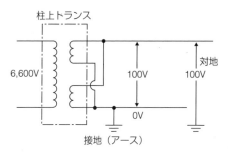

図 15-2　単相 2 線式

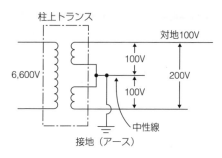

図 15-3　単相 3 線式

図15-3のように、3本の電線のうち中央の1本（中性線）が接地（アース）されているので、おのおの外側の電線と中性線との間は単相100Vが供給され、両側の電線間では単相200Vが供給される。現在は、消費電力の大きい家電製品（IHクッキングヒーター、電気温水器、エアコンなど）が多いため、単相3線式を利用するのが一般的である。

3. 単相3線式分電盤の例

屋内には分電盤が設置され、各部屋の必要な部分へ電気が供給される。分電盤の内部配線は図15-4のようになっており、100Vと200Vがそれぞれ供給される。一般送配電事業者によるが、図15-4の例では分電盤の中に契約電流に合わせた電流制限器（アンペアブレーカー）が設置されている。最近の分電盤はコンパクトになっており、各配線用遮断器がプラグイン式になっているものもある。

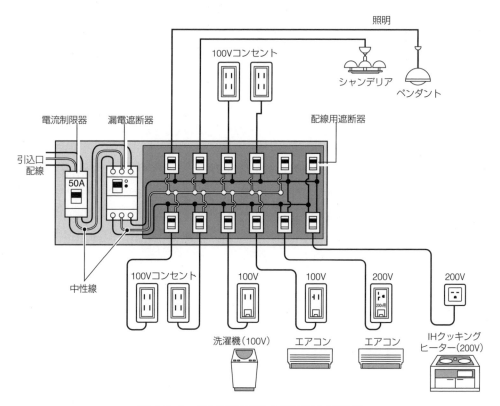

図 15-4　従量電灯契約の分電盤と配線例

（1）電流制限器（アンペアブレーカー）

分電盤の左端に付いているのがアンペアブレーカーで、契約電流以上の電流が流れると自動的に電気が遮断される。アンペアブレーカーは、北海道、東北、東京、中部、北陸、九州の各一般送配電事業者管内で設置されており、契約電流の大きさによって色分けされている。関西、中国、四国、沖縄の各一般送配電事業者管内では、契約電流の区分がないため設置されていない。

（2）漏電遮断器（漏電ブレーカー）

家の中の配線や電気器具が万が一漏電したとき、その異常を素早く感知して、火災や感電事故を防ぐために、自動的に電気を切るのが漏電遮断器である。もし漏電遮断器が作動したときは、電気工事店または一般送配電事業者に相談して漏電の原因を明確にし、取り除いてからスイッチを入れる。

（3）配線用遮断器（安全ブレーカー）

電気は分電盤からいくつかの回路に分かれて、必要な場所へ供給される。この各回路（分岐回路）の安全を守るのが配線用遮断器で、1回路に1つずつ付いている。一般的に1つの回路に流すことのできる電気の量は20A（アンペア）である。専用回路では、15AのものやIHクッキングヒーター専用回路の30Aのものもある。回路をいくつかに分けておくことで、何か異常が起きても影響が少なくて済む。例えば、照明用とコンセント用に回路を分けておけば、コンセントに接続した器具に異常が起きて遮断器が切れても照明は点灯している。

4.　電源コンセントと電源プラグ

コンセントやプラグは定格電圧、定格電流により形状が定められている。定格に合ったものを使用しなければならない。また、定格を超えた電圧を加えた場合や、定格を超えた電流を流した場合には、発熱や発火の危険がある。表15-1に、電源コンセントとプラグそれぞれの形状と定格を示す。

> **一口メモ**
>
> ## 定格125V 15Aのコンセントの一方の穴が長い理由
>
> 電源コンセントの刃受の片側はもう一方より穴が長くなっている。この理由は、柱上トランスの二次側の中性線は大地に接地されており、この接地された側の電源線が穴の長いほうへつながっていることを示している。したがって、長いほうとアース線間の電圧をテスターで測定すると0Vを示す。また短いほうとアース線間の電圧を測定すると100Vを示す。

5.　電源周波数

家庭に送られてくる電気は交流で、電気のプラス、マイナスが1秒間に何十回と入れ替わっている。この回数を周波数といい、単位はHz（ヘルツ）で表される。図15-5のように西日本地区が60Hz、東日本地区が50Hzと地域によって周波数が区分される。周波数が異なるのは、明治時代に輸入された発電機の違いによるものである。当初、関東にはドイツから50Hz、関西にはアメリカから60Hzの発電機が輸入されたことに端を発している。以来、日本での電

表 15-1　電源コンセントと電源プラグ

	コンセントの種類	記号	コンセントの形状	適用プラグの形状
250V 30A	200V仕様据置型IHクッキングヒーターなど大容量の電気機器に使用される	（図）	（図）	（図）
		—	（図）	（図）
250V 20A/15A	200V仕様のエアコンなどの大容量の電気機器に使用される。20Aのものと、15Aのものは形状が異なるが20Aのものはどちらのプラグも挿入可能となっている。また接地極付コンセントは接地極付、および接地極なしのいずれのプラグも挿入可能である	250V 20A接地極付 250V 20A 250V 15A接地極付 250V 15A	（図）	（図） （図）
125V 20A	大容量の必要な機器に使用されるコンセントであるが100V 15Aのプラグも挿入することができる	125V 20A接地極付 125V 20A	（図）	（図）
125V 15A 接地極付コンセント	電気洗濯機、電子レンジ、OA機器などで、接地極付のプラグを接続するためのコンセントである。またアース線を接続するためのアースターミナルが別に設けてあるコンセントもある	125V 15A接地極付	（図）	（図）
125V 15A	一般住宅で最も多く使用されているコンセントである	125V 15A	（図）	（図）
125V 15A 抜止型コンセント	使用中にプラグが簡単に抜けないように、一般のプラグを挿入後回転させることでロックできるコンセントである。屋内のほか屋外の防水型コンセントなどに利用される	—	（図）	（図）
引掛シーリング	天井吊り下げ形の照明器具専用のコンセントであり定格は250V 6A。吊り下げることのできる照明器具の重さは補強コードの場合5kg以下、ハンガー使用時10kg以下である	—	（図）	（図）

源周波数は、静岡県の富士川から新潟県の糸魚川付近を境に分かれている。

　電源周波数が限定されている商品は、使用する周波数が異なると正常に動作しなくなるだけでなく、故障などの原因につながることがある。電源周波数が異なった地区へ転居する場合は、部品交換が必要になる。最近では周波数自動切り替え、インバーター、DCモーターの使用などで周波数に影響を受けないヘルツフリー（サイクルフリー）のものが増えている。

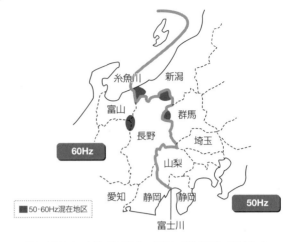

図15-5　50/60Hz 地区（沖縄は60Hz）

(1) 参考

■ 電源周波数の一部例外地域

①新潟県（東北電力管内だが、下記地域は60Hz）

　佐渡市、妙高市の一部　糸魚川市の一部

②群馬県（東京電力管内だが、下記地域は60Hz）

　甘楽郡、吾妻郡

③長野県（中部電力管内だが、下記市、郡の一部地域は50Hz）

　大町市、飯山市、小諸市、松本市、安曇野市、下水内郡、下高井郡、北安曇郡

6.　安全上の注意

　コンセントは電気の取り出し口で、取り扱いの基本を守り、安全に注意して使うことが重要である。

(1) たこ足配線（タコ足配線）

　コンセントが足りないときに、コンセントに栓刃式マルチタップ（三ツ口タップ）を2つ以上重ねたり、テーブルタップに栓刃式マルチタップ（三ツ口タップ）を重ねたりして、多数の電気機器のプラグを差し込んで同時に使用することを「たこ足配線」という。たこ足配線で多数の機器を同時に使用すると、コンセントやテーブルタップの定格電流容量を超えてしまったり、接続部が増えることで接触抵抗を持つ箇所が増えたりするため、コンセント、プラグが発熱して火災の原因となることがある。したがって、消費電力の大きな機器を使用する場合は、テーブルタップなどを使用せずコンセントに直接差し込んで使用する。

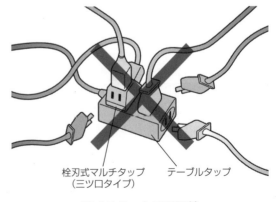

栓刃式マルチタップ　　　テーブルタップ
（三ツ口タイプ）

図15-6　たこ足配線

エアコンは、一般的に専用コンセントを設置して使用する。そのほかの消費電力の大きい器具や決まった場所で使用する機器については、専用コンセントの設置が望ましい。

(2) 定格の遵守

電気製品を使用するときには、その機器の消費電力や電流に注意しなければならない。家庭用のコンセントの定格は、主に 125V 15A である。コンセントからテーブルタップや栓刃式マルチタップ（三ツ口タップ）を介して複数の電気器具を接続して使用する際は、その合計電流が 15A 以下になるようにする。テーブルタップにも定格があり、125V 15A、125V 12A、125V 10A と表示されている。合計電流が定格を超した状態で使用すると、テーブルタップやコードが発熱し発煙や発火の危険がある。100V 用の電気製品の電流は、消費電力が分かると容易に計算ができるので、定格電流を越えないように注意して使用する。

電流（A）＝消費電力（W）÷ 100（V）

1）テーブルタップを使用する例

下記の 3 種の電気機器をテーブルタップに接続して使用する場合を考える。

使用する機器の電流（例）

消費電力 900W のオーブントースターの電流は　900 ÷ 100 ＝ 9（A）

消費電力 990W の炊飯器の電流は　990 ÷ 100 ＝ 9.9（A）

消費電力 550W のジャーポットの電流は　550 ÷ 100 ＝ 5.5（A）

①オーブントースターと炊飯器を接続し同時に使用すると電流の合計は 18.9（A）なので、コンセントとテーブルタップの両方の定格を超えており使用してはいけない。コンセント、テーブルタップやコードで発煙や発火を起こす危険がある。

②オーブントースター、炊飯器とジャーポットを接続し同時に使用すると合計電流は 24.4（A）なので、コンセントとテーブルタップの両方の定格を超過しており使用してはいけない。この場合、分電盤の配線用遮断器（ブレーカー）の容量が 20A であれば、遮断器が動作して電気が遮断される。

③オーブントースターとジャーポットを接続し同時に使用すると、電流の合計は 14.5（A）である。15A のテーブルタップの場合、定格内なので使用できる。12A、10A のテーブ

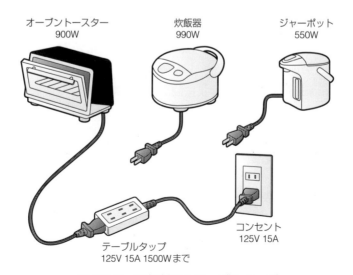

オーブントースター
900W
炊飯器
990W
ジャーポット
550W

コンセント
125V 15A

テーブルタップ
125V 15A 1500Wまで

図 15-7　電気製品とテーブルタップ

ルタップの場合には、定格を超過しており使用してはいけない。

（3）トラッキング現象

コンセントに長期間プラグを差し込んだままにすると、ほこりがたまる。そこへ湿気が加わるとプラグの刃と刃の間で放電が起こりはじめ、その熱で絶縁部が徐々に炭化していく。そのうち連続して放電が起こるようになり、さらに炭化が進行して発火に至る。これを「トラッキング現象」という。その際、漏電遮断器や配線用遮断器（ブレーカー）は作動しない可能性が高いため、火が出てからはじめて気がつく場合が多く危険である。こうしたトラッキング現象を防ぎ安全に使用するため、トラッキング対策を施したプラグが多くの機器で使用されているが、エアコン、冷蔵庫など、長期間接続したままのコンセントおよびプラグは、定期的に清掃と点検をすることが必要である。

（4）電気を安全に使用するための注意点

機器を安全に使用するため、気をつけなければならない注意点を以下に記す。

①「たこ足配線」はしない。コンセントが不足の場合には、コンセントの増設などが必要である。

②コンセントやプラグは、定期的に清掃をする。また、差し込み部分が緩くなったコンセントは交換が必要である。

③コンセントの許容電力量を超える製品の接続はしない。容量に合ったコンセントを使用する。機器によっては、専用コンセントの設置などが必要である。

④プラグは、コンセントにしっかりと差し込む。

⑤熱器具などの使用後は、プラグをコンセントから抜くのを忘れないこと。

⑥コードやプラグの取り扱いは丁寧にすること。ステープルで固定してはいけない。

⑦コードを束ねて使用すると発熱することがあるため、伸ばして使用することが望ましい。特に電力量の大きな機器を使用する場合などは、必ず伸ばして使用する。

15.2　ワイヤレス充電 Qi（チー）

1.　概要

ワイヤレス充電や無接点で充電を行う方法は、昔からコードレス電話の子機や電動歯ブラシなどで採用されていたが、そのほとんどが小さな電力（数十 mW 以下）の充電で、メーカー間の互換性がないなどの課題があった。そこで、ワイヤレスパワーコンソーシアム（WPC：Wireless Power Consortium）が 2008 年に設立され、電子機器のワイヤレス充電の国際標準規格として Qi（チー）を策定した。最初の Qi の規格は、ローパワー（5W）の規格であった。その後、Qi 1.2 規格が策定され、15W までの充電に対応できるようになった。ローパワー規格に比べて3倍の充電電力のアップとなり、これまで電圧が足りず充電ができなかった大きな電力を必要とするタブレットなどへの充電も可能になった。製品には Qi 規格対応を表す Qi マークが表示され、Qi 製品であればメーカーやブランドが異なっても相互にワイヤレス充電が可能である。また、充電台の上に置くだけで充電できるので、Qi は「置くだけ充電」とも呼ばれている。

2. 充電方式

　伝送方式は電磁誘導方式で、充電機器（充電する側の機器）には各種の方式が用いられている。主なものとしては、**図15-8**に示すような方式がある。この充電機器の上に、Qi対応製品のスマートフォンなどを置くだけでワイヤレス充電ができる。

① 多コイル方式

　多くの送電コイルを敷きつめて、被充電機器に近い送電コイルにより充電を行う方式。

② マグネット方式

　磁石で受電コイル（被充電機器に内蔵）を引き寄せて位置決めし、充電を行う方式。

③ ムービングコイル方式

　送電コイルが移動して、充電効率が高い適切な位置で充電を行う方式。

① 多コイル方式
可動部がなく構造的に有利

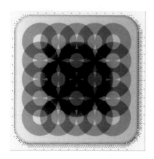

② マグネット方式
構造がシンプルなため
薄型化、低価格化が可能

③ ムービングコイル方式
受電コイルの位置を検知し、
送電コイルを移動させる。
どこに置いても充電ができる。

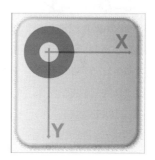

図 15-8　ワイヤレス給電の充電方式

15.3 スマートハウス

1. スマートハウス

　スマートハウスとは、テレビやエアコン、LED照明、冷蔵庫などの家電機器と太陽光発電やエコキュートなどの住宅設備機器をネットワークでつなぎ、情報通信技術であるICT（Information and Communication Technology）を活用して、これらの機器を統合的に制御し、家庭内のエネルギー使用量を見える化しコントロールできる住宅のことをいう。

（1）HEMS（Home Energy Management System）

　家庭内の家電や住宅設備機器などをネットワーク化する中核となる設備が、HEMSアプリケーションで動作するHEMSコントローラーである（**図15-9**参照）。このシステムは、電力を測定する機器や各種センサーと情報機器で構成されており、エネルギーを最適に配分する役割を担っている。HEMSの主な機能は、家庭内のエネルギー使用状況の「見える化」機能や「省エネガイド」機能、エネルギーの「ピークカット・ピークシフト」機能などである。「見える化」機能では、タブレットやスマートフォンなどを使い、エアコンやLED照明、テレビなどの電力使用量や電力料金などを確認できる。「省エネガイド」機能の例としては、昼間の照度を検知して窓際のLED照明を消したり明るさを調整したりする。あるいは夏場、窓際の温度を検知して、電動ブラインドを閉じてエアコンの冷気を有効に活用する。また、電動ブライ

ンドを使用しないときは、ブラインドやカーテンを閉めるようなメッセージを表示するなどである。

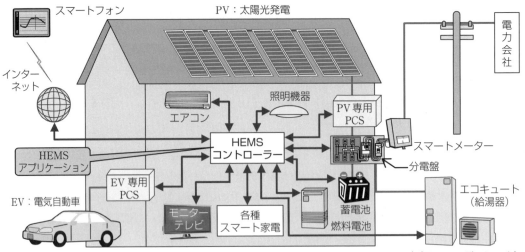

PCS：Power Conditioning System（パワーコンディショナ）

図15-9　HEMSの構成要素イメージ

この章でのポイント!!

家庭で使われる交流電源の概要ならびに安全に使用するための注意点、ワイヤレス充電などについて説明しています。また、スマートハウスの概要についても説明しています。よく理解しておきましょう。

キーポイントは
- 家庭内電源についての概要、使用上の注意
- ワイヤレス充電
- スマートハウスの概要

キーワードは
- 引込線、電流制限器、漏電遮断器、配線用遮断器、電源周波数
- Qi（チー）
- スマートハウス、HEMS、HEMSコントローラー

16章 防じん・防水

デジタルカメラ、スマートフォンやヘッドホンなどのポータブル機器では、防じんおよび防水性能を強化した機器が増加してきている。さまざまな場所での使用が可能となり、利便性が向上している。この章では、防じん・防水の規格について概要を説明する。

16.1 保護特性記号（IP コード）

防じんおよび防水設計された電気機器などでは、固形物や粉じん、また水滴や水などに対する保護の程度を表すため、JIS 規格（Japanese Industrial Standards、日本産業規格）が用いられる。JIS の「電気機械器具の外郭による保護等級（IP コード）」で規定される特性数字や等級を用いて、保護の程度をカタログや取扱説明書などに記載している。防じん・防水の保護等級を表す IP（International Protection）コードは、**図 16-1** のように第一特性数字が危険な箇所への接近および外来固形物（固形物や粉じん）に対する保護等級、第二特性数字が水の浸入に対する保護等級を表している。第一特性数字と第二特性数字は、該当しない場合には、数字ではなくアルファベットの X に置き換えている。例えば、第二特性数字の水の浸入に対する保護等級が 5 に該当し、第一特性数字の外来固形物に対する保護等級に該当しない場合は、第一特性数字に X を用いて IPX5 と表記する。

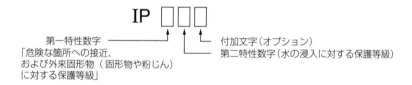

IP □□□

第一特性数字
「危険な箇所への接近、
および外来固形物（固形物や粉じん）
に対する保護等級」

付加文字（オプション）
第二特性数字（水の浸入に対する保護等級）

図 16-1　IP コードの表記方法

16.2 防じん

表 16-1 に、第一特性数字で示される危険な箇所への接近に対する保護等級を、**表 16-2** に、第一特性数字で示される外来固形物に対する保護等級を示す。

外来固形物（固形物や粉じん）に対するより具体的な内容について、概要を説明する（ただし、0～3 級は省略する）。

1. 保護等級 4 級、1mm より大きい器具などが入らない構造（記号：IP4X）

直径 1mm より太い針金や、厚さが 1mm より厚い鉄板などが入らない構造であることが求められる。

表 16-1 JISの「第一特性数字」危険な箇所への接近に対する保護等級

保護等級	要約	定義
0	無保護	—
1	こぶし（拳）が危険な箇所へ接近しないように保護している。	直径50mmの近接プローブで試験したとき、危険な箇所との間に適正な空間距離を確保している。
2	指での危険な箇所への接近に対して保護している。	直径12mm、長さ80mmの関節付きテストフィンガの先端と危険な箇所との間に適正な空間距離を確保している。
3	工具での危険な箇所への接近に対して保護している。	直径2.5mmの近接プローブが侵入してはならない。
4	針金での危険な箇所への接近に対して保護している。	直径1.0mmの近接プローブが侵入してはならない。
5	針金での危険な箇所への接近に対して保護している。	直径1.0mmの近接プローブが侵入してはならない。
6	針金での危険な箇所への接近に対して保護している。	直径1.0mmの近接プローブが侵入してはならない。

表 16-2 第一特性数字で示される外来固形物に対する保護等級

保護等級	要約	定義
0	無保護	—
1	直径50mm以上の大きさの外来固形物に対して保護している。	直径50mmの球状の、固形物プローブの全体が侵入注してはならない。
2	直径12.5mm以上の大きさの外来固形物に対して保護している。	直径12.5mmの球状の、固形物プローブの全体が侵入注してはならない。
3	直径2.5mm以上の大きさの外来固形物に対して保護している。	直径2.5mmの固形物プローブが全く侵入注してはならない。
4	直径1.0mm以上の大きさの外来固形物に対して保護している。	直径1.0mmの固形物プローブが全く侵入注してはならない。
5	防じん形	じんあいの侵入を完全に防止することはできないが、電気機器の所定の動作及び安全性を阻害する量のじんあいの侵入があってはならない。
6	耐じん形	じんあいの侵入があってはならない。

注：外郭の開口部を、固形物プローブの全直径部分が通過してはならない

2. 保護等級5級、防じん形（記号：IP5X）

粉じんが内部に入っても、動作に影響を及ぼさない構造である。粉じんである細かな砂などが入らない構造であるという意味ではない。粉じんは入ってしまうが、機器の動作には影響が出ないといった程度である。目視で砂などが入っていた場合は、取り出しておくことが好ましい。

3. 保護等級6級、耐じん形（記号：IP6X）

粉じんが内部に入り込まない構造である。ただし、外部に付着していた砂粒などが、電池のふたや、メモリーカード挿入部のふた、CD挿入部のふたなどを開けたときに入ることが考えられる。耐じん型では、基本的に使用中に砂粒などは入らないが、機器の取り扱いについては注意する必要がある。

16.3　防水の概要と試験方法

　表16-3は、第二特性数字で示される水の浸入に対する保護等級である。防水の知識が間違っていると、機器の故障となることが考えられるので注意が必要である。

表 16-3　第二特性数字で示される水の浸入に対する保護等級

保護等級	要約	定義
0	無保護	—
1	鉛直に落下する水滴に対して保護する。	鉛直に落下する水滴によっても有害な影響を及ぼしてはならない。
2	15度以内で傾斜しても鉛直に落下する水滴に対して保護する。	外郭が鉛直に対して両側に15度以内で傾斜したとき、鉛直に落下する水滴によっても有害な影響を及ぼしてはならない。
3	散水（spraying water）に対して保護する。	鉛直から両側に60度までの角度で噴霧した水によっても有害な影響を及ぼしてはならない。
4	水の飛まつ（splashing water）に対して保護する。	あらゆる方向からの水の飛まつによっても有害な影響を及ぼしてはならない。
5	噴流（water jet）に対して保護する。	あらゆる方向からのノズルによる噴流水によっても有害な影響を及ぼしてはならない。
6	暴噴流（powerfull jet）に対して保護する。	あらゆる方向からのノズルによる強力なジェット噴流水によっても有害な影響を及ぼしてはならない。
7	水に浸しても影響がないように保護する。	規定の圧力及び時間で外郭を一時的に水中に沈めたとき、有害な影響を生じる量の水の浸入があってはならない。
8	潜水状態での使用に対して保護する。	関係者間で取り決めた数字7より厳しい条件下で外郭を継続的に水中に沈めたとき、有害な影響を生じる量の水の浸入があってはならない。

　水の浸入に対する保護等級における、使用条件と測定法について、概要を説明する（ただし、0～1級は省略する）。

1.　保護等級2、防滴II形（記号：IPX2）

　風呂場やキッチン、洗面所、アウトドアなど、水にぬれやすい場所でも使用することができる。ただし、水蒸気や霧などは内部に浸入する可能性があるので、そのような状態で使用したあとは機器を拭いて、なるべく乾燥した場所に置くか、通気の良い場所で乾燥させたほうがよい。

〈測定法〉

　測定する機器を15度に傾けた状態で、上方200mmの位置から毎分3mm（降水量が毎分3mmの雨を想定）の水滴を落下させる。15度に傾けて90度ずつ移動させ4つの位置の状態で各2分30秒間、合計で10分間水滴を当てる。

2.　保護等級3、防雨形（記号：IPX3）

　シャワーや雨にぬれても耐えられる程度である。水はかかってもよいとされるが、測定法にもあるように数分程度であり、長時間であってはならない。

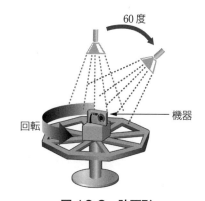

図 16-2　防雨形

〈測定法〉

　オシレーティングチューブまたは散水ノズルによる2つの測定方法がある。散水ノズルによる方法では、散水ノズルで毎分10Lの水を、機器の表面積1m²あたり1分間、最低5分間散水する。機器をターンテーブル上で回転させながら、垂直に対し60度の角度まで散水する（図16-2参照）。

3.　保護等級4、防まつ形（記号：IPX4）

　「生活防水」とも呼ばれる。防雨形と同じ条件であるが60度ではなく、あらゆる方向からの水しぶきに耐えなければならない。雨にぬれたり、シャワーなどがかかったりしても使用できる。

〈測定法〉

　オシレーティングチューブまたは散水ノズルによる2つの測定方法がある。散水ノズルによる方法は、保護等級3の防雨形と同じ条件であるが、散水は上部だけでなく左右、下部まで360度、あらゆる方向から行う。

4.　保護等級5、防噴流形（記号：IPX5）

　水道などの先から出る水流で、多少の水圧を受けても、機器が動作することが条件である。しかし、内部に水が入る可能性があることも知っておく必要がある。機器の使用後は電池ケース内部なども含め、できるだけ水気を拭き取るなどの注意が必要である。

〈測定法〉

　直径6.3mmの注水ノズルから毎分12.5Lの水を、機器の表面積1m²あたり1分間、最低3分間散水する。機器との距離は2.5m〜3mで、機器をターンテーブル上で回転させる（図16-3参照）。

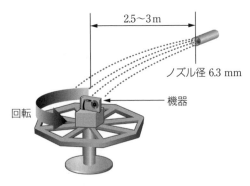

図16-3　防噴流形

5.　保護等級6、耐水形（記号：IPX6）

　かなりの水流と水圧を受けても内部に水が入らない程度であるが、水の中に入れることはできない。かけ水での水洗いはできるが、水中での水洗いは行ってはいけない。

〈測定法〉

　直径12.5mmの注水ノズルから毎分100Lの水を、機器の表面積1m²あたり1分間、最低3分間散水する（図16-4参照）。

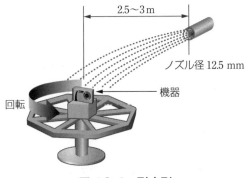

図16-4　耐水形

6.　保護等級7、防浸形（記号：IPX7）

機器の外形寸法（高さ）によって、条件は下記の①または②になる。

① 機器の高さが850mmに満たない場合

　機器を水深1mの水中（機器の最下部を水面から1mの位置にする）に30分間沈めたとき、有害な影響を生じる量の水の浸入があってはならない。

② 機器の高さが850mm以上の場合

　機器の最上端から水面までの距離を0.15mとする水中に30分間沈めたとき、有害な影響を生じる量の水の浸入があってはならない。

〈測定法〉

　適用される①または②の条件に対応する水中に機器を沈める（図16-5参照）。

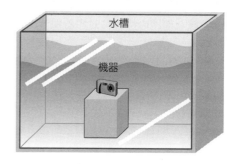

図16-5　防浸形

7.　保護等級8、水中形（記号：IPX8）

あらかじめ定めた水深の水中に機器を沈めたとき、あらかじめ定めた時間内に有害な影響を生じる量の水の浸入があってはならないと規定されている。機器によって定められた水深と時間は異なるので、仕様書などで確認することが必要である。

（例1）：水深5mまで3時間の使用に耐える。

（例2）：水深30mまで5時間の使用に耐える。

〈測定法〉

　機器をあらかじめ定めた水深に実際に沈めて測定する方法と、外部より圧力を加えて測定する方法がある。外部より圧力を加える方法では、機器を測定器に入れ、圧力を加えて水深相当の水圧をかける。水圧の大きさと水圧をかける時間は、あらかじめ定めた水深と時間と同じにする（図16-6参照）。

図16-6　水中型

8.　防じん・防水に関する注意点

機器によっては、電池のふたや外部端子カバーなどを備えているものがある。これらの機器では、ふたやカバーが開いている場合や、完全に閉まっていない場合に、規定されたIPコードの保護等級の性能を満たさなくなる場合がある。したがって、防じんや防水に関する取り扱いや注意点について、取扱説明書などで確認する必要がある。

16.4 付加文字

付加文字は、人体の危険な箇所への接近に対する保護等級を示す。付加文字は、次の場合に限り使用する。

①危険な箇所の接近に対する保護が、第一特性数字で示されている等級より上位の場合。

②危険な箇所の接近に対する保護だけを表示する場合で、第一特性数字が"X"で示される場合。

付加文字で表される危険な箇所への近接に対する保護等級を**表16-4**に示す。

表16-4　付加文字で表される危険な箇所への近接に対する保護等級

付加文字	要約	定義
A	こぶし(拳)による接近に対して保護する。	直径50mmの近接プローブは、危険な箇所との間に適正な空間距離を確保しなければならない。
B	指による接近に対して保護する。	直径12mm、長さ80mmの関節付きテストフィンガは、危険な箇所との間に適正な空間距離を確保しなければならない。
C	工具による接近に対して保護する。	直径2.5mm、長さ100mmの近接プローブは、危険な箇所との間に適正な空間距離を確保しなければならない。
D	針金による接近に対して保護する。	直径1.0mm、長さ100mmの近接プローブは、危険な箇所との間に適正な空間距離を確保しなければならない。

この章でのポイント!!

デジタルカメラ、スマートフォンやヘッドホンなどの携帯機器に関連する防じんや防水性能について、JIS（日本産業規格）の規定に基づいて説明しています。各機器のカタログなどの仕様にも、防じんや防水性能をIPコードで表示している場合があります。よく理解しておきましょう。

キーポイントは

・保護特性記号の意味
・外来固形物（固形物や粉じん）に対する保護等級、水の浸入に対する保護等級と各等級の概要

キーワードは

・IPコード、第一特性数字、第二特性数字
・IP5X、IP6X、IPX4、IPX5、IPX6、IPX7、IPX8

索　引

配列は、五十音順

一般財団法人 家電製品協会認定の「家電製品アドバイザー試験」について

一般財団法人 家電製品協会が資格を認定する「家電製品アドバイザー試験」は次により実施しています。

1. 一般試験

1) 受験資格

特に制約はありません。

2) 資格の種類と資格取得の要件

① 家電製品アドバイザー（AV情報家電）

「AV情報家電 商品知識・取扱」および「CS・法規」の2科目ともに所定の合格点に達すること。

② 家電製品アドバイザー（生活家電）

「生活家電 商品知識・取扱」および「CS・法規」の2科目ともに所定の合格点に達すること。

③ 家電製品総合アドバイザー

「AV情報家電 商品知識・取扱」、「生活家電 商品知識・取扱」および「CS・法規」の3科目ともに所定の合格点に達すること。

〈エグゼクティブ等級（特別称号制度）〉

上記①～③の資格取得のための一般試験において、極めて優秀な成績で合格された場合、①と②の資格に対しては「ゴールドグレード」、③に対しては「プラチナグレード」という特別称号が付与されます（資格保有を表す「認定証」も特別仕様となります）。

---

3) 資格の有効期限

資格の有効期間は、資格認定日から「5年間」です。

ただし、資格の「更新」が可能です。所定の学習教材を履修の上、「資格更新試験」に合格されますと新たに5年間の資格を取得できます。

4) 試験の実施概要

① 試験方式

CBT方式試験で実施しています。

※CBT（Computer Based Testing）方式試験は、CBT専用試験会場でパソコンを使用して受験するテスト方式です。

② 実施時期と受験期間

毎年、「3月」と「9月」の2回、試験を実施しています。それぞれ、約2週間の受験期間を設けています。

③ 会　　場

全国のCBT専用試験会場にて実施しています。

④受験申請

3月試験は1月下旬ごろより、9月試験は7月下旬ごろより、家電製品協会認定センターのホームページ（https://www.aeha.or.jp/nintei-center/）から受験申請の手続きができます。

注）上記の②、③、④については、感染症の状況などにより変更する場合があります。最新の情報については、認定センターのホームページをご参照ください。

5）試験科目免除制度（科目受験）

受験の結果、（資格の取得にはいたらなかったものの）いずれかの科目に合格された場合、その合格実績は1年間（2回の試験）留保されます（再受験の際、その科目の試験は免除されます）。したがって、資格取得に必要な残りの科目に合格すれば、資格を取得できることになります。

2．エグゼクティブ・チャレンジ

既に資格を保有されている方が、前述の「エグゼクティブ等級」の取得に挑戦していただけるように、一般試験の半額程度の受験料で受験していただける「エグゼクティブ・チャレンジ」という試験制度を設けています。ぜひ、有効にご活用され、さらなる高みを目指してください。なお、試験の内容や受験要領は一般試験と同じです。

以上の記述内容につきましては、下欄「家電製品協会 認定センター」のホームページにて詳しく紹介していますので併せてご参照ください。

資格取得後も続く学習支援

〈資格保有者のための「マイスタディ講座」〉

家電製品協会 認定センターのホームページの「マイスタディ講座」では、資格を保有されている皆さまが継続的に学習していただけるように、毎月、教材や情報の配信による学習支援をしています。

一般財団法人 家電製品協会　認定センター

〒100-8939　東京都千代田区霞が関三丁目7番1号 霞が関東急ビル5階

電話：03（6741）5609　　FAX：03（3595）0761

ホームページURL　https://www.aeha.or.jp/nintei-center/

●装幀／本文デザイン：
　稲葉克彦
●DTP／図版・表組作成：
　(有)新生社
●編集協力：
　秦 寛二

家電製品協会 認定資格シリーズ
家電製品アドバイザー資格
AV情報家電 商品知識と取扱い 2023年版

2022 年 12 月 10 日　　第 1 刷発行

編　者　一般財団法人 家電製品協会
　　　　©2022　Kaden Seihin Kyokai
発行者　土井成紀
発行所　NHK出版
　　　　〒150-0042　東京都渋谷区宇田川町 10－3
　　　　TEL 0570-009-321（問い合わせ）
　　　　TEL 0570-000-321（注文）
　　　　ホームページ　https://www.nhk-book.co.jp
印　刷　亨有堂印刷所／大熊整美堂
製　本　二葉製本